平成農業技術史

八木宏典
西尾敏彦 監修
岸 康彦

公益社団法人 大日本農会 編

農文協

まえがき

　この本は，平成29年（2017）1月に開催された「平成農業技術史研究会」の準備会合からスタートした。平成も30年ちかく経過してきたので，平成という時代を振り返って農業技術の変遷をまとめてはどうかとの思いから，研究会を立ち上げたものである。準備会合では，まず昭和と比べて平成はどのような時代であったのかについて意見交換し，以下のような認識を共有した。

　昭和，特に戦後の農業技術は，食料増産，単収向上，省力化・機械化，良品質生産などを柱として，明確な目標をもって技術開発と新技術の普及導入が図られ，画期的な成果を収めてきた。一方，平成に入り消費社会の一層の成熟と食生活の一層の高度化に伴って，消費者の食料・農業に対するニーズは多様化し，環境保全や食の安全・安心への要求水準も高くなった。また，農業・農村では，担い手の減少，高齢化などの構造的問題が深刻化するとともに，食料・農業をめぐる国際化は一層進み，コスト削減やさらなる差別化などによる国際競争力の向上が求められるようになった。このように，昭和と比べると農業技術に求められるニーズが多様化・高度化した平成の時代に農業技術がどのように発達してきたのかを整理し，開発された技術は多様化するニーズや農業・農村をめぐるさまざまな課題にどのように貢献してきたのかを検証するとともに，農業と農業経営が大きな転換期を迎えているなかで，新技術の役割とあり方を明確にし，今後の農業技術開発・普及と技術行政の方向について示唆を与えることは重要と考えられる。

　上記の認識のもとに，本書では，年代を追った技術開発史ではなく，消費者ニーズの多様化，担い手の減少・高齢化，グローバル化といった平成という時代の背景との関連で現場に普及しインパクトを与えた技術を整理して紹介することとした。また，技術の紹介にあたっては，その技術の開

発から普及に至る物語を平易に記述することとした。平易という点では，意欲的な農業高校生や大学生初学レベルの人たちにも理解してもらえることを期したが，この点については読者の評価に待ちたい。

　農業技術史といえば，昭和44年（1969）に出版された「戦後農業技術発達史」（全10巻），昭和54年（1979）の「戦後農業技術発達史（続）」（全5巻），および平成5年（1993）に出版された「昭和農業技術発達史」（全7巻）が想起される。これらは，いずれも農林省・農林水産省の事業として出版されたもので，歳月と所要の調査を経て完成されたものである。

　本書は，先に記したように，大日本農会の研究会活動として，各分野の第一人者で「平成農業技術史研究会」を構成し，研究会での検討を踏まえて各委員および執筆を分担された方々の知見をもとに，平成という時代背景と関連した特徴的な技術を選んで紹介し，1冊の著書としてとりまとめたものである。なお，本書では，作目ごとの章に加えて食品加工・流通のほか，共通基盤としての農業農村整備，環境問題，さらに未曾有の災害となった東日本大震災への対応についても，それぞれ1章を設けた。

　本書が，平成の時代に，農業に何が求められ，どのような技術が現場に普及し，求められた要請にどのように対応できたのか，何が課題として残っているのか，理解する一助になれば幸いである。

　本書の刊行にあたって，研究会の委員の方々，執筆を分担された方々には限られた時間と紙数のなかで取りまとめいただき，さらに編集方針の制約のもとで度重なる推敲もしていただき，心から感謝申し上げる。また，編集にあたって終始ご指導いただいた，研究会の八木宏典座長，西尾敏彦顧問，岸康彦顧問に，心からの敬意と感謝を申し上げる。そして，本書の企画を発起した染英昭前会長の英断に敬意を表するともに，出版にあたって終始協力いただいた株式会社農文協プロダクションの鈴木敏夫氏，田口均氏にお礼を申し上げたい。

公益社団法人 大日本農会会長　吉田岳志

平成農業技術史

目 次

まえがき

平成の経済社会と農業

平成の経済社会　2

世界と日本 ……………………………………………………… 2
経済の動向 ……………………………………………………… 4
社会の動向 ……………………………………………………… 10
少子高齢化と人口減少社会 …………………………………… 15

食産業，食生活の変化と食の安全　18

食産業の市場規模 ……………………………………………… 18
食の外部化・簡便化の進展 …………………………………… 23
食の安全・安心と健康増進への対策 ………………………… 25

変貌する平成の農業　28

農業政策の動向 ………………………………………………… 28
食料需給の動向 ………………………………………………… 32
平成農業における新たな動き ………………………………… 36
　（1）担い手の減少と水田農業の構造変化　36
　（2）水田活用と飼料用イネの生産拡大　38
　（3）農業法人化の進展と常時雇用者の増加　39
　（4）農業・農村における六次産業化の進展　41
　（5）一般法人の農業参入の急増　42
　（6）流通チャネルの多様化と戦略的提携の進展　44
　（7）環境保全型農業（有機農業）の取組みとGAP認証　47

平成の農業技術

水田作

水田作をめぐる情勢 …… 54

多様な消費ニーズや一層の国際化への対応　57

ポストコシヒカリをめざした品種 …… 57
(1) 低アミロース等でん粉変異の利用　59
(2) 環境耐性の強い品種の育成　61
(3) 新たな地域ブランドや業務用・加工用品種　65
(4) 食味や環境耐性向上のための施肥管理や生育診断手法　67

水田のフル活用に向けて …… 63
(1) 営農排水技術および地下灌漑　68
(2) 水田ダイズ作・ムギ作の安定化　71
(3) 水田輪作に適用可能な汎用機の開発　74
(4) 飼料用イネ品種の開発　75

担い手の減少・高齢化と農業経営の高度化への対応　78

省力化とコスト低減に向けて …… 78
(1) 直播栽培の展開　78
(2) 移植栽培の省力化　83
(3) 作物保護や肥培管理の高度化　86
(4) 生育の予測と診断　90

作業技術の高度化 ……………………………………… 91
 （1）高速田植機，代かきロータリの開発　92
 （2）遠赤外線乾燥機　93
 （3）除草機の開発　94
 （4）農作業安全　95

経営支援 ……………………………………………………… 97
 （1）農業経営意思決定支援システム　97
 （2）分散圃場の作業計画・管理支援システム　98

次代の水田作経営に向けた展望と課題　98

農作業の自動化 ……………………………………………… 99
営農へのICTの活用 ………………………………………… 100
水田での畑輪作と地力の維持管理 ………………………… 102
新たな育種技術 ……………………………………………… 103

畑　作

畑作をめぐる情勢 …………………………………………… 106

消費者の高品質・良食味志向と食の多様化への対応　107

良食味化と多様化で消費者ニーズに対応 ………………… 108
 （1）飛躍的に改良された北海道のめん用コムギ　108
 （2）ついにコムギの横綱品種も引退　110
 （3）パンや中華めん用コムギの登場　111
 （4）新用途で躍進したオオムギ　112

（5）北海道・東北で普及した良質ダイズ新品種　113
　　（6）高品質化するサツマイモと焼きいも需要　114
　　（7）ジャガイモの高品質化と多様化　117
　　（8）地域特産作物の復権　118

健康志向に対応した健康機能性成分の活用……………121
　　（1）サツマイモの健康機能性で商品開発　122
　　（2）チャの健康機能性成分の活用　123

新規用途の開発……………………………………………125
　　（1）青臭みやえぐみを除いたダイズ　125
　　（2）低温糊化性でん粉をもつサツマイモを用いた商品開発　126

担い手の減少・高齢化と規模拡大への対応　128

省力生産を可能にした機械化技術……………………128
　　（1）ダイズのコンバイン収穫の拡大と適性品種　129
　　（2）サツマイモに機械収穫技術が導入　131
　　（3）サトウキビの省力栽培と機械化技術　131
　　（4）テンサイの直播栽培の回復　134
　　（5）チャの栽培〜製茶作業の省力機械化　135

品質や生産性の安定・向上を可能にした機械化技術…139
　　（1）GPSガイダンスシステムなどを用いた高精度・省力化　139
　　（2）センシング技術の利用によるコムギの収量と品質の改善　141
　　（3）ジャガイモのソイルコンディショニング技術で省力高品質化　143
　　（4）土壌凍結深の制御で野良イモ対策　146

農産物貿易自由化の進展への対応　149

新しい品種や栽培技術の貢献……………………………149
　　（1）外国産並みの品質をもったコムギやダイズ生産のコスト低減　149

（2）でん粉原料用作物における品種の変化　150
　　　（3）サトウキビにおける高糖化と低コスト生産技術の開発　150

国産農産物の安全性の確保 ……………………………………… 152

　　　（1）ムギ類赤かび病の効率的な薬剤防除技術の普及　152
　　　（2）ジャガイモのアクリルアミドの生成制御技術　154
　　　（3）ダイズのカドミウム吸収抑制技術　155

知的財産権の確保による外国産テンサイ種苗への対抗 … 156

今後の技術展望　158

経営類型からみた技術開発 ……………………………………… 158

　　　（1）大規模畑作の展望　158
　　　（2）本州から九州における畑作　159
　　　（3）島しょ型畑作　159
　　　（4）中山間地の畑作　160

野菜園芸

野菜園芸をめぐる情勢 …………………………………………… 162

消費者の安全・安心・健康志向と食の外部化への対応技術　163

食生活・消費の変化と輸入の増加 ……………………………… 163

育種面からの対応 ………………………………………………… 165

　　　（1）病害虫抵抗性の重視　165
　　　（2）機能性品種の登場　168
　　　（3）加工・業務用品種へのニーズ　168

IPM技術の分化・発展 …………………………………………… 172

（1）耕種的防除　172
　　（2）生物的防除　173
　　（3）物理的防除　174
　　（4）化学的防除　176

有機農産物・特別栽培農産物　177

就農者の高齢化と労力不足への対応技術　180

統計に現れる生産の現状と技術開発　180

育苗の分業化と苗産業の発展　181
　　（1）セル成型苗の導入と普及　182
　　（2）接ぎ木苗生産の急増と苗生産装置　183
　　（3）閉鎖型苗生産システムによる無病苗の計画生産　185

省力化・軽作業化に向けた農業機械　185
　　（1）機械化が遅れた分野での重点的開発と普及　186
　　（2）種子加工技術の普及と播種の機械化　186
　　（3）セル成型苗を利用した移植機　187
　　（4）耕うん・施肥等の管理作業機　188
　　（5）収穫機の普及が前進　189
　　（6）機械化一貫栽培システム　190
　　（7）調製・出荷・流通施設の高度化――イチゴのパッケージセンター　192

施設栽培の高度化・大規模化・ICT化　193
　　（1）栽培施設と被覆資材の変遷　193
　　（2）施設作物管理技術　195
　　（3）施設環境制御技術の高度化・ICT化　196

養液栽培と植物工場の普及・発展　198
　　（1）養液栽培システムの発展・普及　198
　　（2）養液管理技術の発展　199

(3) 植物工場　200

　　　　　グローバル化対応技術　202

経営体の強化・拡大 …………………………………………… 202
(1) 規模拡大による経営強化の例　202
(2) 多様化による経営強化の例　204

輸入と輸出 …………………………………………………… 206
(1) 野菜の輸入，変遷と問題点　206
(2) 野菜の輸出，現状と問題点　207

　　　　　今後の技術展望　209

経営からみた技術の方向性 …………………………………… 209
(1) ICT化・先進化による若者の取込み　209
(2) 快適化と環境に配慮した技術の開発・導入　210
(3) 流通様式の見直し　210
(4) 野菜生産の分業化　211

花き園芸

花き園芸をめぐる情勢 ………………………………………… 214

　　　　　多様な消費ニーズと需要拡大への対応　215

育種の成果 …………………………………………………… 215
(1) ロイヤリティを伴う導入品種　215
(2) 国内で育成された多様なF_1品種　218
(3) 遺伝子組換えによる青色品種の作出　221
(4) 多様なニーズに応える有用形質の付与　221

周年生産・安定供給の進展 ………………………… 226

 （1）日長処理に基づく開花調節技術　226
 （2）温度制御に基づく開花調節技術　227
 （3）植物調節剤を利用した開花調節技術　232

経営の高度化と担い手の高齢化や減少への対応　233

生産性向上に適した有用形質の育種 ………………… 233

 （1）省エネ——低温伸長・開花性の輪ギク　233
 （2）省力——無側枝性の輪ギク　233
 （3）日持ち性（長寿命性）改善——長寿命のカーネーション　234
 （4）耐病性——土壌伝染性病害抵抗性のカーネーション　235

苗生産の分業化 …………………………………………… 236

 （1）セル成型苗生産による苗の大量供給　236
 （2）組織培養による大量増殖　237

作業の省力化 ……………………………………………… 238

 （1）移植と定植　238
 （2）灌水と施肥　239
 （3）病虫害防除　240
 （4）収穫　241

省エネ化と栽培環境の好適化 …………………………… 241

 （1）ヒートポンプの導入　241
 （2）省エネ対策　242
 （3）栽培環境の好適化　243

流通の近代化とグローバル化への対応　244

オランダにならった流通システムへ ………………… 244

 （1）市場の統合・大型化　244

（2）輸送容器の改善　245
　　（3）量販店の増加と花束加工場の出現　246

日持ち性の向上 ……………………………………………… 247
　　（1）品質保持剤の普及　247
　　（2）日持ち保証販売に対応した品質管理　249

グローバル化への対応 ……………………………………… 250
　　（1）切り花輸入急増への対応　250
　　（2）輸出拡大への対応　252
　　（3）国際的な分業化の進行　253

おわりに ……………………………………………………… 254

果樹園芸

果樹園芸をめぐる情勢 ……………………………………… 256
　　（1）生産と消費の動向　256
　　（2）経営上の課題　258
　　（3）地球温暖化の影響　260
　　（4）輸出入の動向　261

多様化する消費者ニーズへの対応　263

消費者ニーズに対応した品種 ……………………………… 263
　　（1）高品質なカンキツ　264
　　（2）高品質な中生リンゴ　266
　　（3）皮ごと食べられるブドウ「シャインマスカット」　268
　　（4）供給期間が拡大されたナシ　270
　　（5）新たな食感をもつ高品質な甘ガキ　270
　　（6）渋皮が剥けやすいニホングリ　271

消費者ニーズに対応した果実の安定生産技術 …… 273
 （1）マルドリ栽培　273
 （2）種なしブドウ　274

健康機能性の解明と生鮮果実における機能性表示 …… 276

高品質果実の供給を支える流通技術 …… 278
 （1）非破壊内部品質選別機（光センサー）　278
 （2）ＭＡ包装による「不知火」の長期貯蔵　279

担い手の高齢化や労働力不足への対応　280

わい性台木を利用した省力・軽労化技術 …… 230
 （1）リンゴのわい化栽培　280
 （2）カキのわい性台木　281

作業労力を削減する栽培技術体系 …… 282
 （1）ブドウの管理作業省力化　282
 （2）画期的なジョイント栽培　285
 （3）根域制限栽培　287
 （4）人工受粉　288

作業者の負担を軽減する土壌病害治療技術 …… 289

地球温暖化への対応　292

地球温暖化が果樹栽培に及ぼす影響 …… 292
高温障害軽減技術と地球温暖化に対応した品種 …… 292
カンキツグリーニング病の根絶と再侵入防止技術 …… 294

xiii

グローバル化への対応　297

高品質国産果実の安定供給を実現する鮮度保持技術 … 297
国内育成品種の保護に資する品種識別技術 …………… 298

畜 産

畜産をめぐる情勢 …………………………………………… 300

国際化への対応と家畜生産の一層の効率化　303

家畜改良手法 ………………………………………………… 303
　（1）BLUP 法の開発・利用による家畜改良　303
　（2）ゲノミック評価　304

繁殖技術 ……………………………………………………… 306
　（1）と場からの卵子活用体外受精技術　306
　（2）クローン技術　307
　（3）精子性判別技術　309
　（4）豚人工授精技術　310

飼養管理技術 ………………………………………………… 312
　（1）繋ぎ飼い牛舎用省力・精密飼養管理システム　312
　（2）養鶏における大規模鶏舎　314

畜産物の安全・安心と品質保証・差別化　316

DNA 判別技術が広く普及 …………………………………… 316
　（1）DNA 親子判別・個体識別技術　316
　（2）遺伝病遺伝子判別技術　319
　（3）DNA 動物種・品種判定技術　321

新しい品種開発と飼養管理技術 ……………………………… 323

(1) 地鶏と銘柄鶏　323
(2) ビタミンAの制御による和牛肥育技術　325

家畜疾病診断法の進歩 …………………………………………… 326

(1) 鳥インフルエンザ　326
(2) 牛海綿状脳症（BSE）　328
(3) 口蹄疫　329

飼料自給率の向上　330

移動放牧の発展 …………………………………………………… 330

(1) 西日本における水田放牧技術（移動放牧）　330
(2) 東日本における小規模移動放牧技術　331
(3) 東西の移動放牧技術の融合　331

飼料イネ，飼料用米 ……………………………………………… 332

(1) 飼料イネ（ホールクロップサイレージ用イネ）　332
(2) サイレージ発酵促進製剤　333
(3) ロールベール体系　335
(4) TMR（Total Mixed Ration）　336
(5) 飼料用米　337

環境問題への対応　338

豚のアミノ酸要求量の精密化が環境問題の解決に …… 338

(1) アミノ酸要求量精密化　338
(2) 低タンパク質飼料よる窒素排せつ量の低減　339
(3) 行政の対応と肉質への効果　340

エコフィード ……………………………………………………… 342

ふん尿処理 ………………………………………………………… 343

（1）吸引通気式堆肥化技術　343
　　　（2）ペレット堆肥化技術　345
　　　（3）家畜排せつ物のメタン発酵　346
　　　（4）MAP法による豚尿の浄化とリン回収技術　347

地球温暖化対応技術　348

食品加工・流通

食をめぐる社会情勢の動向　350

食生活の動向と課題　350
　　　（1）消費者ニーズの多様化　350
　　　（2）「日本型食生活」の変質　350
　　　（3）食料自給率の低下　351
　　　（4）「食品ロス」の増加　352
　　　（5）健康・安全志向の高まり　352
　　　（6）「機能性食品」の誕生　354
　　　（7）食品表示の一元化　355
　　　（8）HACCPシステムによる衛生管理の法制化　356

食品産業の動向と課題　358
　　　（1）地域の基幹産業としての食品産業　358
　　　（2）グローバル化と海外市場拡大戦略　359
　　　（3）農林漁業の六次産業化への期待　360
　　　（4）循環型社会形成へ向けた食品産業の取組み　361

平成における食品加工・流通技術の高度化　364

食品加工・流通技術の目的と技術　364

食品加工における注目技術　367

（1）穏やかな温度条件での非加熱殺菌技術　367
　（2）新加熱源としての過熱水蒸気技術　369
　（3）熱効率が高い高品質食品のための通電加熱技術　370
　（4）電磁場環境を活用した冷凍技術　371
　（5）真空環境を利用した食品加工技術　373
　（6）グルテンフリーで世界も注目する米粉技術　374
　（7）国際標準化を目指すファインバブル技術　376
　（8）生産性向上のためのロボット化技術　377

食品流通における注目技術 … 379

　（1）内容品質保証のための非破壊選別装置　379
　（2）官能検査に代わる味覚センサー　382
　（3）食品表示の信頼回復のための真正性評価技術　384
　（4）HACCPに対応した危害要因のモニタリング技術　384
　（5）進化の著しい多様な機能性包装技術　387
　（6）青果物の高機能鮮度保持技術　388

今後の課題　390

社会情勢の変化のなかで求められる技術イノベーション … 390

農業農村整備

「農業基盤整備」から「農業農村整備」へ … 392

農地と水利の高機能化　394

担い手の体質強化と産地収益力の向上を推進した諸技術 … 394

大区画圃場の整備とICT活用水管理 … 395

xvii

    (1) 大区画化技術　396
    (2) ICTを活用した水管理　398

水田排水改良や地下水位制御　401

    (1) 地下水制御　401
    (2) 補助暗渠施工機カットドレーン　403
    (3) 地下水位制御システムとその効果　404

農業施設構造物のストックマネジメント　405

    (1) 水路トンネルの点検技術　405
    (2) ドローンによる水路,海岸堤防の点検　406
    (3) ポンプ設備の点検技術　407
    (4) 効果的な農家,土地改良区の日常点検手法　408

島しょ部の天水農業を激変させた地下ダム　408

    (1) 地下ダムとは　409
    (2) 地下ダムのための技術　410
    (3) 地下ダムの整備　411
    (4) 地下ダムによる農業振興　412

大規模畑地灌漑システムで近代的な畑作を創出　412

    (1) 自動定圧定流量分水栓・自走式散水機の導入　413
    (2) 整備された大規模畑地　414
    (3) その後の地域農業の動向　414
    (4) 事業の波及効果　415

自然圧大口径パイプライン水利系　416

    (1) 先進的な大口径パイプライン施工　417
    (2) 生産基盤をフル活用した営農へ　419
    (3) 砂丘地への新規作物の導入　420
    (4) 経営規模が拡大　420

環境保全に配慮した農村の整備　421

農村環境保全による地域づくりを推進した諸技術 …… 421
農村地域の生態系を保全する取組み ……………………… 422
　（1）田んぼの学校と生きもの調査　423
　（2）水田魚道　423
　（3）環境配慮技術指針　424
　（4）環境保全で農産物の高付加価値化　425

ため池の災害情報システムと対策工法 ……………… 427
　（1）急がれるため池対策　427
　（2）情報システムの開発と導入　428
　（3）危険なため池の新しい対策　429
　（4）住民参加による防災・減災　431

農業基盤や農村環境の整備に貢献した手法 ………… 431
　（1）土地基盤情報の管理を一変させた簡易GIS　432
　（2）農村景観シミュレータとワークショップ手法　433

農業集落排水処理施設の整備 ……………………………… 436
　（1）農業集落排水処理システム　436
　（2）農業集落排水処理施設の課題　438
　（3）最近の技術開発の成果　438
　（4）農村環境改善の地区事例　439

バイオガス事業廃棄物の利用 ……………………………… 440
　（1）バイオマス利活用の背景と課題　440
　（2）メタン発酵プラントの実用化　441
　（3）メタン発酵消化液の液肥利用　441
　（4）バイオマス利用のこれから　442

環境問題

農業と環境　444

農業と環境の相互関係 …………………………… 444
農業環境の広がり ………………………………… 445
　(1) 生産環境　446
　(2) 地域環境　446
　(3) 地球環境　447
　(4) 時間スケール　447

農業における環境問題の拡大と施策の動向　448

平成期以前──農業環境問題の萌芽 …………… 448
地球環境サミット ………………………………… 450
食料・農業・農村基本法の制定 ………………… 450
環境直接支払制度の導入 ………………………… 451
持続可能な開発目標（SDGs）…………………… 452

「地球環境」問題への対応　452

「地球環境」の変動が農業生産に及ぼす
影響への対応──温暖化適応技術 ……………… 453
　(1) 気候変動による農業への影響の顕在化　453
　(2) 農作物への温暖化影響と適応技術の開発　453

農業活動が「地球環境」に及ぼす影響とその低減 ……… 458

 (1) 温室効果ガスによる地球環境への影響　458
 (2) 農業生態系における温室効果ガスの発生とその抑制技術　459
 (3) 農業活動による地球環境保全（二酸化炭素の吸収）　461
 (4) オゾン層破壊の問題と対応技術　462

農業と「地域環境」の保全　463

農業と「地域環境」の相互作用 ……………………………… 463

化学物質の動態と農業 …………………………………………… 464

 (1) 化学物質問題の顕在化と拡大　464
 (2) カドミウム（Cd）の吸収抑制　465
 (3) 放射性物質汚染の対策技術　468
 (4) 化学肥料の動態と対策　469

農業のもつ多面的機能と直接支払制度 ………………………… 470

生物多様性の保全とその技術 …………………………………… 473

 (1) 生物多様性の概念と農業　473
 (2) 農村における生物多様性保全と農地管理　473
 (3) 生産現場における生物多様性保全の取組みとブランド（銘柄）化　474
 (4) 生物多様性保全の取組み効果の検証　476

「生産環境」における環境保全型農業の展開　477

環境保全型農業に関する制度の成立 ……………………………… 477

環境保全型農業直接支払制度における取組み ………………… 479

おわりに ………………………………………………………………… 480

東日本大震災対応

地震・津波被害からの復旧に向けた技術の開発　484

津波被害への対策 …………………………………………… 484

　（1）ガレキの撤去　485

　（2）除塩および塩害対策　485

　（3）津波に備えた堤防の築造法と配置手法　488

ため池等の地震被害への対策 ……………………………… 489

東京電力福島第一原子力発電所事故からの復興に向けた技術の貢献　490

農地等における放射性物質の除去・低減技術 …………… 490

　（1）農地の放射性物質汚染程度の把握　490

　（2）玄米への移行率の推定から得られた農地として利用可能な汚染程度　491

　（3）農地の除染技術　491

　（4）果樹における樹皮洗浄　494

　（5）ため池の放射性物質除去技術　494

作物による放射性物質の吸収抑制技術 …………………… 496

　（1）カリウム施用によるセシウム吸収の抑制　496

　（2）果樹における果実へのセシウム移行の抑制　497

　（3）牧草におけるセシウム吸収の抑制　497

食品の安全性確保に向けた取組み ………………………… 498

　（1）米の全量全袋検査の実施　498

　（2）カリウム施用の徹底　499

震災からの復興に向けた取組み　499

地域の復興 ………………………………………………………… 499
農業の復興 ………………………………………………………… 500

分業化と連携の平成農業

平成農業の特色 …………………………………………………… 502
園芸・畜産を進展させた分業化と連携 ………………………… 504
　　（1）園芸の進展を支えた育苗の分業化　504
　　（2）畜産を進展させたコントラクター　506
　　（3）分業化から耕畜連携へ，飼料用イネの登場　506
より多様で広範な連携の時代へ ………………………………… 507
　　（1）ICT・ロボット技術との連携　508
　　（2）地域内連携を活かす六次産業化と有機農業　508
おわりに …………………………………………………………… 509

　　年表　511
　　索引　522
　　あとがき　546

編集方針として，本文中においては国立，公設，独法の試験研究機関名をそれぞれの事柄のあった当時の略称で示すこととした。また，国立研究開発法人農研機構については，内部機関の略称を付記した。

平成の経済社会と農業

平成の経済社会

世界と日本

　平成の時代は，情報や財，人などの国境を越えた流動化が大きく進展した時代であった。まず，デジタル革命と呼ばれるICTやIoTを駆使した情報化の急速な進展がみられた。わが国でも平成初めにWindows95（日本語版）が発売されて以来，PCの普及率は9割となり，インターネットの普及率も8割に達している。携帯電話は平成初めには1％にも満たない普及率であったものが，今では130％を超える爆発的な普及をみせている。ソーシャルメディアの利用率は，ライン（LINE）が7割弱，フェイスブック（Facebook），ツイッター（Twitter），グーグル（Google）が3割前後で，ユーチューブ（YouTube），インスタグラム（Instagram）の利用も増加しつつある。若い世代ではラインやユーチューブの利用率が9割を超え，インスタグラムの利用率も高まっている[1]。SNSを通じて国内だけでなく，国境を越えた新しい情報ネットワークも形成されつつあるというのも平成の特徴である。

　デジタル革命によってキャッシュレス決済システムや仮想通貨市場なども開設され，かつてアルビン・トフラーが「第三の波」[2]で予言した「情報化社会」が世界で形成されつつあり，GAFA（Google, Apple, Facebook, Amazon）と呼ばれる大手IT企業のプラット・フォーマーなどが世界をリードする新しい産業構造が生まれつつある。

　農業分野においても，ICTを活用した水管理・栽培管理システムや閉鎖系栽培管理システム，農作業のGPSガイダンスシステム，そしてさまざまなセンサーを利用した農産物の収穫機械などが開発されており，スマート農業の開発・普及に向けたさらなる研究が進んでいる。

　平成はまた，東西冷戦の消滅，貿易自由化，EU統合など，世界の社会体

制の転換と経済のグローバル化が進んだ時代でもあった。東西問題ではベルリンの壁崩壊，ソ連崩壊と続き，中国でもこれに先立ち改革・開放路線に舵を切り，ベトナムでもドイモイ（刷新）により市場経済への転換が進められた。一方，平成初めには世界貿易交渉（ガット・ウルグアイ・ラウンド）が合意（平成5年〈1993〉）され，農産物の例外なき関税化とその削減が決定された。さらに平成4年（1992）にはEU条約が調印され，その後ユーロへの統合が決定されている。

　地域間の自由な貿易を促進する交渉も盛んになり，NAFTA（アメリカ，カナダ，メキシコ）（平成6年〈1994〉）が締結され，FTA（自由貿易協定）やEPA（経済連携協定）なども多くの国々で締結されてきた。わが国が平成に締結したEPAだけでも，メキシコ，チリ，タイ，インドネシア，ベトナム，オーストラリア，モンゴル，EUなど多数にのぼっている[3]。

　貿易自由化の流れは平成後期においても続き，拡大交渉となるTPP協定（Trans-Pacific Partnership Agreement）の交渉がアメリカ，オーストラリアなどを含むアジア・太平洋地域の12か国の参加のもとに始まり，平成28年（2016）に合意した（その後，アメリカが離脱してTPP11協定として合意）。

　以上のような情報や財の国境を越えた流動化に加えて，人の動きも活発になっている。わが国への人の流入だけに限ってみても，在留外国人や外国人旅行者の増加にみられるいわゆる"内なる国際化"が加速している。在留外国人の数は直近の5年間だけで52万8千人が新たに在留し，平成29年（2017）には256万2千人（うち農業労働は2万7千人）となった[4]。留学生や技能実習生が急増しており，それぞれ31万人，27万人に達している。在留外国人の居住地域は，東京，愛知，大阪など都市部が6割を占めているものの，近年の動きをみると，北海道，青森，富山，石川，福井，島根，熊本，宮崎，鹿児島，沖縄など，地方での増加が目立っている。

　さらに注目されるのは，在留外国人が農業に参入するケースもみられるようになったことである。たとえば，ネパール人が北海道で農業法人（一般法人）を設立して農業を始めている事例もある。水田の耕作放棄地を借

り受けて再開墾し，10haのタマネギなどを栽培している[5]。

　平成を語るときにもう一つ見落とされてならない問題は，温暖化など地球環境問題の顕在化であろう。すでに地球の環境汚染や資源の有限性については，レイチェル・カーソン（「沈黙の春」）[6]やデニス・メドウズ他（「成長の限界」）[7]によって早くから警鐘が鳴らされてきた。こうした問題が世界にとって今や待ったなしの課題となったことが平成4年（1992）の地球環境サミット（環境と開発に関する国際連合会議：リオ・デジャネイロ）で宣言され，これを受けて平成5年（1993）にわが国でも環境基本法が公布され，担当官庁として環境省が平成13年（2001）に新設された。

　平成9年（1997）には世界の国々の行動指針となる「京都議定書」が採択され，平成27年（2015）にはパリ協定が結ばれた。そしてCOP24（平成30年〈2018〉，ポーランド）では，パリ協定の運営ルールが大筋合意されている。地球の平均気温は2050年までにさらに2℃ほど上昇すると予測され，二酸化炭素を吸収して人工的に地球を冷やすジオ・エンジニアリングなどの新しい分野の研究も始められている。国連の推進するSDGs（Sustainable Development Goals：2015）が，世界のすべての国々が取り組むべき喫緊の課題になってきているのである。

　しかし，こうした国際化（ボーダーレス化）への反動ともいえる動きが，平成の終わり頃に起こってきた。平成28年（2016）にはイギリスのEU離脱が国民投票で決まり，また，トランプ大統領がアメリカ・ファーストの自国主義を掲げてTPP協定やパリ協定から離脱し，米中間の貿易交渉を始めるなど，これまでの国際協調を分断する動きに出ている。さらに，多くの先進資本主義国において移民排斥や民族主義を掲げた政党が力を増している。協調から分断という自国主義の新たな動きが，これからの世界秩序にどのような影響をもたらしていくのか注目していく必要がある[8]。

経済の動向

　平成の経済は，バブル崩壊とリーマンショック，東日本大震災などの影

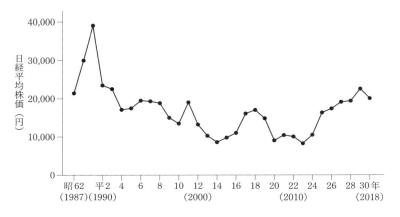

図1　日経平均株価の推移（昭和62〜平成30年）
出所：日経平均プロフィル（日本経済新聞社）：ヒストリカルデータによる
注：各年次の終値を示した

響により，デフレ経済といわれる停滞の時代であったということができる。日経平均株価の動きをみると，平成元年（1989）に38,915円という最高値をつけた直後にバブルが崩壊し，株価は2万円台を割り込んだ（図1）。そして未曾有の金融危機にともなって発生した住専問題，山一証券経営破綻，長銀経営破綻などを背景に，平成14年（2002）にはついに8,500円台にまで落ち込んでしまった。平成中頃を過ぎるまでのわが国の株価は，まさに凋落の時代であった。その後，回復のきざしをみせたものの，平成20年（2008）のアメリカのサブプライムローン問題に端を発したいわゆるリーマンショックのあおりを受けて再び下落し，翌平成21年（2009）3月10日には7,055円という平成の最安値を記録した。株価は財務・金融・経済財政相の談話などもあってやや持ち直したものの，株安の傾向は平成24年（2012）まで続いた。世界的な金融危機をもたらしたリーマンショックにより世界経済が軒並み悪化してしまったうえに，為替レートが大きく円高（＝ドル安）に振れたために，輸出企業を中心とする国内企業の業績が落ち込んだためである。その後ようやく回復して1万6千円台を超えるようになり，平成の終わりちかくに2万円台を超えるようになった。

　以上のような株価の動きにみられる景気変動のなかで，わが国の名目

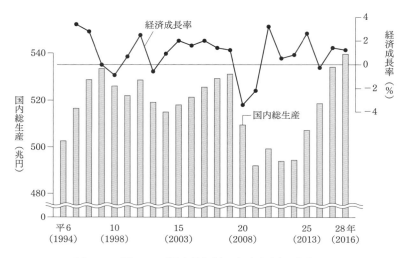

図2 わが国のGDP（国内総生産）と経済成長率の推移
出所：公益財団法人矢野恒太記念会編『日本国勢図会2018/19』2018年，85ページ
注：国内総生産は名目，経済成長率は実質である

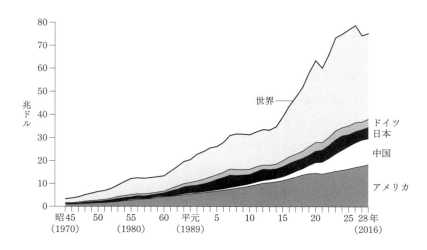

図3 世界のGDP（国内総生産）の推移
出所：公益財団法人矢野恒太記念会編『世界国勢図会2018/19』2018年，99ページ
（原資料はUN National Accounts of Main Aggregates）

GDP（国内総生産）はバブル崩壊後も成長を維持しており，平成9年（1997）には530兆円台を超えている。しかし成長率のほうは年々低下して，平成9年（1997）には0％，翌年はマイナスに転じてしまった。成長率の低迷のために名目GDPも減少に転じ，平成14年（2002）には510兆円台にまで低下した（図2）。

　イラク戦争の始まる平成中頃からやや持ち直して2％程度の経済成長を続けるものの，リーマンショックにより再びマイナスとなり，平成21年（2009）の名目GDPは490兆円台にまで落ち込んだ。経済の低迷はその後も続いていたが，ようやく平成25年（2013）頃あたりから増加に転じて，530兆円台にまで回復している。この間に，アメリカや中国，ドイツなどの国々が成長を持続させてきたのに対して，わが国の経済は平成後半においても低迷と回復を繰り返しながら，名目GDPではほぼゼロ成長で推移してきたということができる（図3）[9]。

　このようなわが国経済の状況のなかで，工場などを海外に移転させる企業が急増し，そのために地方産業の空洞化や中小企業の廃業などが進み，また，働く人たちの賃金の低迷と所得格差の拡大が進んだことなども平成の大きな特徴である。

　日本企業の海外への進出が増加したのは，プラザ合意（昭和60年〈1985〉）以降に急激な円高が進んだことが要因であり，円高を背景に労働力など生産コストの安い海外への工場移転が進められたことなどによる。わが国の海外現地法人数は，平成元年（1989）においてすでに6千法人に達しているが，その後も年間およそ700法人ずつ増加して，平成12年（2000）には1万5千法人に達した。一時，株価が1万円を割り込むような景気後退のために減少するものの，平成16年（2004）以降は再び年間600法人程度のペースで増加している。東日本大震災・福島第一原発事故後の平成24年（2012）には一挙に2万3千法人に増え，その後も安定したペースで増加している（図4）。

　海外現地法人の地域別分布をみると，中国，アセアン諸国，北米，欧州などに集中しているが，近年はその他の諸国でも増加している。業種別に

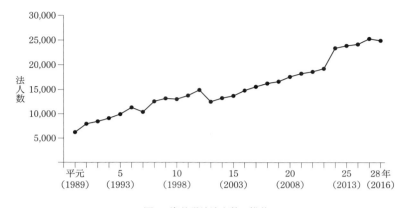

図4　海外現地法人数の推移
出所：経済産業省「海外事業活動基本調査」による

みると，輸送機械，情報通信機械のほかに，卸売業，サービス業，運輸業などの割合が近年は増えているのが特徴である。食品関連企業なども，大手を中心に1,000法人以上が海外で事業を展開している。その内訳は，食品製造業580法人，関連流通業330法人，外食産業170法人などである。

　以上のような海外進出の結果，海外生産比率は進出企業ベースでは39％となり，国内の全企業ベースでも25％に達している。また，日本の企業や個人等が海外に有する資産総額が平成末には1,000兆円を超えている。10年前の519兆円に比べると2倍に増加しており，この間にわが国GDPの1年分に相当する資産が海外投資などによって増えたことになる[10]。企業の事業や投資が海外にシフトしたために，国内のトリクルダウン（trickle-down）に向かう分が目減りしているということでもあろう。

　企業の海外進出の動きが活発になるなかで，国内では製造業の事業所数が大きく減少している。わが国の製造業の事業所数と従業員数の動きをみると，平成初めからの二十数年間に事業所数は半分以下に減少し，従業員数も3分の2に減少した（表1）。バブル崩壊後のわずか4半世紀の短い間に，製造業の事業所数も従業員数も大幅に減少したのである。しかも，これを産業別（中分類）にみると，繊維工業（衣類，縫製を含む），革製品製造業，電気機械器具製造業，木材・木製品製造業，家具・装備品製造業，窯

表1 産業別にみた事業所および従業員数の変化（平成2〜26年）（単位：事業所，人）

製造業（中産業分類）	事業所数			従業者数		
	平成2 A	平成26 B	指数 B/A	平成2 C	平成26 D	指数 D/C
製造業合計	435,997	202,410	0.46	11,172,829	7,403,269	0.66
繊維工業	62,501	13,430	0.21	1,108,359	268,135	0.24
なめし革・同製品・毛皮製造業	5,795	1,394	0.24	78,656	22,380	0.28
電気機械器具製造業	36,116	8,953	0.25	1,939,729	481,936	0.25
木材・木製品製造業（家具を除く）	20,319	5,547	0.27	252,763	91,497	0.36
家具・装備品製造業	17,093	5,550	0.32	231,350	96,824	0.42
印刷・同関連業	29,642	11,664	0.39	554,155	268,880	0.49
生産用機械器具製造業	46,672	19,083	0.41	1,199,798	550,642	0.46
ゴム製品製造業	5,816	2,525	0.43	172,284	110,987	0.64
窯業・土石製品製造業	20,753	9,974	0.48	459,040	237,733	0.52
パルプ・紙・紙加工品製造業	11,405	5,969	0.52	283,631	181,868	0.64
金属製品製造業	51,901	26,797	0.52	846,915	576,707	0.68
業務用機械器具製造業	7,193	4,159	0.58	250,625	204,404	0.82
食品製造業	45,091	27,115	0.60	1,090,403	1,112,433	1.02
非鉄金属製造業	4,283	2,594	0.61	169,800	138,587	0.82
プラスチック製品製造業（別掲を除く）	20,078	12,936	0.64	435,523	405,938	0.93
鉄鋼業	6,477	4,222	0.65	337,811	214,988	0.64
輸送用機械器具製造業	15,539	10,415	0.67	942,795	980,505	1.04
飲料・たばこ・飼料製造業	5,685	4,128	0.73	131,701	99,451	0.76
化学工業	5,352	4,669	0.87	401,076	343,416	0.86
石油製品・石炭製品製造業	1,074	931	0.87	33,247	24,830	0.75
はん用機械器具製造業		7,141			308,841	
電子部品・デバイス・電子回路製造業		4,267			382,110	
情報通信機械器具製造業		1,501			151,851	

出所：経済産業省「工業統計表（産業編）」の平成2年（1990）および平成26年（2014）版による

注：1）産業別分類は中産業分類である
　　2）事業所数の減少が激しい順に産業（中産業分類）を並べ替えている
　　3）下の3つの産業区分は平成19年（2007）に新設されたものである

業・土石製品製造業など，伝統的な地場産業や農村工業化などで地方に進出した製造業での減少が大きい。これらの6産業を合わせると，7割の事業所が廃止され，従業員数では290万人の雇用が失われている。とくに繊維工業や電器機械器具製造業で大幅な従業員数の減少がみられる。こうした動きが都市部だけでなく，地方都市や農村部での就業の場の縮小につながっており，これまで地域の農業を支えてきた兼業農家などの存立基盤を大きく揺るがしている。

　もっとも，食品製造業では事業所数はやや減っているものの，従業員数はこの間に逆に増えている。大手の食品企業の多くが海外へ進出するなかで，国内での加工食品などの需要の増大を背景に，地方で事業を展開する中堅の食品製造業などが健闘しているためであろう。

　なお，わが国の働く人たちの賃金が低迷しているのは，労働生産性が高く賃金水準も高い製造業の就業者比率が低下して，その一方で，労働集約的で賃金水準の低い宿泊業，飲食サービス業，社会福祉・介護事業などの就業者比率が上昇したことが要因であるという指摘もある。前者の賃金はこの間に停滞しているが，後者の賃金はそれなりに引き上げられているのであり，後者の就業者比率の上昇がそれを打ち消しているために，全体の賃金水準が低迷しているという指摘である。また，雇用全体に占めるパートタイマーの割合は平成2年（1990）には14％だったものが，平成29年（2017）には28％となり，この間に14ポイント上昇した。このパートタイマーにアルバイト，派遣労働者などを加えた非正規労働者の比率も，近年は横ばいになっているものの，37％にまで上昇している。こうした動きも賃金の低迷につながっているという[11]。

社会の動向

　高度経済成長期のように，人びとがこぞって高級品やブランド品を買い求めた時代に対して，平成は「百円均一」ショップなどもうまく活用しながら，倹約と「コスパ」（cost performance）を重視した，自分なりの暮らし

を求める個別化と多様性への転換の時代でもあった。また，経済が長らく低迷し，地震や噴火，豪雨などの自然災害が頻発するなかで，見果てぬ夢を追い求めた時代から，現実の日本の足元を見つめる時代への転換であり，世界がボーダーレス化するなかで，日本らしい価値や文化を見直す時代でもあった。

平成社会の世相を表すキーワードをいくつかあげてみると，JリーグとW杯，がんばろうKOBE，就職氷河期，非正規労働者と格差社会，アムラーファッション，世界遺産登録，家族のカタチ，引きこもり，オレオレ詐欺（特殊詐欺），ポケモンGO，災害の頻発とスーパーボランティア，オネエブームとLGBT，ブラック企業，働き方改革，歩きスマホとインスタ映え，などがある。本稿ではこれらのなかから，農業・農村に関連のあるボランティア活動と世界遺産登録のみについて，その動きをまとめておこう。また，家族のカタチについては後ほど詳しくふれる。

平成はまず，わが国においてもボランティア活動が一つの社会活動として認知された時代であった。阪神淡路大震災では全国から多くのボランティアが駆けつけ，無償で救援や復興のために活動した。こうした活動をきっかけに，ボランティアの果たす社会的役割の重要性が広く認識されるようになり，平成10年（1998）に「特定非営利活動促進法」（NPO法）が施行されている。

全国社会福祉協議会が把握しているボランティアの人数は，1980年代は160万人であったものが，その後年々増加して，阪神・淡路大震災後には550万人に達している。さらに東日本大震災の年には870万人へと増加した[12]。一方，総務省調査[13]では，ボランティア活動に参加したことがあると回答した者の数は2,900万人と推計されており，全人口に占める割合は26％（うち男25％，女27％）である。全国社会福祉協議会が「継続的に社会活動に参加する」ボランティアの人数を把握しているのに対して，総務省調査は「町内会の活動も含めて参加したことがある」ボランティアの人数を推計している違いであろう。

総務省調査によって活動への参加割合をみると，「町づくりのための活

動」,「子供を対象とした活動」,「防犯などの安全な生活のための活動」への参加が多く,次いで「自然や環境を守るための活動」,「高齢者を対象とした活動」,「スポーツ・文化・芸術・学術に関係した活動」,「障害者を対象にした活動」,「災害に関係した活動」の順となっている。しかし,近年の動きをみると,「子供を対象とした活動」や「スポーツ・文化・芸術・学術に関係した活動」,そして「災害に関係した活動」などの割合が増えている。高齢化などによって東日本大震災以降はボランティアの数は減る傾向にあるが,活動内容も町内会的なボランティアから社会的なボランティアに変わってきていることがうかがわれる。

　農業の分野では,地震や豪雨などで被災した農村・漁村地域の後片付けや,被災地のミカン収穫などの災害支援のボランティアのほかに,草刈りや水路の清掃,苗の定植,作物の収穫,下草刈りなど,年間を通して都市住民をボランティアとして受け入れている地域が近年は増えている。名称も農村役立ち隊,援農ボランティア,農業・農村サポーター,ふるさとボランティア,おいしい食の応援隊などさまざまであり,体験やイベントも含めたグリーンツーリズムの一貫として取り組んでいる地域や,新規就農,農業インターンシップ,農作業ボランティアをセットにした窓口を開設して,参加者の意向に応じて受け入れ区分を決めている地域もある。また,援農ボランティアを紹介・斡旋する団体や,「雪かき道場」などを開催してボランティアの育成に力を入れている団体などもある。

　バブル崩壊後の平成は,国内の伝統的な文化,自然,歴史的構造物などに対する見直しが進み,世界遺産(World Heritage)の登録などを起爆剤とした,地域経済の活性化や観光への取組みが始められた時代でもあった。

　ユネスコ(国連教育科学文化機関)で世界遺産条約が成立したのは昭和47年(1972)であるが,日本がこの条約を批准したのはバブル崩壊後の平成4年(1992)である。しかし,翌年には白神山地,屋久島,姫路城,法隆寺地域の仏教建造物など4件が登録され,その後は毎年1〜2件が登録されている。平成末にはわが国の世界遺産は22件(うち文化遺産18件,自然遺産4件)にのぼっている(表2)。また,平成20年(2008)にはユネスコ

表2 日本の世界遺産

登録年	名称	所在地
平成5（1993）	白神山地（自然）	青森，秋田
	屋久島（自然）	鹿児島
	姫路城	兵庫
	法隆寺地域の仏教建造物	奈良
6（1994）	古都京都の文化財	京都，滋賀
7（1995）	白川郷・五箇山の合掌造り集落	岐阜，富山
8（1996）	原爆ドーム	広島
	厳島神社	広島
10（1998）	古都奈良の文化財	奈良
11（1999）	日光の社寺	栃木
12（2000）	琉球王国のグスクおよび関連遺産群	沖縄
16（2004）	紀伊山地の霊場と参詣道	奈良，和歌山，三重
17（2005）	知床（自然）	北海道
19（2007）	石見銀山遺跡とその文化的景観	島根
23（2011）	小笠原諸島（自然）	東京
	平泉	岩手
25（2013）	富士山	静岡，山梨
26（2014）	富岡製糸場と絹産業遺産群	群馬
27（2015）	明治日本の産業革命遺産	福岡，佐賀，長崎，熊本，鹿児島，山口，岩手，静岡
28（2016）	ル・コルビュジエの建築作品	東京（国立西洋美術館）
29（2017）	「神宿る島」宗像・沖ノ島と関連遺産群	福岡
30（2018）	長崎と天草地方の潜伏キリシタン関連遺産	長崎，熊本

出所：文化庁「世界遺産（文化遺産）一覧」
注：（自然）のついたものは自然遺産，他は文化遺産である

の無形文化遺産への登録も始められ，同年に能楽，人形浄瑠璃文楽，歌舞伎の3件が登録された。平成30年（2018）に登録された「来訪神　仮面，仮装の神々」（男鹿のナマハゲなど8県10行事）を含めてわが国の無形文化遺産は21件となっている。

　一方，世界的に重要かつ伝統的な農林水産業を営む地域（農林水産業システム）をFAO（国連食糧農業機関）が認定する世界農業遺産についても，日本では「トキと共生する佐渡の里山」（新潟県佐渡市）や「阿蘇の草原の維持と持続的農業」（熊本県阿蘇地域），「にし阿波の傾斜地農耕システム」

（徳島県にし阿波地域）などを含めて11件が登録されている。また，平成30年（2018）にはさらに2件の認定要請が準備されている。この日本版である日本農業遺産（農林水産省）も，平成末には「武蔵野の落ち葉堆肥農法」（埼玉県武蔵野地域）や「盆地に適応した山梨の複合的果樹システム」（山梨県峡東地域），「たたら製鉄に由来する奥出雲の資源循環型農業」（島根県奥出雲地域）などを含めて8件にのぼっている。

　こうした世界遺産，世界農業遺産を一つの観光資源などに活用して地域振興に取り組んでいる地域もあり，また，インスタ映えのする地方の伝統料理や景観等を動画などにして，国内外に情報発信する地域も出てきている。埋もれている地方固有のさまざまな文化的・自然的・伝統的遺産を発掘して後世に遺すためにも，さまざまな工夫を凝らしたデジタル・プロモーションなどの新しい取組みも期待されている。

　訪日する外国人旅行者の数は平成30年（2018）には年間3,119万人となり，わずか6年間で3.7倍に増加した。外国人旅行者たちの国内消費額も4兆5,064億円に達し，6年前に比べて4.2倍に伸びている。平成後期のわずかな期間に年間3兆4,300億円もの新しい観光市場が国内に生まれたということである。

　「平成29年観光白書」によれば，宿泊者数の対前年伸び率が東北，九州，四国，中国などで大きくなり，地方での宿泊者数割合が初めて4割を超えたという[14]。伸び率の上位20府県のなかには，東北，九州の名だたる諸県のほかに，香川，徳島，岡山，鳥取など中国，四国の諸県も名を連ねている。地方にある伝統文化や景観，生活行事などにも関心が高まり，外国人旅行者が日本固有の姿を求めて地方をめざすからであろう。

　たとえば，徳島県にし阿波地域では「傾斜地農耕システム」（棚田など）の農業体験や教育旅行，訪日外国人ツアーの受け入れによって，年間21万人余の宿泊者数を記録したという。しかも，そば打ち体験の8割は外国人旅行者であったという[15]。また，山深い山間地域に位置する岐阜県下呂市馬瀬地域では，人びとの日常のくらしや景観を野外博物館（ミュージアム）に見立てた地域づくりを推進している。フランスの地方自然公園制度を参

考にした「地域をまるごと自然公園」にする取組みであり，こうした取組みを通じた地域経済の活性化をめざしている[16]。

少子高齢化と人口減少社会

　平成におけるもう一つの大きな動きは，少子高齢化がさらに進展し，平成半ばにわが国の総人口がついに減少に転じたという点である。総人口は平成18年（2004）の1億2,784万人をピークに減少へと転じ，高齢化率も2025年には30％にまで上昇すると予測されている。国民の3人に1人が65歳以上の高齢者という時代が，近い将来に到来するという予測である。

　こうしたなかで，わが国の産業を担う生産年齢人口（15～65歳の働く世代）の割合も，平成初めの70％から末頃には60％へと10ポイント低下している。また，将来の産業を担うべき14歳以下の子供世代も6ポイント低下した。しかも2065年には生産年齢人口の割合は50％を切ると予測されている[17]。このままいけば，わが国の産業を担うべき働き手が国民の半分しかいないという高齢国家の時代が，そう遠くない時期にくるということである。

　人口減少と高齢化とともに，人口の地域的偏在の問題もますます厳しくなっている。平成後期の人口増減を地域別にみると，増加したのは沖縄を除くと，東京，愛知，埼玉，神奈川，福岡，滋賀，千葉の都市部のみで，その他の39道府県は軒並み減少となっている。また，市町村単位でみると，東京都（23区）や政令指定都市，その周辺のベッドタウンなどの都市では増加しているが，その他の実に1,416市町村（全市町村の82％）で減少している。この結果，都市部を中心とするわずか9都道府県に全人口の5割以上が集中するなど，人口の偏在傾向がますます強くなっている。しかも，地方ほど人口減少が著しく，このままでは896の地方自治体が消滅しかねないという予測もある[18]。

　以上のような動きのなかで，平成後期に入ると，特定の業種などを中心とする労働力不足が顕在化する時代となってきた。もっとも，平成前半の

時代は，逆に失業と非正規労働者の増加の時代であった。この間の失業率（完全失業率）の動きをみると，平成初めには2％程度であったものが，その後，景気の悪化とともに上昇を続け，中頃には5％（若年層は10％）を超えている。この時代は新卒者などの若年層にとっては，いわゆる「就職氷河期」といわれる冬の時代であった。一時失業率は低下するが，リーマンショックで再び大きく上昇し（若年層は9％へ上昇），低下に転ずるのは東日本大震災・福島第一原発事故後の復興期に入ってからである。

　そして，平成後期になって顕在化してきた新たな問題は，少子高齢化と人口偏在の問題などを背景にした，全国的な労働力不足の問題である。企業の求人状況を示す有効求人倍率の動きをみると，リーマンショック後の平成21年（2009）には，常用雇用者（パートタイムを除く）では0.4倍を下回り，パートタイム労働者でも0.8倍であった。求職者10人に対して求人数は前者でわずか4人，後者で8人しかないという状況にあった。しかし有効求人倍率はその後大きく上昇して，平成31年（2019）1月には前者で1.5倍，後者では実に2.0倍となっている。求職者10人に対して求人数は前者で15人，後者で20人という状況に大きく変わってきているのである。この傾向はとくに建設，造船，宿泊，農業，介護などの分野で顕著になってきているといわれており，わが国は恒常的な労働力不足の社会へと変わりつつある[19]。このため，政府は平成30年（2018）に「出入国管理及び難民認定法」の一部改正を行い，平成31年（2019）4月から特定技能労働者等の新たな受け入れ（農業を含む14業種，5年間で最大34万5千人〈農業は3万6,500人〉の受け入れを想定）をめざしている。令和の時代において，どのように外国人との共生社会を創り出していくのか，国民的課題として慎重に取り組んでいく必要があろう。

　平成は家族構成についても大きな変化がみられた時代であった。わが国の世帯数は昭和後期から平成27年（2015）までの30年間で4割ほど増加した。人口が減少傾向に転じた後においても，世帯数は増加していたのである。しかしその一方で，1世帯当たり家族人数は大きく減って，世帯の規模が小さくなっている。これまで世帯の中心を占めていた三世代家族の世

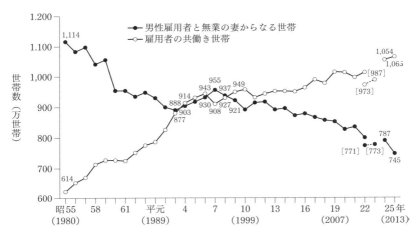

図5 共働き世帯数の推移
出所：内閣府男女共同参画局『平成26年版男女共同参画白書』2014年,本編1第2章第8図による

注：1）昭和55年から平成13年までは総務庁「労働力調査特別調査」,平成14年からは総務省「労働力調査（詳細集計）」より作成
2）非農林業雇用者の世帯は除いている
3）平成22年および23年の［ ］内の数字は,福島県,宮城県,岩手県を除く全国値である

帯が減少し,その一方で夫婦のみの世帯と一人親の世帯,そして高齢者と若い世代を中心とする一人暮らしの単独世帯が,平成に入って急速に増えてきたためである。

　こうした動きとともに注目される点は,昭和後期から平成にかけて共働き世帯が大きく増加した点である。図5によれば,全国の世帯（農林業世帯を除く）のうち,昭和後期に1,100万世帯を超えていた「男性雇用者と無業の妻からなる世帯」（専業主婦世帯）の数が急激に減少して,平成前期には900万世帯となり,平成後期にはさらに700万世帯へと減少している。その一方で,「雇用者の共働き世帯」は600万世帯であったものが,その後増加して平成前期に900万世帯となり,先の専業主婦世帯と拮抗する数となっている。さらに平成後期にいたると,ついに1,000万世帯を超えている。バブル崩壊前後を境にして両者の数が大きく逆転しているのである。

こうした流れは「女性の社会進出」として評価することもできるが，一方で，賃金の安いパート労働と育児，家事労働などに追われる女性たちが増えているという実態も見落とされてはならないだろう。こうした動きが，後述するように，国民の食の形態や食生活にも大きな変化をもたらしているのである。

食産業，食生活の変化と食の安全

食産業の市場規模

　食料と呼ばれる財の特徴は，自動車や電器製品などとは異なり，私たちが毎日食べるものであり，それが人間という私たちの日々の活動のエネルギーとなり，また身体を構成し，健康を維持するための要素になるという点にある。食料の大部分は自然物としての植物や動物を素材として加工・調理されるために，腐食しやすく鮮度の維持も大切になる。

　こうした特徴をもつ食料の生産から加工，流通，販売にかかわる農業・食料関連産業の国内生産額の大きさは，平成28年（2016）において115兆9,630億円である。図6はややデータが古く，しかも国内生産額が最低を示した年次のものであるが，食料の原材料となる農林水産物から，それらが市場に流通しあるいは直接取引され，そして一部は加工・調理されて消費者に販売されるまでの流れを示したフロー図である。

　まず，この年の農林水産物の国内総生産額は9兆2千億円である。これらの農林水産物が農協や集・出荷組合等を経由して卸売市場へと搬入され，競り落とされたものが仲卸業者や買参人等を通じて食品製造業者や外食産業へ届けられる。なお，近年では情報技術の発達などにより，関係する業者間の直接取引が増える傾向にあり，卸売市場を経由する農林水産物の割合が低下している。輸入された農林水産物の総額は1兆3千億円であ

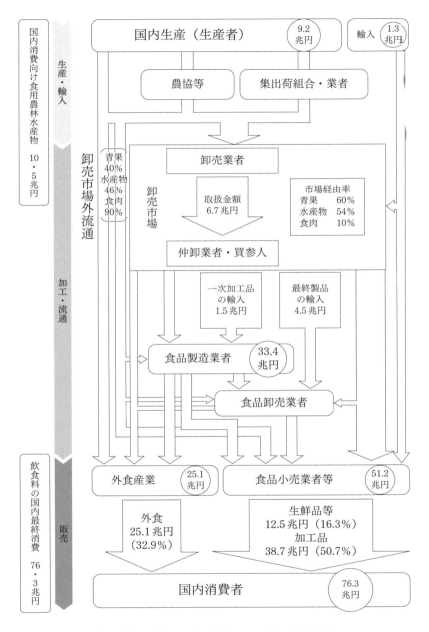

図6　農林水産物・食品の流通・加工の流れ（平成23年）
出所：農林水産省「平成30年版 食料・農業・農村白書」89ページによる

るが，これらも輸入業者等を通じて食品製造業者や外食産業へと届けられている。

食品製造業者の出荷総額は33兆4千億円である。この額は，後述する食生活の変化などによる加工食品の需要の増大を反映して，近年は増加する傾向にある。農林水産物ならびにその加工・調理品は食品卸売業者を通じて，あるいは直接に取引業者を通じて，外食産業や食品小売業者に卸され，最終的に消費者に販売される。

近年はワインやチーズなど食料品の最終製品での輸入が増えており，これに一次加工品の輸入額を合わせると，この年の食料品の海外からの輸入総額は6兆円である。こうした輸入食品の利用も含めたレストランや飲食店など外食産業の販売額は25兆1千億円である。一方，スーパーマーケットやコンビニエンス・ストアー，食料品専門店などの食品小売業者等の販売額は51兆2千億円である。

なお，農業・食料関連産業の規模は平成23年（2011）までは縮小傾向にあったが，この年をボトムに現在は増加傾向にある。平成23年（2011）に比べると平成28年（2016）には総額で12％増加しており，内訳では農林漁業が11％，食品製造業が10％，関連流通業が13％，外食産業が13％といずれの分野も増加している。

海外からの農林水産物の輸入総額は平成29年（2017）において9兆3,730億円であるが，この2年間はやや足踏み状態が続いている。しかし，品目別にみると，農畜産物では牛肉，豚肉，鶏肉などはいずれも大きな伸びを示しており，生鮮・乾燥果実や冷凍野菜なども年々伸びている。

内閣府「食と農林漁業に関する世論調査」（平成30年〈2018〉）によれば，農業政策に対する期待の項目では，「農場から食卓まで生産や衛生面の管理を徹底し，安全な農産物や食品を供給すること」（56.2％）が第1位で，次いで「農業の競争力を高めて，国産の農産物を安定的に供給すること」（46.0％），「耕作放棄地の発生を防止・解消し，農地を維持すること」（38.6％）などが続いている。とくに女性では第1位の「安全な農産物や食品の供給」の割合が6割を超えている。また，食品の安全に関して不安に

感じることという項目では,「食中毒」(41.7％),「食品添加物」(37.9％),「残留農薬」(35.2％)などの回答のほかに,「輸入食品」(40.3％)が第2位にあげられており,女性ではその割合が5割ちかくに達している。このことは,「輸入食品」の安全性に不安を抱いている消費者が多く,安全な国産農産物の安定供給に対する要望がとくに女性において強いということを示している[20]。

ところで,輸入農産物のなかで大きな割合(重量ベース)を占めている穀物等の輸入価格は,平成後期にいたると大きな変動をみせ,近年は1.5倍程度の高値水準が続いている。図7は21世紀に入ってから現在までの穀物の国際価格の推移を示したものである。ガット・ウルグアイ・ラウン

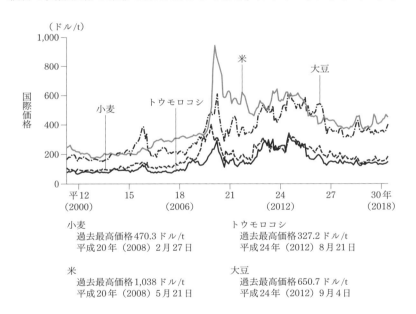

図7　穀物等の国際価格の推移(2000〜2018年)
出所:農林水産省「平成30年版 食料・農業・農村白書」69ページによる(原資料はシカゴ商品取引所およびタイ国家貿易取引委員会資料).
注:1) 小麦,トウモロコシ,大豆の価格は,各月ともシカゴ商品取引所の第1金曜日の期近価格
　　2) 米の価格は,タイ国家貿易取引委員会公表による各月第1水曜日のタイうるち精米100％2等のFOB価格

ドが合意（平成5年〈1993〉）された頃の穀物価格は，1t当たり小麦123ドル，トウモロコシ92ドル，大豆228ドル，米260ドルであった。その後平成中頃までは，米を除けば多少の変動はあるものの，ほぼ横ばいで推移してきた。しかし，平成18年（2006）～平成19年（2007）と続くオーストラリアの大干ばつや欧州での天候不順などの影響を受けて，いずれの穀物も価格が高騰している。米は実に1,038ドルという過去最高値をつけ，小麦も470ドルにまで跳ね上がった。その後，持ち直したものの，ロシアの干ばつ，アメリカの高温・乾燥などが発生したために，大豆は651ドル，トウモロコシは327ドルにまで再び急騰した。これらの価格は，ガット・ウルグアイ・ラウンド合意時にはまったく想定されていなかった水準であり，当時に比べると米は4.0倍，大豆は2.9倍，小麦は3.8倍，トウモロコシは3.5倍に高騰したことになる。平成後半の時期は，気候変動などにも影響された穀物価格の大変動時代であったということができる。

　その後，世界的な小麦・トウモロコシの豊作，大豆の南米での増産やアメリカでの豊作によって価格は落ち着きを取り戻し，平成29年（2017）以降はほぼ横ばいで推移している。しかし，いずれの穀物価格をみても，新興諸国の堅調な需要やエネルギー向け需要などもあって，1990年代の価格にまで戻ることはなく，依然として高水準で推移していることがわかる。これからも予想される新興諸国の旺盛な需要等を前提とすれば，穀物等の国際価格はこうした水準のまま推移するか，もしくは上昇すると見込まれている[21]。

　わが国の小麦，大豆，トウモロコシの輸入への依存度は，現状においては9割前後ときわめて高い割合にある。国際的な穀物価格の高値傾向は，これらの穀物の原材料価格にも大きな影響を与えており，食品製造業や飼料製造業のさまざまな価格上昇圧力の要因にもなっている。これらの産業の将来にわたる経営安定と持続性を確保するためにも，輸入に過度に依存しない中長期的な視点をもって，国内生産振興を強化していく必要があろう。

食の外部化・簡便化の進展

　先述した家族構成の変化は，平成の食生活の形態にも大きな変化をもたらした。それは食の外部化・簡便化の進展である。食生活の形態を家庭で調理して食べる内食，調理した総菜や弁当などを購入して家庭に持ち帰って食べる中食，飲食店やレストラン，ファスト・フード店などで食べる外食に区分した場合，内食の占める割合は昭和末期から平成初期にかけて大きく低下した。その要因は，この時期に大きく進んだ外食へのシフトであり，外食率が大きく増加したためである。当時のバブルともいわれる経済成長を背景に，家族そろって食事を楽しむファミリー・レストランなどの市場規模が拡大した時代であった。その後，バブル崩壊とともに外食率の伸びは鈍化し，平成9年（1997）の40％をピークに減少に転じている[22]。この年は消費税が5％に引き上げられ，山一証券が経営破綻した年でもあった。外食市場はこの年を境にゆるやかな縮小の時代に入り，近年は持ち直しつつあるものの，少子高齢化と人口減少の影響などもあってか，現在においてもピーク時の水準には戻っていない。

　一方，総菜や弁当などの中食市場の規模は，平成初めには1兆8千億円程度で，食の市場全体からみれば3％程度であったものが，その後大きく伸びて平成中頃には8％にまで拡大している。中食市場はその後も一貫した伸びをみせ，平成末頃の市場規模は7兆円となり，そのシェアは10％に達している[23]。

　なお，国産農林水産物に限ってその仕向け先をみると，外食産業仕向けが9％，食品製造業仕向けが59％，最終消費仕向けが31％である。国内で生産された農林水産物のうち，生鮮品として消費者に販売される割合は3割で，6割が食品製造業，1割が外食産業仕向けとなっている。このため，近年は実需者の求める定時・定量・定価格の農林水産物の供給が強く求められるようになっている。

　ところで，消費の最前線で事業を展開する食品小売業の最近の動きをみ

ると，平成後期にいたり，業態別の販売額に変化がみられる。これまで飲食料品の販売を牽引してきたデパートの売り上げがほぼ横ばいで推移するなかで，スーパーマーケットの販売額が順調に伸びており，さらに近年にいたると，コンビニエンス・ストアーの売り上げが大きく伸びている。スーパーでは「単身者，高齢者，共働き世帯をターゲットにした個食対応食品や調理食品の販売」[24]が伸びており，コンビニエンス・ストアーでは「チルドの総菜やファスト・フード，調理パン，冷凍食品などの販売」[25]が好調であるという。

　こうした動きに加えて，近年は食品の消費者向け電子商取引（インターネット通販）の市場規模も拡大しており，平成28年（2016）には1兆5千億円に達している。これは電子商取引全体の2割に相当する市場規模である。単独世帯の増加や共働き世帯の増加などによって宅配ニーズが高まっており，今後もこうした新しい形態の市場規模が堅調に推移するものと見込まれている[26]。

　総務省「家計調査」をみると，1世帯（全国・2人以上の世帯）当たり食料の消費水準は平成初めまでは順調に伸びていたが，平成4年（1992）をピークに減少傾向に転じ，平成23年（2011）には増加に転ずるものの，その動きは強くはない。平成初期から平成23年（2011）までの食料消費支出は実質でみても減少しており，1世帯当たり1か月食料消費支出は6万6千円にまで低下している。家計のエンゲル係数が最近は上昇しているが，全体の消費支出が低迷するなかで，食料消費支出がわずかながら増加しているためである。共働き世帯の増加などによる中食・外食への依存や食料消費の多様化などによるものであろう。

　なお，現在の国民1人1日当たり摂取熱量は，平成28年（2016）において1,865kcalである。戦後の国民1人1日当たり摂取熱量は一貫して増加し，昭和45年（1970）頃には2,200kcal台にまで達していた。しかし，この年をピークにその後は減少傾向に転じている。肥満や糖尿病などの成人病患者の増加などによる，国民の健康への意識の高まりや，高齢化の進行などがその背景にある。

摂取熱量が減少するもとでの栄養素バランス（PCF比）の動きをみると，農林水産省や厚生労働省が推奨する「日本型食生活」や「日本人の食事摂取基準」などの目標値である，タンパク質13～20％（15％），脂質20～30％（25％），炭水化物50～65％（60％）（カッコ内は理想値）に対して，昭和後期から平成前期にかけてはいずれもこの目標値内にあった。こうした栄養素バランスが，わが国が世界一の長寿国になった一つの要因であると言われている。

　しかし，平成後期になると，タンパク質割合が低下し，脂質割合が上昇し過ぎるという，栄養素バランスの偏った傾向がみられるようになり，脂質を標準の30％以上も過剰に取り過ぎている国民の割合が，成人男性の2割，女性の3割にのぼっているという。こうした問題の背景には，外食や中食などへの食生活の変化が進んでいるなかで，和食を中心としてきた日本人の食生活の変化が過度に進み過ぎているという問題がある。

食の安全・安心と健康増進への対策

　食品が「安全である」ということは，「予期された方法や意図された方法で作ったり食べたりした場合，その食品を食べた人に害を与えないという保証」（コーデックス委員会（FAO／WHO合同食品基準委員会）である。言い換えれば，食品に含まれる有害細菌，ウイルスや寄生虫，有害化学物質，自然毒などを原因とする健康被害が皆無であるということである。

　サルモネラ菌やO-157のような有害細菌，ノロウイルスのようなウイルス，アニサキスのような寄生虫，そして有害化学物質，自然毒などによる食中毒事件の発生件数は，実は平成初め頃には年間500件台にまで低下していた[27]。昭和後半から平成初期にかけて食中毒事件などは減少する傾向にあったのである。このため厚生労働省は，わが国では公衆衛生の課題はすでに低減したとして，全国の保健所の大規模統廃合を行い，また食品衛生法の大幅な改正を行った。食品衛生の「規制緩和，自主管理，消費者の選択」へという食品行政の大きな転換が行われたのである。

しかし皮肉なことに，この転換の数年後にむしろ食中毒事件が激増し，平成10年（1998）には年間3,000件にまで達している。その原因の多くが細菌性のもので，たとえば平成8年（1996）には岡山，広島，愛知，大阪でO-157による集団食中毒（学校給食），平成10年（1998）には富山，東京，千葉，神奈川，大阪で回転寿司の"いくら"からO-157による食中毒が発生している。特徴的な点は，この時期の食中毒が，飲食店や仕出屋などで多発している点である。外食の増加など当時の食生活の変化が関係していることがうかがわれる。

　その後，さまざまな対策によって発生件数は減少するものの，平成12年（2000）には大手乳業会社の低脂肪加工乳による大規模な食中毒事件，神奈川ほか3県で一口ステーキ（加工肉）のO-157による食中毒事件，また平成13年（2001）には国内初のBSE（牛海綿状脳症）の発生問題，30都道府県にまで広がった韓国産輸入生ガキの赤痢菌汚染，平成14年（2002）には中国産ホウレンソウから基準を超えるクロルピリホスが検出されるなどの事件が発生した。

　食の安全・安心を脅かす事件が今世紀の初めから平成中頃にかけて多発したために，平成15年（2003）に「食品安全基本法」の制定と食品衛生法の抜本的改正が行われた。また，科学的知見に基づき客観的かつ中立公正にリスク評価を行う機関として，食品安全委員会が内閣府に新設された。農林水産省ではBSE問題を教訓に，国民の健康維持を優先した食品安全行政へ転換するため，省内に新しく消費・安全局を設置した。さらにこの年に「牛の個体識別のための情報の管理及び伝達に関する特別措置法」（牛トレーサビリティ法）を制定している。また，食品衛生法を改正して，食品中に残留する農薬や飼料添加物などが一定の量を超えて検出された場合には，その食品の販売を禁止する「ポジティブリスト制度」への変更も行われた。

　食品安全に関しては，平成末にいたるとすべての食品事業者が実施すべきHACCP（Hazard Analysis and Critical Control Point）の制度化，健康被害を減少させるための健康食品の規制強化，食品リコールの報告制度など

の見直しが行われている[28]。

　健康で豊かな食生活の実現を目途に，平成12年（2000）に文部科学省，厚生労働省，農林水産省が連携して「食生活指針」を策定するとともに，「健康づくり21」〈21世紀日本における国民健康づくり運動〉を始めた。そして平成14年（2002）には戦後の栄養不足時代に制定された「栄養改善法」に替わり，健康づくりや疾病予防を積極的に推進する「健康増進法」が成立した。この背景には高齢化の進展にともなって増大する医療費等の公的負担の抑制がある。

　こうした健康増進に関する取組みとともに，この時期には「農林物資の規格化及び品質表示の適正化に関する法律」（JAS法）の一部改正が行われ，法律違反に対する公表の迅速化と罰則の強化も図られた。この背景には，平成14年（2002）の食肉偽装事件や無登録農薬の違法販売事件，指定外添加物を利用した食品の自主回収などがある。

　その後も，輸入食品のみならず国産品に関しても産地表示の偽装やレストランなどでの食材表示の偽装が多発したこともあって，食品表示に対する消費者の信頼が著しく低下した。このため，食品表示を一元的に所管する組織として平成21年（2009）に消費者庁が新設され，さらに，平成25年（2013）には食品関連三法を一元化した「食品表示法」が制定された。

　食品表示法の目的は，「食品を摂取する際の安全性，ならびに消費者の誤認を招かない自主的かつ合理的な商品選択の機会を確保する」ことにある。このため，まず食品を一般食品と保健機能食品とに大きく区分するとともに，後者については，従来からの①特定保健用食品（トクホ）と②栄養機能食品に加えて，新たに③機能性表示食品という第三の区分を設けた。一般食品には機能性の表示を禁止するかわりに，この新しい第三の機能性表示食品には，消費者庁への届け出だけで機能性表示を認めたのである[29]。

　さらに平成末にいたると，すべての加工食品を対象にした原料原産地表示が義務付けられ，また，JAS法は規格の国際標準化による商取引の円滑化や輸出力の強化に対応するための「日本農林規格化に関する法律」（改正JAS法）に改正・改名されている。

変貌する平成の農業

農業政策の動向

　平成における農業政策の大きな画期は，平成11年（1999）の「食料・農業・農村基本法」（以下，新基本法）の制定である。農業者と他産業従事者との所得均衡，果樹や畜産などの選択的拡大を目標に，昭和36年（1961）に制定された「農業基本法」（以下，旧基本法）に対して，新基本法では「食料の安定供給，多面的機能の発揮，農業の持続的発展，農村振興」を4つの柱に，消費者重視の食料政策の展開，望ましい農業構造の確立，自然循環機能の維持増進，中山間地域の不利補正など，国民生活と農村，環境などを重視したより包括的な政策体系となっている。

　新基本法の萌芽は昭和後期の「80年代農政の基本方向」（昭和55年〈1980〉農政審議会答申）においてみられ，従来の生産性の高い農業の実現のほかに，食料の安定供給と安全保障（食料自給力の維持強化），健康的で豊かな食生活の保障（日本型食生活の重要性），緑資源の維持など，国民生活にも軸足をおいた新しい課題が提起されている。こうした提言をまとめた「新しい食料・農業・農村政策の方向」（「新政策」平成4年〈1992〉）では，農業経営体の育成と農地の効率的利用，環境保全に資する農業，農村の定住条件の確保，中山間地域対策などを重点課題としている。この「新政策」に基づき，平成5年（1993）には意欲と能力のある農業者を認定する認定農業者制度の創設を含む「農業経営基盤強化促進法」が改正され，平成7年（1995）には食糧の国家統制を目的にしていた「食糧管理法」が廃止され，食糧の自由な生産と販売を基本とする「主要食糧の需給及び価格の安定に関する法律」（食糧法）が新たに施行された。

　なお，これにさかのぼる平成2年（1990）には市民農園の整備を推進するための「市民農園整備促進法」が，平成6年（1994）には国民のグリーツーリ

ズムを推進するための「農山漁村滞在型余暇活動のための基盤整備の促進に関する法律」が制定されている。この時期は，バブル崩壊直後とはいえ，内閣府が毎年行っている「世論調査」で，「物質的な豊かさ」よりも「心の豊かさ」を重視する人びとの割合が大きく増えた最後の時代でもあった。「心の豊かさ」を重視する人びとの割合は，この時期を境に以降は低迷している。

　牛肉・オレンジの自由化（昭和63年〈1998〉）やガット・ウルグアイ・ラウンド農業合意（平成5年〈1993〉）など農産物貿易の自由化が進められるなかで，食のボーダーレス化の進展を背景に，平成12年（2000）には92年ぶりとなる口蹄疫が発生，平成13年（2001）には国内初となるBSE（牛海綿状脳症）が発生，さらに輸入食品の残留農薬問題なども発生して，前述したように，21世紀初頭は国民の食の安全に対する不安が大きく高まる時代でもあった。このため平成14年（2002）に食品のトレーサビリティ・システムの導入や食品表示の信頼回復などの改革をめざす「『食』と『農』の再生プラン」が策定され，前述したように，平成15年（2003）には「食品安全基本法」が制定された。

　新基本法が制定された直後の平成12年（2000）には，初めての直接支払（Direct payment）による「中山間地域等直接支払制度」が開始されるが，その一方で，実需者や消費者のニーズに応じた米を自主的に生産する体制への移行をめざした「米政策改革大綱」（平成14年〈2002〉）も決定された。さらに平成15年（2003）には農地リース方式により一般法人の農業参入を可能とする「構造改革特別区域法」が制定され，平成17年（2005）にはその全国展開が認められている。平成の前半の時期は，条件不利地域対策などを視野に入れながらも，消費者のニーズに応じた自主的生産の方向に大きく舵を切ろうとした時期でもあった。

　水田農業の分野では，平成17年（2005）の「食料・農業・農村基本計画」で明記された「品目横断的な経営安定対策への移行」に基づき，同年に「経営所得安定対策等大綱」が決定され，これに基づき平成19年（2007）から「品目横断的経営安定対策」と「農地・水・環境保全向上対策」などが導入されている。

また，政権が民主党に交代した平成22年（2010）には，水田農業を対象にした農業者戸別所得補償のモデル事業を経て，平成23年（2011）からは麦，大豆等の畑作物にも対象を広げた「農業者戸別所得補償制度」が本格実施されている。減反政策の維持を前提とした農業者への戸別所得補償や，環境保全型農業直接支払交付金など「直接支払政策」が，わが国でも全国の農業者を対象にして広く導入された時期であった。

　一方，他の分野の価格変動等に対する経営支援施策としては，園芸では野菜価格安定対策事業，果樹・茶支援対策事業などが実施され，酪農では加工原料乳生産者補給金や加工原料乳等生産者経営安定対策事業，持続的酪農経営支援事業などが実施されている。

　肉用牛では肉用牛肥育経営安定特別対策事業（牛マルキン）や肉用牛子牛生産者補給金，肉用牛繁殖経営支援事業などが実施され，養豚や養鶏でも養豚経営安定対策事業（豚マルキン），鶏卵生産者経営安定対策事業などがある。さらに食肉や配合飼料の分野でも価格安定制度が実施されている。

　なお，平成31年（2019）になると，青色申告を行っている農業者を対象にした農業保険制度が新しく始められた。これは肉用牛，肉用子牛，肉豚，鶏卵を除くすべての農産物を補償の対象にしたものであり，花きやシイタケなども含まれている（ただし，農業共済，ナラシ対策，野菜価格安定制度との併用は不可で，どちらかを選択）。補償については，経営の過去5年間の平均収入を基準にして，掛け捨て方式の場合は，その年の経営収入が基準収入の8割を下回った場合に最高で9割の支払いが行われ，積み立て方式の場合は，9割を下回った場合に最高で9割の支払いが行われるというものである。

　ところで，1970年代から農業者自身による直売や加工・販売事業，そして平成に入ると農業体験や農家民泊などが盛んになり，こうした事業による年間販売額が，後に詳述するように，いまや2兆円を超えるようになった。これらの取組みを支援しているのが平成20年（2008）に制定された「中小企業者と農林漁業者との連携による事業活動促進に関する法律」（農商

工等連携促進法）であり，平成22年（2010）の「地域資源を活用した農林漁業者等による新事業の創出等及び地域の農林水産物の利用促進に関する法律」（六次産業化・地産地消法）である。

　平成24年（2012）に政権が再び自由民主党へ交代して以降，農業・農村政策の立案・推進主体が大きく変わり，また，政策スタンスも大きく変化してきた。平成25年（2013）の「農林水産業・地域の活力創造プラン」は首相を本部長とする「農林水産業・地域の活力創造本部」（首相官邸）が産業競争力会議や規制改革会議，そして農林水産省の攻めの農林水産業推進本部の意見を聞きながら決定したものである。このプランでは，農林水産業を産業として強くしていく政策（産業政策）と，国土保全など多面的機能を発揮するための政策（地域政策）の2つを車の両輪とし，国内外の需要拡大（輸出促進，地産地消など），農林水産物の付加価値向上（六次産業化などの推進），多面的機能の維持発揮（日本型直接支払制度の創設など），生産現場の強化（離農農家の農地を集積して担い手に円滑に再委託する農地中間管理機構の活用など）を4本の柱に掲げている。

　このプランの策定を受けて，農林水産省では土地利用型農業を対象とした施策として，①農地中間管理機構を活用した担い手への農地の集積，②経営所得安定対策の見直し（米の直接支払交付金の廃止など），③水田のフル活用と米政策の見直し（行政による米の生産目標数量配分の廃止など），④日本型直接支払制度の創設の4つの改革を推進している。戸別所得補償を引き継いだ米の直接支払交付金を廃止するとともに，国が生産目標数量を配分してきたいわゆる"減反政策"も廃止するという，これまでの米政策の大きな転換が行われた。

　さらに平成28年（2016）には，生産資材価格の切下げ，流通・加工の構造改革，人材力の強化，戦略的輸出体制の整備，土地改良制度の見直し，収入保険制度の導入などを内容とする「農業競争力強化プログラム」が決定され，「農林水産業・地域の活力創造プラン（改訂版）」に盛り込まれるとともに，平成29年（2017）には，農業資材価格の引き下げや農産物の流通・加工構造の改革など，農業者の努力では解決できない構造的問題を解決す

る「農業競争力強化支援法」が成立した。

　平成29年（2017）11月にアメリカを除く11か国で大筋合意し，翌年12月に発効したTPP11協定に対する国内対策については，平成27年（2015）の「総合的なTPP等関連政策大綱」が，平成29年（2017）には日EU・EPA対策をも含む政策大綱として改訂された。この大綱の農林水産関連では，まず「強い農林水産業の構築（体質強化対策）」を掲げ，その内容として，次世代を担う経営感覚に優れた担い手の育成，国際競争力のある産地イノベーションの促進，畜産・酪農収益力強化総合プロジェクトの推進，高品質なわが国農林水産物の輸出等需要フロンティアの開拓など，6項目を重点対策としてあげている。また，「経営安定・安定供給のための備え（重要5品目関連）」では，国別枠の輸入量に相当する国産米の備蓄買い入れ，パスタ・菓子等の原料となる小麦のマークアップの実質的撤廃・引き下げ，牛・豚マルキンの法制化と補填率の引き上げ，液状乳製品を追加した新たな加工原料乳生産者補給金制度の実施，加糖調製品を調製金の対象に追加，などの対策をあげている。このための予算措置としては，平成27年（2015）度から平成30年（2018）度までの補正予算で毎年度3,100億～3,400億円が計上されており，4か年の予算総額は1兆3,000億円となっている。

食料需給の動向

　国民1人当たり供給食料（重量ベース）を品目別にみると，平成初期から後期にかけて大きく増えているのは肉類，牛乳・乳製品であり，次いで鶏卵，小麦，油脂類などである。一方で，大きく減っているのが米，魚介類であり，野菜，果実，豆類，砂糖などもわずかずつ減っている。野菜の減少は重量のある根菜類などが大きく減少しているためであり，トマト，イチゴ，葉菜類などでの減少割合は少ない。また，果実ではミカンが大きく減少する一方で，リンゴはわずかながら増加している[30]。

　わが国の食料自給率は平成29年（2017）においてカロリーベースで38％，生産額ベースで65％である。食料自給率は昭和の中頃にはカロリー

ベースで73%，生産額ベースで86%を維持し，食料の大部分を国産でまかなっていた。しかし，その後の農産物貿易の自由化や食生活の変化にともなって，平成初めには前者で49%，後者で75%となり，カロリーベースでは半分以下の自給率にまで低下した。

カロリーベースの自給率は，その後も下がり続けて平成10年（1998）には40%にまで低下した。しかしその後の20年間はほぼフラットに推移し38〜40%を維持している。米などの国内生産量は減少し続けていたのであるが，同時に国内消費量の減少も続いていたために，生産量を消費量で除して計算される自給率が見かけ上維持されたためである。

食料自給率低下の要因を作目別の動きでみると，自給率の高い米の消費量が半減したことによって国内供給カロリーが大きく減少したこと，その一方で，消費が大きく伸びた畜産物，油脂，そして近年は消費量が伸びている小麦などは，生産が消費に対応できないために輸入量が増えていること，また，魚介類なども消費の減少が続いていることなどがある。この時期の農産物貿易の自由化や国民の食生活の変化に対して，国内供給の側が生産性も含めて十分に対応できなかったという厳しい現実がある。もっとも，プラザ合意以降の急激な円高（1ドル＝260円〈昭和60年〉→84円〈平成7年〉）や，当時のインフレーションなどの影響によって，わが国の農産物価格が国際価格に対して大きく上昇してしまい，そのために国際競争力が急落してしまったという外部的な要因も大きい[31]。

アメリカのトウモロコシについては，今世紀に入ってからエタノール需要が増大しつつあり，牛肉についても，アメリカ農務省は中国の輸入量が10年後には2倍に増加すると見通している。中国の牛肉輸入量はすでに日本のそれを上回っているが，近い将来には日本の3倍になると見通しているのである。これからの新興諸国の経済成長と食料輸入の拡大を考えれば，干ばつ等の不作によって供給量が低下したときなど，日本が輸入農産物を「買い負け」する事態が頻発することが懸念されている。

なお，平成27年（2015）の「食料・農業・農村基本計画」では，不測の事態が生じた場合，現在の農地で作目構成を変えたときに，国内で最大どの

程度の食料供給が可能であるかを示した「食料自給力指標」を試算している。荒廃農地を再生する場合と，現在の農地のみで対応する場合の2つのケースについて，さらにこれを，国民の栄養バランスを考慮するか否か，米・小麦・大豆などを中心に考えるか，いも類だけを中心とするかで，4つのパターンに分けて試算している。それによれば，わが国の食料自給力は栄養バランスを考慮せずいも類を中心に作付けするパターン以外は，国民が必要とする供給熱量（平成27年〈2015〉は2,400kcal）をまかなうことができないという結論になっている

以上のような重量およびカロリーベースでみた需給の動向に対して，平成農業の事業活動の成果でもある農業産出額はどのように推移してきたのであろうか。表3によれば，平成前半の農業産出額は減少傾向で推移していたが，平成22年（2010）の8兆1千億円をボトムに，後半になると増加に

表3 品目別にみた農業産出額の推移（単位：億円）

年次	米	麦類	豆類	いも類	野菜	果実	花き
平成2（1990）	31,959	1,698	929	2,388	25,880	10,451	3,845
7（1995）	31,861	843	711	2,431	23,978	9,140	4,360
12（2000）	23,210	1,306	1,013	2,298	21,139	8,107	4,466
17（2005）	19,469	1,537	768	2,016	20,327	7,274	4,043
22（2010）	15,517	469	619	2,071	22,485	7,497	3,512
27（2015）	14,994	432	684	2,261	23,916	7,838	3,529
28（2016）	16,549	312	554	2,372	25,567	8,333	3,529

年次	畜産	肉用牛	乳用牛	うち生乳	豚	鶏肉	鶏卵	総産出額
平成2（1990）	31,303	5,981	9,055	7,634	6,314	3,844	4,778	114,927
7（1995）	25,204	4,494	7,917	7,014	5,059	2,915	4,096	104,498
12（2000）	24,596	4,564	7,675	6,822	4,616	2,776	4,247	91,295
17（2005）	25,057	4,730	7,834	6,759	4,987	2,543	4,346	85,119
22（2010）	25,525	4,639	7,725	6,747	5,291	2,933	4,419	81,214
27（2015）	31,179	6,886	8,397	7,314	6,214	3,584	5,465	87,979
28（2016）	31,626	7,391	8,703	7,391	6,122	3,606	5,148	92,029

出所：農林水産省「生産農業所得統計」の各年次版

転じている。麦や大豆などの穀物類は依然として減少傾向が続いているものの，肉類や野菜，果実の産出額が増加傾向に転じたためである。肉類は平成を折り返す頃から，野菜はそれに数年遅れて，そして後半の10年間には果実も産出額が上向いてきている。それぞれの品目の農業者の数が大きく減り，高齢化も進んでいるなかで，近年における気候変動や災害の影響もあって，生産数量が大きく変動し価格が高めに推移していることのほか，消費者が求める品質や食味の良い農畜産物の生産に転換することよって，売り上げを伸ばしている生産者たちが出現しているためでもある。

　農業産出額のボトムであった平成中頃から現在までの動きをみると，肉用牛の産出額が大きく増えており，豚や鶏肉なども増加している。また，野菜ではレタスやホウレンソウなどの葉菜類やトマト，ピーマンなどの果菜類が，果実ではリンゴやブドウなどが増加している。さらに近年は，ジャガイモやサツマイモなどのいも類についても，産出額が増加に転じている。

　平成後期には，食品・農畜産物のわが国から海外への輸出額も増加しており，輸出総額は平成30年（2018）には9,068億円となった。内訳は加工食品が3,101億円（34％），農畜産物が2,560億円（28％），林産物が376億円（4％），水産物および調整品が3,031億円（33％）である。海外で缶詰などに加工して日本に持ち帰る原材料の輸出などもカウントされているようであるが，加工食品ではアルコール飲料や清涼飲料水の輸出が伸びており，前者ではビールや日本酒の伸びが大きい。農畜産物のなかでは畜産物の輸出額が最も多く，このなかでは牛肉のほか，近年は鶏卵が大きく伸びているのが注目される。次いで穀物等や野菜・果実が続いているが，穀物等では輸出振興策にも支えられて米が伸びており，野菜・果実等ではイチゴやキャベツ，メロン，それにサツマイモなどの伸びも注目される。また，ナシやブドウ，モモなども輸出額を伸ばしている。花きの輸出額の大部分は植木等によるものであるが，切り花も近年は輸出額が増加する傾向がみられる。

　輸出先国では，中心となる香港，アメリカ，台湾，中国などのほか，韓

国，EU，ベトナム，タイ，シンガポール，フィリピン，オーストラリアなどの国々と地域にも拡大している。近年は中国への輸出額が大幅に増加しており，アメリカを追い抜いて香港に次ぐ第2位の輸出先国に浮上している[32]。こうした輸出動向が中長期的にも定着していくことになるのかどうか，これからの動きに注目していく必要があろう。

平成農業における新たな動き

(1) 担い手の減少と水田農業の構造変化

　平成に入ると，これまでわが国農業の相当部分を担ってきた兼業農家の減少が顕著になってきた。1960年代から1980年代にかけた時期にも農家数は大きく減少したが，その多くは専業農家の減少であった。むしろ第二種兼業農家は194万戸から304万戸へ増加している。1980年代までは農村工業化などを背景に，在宅通勤する第二種兼業農家の数はむしろ増加していたのである。この結果，兼業農家の数は1960年代から1980年代にかけては400万戸の大台を維持し続けてきた。しかし平成に入ると，高齢化の進行に加えて，地方労働市場の縮小などが，兼業農家の存立基盤を大きく揺るがすようになっている。

　平成2年（1990）の農家数（販売農家数）は297万戸であったものが，平成27年（2015）には133万戸へおよそ164万戸（55％）減少した。その多くは兼業農家の減少によるものである。第一種兼業農家の減少が35万戸，第二種兼業農家の減少が126万戸で，後者の減少が4分の3を占めている。一方で，高齢専業農家ならびに定年退職・中途退職などによりUターン・Iターンして就農する農業者の数が近年は増加している（表4）。

　さらに，平成2年（1990）以降に進行した男子生産年齢人口のいる専業農家の減少も，見落とされてはならない大きな動きである。わが国の専業農家の数は昭和40年（1965）には120万戸の大台にあったものが，その後の兼業化の波のなかで，わずか10年で半減した。その後は昭和60年（1985）までは現状を維持し（定義が販売農家に変更されたために50万戸），平成

表4 専業・兼業別農家数の推移(昭和35〜平成27年)(単位:千戸)

専業・兼業別	昭35 (1960)	40 (1965)	45 (1970)	50 (1975)	55 (1980)	60 (1985)
専業	2,078	1,219	845	616	623	498
うち男子生産年齢人口のいる農家				448	427	366
高齢専業農家				168	196	133
第一種兼業 第二種兼業	2,036 1,942	2,081 2,365	1,814 2,743	1,259 3,078	1,002 3,036	759 2,058
合計	6,056	5,665	5,402	4,953	4,661	3,315

専業・兼業別	平2 (1990)	7 (1995)	12 (2000)	17 (2005)	22 (2010)	27 (2015)
専業	473	428	426	443	451	443
うち男子生産年齢人口のいる農家	318	240	200	187	184	171
高齢専業農家	155	188	227	256	268	272
第一種兼業 第二種兼業	521 1,977	498 1,725	350 1,561	308 1,212	225 955	165 722
合計	2,971	2,651	2,337	1,963	1,631	1,330

出所:農林水産省「農林業センサス」の各年次による
注:昭和60年(1985)からは販売農家のみの数値である

に入ってからの前半の20年間は,引き続き40万戸の前半を維持してきた。しかしこのなかで,男子生産年齢人口のいる専業農家の動きをみると,1970〜80年代には40万戸を維持していたものが,平成になるとそれが半減している。平成2年(1990)から平成12年(2000)にかけたわずか10年で一挙に4割も減少しているが,昭和一桁世代のリタイアにともなう男子生産年齢人口のいる専業農家の減少である。このため,各地において「地域で農業を担う人材がいなくなる」という強い危機意識が共有され,この時期以降,集落営農などの地域組織の設立が急速に進んでくるのである。1990年代後半頃から農地の流動化が大きく進展し,組織経営体を中心とする大規模経営が各地で出現するようになった。こうした動きの背景には,これまで地域の農業を中心的に担ってきた昭和一桁世代のリタイアにともなう,担い手の急激な減少があった。

わが国の水田作経営の数は平成27年（2015）において114万5千経営体となり，平成17年（2005）からのわずか10年で59万9千経営体（34％）が減少した。減少農家の水田の多くは，規模の大きな組織経営体（多くの集落営農等を含む）へ集積されている。その結果，10〜30haの経営体の数はこの10年間で1.5倍，30〜50haの経営体は3.3倍，50〜100haの経営体は4.5倍，100ha以上の経営体は6.1倍にそれぞれ増加した。もちろん，100ha以上の経営といっても，全国でわずか334経営体であり，50〜100ha層でも1,417経営体であって，数からみればまだ多いわけではない。しかも，経営収支をみると，これらの経営の多くがとりわけ収益性に優れているというわけでもない。しかし，これらの階層の水田集積面積は100ha以上層で5万4千ha，50〜100ha層で9万2千haとなり，10ha以上の階層全体では65万7千ha（全水田面積の34％）に達している。2025年までにはさらに30万ha（同16％）以上の水田が離農等により手放されると推計されており，平成に入り大きく進んだ水田農業の構造変化がさらに進行することが予測されている[33]。

（2）水田活用と飼料用イネの生産拡大

平成に入りトウモロコシなど輸入飼料の価格が高値基調で推移するなかで，国内自給のための飼料生産の新しい取組みが進められている。それは水田を活用した飼料用イネの作付けである。米の国内消費量が年間およそ8万tずつ減少するなかで，食用米に代わる重要な水田活用の戦略作目の一つに位置付けられ，その生産拡大が強力に推進されている。

茎葉も含めイネ全体を発酵させて飼料にするイネ発酵粗飼料（WCS）は，九州や東北などの酪農・肉用牛産地を中心に平成30年（2018）には4万3千haが作付けされた。飼料用イネ品種「たちすずか」やサイレージ発酵促進乳酸菌製剤などが新しく育成・開発され，飼料用イネのロールベール体系も確立されており，また，TMR（Total Mixed Ration）センターなども各地で設立されている。イネ発酵粗飼料は乳牛のみならず繁殖雌牛，肥育牛へと対象畜種が広がっており，酪農・肉用牛の不可欠な粗飼料の一つと

して畜産経営に定着しつつある。

　一方，玄米を飼料として利用する飼料用米については，2mm以下の粉砕玄米であれば，豚の品種を問わず40％まで給与できること，そして採卵鶏や肉用鶏では30％，ブロイラーでは18〜20％まで給与できることが明らかにされ，また，乳牛や肉用牛にも給与が可能であることが明らかにされている（畜産337頁参照）。飼料用米の作付面積は平成29年（2017）には9万2千haとなり，国産濃厚飼料原料として約50万tが畜産農家（15万t）や配合飼料メーカー（35万t）へ供給された[34]。平成27年（2015）の「食料・農業・農村基本計画」では，平成37年（2025）に向けた飼料用米の生産努力目標を110万tとしているが，水田活用の政策支援に強く支えられて取り組まれている面もあり，多収穫技術の確立や低コスト化などが大きな課題となっている（水田作77頁参照）。

(3) 農業法人化の進展と常時雇用者の増加

　わが国の農業経営体では家族経営が圧倒的に多いものの，先述したような動きにともなって，近年は農家以外の農業事業体（集落営農等も含む組織経営体）の数が増加している。平成初めの19,800経営体から，末頃には32,900経営体にまで増加しているが，これらの組織経営体は規模が大きく法人化しているものが多い。組織経営体の7割にあたる22,700経営体が法人化しており，そのうち販売目的で農業を行っている農業法人の数は18,857法人である。この法人の企業形態別の数と推移をみた図8によれば，法人の経営体数は2.2倍に増加しており，最も数の多い会社が2.0倍，続く農事組合法人が3.1倍に増加している。

　経営耕地規模別の農業経営体数の動きでは，10ha未満層は大きく減少しているが，10ha以上層ではいずれの階層も増加しており，とくに50〜100ha層の増加率が最も高い。先述した水田作経営のほか，畑作経営，露地野菜作経営などの土地利用型農業の分野でも，規模拡大がこの時期に進んだためである。

　一方，農産物販売金額別の経営体の動きをみると，1,000万円未満ある

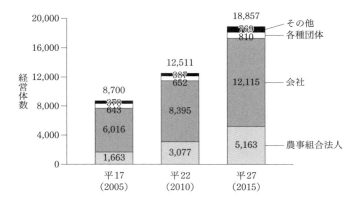

図8 販売目的の組織形態別法人経営体数の推移
出所：農林水産省「平成27年版 食料・農業・農村白書」による
（原資料は「2015年農林業センサス」）

注：1）法人経営体は，農家以外の農業事業体のうち販売目的のものであり，1戸1法人は含まない
　　2）会社は株式会社，合名・合資会社，合同会社および相互会社である。平成17年以前は有限会社を含む
　　3）各種団体は農協，農業共済組合，農業関係団体，森林組合等の団体をいう

いは1,000万〜5,000万円の階層では経営体の数が減っているが，5,000万円以上の階層ではいずれも増加しており，そのなかでも数は少ないものの3億円以上の経営体では55％の増加となっている。わが国の戦後の農業は1〜2haの自作地を耕作する家族経営が一般的な姿であった。しかし，平成に入ると，借地により経営規模を拡大し，農産物の売上高を大きく伸ばしている企業的な経営も各地でみられるようになっている。

　経営規模を拡大し，農産物の売上高を伸ばし，法人化をしている経営体においては，常時雇用者[35]の数も増えている。農業における常時雇用者の数は，平成中頃には12万9千人であったものが，平成27年（2015）には22万人に増加し，この10年間だけで1.7倍に増加した。これを営農類型別にみると，施設野菜や花きなどの経営で常時雇用者の数が多い傾向がみられる。しかし，10年間の伸び率でみると露地野菜や稲作での増加率が高い。従前から常時雇用者数の多かった施設野菜，花き，そして養鶏や養豚などの畜産に加えて，近年では露地野菜，稲作などの土地利用型農業や果樹の

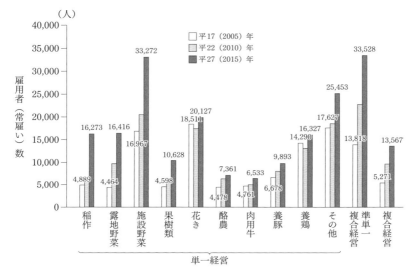

図9 営農類型別雇用者（常雇い）数の推移
出所：農林水産省「平成27年版 食料・農業・農村白書」による
（原資料は「2015年農林業センサス」）

注：1）花きは花木を含む
2）「単一経営」とは主位部門の販売金額が8割以上の経営体、「準単一複合経営」とは主位部門の販売金額が6割以上8割未満の経営体、「複合経営」とは主位部門の販売金額が6割未満の経営体のことである
3）「その他」には、麦類作、雑穀・いも類・豆類、工芸農作物、養蚕などを含む

分野でも，常時雇用者の導入が活発に行われていることがわかる（図9）。

(4) 農業・農村における六次産業化の進展

　平成に入ると，生産した農産物を農協や業者に出荷・販売するだけでなく，自ら地元の直売施設等で販売する直売，そして加工して販売する農産物加工，さらに観光農園や農家民泊，農家レストランなどに取り組む農業者が増えている。農産物加工は，戦後の農村女性グループによる生活改善運動の一つとして取り組まれてきており，また，農産物直売所も古くから"朝市"などが各地で開設されてきた。しかし，食の多様化や安全・安心への関心が高まり，グリーンツーリズムなどが盛んになるなかで，1970年代に入ると個人やグループによる直売や加工，観光農園などが積極的に取り

組まれるようになった。こうした農産物直売所や加工事業の内発的な取組みのなかから，平成に入ると販売額を大きく伸ばし，農村地域の活性化に貢献する事例もみられるようになったことから，平成10年（1998）頃から本格的に取り組む農協や市町村が出てくるようになり，事業が大きく全国に展開することになった。

　農産物直売所の数は，平成中頃においてすでに全国で2,982か所が設置され，その販売総額は2,225億円に達している[36]。大きな直売所のなかには年間数十億円の販売額をあげているものもある。一方，農産物加工場は，全国で1,686工場が設置され，その販売総額は5,268億円である。しかし，10億円を超える販売額のある加工場が一部にある一方で，販売額が5,000万円未満の農産物工場が6割を占めるなど，零細な規模の加工場が多いのが実態である。

　平成中頃の農産物直売所や農産物加工場などを合わせた総販売額は7,500億円である。その後，総販売額は年々大きく伸びており，「六次産業化・地産地消法」が制定される平成22年（2010）には1兆6,500億円となり，平成末には2兆円の大台を超えている。その内訳は，農産物直売所が1兆320億円，農産物加工場が9,140億円，観光農園・農家民泊・農家レストランなどが800億円であり，平成を折り返して以降のわずか10年余で，農村地域に年間2兆円を超える農業生産関連事業の市場が生まれたことになる。これらの事業は，自立した部門として独立して利益を生み出しているケースは限られているが，農地や労働力などの利用率向上に貢献し，経営複合化による売上高の向上に役立っているものが多い。

（5）一般法人の農業参入の急増

　一般法人が農業に参入する動きが平成後期になると加速してきた。平成17年（2005）に構造改革特別区の全国展開が認められ，平成21年（2009）の農地法改正により賃借での農業参入の全面自由化が図られたことから，これ以降，農業に参入する一般法人の数が大きく増加した。平成17年（2005）の参入法人数はわずか105法人であったものが，平成23年（2011）

には1,000法人，平成29年（2017）には実に3,000法人を超えている。また，参入法人が借り入れている農地面積は全国で8,900haに達している。

　参入法人の業種をみると，食品関連企業（21％）が最も多く，次いで建設業（11％），特定非営利団体（NPO法人）（9％），卸売・小売業（5％），製造業（4％），学校・医療・福祉法人（4％）などの順となっており，きわめて多様な業種から農業に参入していることがわかる。また，参入法人が取り組む営農作物は，野菜が41％で最も多く，次いで米麦等が18％，果樹が13％，工芸作物が3％，花きが3％，畜産（飼料作物）が2％である。

　日本政策金融公庫が行った全国の食品関連企業7,101社に対する「食品関連企業の農業参入に関する調査」（回収率35.2％）によれば，12.7％の食品関連企業がこれまでに農業へ参入しているという。その参入目的は「原材料の安定確保のため」（69％）が最も多く，次いで「本業商品の付加価値化・差別化のため」（51％），「地域貢献のため」（43％）などである。農林水産省が行った平成22年（2010）の「外食産業に関する意識・意向調査」によれば，国産食材の使用については，「現在かなり使用しているので現状を維持したい」（41.5％）が最も多く，次いで「現在かなり使用しているがさらに増やしたい」（33.3％），「現在あまり使用していないので増やしたい」（12.3％）が続いている。おおよそ75％の事業者が何らかの国産食材を使用しており，また，45％の事業者がさらに増やしたいという意向をもっている。

　内閣府の世論調査（2018）にも現れているように，安全な国産食材を使用した食品に対する消費者の根強いニーズがその背景にあるが，その一方で，価格のより安い国産農産物の調達や必要量の安定確保などが大きな課題となっており，このため必要な国産食材の確保を目的に，自ら農業参入に踏み切った事業者の多いことがうかがわれる。

　しかし経営収支についてみると，参入後5年以内に黒字化した企業は38％，10年以内の黒字化でも48％にとどまっており，食品関連企業であっても，人材の確保と育成，ノウハウの蓄積などの課題を抱えているものが多く，農業へ新規参入することの厳しさを物語っている[37]。

(6) 流通チャネルの多様化と戦略的提携の進展

　農産物が卸売市場を経由して取引される市場経由率をみた図10によれば，青果物（野菜，果実）は1980年代から，そして花きや食肉は平成の初め頃から市場経由率が低下しており，平成27年（2015）の市場経由率は青果物が58％（国産青果は81％，平成25年〈2013〉の果実は42％），花きが77％，食肉が9％である。青果物や花きでは卸売市場を経由しない多様な直接取引が増えているのであり，もともと卸売市場取引の少ない食肉においても市場経由率の低下がみられる。近年は米でも全農を経由する取引量が減っており，生産者と仲卸業者や小売業者などとの直接取引が増えている。

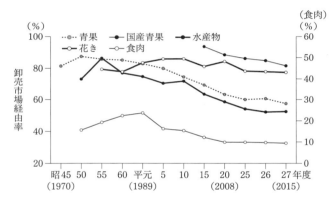

図10　卸売市場経由率の推移（重量ベース）
出所：農林水産省食料産業局「卸売市場をめぐる情勢について」2019年7月，8ページ
　　注：国内で流通した加工品を含む国産および輸入の青果，水産物等のうち，
　　　　卸売市場を経由したものの数量割合（花きは金額割合）の推計値である

　こうした農産物の市場経由率の低下は，農業経営体の農産物出荷先の多様化とも関係している。2015年農業センサスによれば，販売のある農業経営体（124万5千経営体）のうち農産物の販売（出荷）額が1位の出荷先は，農協が66％を占めているものの，1位が消費者への直接販売（インターネット通販を含む）であると答えた経営体が11万経営体（9％），農協以外の集出荷団体と答えた経営体が10万8千経営体（9％），卸売市場が7万9千経営体（6％），小売業者が5万9千経営体（5％），食品製造業・外食産業

表5　販売金額規模別にみた売上高1位の出荷先の割合（平成27年）（単位：％）

販売額規模	売上高1位の出荷先							
	農協	農協以外の集出荷団体	卸売市場	小売業者	食品製造業・外食産業	消費者に直接販売	その他	計
300万円未満	67.0	8.2	4.4	5.1	1.3	9.5	4.4	100.0
300〜700万	64.6	9.6	11.9	3.3	1.5	7.6	1.5	100.0
700〜1,500万	64.6	9.8	12.9	3.1	1.6	6.4	1.6	100.0
1,500〜3,000万	67.7	11.0	11.2	3.1	1.4	4.0	1.7	100.0
3,000〜5,000万	71.7	10.7	9.2	2.8	1.7	2.3	1.6	100.0
5,000万〜1億	67.5	13.4	9.6	3.3	2.9	1.4	1.9	100.0
1〜3億	56.6	16.8	13.3	5.1	4.8	0.6	2.8	100.0
3〜5億	45.7	18.9	20.0	5.1	5.7	1.1	3.4	100.0
5億円以上	44.0	16.0	24.0	4.0	4.0	4.0	4.0	100.0

出所：農林水産省「平成29年版 食料・農業・農村白書」30ページ（原資料は「2015年農林業センサス」）
注：「300万円未満」には販売なしは含まない

が1万9千経営体（2％）と多岐にわたっている。しかも，表5にみられるように，販売金額が大きくなるほど1位が農協出荷という割合が低下しており，販売先の多様化が進んでいることがわかる。販売金額が1億円を超える経営体では，自ら卸売市場へ直接出荷する経営体の割合も高くなっており，農産物の販売ロットが大きいことを活かした食品製造業や外食産業との直接取引の割合も高くなっている。

　以上のように，近年では販売額の大きな経営体を中心に，多様な流通チャネルを通じた直接取引が行われるようになっており，こうした取引を優位に進めるための戦略的提携の取組みが，農業分野においても活発に行われている。戦略的提携（strategic alliance）とは「2つ以上の独立した組織（経営体）が製品・サービスの開発，生産，販売などに関してお互いに協力すること」[38]であり，このなかには，①契約に基づく業務提携（business partnershipまたはnon-equity alliance），②資本投資をも含む業務・資本提携（equity alliance），③共同で投資をして独立した組織をつくるジョイント・ベンチャー（joint venture）などがある[39]。

戦略的提携の手法は，1980年代のグローバル化の進展を背景に，多国籍ビジネスを展開する企業などによって生み出されたものである。マイケル・ポーターやフラーなどによって注目され，その後は戦略的提携論として整理され，広く一般企業の経営戦略の一つとして取り組まれるようになった[40]。

　こうした経営戦略の手法が農業分野においても重視される背景には，他の産業に比べて経営の数が多くかつ規模が零細であり，経営体が独自に技術開発，生産，加工，流通，販売に取り組むには，ハードルが高いという事情もある。また，平成における一般法人の農業への参入も，こうした取組みを促進する要因になっている。そのため，早くからグローバル化の進んでいる花き作のみならず，畜産，野菜作，水田作の分野などでも，事業拡大と経営安定のための手法として戦略的提携が広く取り組まれるようになってきているのである。

　農業分野における新しい取組みの事例をみると，生産提携では，複数の集落営農が共同して大型機械利用のための独立した組織（株式会社や事業協同組合など）を設立する事例や，野菜作法人が販売ロットの拡大と販売期間の延長のために，近隣や他地域の農家群に生産委託をする事例などがある。技術提携では，大型法人や商社，参入企業などが特定の品種，栽培技術等について，種子や資材の提供も行いながら生産技術契約を結ぶ事例や，新品種の育成や生産技術の開発に共同して取り組む企業と生産者の提携などもある。

　業務・資本提携やジョイント・ベンチャーをも含む販売提携では，生産者が共同で農産物を販売するための会社を設立する事例や，主力業者（生産者）を中心にいくつかの業者（生産者）が契約をして同一ブランドで農産物を提供する提携などがある。また，地理的条件の異なる経営体や産地が相互に協力して周年出荷体制を構築している事例や加工・販売体制を構築している事例，さらに国内だけでなく国境を越えた提携によって，国際分業による生産・流通・出荷体制の構築を進めている事例などもあり，市場シェアの拡大や売上高のアップ，そしてブランド力アップなどを目的とし

て，複数の経営体が業務・資本提携をして事業を大きく展開している事例が近年は増えている。

(7) 環境保全型農業（有機農業）の取組みとGAP認証

　環境保全型農業については，農林水産省の「新政策」（平成4年〈1992〉）で「農業の持つ物質循環機能を生かし，生産性との調和に留意しつつ，土づくり等を通じて化学肥料，農薬の使用等による環境負荷の軽減に配慮した持続的な農業」と定義され，その推進の重要性が明記された。平成11年（1999）には「持続性の高い農業生産方式の導入に関する法律」[41]が制定され，土づくり，化学肥料および化学合成農薬の低減に一体的に取り組む農業者を認定する「エコファーマー」の制度がつくられた。エコファーマーの数は制度がスタートした平成11年（1999）の13件から大きく伸びて平成23年（2011）には21万6千件にまで達している。しかし，その後は減少傾向にある。環境保全型農業支払交付金による支援や農業改良資金の特例措置があるものの，高齢化による離農などにより再認定数が大きく減っていることが要因であるという。

　2015年農業センサスによれば，農薬や化学肥料の低減，土づくりなど環境負荷の低減に取り組んでいる農業経営体の数は，全国で46万4千経営体にのぼっている。これは全経営体の34％にあたるが，その内容は農薬の低減が26％，化学肥料の低減が21％，堆肥による土づくりが16％である。こうした取組みは，消費者への直販など販売に力を入れている水田作の大規模法人などでは際立っており，必ずしも全面積ではないものの，会社法人（50〜100ha）の85％，農事組合法人（50〜100ha）の76％が農薬や化学肥料の低減などの環境負荷の低減に取り組み，堆肥による土づくりについても前者で59％，後者で40％の法人が取り組んでいる。

　化学合成剤などによる環境負荷の問題，BSE問題，そして平成16年（2004）に発生した鳥インフルエンザなど，国民の健康と食の安全に対する関心の高まりなどを背景に，平成18年（2006）には超党派の議員立法によって「有機農業の推進に関する法律」が成立した。この法律では，有機農

業を「化学的に合成された肥料及び農薬を使用しないこと並びに遺伝子組換え技術を利用しないことを基本として，環境への負荷をできる限り低減した農業生産の方法を用いて行われる農業」と定義している。また，翌平成19年（2007）には生物多様性の保全を重視した農林水産業を強力に推進するための「農林水産省生物多様性戦略」が決定された。さらにこの年には，食の安全や環境保全を重視した農場を認証する，GAP（農業生産工程管理）認証制度を運用する日本GAP協会も設立されている。

　有機農業の生産面積は年々わずかずつ増加しているものの，平成29年（2017）の推計では2万3千haである。このうち有機JASは1万haで，その内訳は水田作2,900ha，畑作4,100ha，果樹作1,400ha，牧草地970haとなっている。全体でみるとわが国の耕地面積の0.5％であり，有機食品の販売額でみても1,850億円ほどである。諸外国の有機農業の面積割合は，平成28年（2016）においてイタリア14.5％，ドイツ7.5％，フランス5.5％，イギリス2.9％であり，有機食品の販売額は世界で9兆9千億円であり，そのうちアメリカが4兆7千億円，ドイツ1兆1千億円，フランス8千億円，イタリア3千200億円などとなっている[42]。近年は中国や韓国でも有機農業が伸びており，わが国においても今後のさならる取組みが期待されている。

　ところで，茶，こんにゃく，梅加工品という限られた品目であるが，有機食品がわが国からアメリカやEU諸国へ輸出されている。平成28年（2016）の輸出実績はアメリカ，EUを合わせて茶590t，こんにゃく53t，梅加工品45tとわずかではあるが，輸出量が年々伸びている点が注目される。有機食品のビジネスチャンスは広く世界に広がっており，今後の取組みが期待されるところである。

　食品の安全については，店舗や工場などの管理基準であるISOやHACCPなどがあるが，安全な農産物の生産分野では，有機JAS認証のほかに，GAPの認証制度がある。1990年代のEUでもBSE問題，残留農薬問題等が相次いで発生し，消費者の食の安全に対する不安が高まるなかで，平成9年（1997）に農産物の安全性と労働安全，環境保全などを含むGAPを定めたEUREP（ユーレップ：Euro-Retailer Produce Working Group）

GAPが策定された。EUREPGAPは農産物の安全性の確保による消費者の信頼回復とともに、安全な農産物の国際貿易の促進をも目的にしたものであり、平成19年（2007）にはGLOBALG. A. P.に名称変更されている。

こうしたGAPの日本版（JGAP）の導入が日本GAP協会によって取り組まれており、現在はJGAPをバージョンアップしたJGAP Advanceのほか、アジアにおける食の安全と持続可能な農業への貢献を目的にしたASIAGAPが平成29年（2017）から運用されている。国内のGAP認証農場の数は年々増加しており、平成31年（2019）1月末おける認証経営体数はJGAP2,851経営体、ASIAGAP1,869経営体、GLOBALG. A. P. 702経営体となっている[43]。

2020年のオリンピック・パラリンピックが東京で開催されることが決定しているが、大会組織委員会は平成29年（2017）3月に「2020年オリンピック・パラリンピック東京大会における持続可能性に配慮した農産物の調達基準」を公表した。まず基本要件として「食品の安全の確保」、「周辺環境や生態系と調和のとれた農業生産活動の確保」、「作業者の労働安全の確保」をあげ、具体的にはJGAP Advance、GLOBALG. A. P.で認証された農産物またはGAPの共通基準のガイドラインに準拠したGAPで認証された農産物を調達するとしている。また、推奨される事項として、有機農業で生産された農産物、障害者が主体的に携わって生産された農産物、世界農業遺産や日本農業遺産などで伝統的な農業を営む地域で生産された農産物などをあげ、国産の農産物を優先的に選択するとしている。各国から参加するオリンピック・パラリンピックの選手たちに、大会期間中に提供する生鮮食品ならびに加工食品の調達基準を示したものであり、GAP認証の農産物や食材の提供に向けた、国内産地の新たな取組みが期待されている。

―――執筆：八木宏典

参考文献

1. 週刊ダイヤモンド．2018．「平成経済全史」．2018年8月25日号．ダイヤモンド社．
2. ジャック・アタリ（山本規雄訳）．2018．新世界秩序．作品社．
3. 小泉達治・古橋元・池川真里亜．2018．世界の食料需給見通し―世界食料需給モデルによる2027年の予測結果―．農業．No.1645：48-53．
4. 堀田宗徳．2018．野菜の消費形態の変化と今後の見通し―食をめぐる環境との関係から．「農業と経済」臨時増刊号．2018年11月．
5. 笹井勉．2018．食品衛生（監視）戦後史．http://www.saturn.dti.ne.jp/~sasai/．2018年1月．
6. 矢野恒太記念会編．2018．日本国勢図会 2018/19．公益財団法人矢野恒太記念会．
7. 大日本農会編著：八木宏典・諸岡慶昇・長野間宏・岩崎和巳著．2017．地域とともに歩む大規模水田農業の挑戦．発行：農文協プロダクション・発売：農山漁村文化協会．
8. 八木宏典・李哉泫編著．2019．変貌する水田農業の課題．日本経評論社．
9. 増田寛也．2014．地方消滅―東京一極集中が招く人口急減．中公新書．
10. 鈴木洋仁．2014．「平成」論．青弓社．
11. 小熊英二編著．2014．平成史（増補新版）．河出書房新社．
12. 安田洋史．2006．競争環境における戦略的提携―その理論と実践―．NTT出版．
13. Porter, M. E. and M. B. Fuller. 1986. Coalitions and Global Strategy, ed. Porter, M. E.,Competition in Global Industries, Harverd Business School Press, pp.315-343.

注

1) 参考文献6，pp.404-405による．
2) アルビン・トフラー（徳山二郎監修）．1980．第三の波．日本放送出版協会．
3) わが国は平成31年（2019）2月においてEUを含む21か国・地域と17のEPAを締結している．このほかにRCEPおよび日・中・韓のFTAなどの交渉が続いている．
4) 法務省「在留外国人統計表」の各年次版による．
5) 朝日新聞．2018年6月5日付．
6) レイチェル・カーソン（青樹簗一訳）．1964．生と死の妙薬―自然均衡の破壊者（化学薬品）．新潮社（後に青樹簗一訳（1986）沈黙の春として出版されている）．
7) D. H. メドウズ他．1972．成長の限界―ローマクラブ「人類の危機」レポート．
8) ジャック・アタリ（山本規雄訳）．2018．新世界秩序．作品社などを参照．
9) 野口悠紀雄氏は「製造業中心からIT産業中心への産業構造転換に対応せず，……長期信用銀行と都市銀行を中心とした金融システムと，大蔵省（財務省）を中心とした官僚システムで日本経済をコントロールする「40年体制」を引きずり，日本没落を決定付けた時代」（参考文献1，pp.32-33）と，平成の時代について述べている．
10) 経済産業省「本邦対外資産負債残高」の各年次版による．
11) 古金義洋．2018．最近の賃金低迷について．共済総研レポート．No.160．JA共済総合研究所．2018年12月．pp.14-19による．
12) 全国社会福祉協議会「ボランティア人数の現況及び推移」．2018年3月．

13）総務省「社会生活基本調査報告」の各年次版による．
14）日本政府観光局（JNTO）「2018年訪日外客数（総数）」および観光庁「訪日外国人消費動向調査」2019年1月，観光庁「平成29年度観光白書」による．
15）全国農業新聞．2018年7月6日付．
16）全国農業新聞．2019年1月18日付．
17）参考文献6, p47．
18）参考文献9による．
19）厚生労働省「一般職業紹介状況（職業安定業務統計）」および参考文献6, pp.70-73による．
20）内閣府「食と農林漁業に関する世論調査」平成30年9月による．
21）参考文献3による．
22）参考文献4, p168．
23）参考文献4, p169．
24）農林水産省「平成30年版 食料・農業・農村白書」P126．
25）農林水産省「平成29年版 食料・農業・農村白書」p92．
26）同上 p93．
27）厚生労働省「食中毒統計資料」の各年次版による．
28）参考文献5による．
29）消費者庁「新しい食品表示制度について」2015年8月による．
30）「平成27年版 食料・農業・農村白書 参考表」．pp.56-57．
31）プラザ合意直前までは，日本から多くの果実等が海外に輸出されていた．ウンシュウミカンは"クリスマスオレンジ"として最盛期は2万5千tがカナダへ輸出され，リンゴもウラジオストック，上海などのほか中東などへも輸出されていた．日本ナシも1980年代には1万5千tがハワイ，カナダ，中近東などのほか，アメリカ（本土），ヨーロッパにも輸出され，とくに20世紀ナシは"クリスタルペア"の愛称でアメリカのスーパーマーケットの最も人目を引く売り場に並べられていた．なお，昭和60年（1985）から平成7年（1995）の間は実質実効為替レート指数も大きく上昇した．
32）農林水産省食料産業局「2018年の農林水産物・食品輸出額」2019年2月による．
33）参考文献7および参考文献8を参照．
34）農林水産省「米をめぐる状況について」2019年1月．
35）常時雇用者とは7か月以上の雇用契約で農業に従事する者のことである．
36）農林水産省大臣官房統計部「平成16年度農産物地産地消等実態調査結果の概要」2005年5月による．
37）農林水産省経営局「一般法人の農業参入の動向」平成29年12月および日本政策金融公庫「食品産業動向調査：農業参入」（ニュースリリース）平成30年10月3日，農林水産省総合食料局食品産業振興課「外食事業者の国産農産物の利用等に関するアンケート調査（平成21年度外食産業に関する意識・意向調査）」平成22年9月による．
38）参考文献12による．
39）戦略的業務提携のなかには，ある経営体が所有する品種やライセンス，栽培技術を他の複数の経営体が相互に活用して生産能力を高め，それにより差別化された特定品質の農産物を必要数量確保しようとするなど，独自の技術やノウハウを持ちより相互に協力する技術提携，販売ロットを拡大して市場のシェアを確保し優位な販売につなげるために，生

産・加工の委託生産をしたり，共同ブランドで生産・加工したりする生産提携などがある．

また，業務・資本提携は，お互いの業務提携を補強し，相互の経営の安定を図るために，投資によって協力しあうことであり，一方だけが他方に投資する場合と，両者が相互に投資しあう場合とがある．ジョイント・ベンチャーは，生産に特化した経営体が，共同で出資をして独立した販売会社を設立するなど，共同で投資をして独立した組織をつくることである．

40）参考文献13による．
41）農林水産省生産局「環境保全型農業の推進について」2019年3月による．
42）農林水産省生産局「有機農業をめぐる事情」2018年4月による．
43）日本GAP協会「JGAP/ASIAGAP認証制度の概要」2017年11月，農林水産省生産局農業環境対策課「GAP（農業生産工程管理）をめぐる情勢」2019年7月による．

平成の農業技術

水田作

水田作をめぐる情勢

　平成の水田作*は，農業をめぐる社会的，経済的情勢の変化，そして気候変動や地震災害の発生など，さまざまな影響要因のなかで営まれてきた。これらは，農業技術の開発動向や農業経営体によるその選択に対しても影響を及ぼした。

　米需要の低下　そうした水田作をめぐる情勢の変化のなかでまず1番目に指摘すべき点は，米需要の低下と農業生産全体に占める米の位置付けの後退である。1人当たりの米の消費量の減少に伴い，米の需要量は毎年8万tずつ減ってきている（図1）。これに伴って米価**も平成2年（1990）の2万1千円から平成19年（2007）の1万5千円へと下がり，その結果，農業の総産出額に占める米の割合は，平成6年（1994）に34％であったのが平成26年（2014）にはその半分の17％と，米の位置付けが急速に低下した。

　これらの背景としては，国民の食生活や嗜好性の変化があげられるが，その影響は量的な減少だけにとどまらず，消費のありようといった質的な

---

*　「水田」とは均平で湛水可能な圃場のことで，そこで行われる作物生産を「水田作」という。
**　本章では，玄米60kg当たり業者間相対取引価格の全銘柄通年平均を示す。

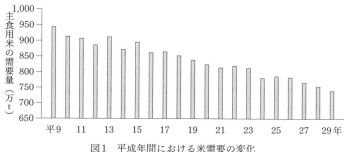

図1　平成年間における米需要の変化
資料：米穀の需給及び価格の安定に関する基本指針

側面にも及んだ。すなわち，食の外部化が進み，自宅での炊飯用米としての消費が減退し，外食，中食などでの消費が増え，これに伴って炊飯業者や加工業者に向けたいわゆる業務用米としての需要が増大した。このことは品種の選定や栽培方法の選択にも影響を及ぼした。

転換畑作の振興　2番目はこうした事情に対応した水田への畑作物や飼料作物などの作付振興である。水田活用の直接支払交付金などの施策を通じて水田へのムギやダイズの導入が図られたほか，畑作物の栽培が困難な排水不良の水田には，ホールクロップサイレージ用（以下WCS用と略す）のイネや飼料用米の作付けが進められた。このうち飼料用米の作付面積は平成20年（2008）から急速に伸び，平成28年（2016）には約9万1千haとなっている。

こうしたイネの飼料利用に向けて，生産コストの低減のための多収品種，飼料としての栄養価や家畜の嗜好性の高い品種の育成が進められるとともに，水田の軟弱な土壌条件でもWCS用イネの収穫作業を効率的に行える収穫機の開発と導入が図られた。一方，ダイズやムギなど畑作物を水田に作付けする場合は，安定した生産を行うために水田の排水対策の徹底が重要である。このため，基盤整備事業による暗渠施工だけでなく，さまざまな営農排水技術の開発と導入が図られた。

農業者の減少・高齢化　3番目は農業者の減少と高齢化である。こうした状況は農業全般で認められることではあるが，特に水田作ではこれに伴

い，農地の担い手経営への集積が進み，100haを超える大規模な経営が出現するようになってきた。澤田守（2013）は，センサスデータに基づいて専業農家の後継者の動向を解析し，配偶者を有する農業経営者の割合が64％，同居農業後継者では35％といずれも第二種兼業農家よりも低いこと，また，専業農家1戸当たりの15歳未満の子供は0.5人にとどまっていることを指摘しているが，このことは，水田作経営の大規模化がさらに加速化することを示唆するものである。

一方，法人経営体の数も平成に入って増加しており，全体として構造変化が急速に進んできている。これに伴い，さまざまな省力栽培技術，さらには多数の圃場を管理しなければならない法人経営体の経営管理や作業管理を支援する技術の開発が求められるようになった。

頻発する災害　4番目は，頻発する災害である。平成5年（1993）の大冷害では，広域にわたる不稔の発生と大幅な減産が生じた。一方，平成11年（1999），平成22年（2010）には，高温による著しい品質低下が問題となるなど，気象変動幅の拡大が農作物に大きな影響を及ぼした（図2）。さらに，平成23年（2011）には東日本大震災に伴う津波と，原子力発電所の事故によって，東北地域を中心に大きな被害が生じた。その影響は平成30年（2018）に至っても深い爪痕を残している。

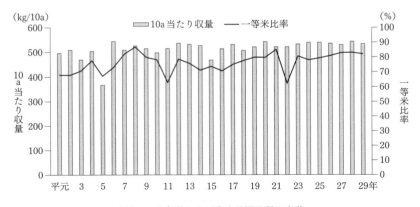

図2　イネ収量および玄米外観品質の変動
資料：農林水産省大臣官房統計部

これらの災害の発生も技術開発に大きな影響を及ぼし，気象災害に関しては，耐冷性や高温耐性，耐病性品種の開発と導入が進められた。かつては耐冷性と良食味の両立は難しいとされたが，耐冷性検定法等の技術開発により平成に入って耐冷性が強くかつ食味の良好な品種の育成と普及が進んだ。東日本大震災については，特に，放射性物質への対応に関してさまざまな技術的な対応が図られた（東日本大震災対応 490・496 頁参照）。

　以上のような背景のなかで取り組まれてきた平成期における水田作での技術開発の動向と，その生産現場への導入状況について，以下に記載していく。

多様な消費ニーズや一層の国際化への対応

ポストコシヒカリをめざした品種

　前項では平成の水田作に影響を及ぼした社会的，環境的な変化を指摘したが，品種開発においては，特に需要の変化への対応と気象変動の拡大に対する対策が大きな課題であった。すなわち，平成5年（1993）のガット・ウルグアイ・ラウンドの合意以降，いわゆるミニマムアクセス米としての米の輸入が始まり，食味や品質での国内産米の優位性の確保が求められるようになった。あわせて，平成5年（1993）の大冷害を経て，安定的な米の供給が必須と認識されるに至った。

　こうした状況下で進められた平成における品種育成の特徴は，以下の3点に集約できる。まず，食味の優れた品種の開発と導入である。産地の米をより有利に販売するには良食味の品種育成が必須であった。

　第二は耐冷性や高温耐性，あるいは耐病性といった環境耐性の改善である。耐冷性は以前より改良が図られてきたが，平成に入ってから頻発する高温による品質低下にも対応するため，高温登熟性に優れた品種の育成が特に進んだ。耐病性については，いもち病などの主要な病害に対して抵抗性が強く，かつ良食味を損なわない品種や系統の選抜が行われた。

第三は，業務用として対応できる品種や，米麺や米粉パンといったような新たな需要に向けた品種の育成である。その結果，収量性が高く低コスト生産の可能な業務用品種，新たな需要の開拓に対応した加工適性を有する品種が数多く育成された。別項で記述する飼料用のイネ品種の育成もこうした対応の一つである。

　表1に平成元年（1989）と平成28年（2016）の作付面積上位10品種のリストの比較を示した。平成28年（2016）の上位10品種はいずれも良食味品種と認められる品種に限られており，おいしい米の生産が第一義となったことが示されている。

　そのなかで低アミロース品種である「ゆめぴりか」が10位に位置付けられていることが注目される。また，「ひとめぼれ」をはじめとした環境耐性や病虫害抵抗性を付与した品種が広く作付けされるようになった。平成28年（2016）度におけるコシヒカリの作付割合は，全体の36.2％を占めるが，これには新潟県の耐病性を強化した「新潟コシヒカリ」が含まれており，良食味と環境耐性の改善と両立が平成の育種における大きな特徴で

表1　作付順位が高位のイネ品種

作付順位	平成元年産	平成28年産（特徴）
1	コシヒカリ	コシヒカリ（良食味）
2	ササニシキ	ひとめぼれ（耐冷性，良食味）
3	日本晴	ヒノヒカリ（良食味）
4	ゆきひかり	あきたこまち（良食味）
5	あきたこまち	ななつぼし（良食味）
6	初星	はえぬき（短稈，良食味）
7	黄金晴	キヌヒカリ（良食味）
8	むつほまれ	まっしぐら（いもち病抵抗性，良食味）
9	キヨニシキ	あさひの夢（縞葉枯病抵抗性，良食味）
10	中生新千本	ゆめぴりか（低アミロース，良食味）

資料：（公社）米穀安定供給確保支援機構

あったことを示す事例である。

(1) 低アミロース等でん粉変異の利用

でん粉の分子構造　良食味米の開発に大きな役割を果たしたのが、でん粉分子の構造を解明しその変異を利用するために行われた基盤的な研究である。

　でん粉はグルコース分子が鎖状に長くつながって（重合）形成されるが、1グルコース分子を構成する環状になった6個の炭素のうちどの炭素が隣接するグルコースのどの炭素と結合するかによって、でん粉の立体構造が変わってくる。1と4の位置の炭素が結合する場合は、直鎖状構造のアミロースと呼ばれるでん粉になるが、1と6の位置で結合すると直鎖から枝分かれが生じ、樹枝状構造のアミロペクチンと呼ばれるでん粉になる。イネの穀粒では、炊飯米として利用される粳性の品種の場合、アミロースが全体の2~3割を占める。一方、糯性の品種や系統の穀粒でん粉はアミロースを含まず、アミロペクチンのみから構成される。

　粳性の品種群のなかでもアミロース含量の遺伝的変異が認められている。アミロースの多少は炊飯米の粘りや光沢と関係し、アミロース含量が少ない品種では粘りが増す傾向にある。わが国ではアミロースが他国の米に比べてやや低く、粘りの強い炊飯米が好まれている。このアミロース含量はさまざまな遺伝子によって制御されているが、最もよく知られているのが wx と呼ばれる遺伝子座で糯性を支配している。

低アミロース米の発見　こうした米のでん粉の研究に大きな影響を及ぼしたのが、奥野員敏による低アミロース米の発見である。奥野は ^{32}P で誘導された突然変異のなかから、粳性と糯性のいわば中間的な特性を有する系統を見出すとともに、これらには wx とは異なる du 遺伝子座に影響されているものがあることを明らかにした（Okuno et al., 1983）。この発見を契機として米のでん粉変異に関する遺伝的、生理的研究や利用研究が進んだ。こうした基盤的な研究の成果は、その後の米品質の改良、特に北日本の米の食味改善に大きな影響を及ぼした。

北海道米の躍進　北海道米の食味改善の歴史はアミロース含量の制御にあったといえる。アミロース含量は登熟期の温度条件の影響を受け，気温が低いとアミロース含量が高くなりやすく，炊飯米の粘りが劣ることとなる。図3は，北海道主要品種のアミロース含有率およびタンパク質含有率を示しているが，縦軸のアミロース含有率が低ければ低いほど粘っこくて，良食味ということになる。

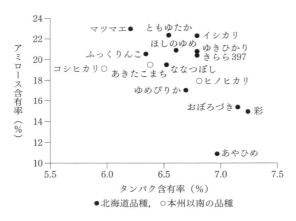

図3　北海道イネ主要品種のアミロース含有率とタンパク含有率
（佐藤毅・南章也，2013）

「イシカリ」（北海道立上川農試，昭和46年〈1971〉育成）や「ともゆたか」（道立中央農試，昭和52年〈1977〉育成）といった北海道の初期の改良品種はアミロース含量が高くて粘らず，あまりおいしくない。しかし，アミロース含量を中心とした食味選抜の結果，「キタヒカリ」（北農試，昭和50年〈1975〉育成），そして「きらら397」（上川農試，平成2年〈1990〉品種登録）と改良が進み，アミロース含有率が低くて粘る米が選抜されてきた。これが北海道におけるイネ育種の大きな成果であった。

　しかし，こうした選抜による改良では，なお「コシヒカリ」との間でギャップが残された。登熟期が低温となる影響により，「コシヒカリ」を交配親に使うだけでは十分な改善が得られなかった。そこで用いられたのが前述した低アミロース性の突然変異体である。すなわち，「きらら397」の

培養変異で低アミロース性を示す「北海287号」を用いて「おぼろづき」（農研機構北農研，平成18年〈2006〉品種登録）という低アミロース品種（wx座の変異による）が育成された。「おぼろづき」は非常に食味の評価が高く，米食味分析鑑定コンクールで道産米初の金賞を受賞した。

これをきっかけとして「北海287号」から低アミロース性を導入することにより，「ゆめぴりか」が育成された（上川農試，平成23年〈2011〉品種登録）。「ゆめぴりか」は，平成28年（2016）に2万ha弱の栽培面積で，国内の品種別作付面積順位の10位に位置付けられている。まさしく道産米の評価を一変させた品種といえる。これらに伴い，道内での道産米の人気が非常に高まるとともに，全国で道産米が食べられるようになってきた。

低アミロース性の利用は本州の育種でも活用されている。「ミルキークイーン」（農研センター，平成7年〈1995〉品種登録）はコシヒカリの突然変異から選ばれた低アミロース性の品種である。コシヒカリをベースとしているために倒れやすいなどの欠点もあるが，栽培可能な地域が広く，一時期3,500haで生産された。

アミロース変異のさらなる展開　こうしたアミロース変異は，後述するさまざまな新規需要米の開発にも活かされた。特に低アミロース性に伴ってでん粉の老化性（炊飯後の時間の経過に伴って水分を失い硬くなること）が低下するため，炊飯後にご飯がさめてもパサパサしにくいという特性を有する品種の育成につなげられた。

また，でん粉の変異に関する研究は，さらにアミロペクチンにおける変異とその影響の解明にもつながった。すなわち，アミロペクチンの糖鎖の構造において短鎖の多いでん粉特性を有する系統で硬化が遅く，餅加工を行った場合の餅のやわらかさの維持に寄与することが示された。こうした特性を活用して新たな糯品種の育成が進められている。

(2) 環境耐性の強い品種の育成

地球温暖化の進行は，温度の上昇だけでなく，気象の変動幅の拡大を伴っている。こうした環境変動に対して耐性の強い品種の育成が重要な課

題となった。低温に対する耐性については北海道や東北地域で改良が進められ，そのなかで「ひとめぼれ」（宮城県古川農試）の育成が重要な役割を果たした。この品種は，昭和63年（1988）の冷害の際に非常に着目され，平成3年（1991）の品種登録のあと，岩手，宮城，福島の各県で奨励品種として採用された。普及開始直後の平成5年（1993）の大冷害で評価が確定し，当時の東北地域における主要品種である「ササニシキ」に置き換わった。

耐冷性検定法の改善成果　この「ひとめぼれ」の育成の過程においても基盤的な研究が有効に機能した。宮城県古川農試で開発された恒温深水による循環灌漑法という耐冷性検定法である。この検定法は古川農試の育種家佐々木武彦らにより確立されたものであるが（佐々木・松永，1983），その開発には佐々木と北海道における冷害の生理学研究グループ（佐竹徹夫，西山岩男ら）との交流がかかわった。

昭和55年（1980）の冷害の際に西山が宮城県を訪れたことをきっかけとして佐々木との交流が生まれ，佐々木はそこで学んだ冷害の生理を活かしてこの検定方法を考案した。すなわち，それまでの冷水かけ流し検定は水深の制御を行っていなかったが，イネの低温に感応する部位が幼穂で，かつ小胞子初期において最も低温の影響を受けることを知った佐々木は，より長期にわたって幼穂が低温にさらされるよう，深水での恒温循環灌漑処理を適用したのである。

これにより耐冷性の選抜評価の精度があがるとともに，実は，コシヒカリが耐冷性に優れていることが見出された（佐々木・松永，1985）。すなわち，良食味と耐冷性をあわせもつ品種育成にコシヒカリが有効であることが示されたのである。そして，佐々木はコシヒカリを交配親に用いることで，耐冷性と良食味をあわせもつ「ひとめぼれ」の育成に成功した（表2）。耐冷性が強くてかつ食味の良い「ひとめぼれ」は，平成28年（2016）現在も全国で第2位の作付比率を誇っている（表1）。

前歴深水管理の貢献　なお，冷害への対応については，品種以外に付け加えたい事柄がある。「ひとめぼれ」の育成には冷害におけるイネの生理研究が一定の役割を果たしたことを先に述べた。この基盤研究からはもう一

表2 耐冷性良食味品種「ひとめぼれ」の育成経過

年次	できごと
1980年	障害型の冷害が発生し「ササニシキ」等東北の主要品種に被害
1981年	恒温深水循環灌漑法を開発（宮城県古川農試）
	コシヒカリが障害型耐冷性の遺伝資源に
1988年	コシヒカリを親とした「東北143号」を育成
	冷害等で耐冷性実証
1991年	「ひとめぼれ」として品種登録（宮城，福島，岩手県が奨励品種に採用）
1993年	大冷害で再評価
2006年	全国作付面積2位に（15.5万ha）

つの技術が生まれている。それは「前歴深水管理」という技術である。

イネの耐冷性が最も弱くなるのが小胞子初期であるが，佐竹らはその前の時期にあたる穎花分化期から小胞子初期の間を深水として幼穂を保温すると耐冷性が増すことを発見した。この前歴期間は穂の位置がまだ低いため，危険期の対応として推奨される20cmの深水としなくても済む。佐竹らはこの前歴期間における10cmの深水灌漑を提唱した（佐竹ら，1988）。冷害の危険性がある東北や北海道の地域では，普及機関を通じてその実施が指導されている。

高温登熟性の改良　一方で気候の温暖化に伴い，各地で高温による品質低下が全国的に問題となった。すなわち，米粒が白く濁った白未熟粒の発生が増加し，九州等の暖地だけではなく，通常寒冷な気象条件となる東北においても一等米比率の低下による被害が生じた。これに対応するため，白未熟粒の発生の少ない高温登熟性の高い品種が選抜されるようになった。たとえば九州では「にこまる」（農研機構九沖研，平成20年〈2008〉品種登録），東北では「つや姫」（山形県農試庄内，平成23年〈2011〉品種登録）などが育成され，高温による品質低下の軽減対策につながった。これらの品種は高温耐性だけでなく，「ひとめぼれ」同様に良食味の特性を保持している。

このうち，「にこまる」は，出穂期が「ヒノヒカリ」並みかやや晩い暖地向

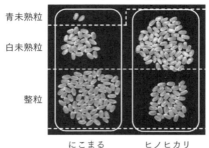

図4　高温下で白未熟粒発生量の少ない「にこまる」（坂井真）

きの品種で，「ヒノヒカリ」に比較して収量が5〜10％ほど高く，良食味で高温でも一等米比率が低下しにくい特性が認められている（図4）。これには登熟期直前までに茎に蓄積される糖やでん粉などの非構造性炭水化物量，すなわち，米粒の充実に利用可能な貯蔵物が多いという「にこまる」の生理特性がかかわっている。九州のように登熟期が高温で寡照条件におかれても，茎葉部の貯蔵炭水化物を利用して良好な登熟を維持し得ると考えられている。

コシヒカリBLが新潟県で普及　また，耐病性の改良で注目されるのは平成17年（2005）に新潟県農総研作物研センターで育成された「コシヒカリBL」である。いもち病の病原菌には系統（レース）があり，仮に選抜時に用いられた特定のレースに対して抵抗性（真性抵抗性という）を示したとしても，他のレースの存在下では侵害され，罹病してしまう。このため，イネにおけるいもち病抵抗性育種は圃場抵抗性（レースにかかわらない抵抗性）の選抜に主眼がおかれた。

　新潟県農総研作物研センターではこれに対し，「コシヒカリ」を親として，異なるレースごとに真性抵抗性を有する一方，戻し交雑と選抜によって，そのほかの収量性や品質，出穂期など栽培的特性を「コシヒカリ」とほぼ同じくした準同質遺伝子系統を開発した。そして，これらをマルチライン*として混合栽培することにより発病が抑制されることを実証し，普及に取り組んだ。また，当初懸念されたいもち病菌新レースの蔓延による抵

抗性崩壊現象も，普及開始時の理論予測どおり，10年以上確認されない状況を維持している。これにより農薬使用回数（成分回数）は慣行防除に比較して25％削減が可能となり，あわせて，安定的な生育と収量を確保できるようになった。

　もう一つのイネの主要な病害として縞葉枯病がある。ヒメトビウンカを媒介昆虫とするウイルス病で，蔓延すると著しい減収をもたらす。平成20年（2008）頃から，関東地域を中心として広がりつつある。「あさひの夢」はこうした縞葉枯病に対する強い抵抗性を有する品種で，平成8年（1996）に愛知県で育成された。Modanという外国の品種に由来する抵抗性を導入しているが，味と外観にも優れる良食味品種である。

(3) 新たな地域ブランドや業務用・加工用品種

　激化する地域ブランド競争　米の需要減退に伴い，食用米の販売に向けて地域間の競争が激化してきている。その結果，より高い価格で販売可能なブランドの構築が取り組まれるようになった。このため，各自治体では特徴ある新たな地域ブランド米用の品種育成が進められてきた。たとえば「つや姫」，「青天の霹靂」（青森県農総研，平成27年〈2015〉奨励品種採用）というような新品種が育成され，地域ブランド米として販売促進活動が実施されている。

　また，単に新品種の利用というだけでなく，地域に応じたより厳正な栽培管理と生産物の管理があわせて指導され，ブランドへの信頼性の付与にも取り組まれるようになった。具体的には，米のタンパク含量をより厳密に制御するためのリモートセンシングの活用や肥料，農薬使用の制限などである。

　多様な新規需要米　一方，従来にない特性を有することで新たな需要

＊イネのいもち病抵抗性遺伝子は複数あり，それぞれの働きを無効化できるいもち病菌の系統（レース）も存在する。異なる抵抗性遺伝子を有するイネ系統の混合栽培をマルチラインと呼ぶ。この方法をとると，いもち病の流行が抑制されるとともに，多くのイネ系統を侵害できるいもち病菌レースの新たな蔓延はきわめて生じにくい。

を引き出すための新規需要米の開発と生産も進められてきた。たとえば，「金のいぶき」（宮城県古川農試，平成28年〈2016〉奨励品種採用）は，巨大胚の品種と前述の低アミロースの品種の交配により開発されたもので，従来の品種とは異なり，普通の炊飯器の白米モードで玄米の炊飯が可能である。また，ショ糖含量が高く，食べると甘く感じるため，食べやすい玄米食になる。平成28年（2016）から普及が始まっており，平成29年（2017）度の作付面積は450haに達している。また，この品種を用いた米粉，味噌，飲料等，さまざまな食品の開発が進められている。

　これ以外にも，新しい米の形質を有する品種が育成された。寿司用の米は酢がなじみやすく，ほぐれやすい性質が求められる。寿司用の品種として育成された「笑みの絆」（農研機構中央研，平成26年〈2014〉品種登録）はこうした特性を有し，酢の入りが良くてややあっさりとした適度な粘りを有する。高温下での品質低下が生じにくい特性もあわせてもつ。

　米粉パン用では「ゆめふわり」（農研機構東北研，平成27年〈2015〉品種登録）が育成されている。湿式気流粉砕で製粉した米粉は粒径が小さく損傷でん粉の少ない特性がある。これを3割ほど混合して製造したパンは「あきたこまち」などの炊飯用の米に比較して膨らみが良く，「やわらかく」「もっちり」とした食感で食味評価が良い。これらは米の消費減退に対応するために育成されたもので，今後の利用拡大が期待されている。

　業務用米をねらった品種　平成に入って食の外部化が進み，米も外食や中食産業での需要が増えるに伴い，価格の安い業務用品種が重視されるようになった。業務用においては，良食味，高品質とともに，地域ブランド用の銘柄米に比較して価格が安い米が求められる。このため，収量性が高く，収穫時期がブランド米とは異なるために作業競合を回避できる品種の育成が進められた。

　「あきだわら」（農研機構作物研，平成23年〈2011〉品種登録）は，「コシヒカリ」にちかい食味を有する一方，収量が多肥条件では30％増となり，低価格での提供が可能である。このため，業務用の米として注目され，生産者団体を中心に作付けの拡大が図られている。一方，「つきあかり」（農研機

構中央研，平成28年〈2016〉品種登録出願）は「コシヒカリ」に比較して収穫期が2週間ほど早く，大規模農家では作業分散を図るうえで有効である。

また，平成に入り，民間企業が開発した品種のなかにも一定の普及をするものが複数出現し，なかでも平成12年（2000）に登録された「みつひかり」（三井化学アグロ（株））は，ハイブリッドの多収米として注目されており，平成28年（2016）度で複数の県で1,000haを超える栽培面積となっている。

(4) 食味や環境耐性向上のための施肥管理や生育診断手法

海外からの輸入米に対抗していくためには，これまで述べたような良食味品種や品質特性に特徴のある品種の利用が重要であるが，同時に栽培管理上においても，収量を確保するだけでなく，食味や品質に配慮した栽培法の選択が必要となる。特に施肥法は収量向上と食味に関与することから，両面での配慮が求められる。

食味重視の栽培法　食味については玄米に含まれるタンパク含量をある程度以下に低く抑えなければならない。生育各時期の施肥量と玄米タンパク含量との関係をみると，基肥や分げつ期肥など生育の早い時期における施肥は大きな影響を及ぼさないが，実肥など生育後期の窒素施用は玄米タンパク含量を高める方向に働く。このため，平成に入ってからは出穂期以降の追肥はほとんど行われなくなった。穂肥についても減数分裂期以降は多施用しないようになってきている。

食味重視で高温障害が問題に　食味を重視するために減肥が行われた結果，高温時の外観品質を低下させるケースも認められ，注意が必要となっている。たとえば高温条件下で多発する乳白や腹白粒などは，頴果数が過剰となった場合に発生が助長される傾向にあり，品質確保の面から適正な頴果数に制御する必要がある。このため，基肥量もそれに応じた制限が求められる。

一方で，生育後期の極端な窒素制限は後期の栄養的な凋落を招き，背白粒の発生など外観品質の低下をもたらすことが指摘されている。食味を改

善するためには後期の施肥量を控える必要があるが，外観品質に関しては後期も一定の窒素吸収量を確保しなければならない。この相反する問題を解決するため，生育診断に基づいた適正な施肥の実施が求められてきた。

これに関して，農研機構九沖研の森田敏（2013）は気象庁の確率予報情報と葉色測定などの生育診断に基づいて窒素追肥の判断を行う「気象対応型栽培法」を提唱している。こうした追肥の適否にかかわる情報の提供と判断支援のツールに関しては，後述するWebを活用した情報システムの構築が期待されている。

水田のフル活用に向けて

前項では育種を中心とした米の消費拡大に向けた取組みを記述した。しかし，それでもなお食用としての米の需要減退は歯止めがかかっていない。このため，わが国の食料生産を担う水田を有効に活用していくには，食用以外の用途のイネ生産や，水田における畑作物の栽培を行う必要が生じた。

平成期においては，特に自給率の低い状況にあったダイズやムギ類の水田での増産が推進され，同様に海外からの輸入に依存する飼料の生産拡大に向けて，飼料用としてのイネの生産が導入された。イネだけでなく，他作物の栽培を含めた水田のフル活用を図り，その生産性を十二分に引き出すことで自給率の向上をめざすことが重要な課題となった。こうした状況に対応するため，数多くの技術開発が進められてきた。

（1）営農排水技術および地下灌漑

畑作物を水田で栽培するには水田の排水性を良好なものとしなければならない。このため，排水性向上を図るための技術が開発された。あわせて，灌漑水を活用できる水田の機能を活かし，畑作物の生産性を向上させるための地下灌漑など，より高度な灌排水技術の開発も進められた。

営農排水技術　排水対策としては，圃場の基盤整備における暗渠施工の

着実な実施が重要である。平成に入ってからも農林水産省の事業により，一時期を除き，毎年1万5,000～2万ha程度の圃場を対象として暗渠排水が整備されてきた。しかし一方では，暗渠の老朽化と性能低下による排水不良農地が増加した。こうした基盤整備による暗渠の機能を長期にわたって十分に活かし，水田のフル活用を図るためには，補助暗渠等の営農排水を組み合わせる必要がある。この場合，農家がいつでも施工できる補助暗渠等の簡便な営農排水技術が求められる。こうした目的で以下に示すような営農排水技術が開発されてきた。

深さ約70cmのトレンチにパイプを敷設する本暗渠に対し，これに直行して浅部に設ける補助的な排水用暗渠が補助暗渠である。補助暗渠では，圃場の地中に空隙をあけることにより水の通り道を設けて排水の促進を図るが，この空隙に疎水材を投入する有材の補助暗渠と無材の補助暗渠があり，それぞれ次のような技術が開発された。

有材の補助暗渠　これについては，「カットソイラ」と呼ばれる有材補助暗渠機が農研機構農工研と（株）北海コーキの共同により開発された（農研機構，2015年度成果情報[*]）。この機械は，4輪駆動で60馬力以上のトラクタにより牽引が可能で，本機を走行させることによって土壌を逆三角形の形に持ち上げ，生じた空隙に資材を落とし込む。この場合の資材には10cm程度の長さに裁断された稲わらや麦わらなどの収穫残渣を用いることができるため，籾殻等の資材を準備する必要がない。こうした有機資材の投入は，下層土の物理性だけでなく化学性の改良にも有効と考えられている。

無材の補助暗渠　一方，無材の工法では，農研機構農工研と（株）北海コーキとで「カットドレーン」という穿孔暗渠施工機（農研機構，2013年度成果情報）が共同開発された（農業農村整備 403頁参照）。これは，暗渠の中に籾殻を入れずに空洞のみを作る暗渠施工法で，その特徴は，単に溝を

---

[*] 農研機構の「成果情報」は以下を参照。https://www.naro.affrc.go.jp/project/results/main/index.html

図5 穿孔暗渠機「カットドレーンmini」の概要（北川巌）

掘るだけではなく、土壌を微妙にずらすことにより排水用の空洞の設置位置を工夫した点にある。すなわち、空洞の上には一切物理的に壊されていない土層がそのままのるため、空洞上層部の安定性が高まり崩れにくい利点がある。

カットドレーンは当初は工事用重機や大型トラクタを用いて施工する技術であったが、平成28年（2016）には一般の農家が保有している40馬力程度のトラクタに装着できる小型機「カットドレーンmini」が開発された（図5）。地表から30〜50cmの任意の深さに5cm角の通水空洞を形成する。また空洞成形ユニットを溝掘ユニットに交換することで、幅10cm、深さ30cm程度の表面排水用の明渠も掘削できる。排水路に通ずる施工が可能な場合は簡易な暗渠としての利用も可能である。

地下灌漑 こうした簡易な営農排水技術とは別に、水田で栽培される畑作物の生育安定化を図る高度な地下灌漑技術も開発された。暗渠を通じた地下灌漑により、圃場内の土壌水分を制御する手法である。その一つが農研機構中央研と（株）パディ研究所の共同開発による地下水位の定常的な制御が可能なFOEAS（フォアス）という技術で（農研機構、2007年度成果情報）、フォアス枡と排水側に設置される水位制御器により地下水位を一定に制御することができる（畑作150頁、農業農村整備402頁参照）。

もう一つは、北海道の水田で導入が図られている集中管理孔という方法である。この技術においても、集中管理孔枡を設けることにより、通常排水にしか使われない暗渠に対して用水路から用水を引き込むことが可能と

なっている。FOEASのように水位の制御は困難だが，簡易に暗渠管の中の清掃や暗渠から圃場への一次的な給水が可能である。

　これらの技術を用いることにより，水田でのダイズや業務用野菜の収量の向上が期待できる。また，イネについても地下灌漑を利用した乾田直播の出芽促進という活用方法が考案された。乾田直播では，雨が降らずに発芽が遅れると，収穫の遅れや雑草の繁茂につながり，収量が不安定になりがちである。このため，早く出芽させることが安定生産のうえで重要となる。FOEASや集中管理孔は，適度な水分を地下灌漑で供給することができるため，乾田直播イネの出芽の促進に有効で，生育や収量の安定化に利用可能である。

(2) 水田ダイズ作・ムギ作の安定化

　水田での畑作物の安定化に向けては，前項で紹介した圃場基盤に関する技術開発だけでなく，表面排水の促進と湿害回避のための播種技術も開発されてきた。

　耕うん同時畝立て栽培技術　この技術は，農研機構中央研の細川寿らにより，平成16年（2004）にダイズの安定化に向けて開発され，平成18年（2006）に実用化された播種技術である（細川，2011）。北陸地域等の重粘な土壌条件の圃場では縦浸透による排水促進が困難である。このため，畝を立てるとともに，耕うん法の改良により砕土率の低下の回避を図った。

　この栽培技術で用いられる作業機のロータリはアップカットロータリであり，ロータリに装着された爪が土を下からすくい上げるかたちになっている。耕うん軸については，ロータリの軸に爪が個別に装着されるタイプで砕土性の高いホルダー型を採用している。また，ロータリの耕うん爪の曲がりを作りたい畝の中心に向けて取り付けることで，耕うんと畝立てを同時に行うことが可能な構造となっている。

　ロータリの後方に播種機を装着し，耕うん，畝立て，施肥・播種を同時作業で行う。爪の曲がりの向きとその配置を変えることで，75cm間隔の通常の畝立て栽培だけでなく，150cmの平高畝を設けて狭畦栽培（通常よ

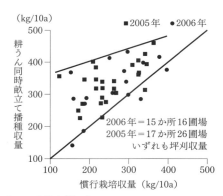

図6　アップカットロータリを用いた
耕うん同時畝立て播種作業機とその効果（ダイズ）（細川寿）

り条と条の間隔を狭くして播種する栽培方法）を行うこともできる。さらに，アップカットロータリと後方のスクリーンの組合わせにより，表層に細かく砕土された土塊が置かれるため，初期の湿害を回避するとともに発芽には好適な土壌環境をつくりだすことが可能となった。

収量については，通常栽培より7～23％ほど増収することが確認されている（図6）。細川はこの技術を普及するため，「出前技術指導」という制度を活用し，数多くの現地実証試験を展開した。生産者の希望があれば現地へ出向いて，機械の実演を行いその効果を生産者の栽培圃場で実証するのである。図6に示した収量の比較はこうした「出前技術指導」で得られた結果の集約である。

こうした活動の結果，当初市販化が危ぶまれていたこの機械がメーカーによって取り上げられ，普及されるに至った。また，こうした技術がダイズだけでなく，ムギやソバ，トウモロコシなどでも有効であることが現場で確認され，多様な作物に用いられるようになった。さらに，生産者の要望を取り入れ，作業幅の異なる各種の作業機を開発，実用化することにより適用範囲を広げた。利用面積は1万haを上回る状況となっている。

小明渠浅耕播種機　これは東海地域の土壌条件に対応した播種技術で，土壌表面に形成されるクラスト（降雨のあとの乾燥により生じる土壌表面の硬い層で出芽の障害になることがある）を回避するとともに，耕うん幅

1.8mの両サイドにサイドディスク等を設置し，深さ約12cmの溝を掘り上げながら，耕うんと播種を行う。耕うんは土壌表面のクラスト形成を回避する目的で5cm程度の浅耕にとどめる。

本機はダイズだけでなく，イネやムギの播種作業にも利用可能で，イネ・ムギ・ダイズの2年4作の実証試験では慣行と同等以上の収量の確保と，生産費の43％削減が可能であることを実証した。平成30年（2018）現在，5,000haほどに利用面積が拡大している。

難防除雑草の蔓延　以上のような技術開発により，水田への畑作物の導入が図られたが，一方でいくつかの問題点が生じている。一つは外来雑草や除草剤抵抗性雑草など難防除雑草の蔓延である。特に，平成10年代から帰化アサガオ類の蔓延が甚大な被害をもたらすようになった。帰化アサガオ類は熱帯産のつる性の雑草で発生期間が長く，侵入すると防除が困難となり，収穫量の激減を招く。気候温暖化に伴って侵入地域が広がりつつある。

これにいち早く対応したのが愛知県で，平成25年（2013）には農研機構中央研で関東など他地域も対象とした防除体系がまとめられた。土壌処理剤や大豆バサグランなどの茎葉処理剤の散布，中耕培土を適切な時期に実施することにより防除を図ることとしている。

また，九州のムギ作圃場を中心に発生した除草剤抵抗性のスズメノテッポウも大きな問題となった。これに対しては，浅耕播種，非選択性除草剤の利用，晩播，ダイズとの輪作など総合的な防除技術でもって対応することが必要となる。平成24年（2012）にこの総合防除技術が農研機構九沖研で開発され，西日本を中心に1,000haほどのムギの栽培地で普及している。

除草機の開発　水田ダイズ作では機械除草も重要な雑草防除対策となる。しかし，梅雨期に作業しなければならないため，従来のロータリ式の除草機では作業速度が遅いなどの問題があった。そこで，農研機構生研センターは限られた好天時を利用して迅速に除草作業が行える除草機の開発に取り組み，前後に設けられた2対のディスクで中耕除草と培土を行う高精度畑用中耕除草機を開発した。従来機のPTO（トラクタの動力を作業機の作動機構に伝えてこれを駆動させる仕組み）駆動するロータリ爪から，

円盤状のディスクを牽引する方法に替えたことにより、除草に必要な土壌の耕起が高効率で行えるようになった。すなわち、従来法における時速2〜3kmの作業速度が開発機では時速4〜6kmと、1.5倍ないし2倍の高速作業を可能とした。燃費も約半分で済む。従来機より高水分の土壌でも適用が可能で、雑草防除効果も高い。この中耕除草機は平成21年（2009）に市販化され、平成28年（2016）度には約1,700台の普及をみている。

土壌窒素肥沃度の低下　もう一つの問題は、ダイズとイネの水田輪作における土壌窒素肥沃度の低下である。イネの生産調整が開始されてから年数が経過し、畑作物の作付期間が長期化してきている。これに伴って地力の低下によるダイズの減収や品質の低下が顕在化してきた。特に畑期間が7割ほどを占める田畑輪換体系では可給態窒素が減じ、収量が減少傾向となることが示された。こうした状況に対応するため、イネ-ダイズ体系では稲わら堆肥を10a当たり2t連用し、ダイズ2作に対してイネ3作の作付けにするなど、可給態窒素の消耗を回避して収量や品質の低下を軽減できる管理方法が提唱されている。

(3) 水田輪作に適用可能な汎用機の開発

ディスク駆動式汎用型不耕起播種機　水田輪作ではイネ、ダイズ、ムギ類が栽培される。生産コスト低減に向けては、これらの作物で共通して利用可能な播種機や収穫機が有効である。このため、乾田直播イネ、ダイズ、ムギ類の汎用播種機として、ディスク駆動式汎用型不耕起播種機が開発され（農研センター、1994年度成果情報）、2年3作の水田輪作体系への適用が試験された。

その結果、播種時期が梅雨期にあたるダイズについては、不耕起播種の高い効率性を活用することで好天時に播種作業を迅速に行えることが認められた。すなわち、大規模経営においてもダイズの適期播種が可能となるほか、狭畦密植栽培を組み合わせることにより収量の安定化を図ることが可能となった。

この体系を経営規模60ha程度の大規模経営に導入した実証試験では、

当該県の平均に比較して生産費の4割削減が記録されている。現地へは50台ほどの導入をみているが，平成29年（2017）にはさらに時速5～10kmの高速高精度播種が可能な汎用播種機が農研機構革新研で開発され，今後の普及拡大が期待されている。

小型汎用収穫機　汎用の収穫機については，平成23年（2011）に4tトラックで積載可能な小型の汎用コンバインが開発された。イネ，ムギ，ダイズに利用でき，秒速1mの速度で収穫が可能である。コンバイン内の収穫物残渣等の塵を適宜外部に放出し，塵の集積に伴って動力にかかる負荷を軽減できる送塵弁開度制御装置により省エネ化を図った。また，収穫対象の豆と茎葉部を選別する部位をフッ化樹脂でコートすることにより，湿気の影響を軽減して豆に茎葉の汁液が付着しないように改良した揺動選別部を搭載した。これによりダイズの汚粒低減を可能としている。

平成24年（2012）度に市販化され，平成28年（2016）度には130台ほどの普及をみている。さらに平成29年（2017）には高耐久部材と消耗部品点数の削減により，作業能率と耐久性を向上させた汎用コンバインが農研機構生研センターで開発され，市販化に移された。

（4）飼料用イネ品種の開発

米需要の減退に対応し，水田への畑作物の作付けが推進されたことは上述したとおりであるが，水田のなかには地下水位が高く排水技術が有効に働かない圃場もある。そうした圃場にはイネを飼料として作付けし，これを利用する取組みが進められてきた。この取組みは1970年代に手がけられ，1980年代から地域によっては地道な活動が実施されるようになった。2000年代に入り，イネ発酵粗飼料（ホールクロップサイレージ，WCS）の生産が政策的に誘導されるようになると，これに向けた生産・利用研究や飼料用の品種の育成が本格的に展開されるようになった。

WCS用品種　イネの飼料用利用に関しては，埼玉県農試における，わが国初の飼料用専用イネ品種「くさなみ」と「はまさり」の育成，そして家畜飼養におけるその評価と利用技術の開発が大きな役割を果たした。特に，

図7 短穂性（自然突然変異）を導入した飼料用イネ品種
「たちすずか」（右）と従来の飼料用イネ品種「クサノホシ」（松下景）

これらにかかわってきた吉田宣夫の貢献が大きかった。「くさなみ」と「はまさり」は，いずれも極晩生で茎葉の繁茂量が大きく，無毛性で牛の嗜好性が良好であることから，昭和61年（1986）に埼玉県から品種登録された。

その後，農研機構畜草研による乳酸菌添加資材「畜草1号」の開発や飼料用の品種の育成が図られ，平成11年（1999）からは本格的なイネの飼料利用にかかわるプロジェクトが立ち上げられた。これ以降，全国各地に適応した飼料用の専用イネ品種の育成が進み，北海道から九州までほぼカバーされるに至った。

そのなかで注目されるのが平成24年（2012）に品種登録された茎葉型で高糖分の「たちすずか」（農研機構西農研，平成24年〈2012〉品種登録）という品種である。「たちすずか」は自然突然変異で生じた個体から育成された品種で，「クサノホシ」という従来の飼料用イネ品種と比較して，穂が非常に短いところに特徴がある（図7）。

一般的にイネの籾殻は家畜での消化性があまり良くなく，給与する前に籾を砕くなどの処置もとられる場合がある。しかし，「たちすずか」では籾の重さが植物体全体の3割ぐらいしかなく，こうした作業を必要としない。光合成の産物は籾ではなく茎葉部のでん粉や糖分のかたちで多く含有され，従来の飼料用イネ品種に比べて粗繊維の消化率が牧草並みに高くなっている。泌乳期の牛に給与した結果では，従来の飼料用イネ品種に比べて

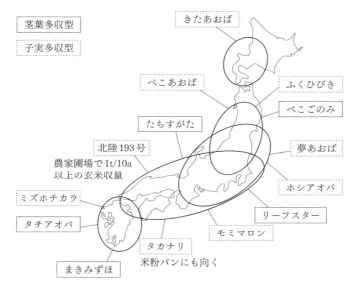

図8 主な飼料用イネ品種
（（公社）米穀安定供給確保支援機構）

乳量，あるいは増体速度が良好になることが認められている。さらに「たちすずか」に縞葉枯病抵抗性を導入した「つきすずか」（農研機構西農研，平成28年〈2016〉品種登録出願）が育成され，関東地域にも普及拡大が進みだした。

WCS品種利用技術　一方，こうした「たちすずか」のような長稈品種でも収穫可能で，かつ，長さ1cm以下にまで微裁断できる収穫機が市販化されたほか，晩生品種に対応するために低温下でも発酵品質を高く維持できる乳酸菌添加資材「畜草2号」が開発され，普及拡大に寄与している。これらの結果，「たちすずか」は3,000haの普及をみている。

これ以外に図8に示したような品種群が育成された。多くの食用品種に比べて，これらのWCS用（兼用品種）では黄熟期の乾物重が同等〜2割程度多収，飼料用米（兼用品種）では玄米重が同等〜3割程度多収である。ほとんどの品種は多肥栽培でも倒れにくく，食用品種の場合より3〜5割程度肥料を増施する。病害抵抗性のうち，いもち病抵抗性については多くの

飼料用品種が外国イネ由来の抵抗性遺伝子を有しているため，水田での発病はほとんどみられない。しかし，今後栽培面積が増加するにつれてこれらの品種を侵害する菌の発生が懸念されており，その場合は薬剤散布などの対策が必要となる。また，耐冷性については改良が十分に進んでいないため，注意が必要である。

担い手の減少・高齢化と農業経営の高度化への対応

省力化とコスト低減に向けて

　国際化への対応，生産者の減少や高齢化に対応し，平成期には省力化・低コスト化技術が多数開発された。このうち以下の3つの項目についてその概要を紹介する。1番目はイネの直播栽培技術であり，2番目は移植栽培における省力化である。3番目としては肥効調節型肥料利用や病害虫の新たな防除法を取り上げる。

(1) 直播栽培の展開

　直播栽培の導入と普及　イネの直播栽培の大きな特徴は，育苗や移植作業を省くことで，労力の軽減と育苗箱や被覆用ビニルなどの農業用資材の削減を可能とするところにある。移植栽培では，育苗期間中の施肥や水管理，ハウスやビニルトンネルの開け閉めなど温度管理に伴う作業が必要となる。また，苗箱の運搬や圃場での分配など労働強度の高い作業も少なくない。

　軽労化のメリット　農家数の減少や農業従事者の高齢化が進むなか，農作業の軽労化を図り，農家の負担を軽減することが必要となってきている。育苗や移植に伴う手作業の多くは女性の労力に頼るところが大きい。直播の導入で農業のワンマンオペレーション化を進めることは女性の重労働からの解放にも有効である。そうして得られた労力を，収益性の高い園芸作物の管理にまわせるなど，経営面での改善にも有効と考えられている。

作業競合の回避　あわせて，今後稲作の大規模化が進むと，移植期や収穫期の作業競合を回避するため，作業の分散化を図ることが重要な課題となる。乾田直播などでは移植栽培とは異なる時期に播種を行うことが可能で，収穫期も移植栽培とずれが生じる。したがって直播栽培は，大規模経営での作業競合の回避と，作業時期の調整において有効な手段ともなり得る。また，こうした作業分散や軽労化により水田作経営の多角化にも寄与が期待できる。

　一方，直播栽培ではきめ細かな管理が困難な本田に直接播種され，また，移植栽培に比較して雑草との競争も厳しい条件にあることから，低温に伴う出芽不良，鳥害や倒伏の発生，雑草繁茂など不安定性が残されている。このため，導入に向けたさまざまな努力にもかかわらずその普及は平成10年（1998）頃までは8,000ha以下と伸び悩んでいた。しかし，その後の技術開発の進展による不安定要素の緩和や生産者の減少に伴う担い手農家への農地の集中，そして農家の高齢化の進行に伴って普及拡大に転じ，平成29年（2017）には3万3,000ha（イネ作付面積約146万haの約2.3％）に至っている。特に東北や北陸地域で導入が進んだ。

落水出芽法　昭和期に開発された湛水直播技術では，過酸化カルシウムを主成分とするカルパー剤を種子粉衣し，過酸化カルシウムの分解過程で発生する酸素を土中に播種された種子に供給することで出芽の安定化を図ることとしてきた。しかし，その場合においても出芽が不良となるケースがあり，改善が求められていた。

　この問題に対応した技術の一つが落水出芽法である。これは，長野県の大場茂明が開発したもので，播種後10日間ほど落水して管理することにより出芽苗立ちの安定化を図る技術である（大場，1997）。それまでは，カルパーに酸素供給能があることから，除草剤の効果を得るために播種後は湛水とすることが基本的な水管理方法であった。しかし，大場はこの技術が導入された圃場での出芽状況を観察した結果，カルパーが種子粉衣されている場合においても播種から出芽期まで落水としたほうが，出芽が良好となり，また，浮き苗などの発生が抑制されることを認めた。

この技術は迅速に各地に展開された。東北地域では，まず福島県がその有効性を検証し，普及に移した。その後，懸念されていた低温下での落水管理の影響について，東北地域で公設試験研究機関による連絡試験が実施され，低温下でも落水出芽法が有効であることが実証された（農研機構，平成11年度成果情報）。

　除草剤の改良　この技術の成立には，除草剤の改良も重要な役割を果たした。当初はヒエの0.5葉期までしか効果が得られなかった除草剤に替わり，1.5葉期までのヒエに対して効果を有する薬剤が開発され，播種後の落水管理に伴う除草剤の効果の低減が回避できる状況となった。こうした経過を経て，落水出芽法は迅速に普及が進み，東北や北陸地域での直播栽培の拡大に大きく寄与した。

　鉄コーティング湛水直播　落水出芽法とならんで平成期に大きく伸びた直播方式として農研機構西農研の山内稔が開発した鉄コーティング湛水直播があげられる（山内，2010）。従来のカルパー湛水直播は，上述したように催芽した籾に酸素供給剤としての過酸化カルシウムを粉衣し，土中に播種する方法である。これに対して，鉄コーティング体系は乾籾を用いて農閑期である冬期にコーティングを行う（図9）。このため，代かきと播種が重なる繁忙期に資材の種子粉衣作業を行う必要がなく，出芽・苗立ちに要する期間が過酸化カルシウムの場合より長くなるが，作業分散上は非常に有効である。

図9　鉄コーティング種子（左）と粉衣作業（山内稔）

　一方，種子への酸素供給については，比重の重い鉄コーティング種子を播種するため，鉄の重みで浮き苗が生じにくく，溶存酸素量の多い土壌の

表面への播種が可能となる。したがって種子の発芽に支障が生じにくい。また，種子の表面がかなり硬くなるのとともに土と区別しにくい色になるため，スズメによる食害がある程度抑制されることが認められている。この技術は平成22年（2010）頃から急速に普及し，カルパーを用いた湛水直播と一部置き換わるかたちで導入面積が拡大している。

不耕起Ｖ溝直播　以上は湛水直播に関する技術開発であるが，一方，乾田直播についても，不安定要因の一つである圃場の漏水防止を中心とした技術開発が進められた。まず，愛知県農総試で開発された不耕起Ｖ溝直播栽培を取り上げる（濱田ら，2007）。

この方法では，耕起用のロータリの耕うん爪の代わりに作溝輪を取り付けて幅2cm，深さ約5cmのＶ字型の溝を設け，その底部に種子と被覆尿素肥料を撒いていく。覆土は分銅付きのチェーンで溝を追随し，播種溝の縁をけずることで行う仕組みになっている。このＶ溝の形状はスズメ等の害を回避できる深さと幅になるように工夫されており，また，播種溝が深いために倒伏の軽減にもつながる。

もう一つの特徴は，冬期に湛水して代かきを行った後，排水を実施して土壌を固め，そのうえで播種する方法を提案した点である。これは冬期に水田に入水できる条件の圃場に限られるが，漏水を防止し，作溝を的確な形状とすることが可能になる。なお，深さ5cmの底部に播種する結果，分げつがやや抑制される傾向にあるため，通常の移植栽培などに比較して条間が20cmと狭い間隔での播種法が採用されている。平成7年（1995）以降愛知県を中心に普及が進み，また，北陸や東北の日本海側の地域にも導入が図られている。

プラウ耕・グレーンドリル播種体系　東北地域では，農研機構東北研の大谷隆二らが平成23年（2011）にプラウ耕・グレーンドリル播種体系の寒冷地向けイネ乾田直播体系を開発した（図10）。この技術の特徴は，大型機械を用いた高速作業体系であることと，播種前の整地作業を丹念に行い，特に表土の鎮圧を実施して硬めに播種床を造成するところにある。

さらに，播種作業にはムギ用の播種機であるグレーンドリルを用い，安

①レーザー均平機による均平

②ハローパッカによる播種床造成

③グレーンドリルによる播種

④カルチパッカによる鎮圧

図10　グレーンドリルを利用したイネ乾田直播体系（大谷隆二）

定した播種深を確保することで苗立ちの改善を図った。播種後は再度鎮圧を行い，種子と土壌を密着させるとともに，圃場の減水深を低下させ，漏水を軽減する（大谷，2010）。

　東北では，従来，乾田直播で安定した収量を上げるのが困難だったが，この乾田直播の技術では，5年を通じて安定して10a当たり500kg以上の収量が確保できることが実証されている。また，宮城県の津波被災地において3haあるいは6haといった超大区画圃場への適用試験が展開されている。コスト低減に非常に有効な技術として期待されており，600haを超える水田に普及した。

　その他の技術開発　以上のような播種技術以外に，株状に生育させることにより散播に比較して耐倒伏性を改善できる打ち込み点播栽培，モリブデンによる硫化物イオン（出芽の障害となる）発生抑制効果を利用することで還元土壌での出芽向上が期待できるべんがらモリブデン直播栽培，土壌還元の進行を回避することで種子粉衣資材を不要とした無コーティング種子代かき同時浅層土中播種技術などが開発された。

　また，湛水直播機については，平成12年（2000）に高精度水稲湛水条播

機が実用化されている。この播種機の特徴は土壌表面の硬度に応じて覆土量を制御する方法を採用した点で，これにより覆土が的確に行えるようになった。さらに，フロートの形状と水平性の保持について改良を加え，播種深の精度を高めた。この播種機については累計2,000台以上の普及をみている。

(2) 移植栽培の省力化

　上記の直播栽培は稲作の省力化を図るうえで有効ではあるが，収量性や雑草の制御などで課題をまだ残している。このため，耐倒伏性の劣る良食味品種の生産確保や大規模経営における労力の分散といった視点からみて，今後とも移植栽培の利点を活かすことが必要である。一方，移植栽培についても省力化に向けてさまざまな試みが行われてきた。特に，10a当たり20箱（稚苗移植の場合）という移植に必要な苗箱数を削減し，資材の節約や運搬も含めた労力の軽減を図るための技術開発が精力的に進められてきた。

　疎植栽培　育苗作業では苗代や育苗ハウスに苗箱を展開する際，また田植え作業のために本田へ苗を運搬する際に，苗箱を移動させる必要が生じる。この作業は多くの場合手作業で行われ，重労働となる。また，箱育苗では育苗箱をはじめ，床土や肥料，農薬など必要な資材も少なくない。このため，育苗箱の必要数をできるだけ少なくすることは，労力やコストの削減につながる。

　こうした目的で疎植栽培が検討されている。たとえば，通常の稚苗移植栽培では，$1m^2$当たり22.2株程度の密度で苗が植え付けられるため，10a当たりで約20程度の育苗箱を用意する必要がある。この密度を$1m^2$当たり11.1株にまで削減すると，10箱程度を目安として準備すればよくなる。ただし，一般的な田植機の多くは$1m^2$当たり14.8株程度の栽植密度までしか対応できない。$1m^2$当たり11.1株など，より密度の低い疎植にするには田植機のギアを交換するか，専用田植機を準備するなどの対応が必要となる。このため，こうした疎植に対応できる田植機が市販されるように

図11 「密苗」移植栽培（右）（ヤンマー（株））
密苗仕様の田植機は，苗が密生した育苗箱から精密に3〜4本でかき取り，姿勢良く植え付けることができる。これにより，300g播きの密苗を，8条植え田植機に16箱積載で，30a圃場を苗補給なしで移植作業が可能

なった。

疎植栽培は省力化には有効な技術であるが，寒冷地の太平洋側など低温条件の影響を受けやすい地域では，温度条件によっては茎数が不十分となり，収量や玄米タンパク質含量に変動が生じる場合もあり得る。温暖地においても，前半の生育量を確保するため，有効茎数が確保できるまでは中干しを避けるなど，適切な肥培管理が求められる。

「密苗」移植栽培 疎植栽培は上述したように本田での植付株数を減らすことで必要な苗箱数を減じる栽培技術であるが，さらに苗箱数を減らす技術として「密苗」移植栽培が開発された。この栽培では従来の1箱当たり100〜150gという標準的な乾籾播種量の2倍から3倍の高密度（1箱当たり250〜300g）で播種し，約15日から20日という短縮した育苗期間で慣行より若い2葉ないし2.3葉という若齢苗を移植する。こうした苗を3〜4本程度ずつ少量かつ精密にかき取って移植する高精度な移植機と組み合わせることにより，10a当たりの箱数を5〜6箱まで削減する技術である（図11）。この技術は農事組合法人アグリスターオナガ，（株）ぶった農産，石

川県農総研センター，ヤンマー（株）の共同で開発が進められた。農水省の最新農業技術・品種2016[*]に選出され，今後の普及が期待されている。

プール育苗　一方，苗箱数の削減以外に，育苗管理についても省力化が図られてきた。ビニルハウス内での箱育苗では灌水が必要である。灌水作業は多くの場合，散水ノズルによる手作業で行われる。育苗期間の後半は灌水の回数も多くなることから，灌水作業は労力のかかる作業となる。こうした作業を省力化するための技術としてプール育苗が考案された。露地育苗については群馬県農試が昭和52年（1977）に，ハウス育苗については宮城県農業センターが平成元年（1989）に，それぞれ開発を行った。

プール育苗とは，ビニルもしくはポリフィルムを敷き詰めて簡易水槽を設け，これに育苗箱を設置して水を張ることにより水耕にちかいかたちで箱育苗を行う方法である。この結果，灌水作業を大幅に省力化できる。また，苗が直接苗床の土に触れることがないため，野菜跡地のように石灰や肥料を多く施用したビニルハウス内でも障害を起こすことなく育苗を行うことができる。さらに，肥料の希釈液をプールに流し込むことにより省力的な追肥も可能である。

ただし，慣行の育苗より苗の草丈が伸びやすいことから，パイプハウスの気温は従来の育苗方法よりも低めに管理する。また，比較的早い時期から換気を開始することが望ましい。プール内の水深を均一にするため，置き床を極力水平にすることが栽培上のポイントである。根張りが良好で箱下に根が貫通し，移植時に苗箱から苗を取り出すのが困難になることがある。このため，苗箱内に根が貫通しにくい敷き紙を敷く方法がとられる場合もある。

無代かき移植　これは，文字どおり代かきを行わないで移植する省力的な栽培方法である。代かきを行わないことは土壌条件に種々の影響を与える。すなわち，慣行栽培に比較してより長期間にわたって土壌が酸化的に

---

[*]最新農業技術・品種は以下を参照。http://www.maff.go.jp/j/kanbo/kihyo03/gityo/new_tech_cultivar/

保たれるとともに，耕土部分の土壌硬度が一般に高くなり，収穫作業などの機械走行には好適な条件が付与される。また，イネ収穫後の砕土率が向上し，イネ作付け後に畑作物を栽培する場合に有効である。一方，代かきを省略すると漏水しやすくなるため，初期生育の遅延や除草剤の効果の低下が生じやすい。

したがって，無代かき移植栽培を導入するにあたっては，日減水深が25～30mm以下と透水性が低く，漏水しにくい圃場を選ばなければならない。こうした条件に適合しない圃場での無代かき移植栽培は安定性を欠く。

無代かき移植栽培の大きな利点は環境保全に関するメリットである。すなわち，代かきに伴う排水の濁りがなく，基肥として施用された肥料養分の排水路への流出も少ない傾向にある。

(3) 作物保護や肥培管理の高度化

イネの安定した栽培と生産には病害虫や雑草の防除と適切な肥培管理が重要である。これらに関する技術開発においても，作業労力の軽減と環境負荷に配慮した薬剤使用量の低減に向け，さまざまな取組みが行われてきた。

種子の温湯消毒 イネの場合，いもち病やばか苗病など種子伝染性の病害が多く，種子の消毒はこれらの防除を行ううえで重要である。このため，種子消毒用の薬剤が使用されてきたが，環境負荷低減に向けてその代替技術が求められていた。

温湯を利用した種子消毒法は，乾燥籾を60℃の湯に10分（もしくは63℃で5分）浸漬することで消毒を行う方法である。かつては風呂の沸かし湯などを利用するかたちで行われてきたが，温度制御の効果について科学的な試験が積み重ねられ，平成10年（1998）には温湯処理のための恒温槽が開発された（高温温湯浸漬装置：(株)タイガーカワシマ）。これに伴い，JA等による組織的な導入と普及が行われ，平成21年（2009）には全国の普及率は約10％に上るとみられている。

薬剤を使用しないため，環境への負荷を低減できるが，この方法による消毒効果は病原菌の種類によって多少異なることに注意する必要がある。一般的にばか苗病，苗立枯細菌病，いもち病には有効で，イネシンガレセンチュウに対しても，60℃10分間の処理で防除効果が高い。しかし，褐条病には効果がやや劣るため，褐条病が問題となる地域については注意が必要である。

温湯消毒では，種子の保存状況や品種によっては発芽率の低下が生じる場合がある。たとえば長期保存の種子，割れ籾，糯品種や陸稲では発芽への影響がやや大きい。処理時間を6分に短縮し，温湯処理後は速やかに冷水につけるなどの対応がとられる場合もある。また，種籾が吸水した状態で温湯に浸すと発芽率が低下するので，十分に種子を乾燥させてから処理を行う。温湯消毒した種子は化学農薬による消毒とは異なり，消毒後の感染に対して無防備であるため，病原菌と接触しないように注意しなければならない。

肥効調節型肥料　肥効調節型肥料は，尿素等原材料の肥料を水分が透過しやすい樹脂の薄い被膜で被覆して製造されたもので，従来の化成肥料とは異なる養分の溶出パターンを示す。特に広く用いられているのが昭和56年（1981）に商品化された被覆尿素肥料である（藤田，1996）。この肥料では，その被覆の程度によって溶出パターンや溶出期間の異なるものがあり，条件に応じて選択が可能である。

イネで利用されている肥効調節型肥料では，肥効持続日数が30日間のものから100日間のものまでがある。また，溶出パターンについては施肥直後から直線的に肥料成分が溶出するリニア型のものと，初期に溶出抑制期間（ラグ期間）があり，その後に溶出が開始されるシグモイド型とがある。

こうした肥効調節型肥料の特性を利用し，さまざまな施肥技術が開発されてきた。たとえば，従来の速効性肥料と肥効調節型肥料や，肥効持続日数の異なる肥料を混合して利用することにより，長期にわたって肥効を保つことが可能となる。これを用い，全量を基肥として施用する一発施肥法

が考案されている。この方法では，追肥を省略できるため，通常の化成肥料を用いた場合より省力的な肥培管理が可能となる。

　さらに，こうした特性を活かし，必要な窒素肥料全量を苗箱に施用する栽培技術が平成期に開発され，広く普及されるに至った。

　育苗箱全量施肥栽培　この栽培方法は東北大学の佐藤徳雄・渋谷暁一（1991）によって開発された栽培方法で，初期の溶出量が少なくシグモイド型の溶出パターンを示す肥効調節型肥料を，あらかじめ育苗箱内に施用しておき，苗とともに本田に植え込む施肥法である。窒素成分については必要とする肥料分すべてを育苗箱に施用することとなるため，その後の追肥作業の必要がなくなり，省力的な栽培が可能である。また，側条施肥と同様にイネ株の近傍に肥料成分が施用されることから，窒素成分の吸収効率が高い。

　稲わらをすき込んだ湿田における育苗箱全量施肥の効果を調査した結果では，春に稲わらがすき込まれると，化成肥料を用いた慣行の全層施肥では温度条件により窒素成分の有効化が遅くなり，あと効きや生育ムラなどが生じるのに対し，育苗箱全量施肥では慣行と比較して生育が優れ，生育ムラも少ないことが明らかにされている。

　ただし，こうした栽培方法で留意しなければならないのは，気象条件の年次変動に伴って肥効調節型肥料の成分溶出パターンが変動することである。特に地球温暖化に伴う温度上昇により生育後期の肥切れが早まる場合があり，高温下での品質低下につながるおそれがある。気象情報に基づき，必要に応じて追肥を行うことも重要である。逆に低温下では生育後期まで肥料の供給が持続されることとなり，不必要な時期まで窒素の肥効が残って過繁茂や倒伏，いもち病の蔓延を助長する場合がある。こうした点を考慮したうえで，肥効調節型肥料の配合比率や全体の肥培管理方法を定めなければならない。

　育苗箱施薬　上述したような育苗箱に本田で必要な資材を投入する技術開発は，病害虫防除に使用する薬剤についても同様に進められてきた。特に，平成10年（1998）以降の長期残効型の薬剤の開発と販売に伴い，育苗

箱に施用することで省力的に防除を行う方法が普及してきている。

対象病害虫としては，いもち病，イネミズゾウムシ，イネドロオイムシ，ニカメイチュウなどで，大部分の市販剤は殺虫，殺菌の混合粒剤である。育苗箱施薬により，本田での防除作業の多くを省略することが可能となった。

しかし，育苗箱施薬は多発条件を想定して予防的に防除を行うことをねらいとしているため，発生がなかった場合は，結果的に無駄な防除を行ったこととなる。また，効果の持続期間が長く，対象病害虫の種類の多い薬剤は高価である。混合する薬剤についてもそれぞれ特徴があることから，あらかじめ発生が予想される病害虫を見極め，適切な剤を選ぶことが重要である。一方，育苗箱施薬を行っても，病害虫の発生期間が長期化したり想定以上の多発生となると，追加防除が必要となる場合もある。このため，病害虫の発生状況への注意とその診断を怠ることはできない。

除草作業の省力化　省力化が求められるのは除草作業においても同様である。1キロ剤は平成2年（1990）に（財）日本植物調節剤研究協会および全国農業協同組合連合会により，散布労力の軽減化，運搬や倉庫保管にかかる経費の削減，製剤原材料コストの低減を目的とした開発が提唱され，平成5年（1993）から各社において市販化が始まった薬剤である。

この剤では粒を大きくして散布範囲を広げるとともに，拡散性も大幅に改良されている。また，従来の3キロ剤に比較して，製造時から使用時までの輸送過程における保管場所の削減と散布時の軽労化が可能となった。このほか，水田の中に入ることなく，畦畔から簡易に散布することの可能なフロアブル剤も，水持ちの良い大区画圃場や小型の不整形圃場を対象として普及が進んでいる。

除草剤抵抗性の雑草の出現　平成に入って以降の雑草防除において，大きな問題となっているのが除草剤抵抗性の雑草の出現である。わが国では昭和55年（1980）頃よりパラコート抵抗性のハルジオンが見出されていたが，平成に入ると，いわゆる一発処理剤として広く用いられていたスルホニルウレア系除草剤に抵抗性のアゼトウガラシやタケトアゼナが出現する

ようになった。その後，スルホニルウレア系除草剤への抵抗性個体が，水田の主要雑草であるコナギやイヌホタルイにも認められるようになり，大きな問題となった（伊藤，2005）。

　このような抵抗性雑草の出現には除草剤の使用の仕方が関係している。すなわち，同種の除草剤を連用すると雑草の種類にかかわらず抵抗性の雑草が出現する可能性が高まる。このため，特性の異なる薬剤をローテーションで使用するなど，抵抗性雑草の対策を想定した防除技術の選択が必要となってきている。

(4) 生育の予測と診断

　前述したように，地球温暖化に伴って気象の変動幅が拡大しつつある。そうした条件下では，イネの生育や病害虫の発生を予測し，これに対して施肥や薬剤散布などを的確に対応することが品質や収量を確保するうえで重要である。このため，イネでは生育予測技術や診断技術の開発が進められてきた。

　発育予測　気象情報の迅速な提供にあわせて，イネの発育ステージでは冷害の危険期や出穂期，収穫適期の予測が栽培管理上重要で，そのための予測モデルや診断システムの構築が図られてきた。出穂の遅速には，移植時期だけでなく植付け後の気象条件が関係する。特に温度の影響が大きく，温度が高まるに伴って生育は促進され，出穂期も早まる。一方，品種によっては感光性が強く，日長によって出穂期が変動するものがある。こうした品種を地域や植付時期を変えて栽培すると，温度だけでは予測が困難となる。

　堀江武・中川博視（1990）が開発したDVR（発育速度）とDVI（発育指数）に基づくモデルは，各品種の出穂反応特性に応じて精度高く発育ステージを予測することが可能で，さらに追肥時期にあたる幼穂形成期や減数分裂期など詳細な発育予測にも適用できる。こうした予測情報は，インターネットの普及拡大に伴い，各公的機関やJAなどのホームページにおいて，栽培管理上必要な他の情報とともに生産者に提供されている場合が多く

なってきている。

インターネットの利用について，最も早くから取り組まれたのが東北農試の鳥越洋一（1998）による水稲冷害早期警戒システムである。寒冷地で問題となる冷害危険期の予測をはじめとして，イネの冷害に関するさまざまな情報をWeb上で提供したわが国最初のサイトは農業者だけでなく，行政や普及指導の関係者にも活用されてきた。

生育診断　イネの草丈，茎数，葉色等を用いて生育量を判定し，施肥の適否を予想する技術が開発されている。圃場で簡便に葉色を測定できる機器が市販化され，イネの窒素栄養状態の推定に用いることが可能になった。こうした窒素栄養状態の把握は，必要な追肥の量を的確に判断するうえで重要である。また，広域的な農地を対象に，人工衛星から撮影される登熟期頃の画像を利用して玄米タンパク含量の推定を行っている地域もある。こうした手法は，当該年の米の食味品質を圃場ごとに推定，評価するだけでなく，さらに翌年の良食味米生産に向けた栽培管理の改善に利用される。

病害の発病進展予測　いもち病に関しては，越水幸男らにより予測モデル'BLASTAM'が開発された（林・越水，1988；越水，1988）。AMeDASの気象データ（1時間ごとの降雨量，風速，日照時間の三要素）の組合わせから推定されるいもち病菌の感染好適葉面湿潤条件（イネの葉の表面が湿潤でいもち病菌がイネに侵入・感染しやすい条件）の発生頻度といもち病の発生程度との間に強い関係があることを利用している。本手法は各県の実情にあわせた改良が加えられているが，いもち病防除の指導に広く役立てられてきた基盤的予測技術である。

作業技術の高度化

農作業の省力化と効率化は，農業生産を維持，継続していくために重要である。特に，農業者の高齢化や経営の大規模化が進むなかでは，農業の機械化と作業の効率化，軽労化が強く求められることから，平成期を通じ

てさまざまな機械の開発が行われてきた。ここでは，イネ生産に用いられる機械のうち，省力性や効率性の向上，あるいは省エネに寄与した機械を紹介するとともに，平成期に重要視されている農作業の安全にかかわる機械開発についても触れる。

(1) 高速田植機，代かきロータリの開発

回転式の高速田植機　従来の田植機の植付け機構は駆動軸の回転がクランク軸を介して植付け爪に伝わるクランク式で，人が植え付けるようにく正確に移植していく。しかし，速度を上げると振動が増し，精度が落ちる。このため田植えの速度を上げることができなかった。そこで，農機研の山影征男らによって開発されたのが回転式の高速田植機である（小西ら，1989）。これ自体は昭和期に開発されたものであるが，平成に入ってから急速に普及し，田植え作業の効率化に重要な役割を果たした。

山影らが開発した回転式植付け機構は回転ケースに植付け爪を2個取り付け，1回転で2株植え付けられる。また，回転運動のため振動が少なく高速作業が可能となる。昭和61年（1986）に市販1号機が発売され，その最高速度は毎秒1.1m，従来のクランク式の1.5倍であった。平成30年（2018）現在，乗用型の田植機の多くがこの方式を採用しており，今日の稲作で欠かせない技術である。

爪配列を変えた高速代かきロータリ　同様に高効率での作業が求められるのが代かき作業である。回転式高速田植機に続いて，平成12年（2000）には生研機構の後藤隆志らにより高速代かきロータリが開発された（図12）。この開発機は，リヤカバー前方へレーキを新設するとともに，ロータリの爪の横方向の配列を変えることで，わらなどの埋没性や砕土性を高める一方，高速作業時における作業機の左右傾斜角や耕深の変動が少ないトラクタ3点リンク制御装置をもつ。従来と比較して20～30%高速での作業が可能で，累計14万台が普及した。

こうした作業機の高速化は大規模経営が増加するにつれてニーズが強くなり，そのほかの播種機や耕うんロータリなどにおいても高速作業に対応

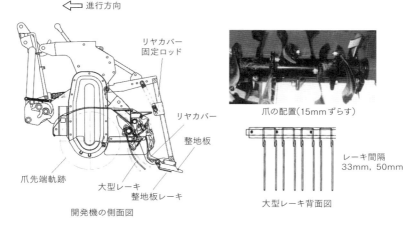

図12　高速代かきロータリの概要（農研機構）

した機械の開発が進められた。前述した水田輪作でのダイズ栽培における中耕除草機もその一つである。

　以上のような作業速度の速い機械への需要拡大傾向は主要な農業機械の販売動向においても認められ，農家戸数の減少に伴って小・中型機械の出荷台数は大きく減少しているのに対して，より効率の高い大型機械の出荷台数は，農業人口が減じても一定数が保たれている。

(2) 遠赤外線乾燥機

　省エネもコストや環境負荷の低減につながることから，機械開発においては重要な課題であった。特に収穫した籾の乾燥調製は燃料を多く必要とすることから，省エネタイプの乾燥機が求められていた。穀物遠赤外線乾燥機は，生研機構の日高靖之らにより平成10年（1998）に開発された機械である（図13）。

　これは，ステンレスパイプにシリコン樹脂系塗料を塗布した遠赤外放射体を灯油の燃焼熱で加熱し，放射される遠赤外線と，排出される排熱を乾燥エネルギーとして利用する仕組みを採用している。熱風乾燥機に比較して，燃料を平均10％，消費電力量を平均30％ほど節減できる。騒音レベル

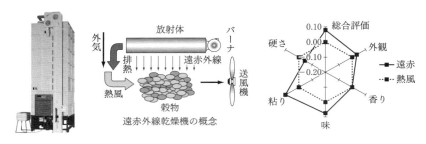

図13 穀物遠赤外線乾燥機（農研機構）

も平均3db程度低い。(財)日本穀物検定協会の試験では従来機より米の食味の味，粘りが向上し，食味の総合評価も高まることが示されている。平成30年(2018)現在では，乾燥機販売台数の約6割のシェアを占める。

(3) 除草機の開発

　除草は多労な作業であることから，除草剤の利用が広く普及していることは先に述べたとおりであるが，環境保全型農業への志向が高まるなか，有機農業や減農薬栽培に向けた機械除草についても生産者の関心は高くなった。こうしたニーズに対応して水田内の機械除草機が開発され，普及をみている。

　高精度水田用除草機　まず，生研機構の宮原佳彦らにより乗用型として平成13年(2001)に開発された除草機が高精度水田用除草機である。従来，歩行型の除草機で機械的除草が行われていたが，能率が低く，過酷な労働となっており，また，株間の除草ができないなどの問題があった。開発機には回転・揺動式と，揺動式の2種類がある。能率は回転・揺動式のほうが高く，条間は回転ロータで除草し，株間は揺動レーキで除草を行う。3条用の歩行型に比較して8条用の回転・揺動式では圃場作業量が約5倍と作業能率が改善され，累計で780台が販売されている。ただし，イネ株の若干の損傷は避けることが困難で欠株の発生等でやや問題を残していた。

　高能率水田用除草装置　農研機構生研センターの吉田隆信らにより開発され，平成27年(2015)に市販化された高能率水田用除草装置は，こう

した点を改良した除草機で，3輪式乗用管理機の車体中央部に除草装置をミッドマウント式で搭載する方式を採用している。これにより作業者は容易に除草部を視認することが可能で，イネ株を傷めないよう注意しながら作業を実施できる。従来機のような車体後部装着方式に比べて操舵に伴うイネの条とのずれが少なくなり，高精度な作業を可能とする。

条間は駆動爪付きロータ式で，株間は揺動レーキ式によってそれぞれ除草を行う仕組みとなっている。除草部は昇降の調節を可能としており，ロータの深さについては6段階，揺動レーキの高さは3段階に調整できる。本機での除草の効率は，最適な条件で行った場合は8割程度と高く，欠株率は3％以下となっている。作業速度も歩行型除草機の約4倍で，発売後すでに115台の普及をみている。

こうした除草機以外に有機農業に対応したチェーン除草，2回代かき米ぬか散布などの除草技術が開発されてきた。イネ以外の作物も含め，有機栽培にかかわる技術は「有機農業 実践の手引き」（2013）として農水省と農研機構でとりまとめられている。

(4) 農作業安全

農作業の死亡事故は毎年300件以上発生しており，交通事故での死亡事故数が顕著に低下してきているのに対して，農作業事故の場合はその減少傾向が鈍い。このうち乗用トラクタにかかわる事故は全体の約5割を占め，大きな問題となっている。

ブレーキ誤操作による転倒を防ぐ装置 トラクタの事故では，転落転倒が多く，その要因として左右のブレーキペダルの連結忘れによる誤操作が関与するとの指摘がなされてきた。トラクタには，作業中に枕地で小回り旋回を行う等のため，左右別々にブレーキが利くようブレーキペダルが2つ装備されている。しかし片方のブレーキだけ急制動をかけると急旋回が生じ，転落転倒事故につながる危険性が生じる。

こうしたことを受け，平成26年（2014）に左右ブレーキの連結忘れを防ぐ装置が農研機構革新研の志藤博克らにより開発・実用化された。開発

装置は左右ブレーキペダルの連結を解除するためのペダル（連結解除ペダル）と，連結解除ペダルの動作の可否を切り替えるレバー（連結解除ペダルロックレバー）からなる。本装置では，左右のブレーキペダルは移動中，作業中を問わず常に連結された状態にある。作業時に片ブレーキ操作が必要となった場合は，まず，連結解除ペダルロックレバーを解除に切り替え，連結解除ペダルを踏むと左右ブレーキの連結が解除されて片ブレーキが使用できる。また，ブレーキペダルから足を離すと左右のブレーキは自動で連結される。本機は開発後迅速に普及に移され，平成30年（2018）現在累計で5万7千台の販売台数となった。

自脱コンバインにおける重傷事故を防ぐ装置　自脱型コンバインは刈り取られた株を整然と搬送し穂部のみを脱穀部に投入できることを特徴とする。自脱型コンバインでは，圃場の枕地部分など機械で収穫できなかった株を手作業で刈り取り，その脱穀をコンバインの脱穀部を利用して行う場合がある。その際，株を手でフィードチェーン（刈取り株を脱穀部に搬送するためのチェーン）に挟み込むことが必要となるが，注意して行わないと手腕部が巻き込まれて大きな事故につながる。特に大型の自脱コンバインでは，エンジン緊急停止装置を押してもフィードチェーンが停止するまで1.4mも動くものがあり，重傷の発生割合があまり低下していない。

このため，平成26年（2014）に手こぎ部の緊急即時停止装置が農研機構革新研の志藤博克らにより開発された。この装置では緊急停止ボタンを操作すると，フィードチェーンが，より短い間隔ですばやく停止するとともに，こぎ胴カバーまたはフィードチェーンと対になるレール（挟やく桿）が開放される。これにより巻き込まれた手腕部を速やかに抜き出すことができる。本装置も累計で5,700台以上の普及となっている。

農業においても法人経営体が急速に増加しているが，経営者にとって雇用者の農作業安全の確保は重要な業務となっている。今後の農機の開発において安全性の確保が重要であることは論を待たない。

経営支援

　農業経営のありようは平成期の終わりに至って大きく変化しつつある。規模拡大，法人化，経営の多角化が進み，農業経営者はさまざまな経営的判断を求められるようになった。農業経営にかかわる研究開発では，こうした経営的判断や日々の作業管理などを支援する技術開発が進められてきた。また，法人化に対応した人材育成にかかわる提言や統計資料に基づく農業動向の解析が行われてきた。

(1) 農業経営意思決定支援システム

　複雑化する経営環境のなかで農業者が経営意思を決定することは容易ではない。経営環境をもとに，どのような作物を作付けするか，あるいは作付時期をどう設定するか，必要な労力をどう見積もるかなど適切な計画策定が求められる。また，財務分析も適宜行わなければならない。こうした計画策定や分析を容易にする営農計画策定支援システムとして，FAPS-DBやZ-BFMが提供されている。これらの普及はまだ一部に限られているが，今後広く普及する可能性が大きいので以下に紹介したい。

　FAPS-DB　経営計画をWeb上で策定可能とするシステムは，九州大学の南石晃明ら（2007）により開発されたFAPS-DBが最初であろう。これは，指導機関が農業者による営農計画の策定を支援する際のツールとして開発，提供されたものである。生産法人が経営計画を立てる場合，米，野菜など栽培しようとする作目ごとに体系的なデータを必要とする。たとえば，導入作物の収量や販売価格，機械の性能や導入コストなど総合的なデータが求められる。FAPS-DBではこうした農業技術体系に関するデータベースが備えられている。これに基づいてWeb上で簡易に経営シミュレーションを行い，営農計画を作成することができる。また，その結果をわかりやすく表示する。

　Z-BFM　営農計画策定支援システムZ-BFMも同様の機能を有するシス

テムで，入力が容易であること，線形計画法に精通していなくても営農計画の策定が可能なこと，出力結果がわかりやすく表示され，計算結果が容易に比較できることなどに特徴がある（大石ら，2011）。共同開発者の全農では，これを指導ツールとして農業者の営農計画策定支援の際に全農の担当者が利用できるよう導入・普及を進めている。

(2) 分散圃場の作業計画・管理支援システム

農地の集積が進むに伴い，地域の担い手経営では分散した多数の圃場の管理を行わなければならなくなってきた。受託圃場の増大に伴い，作業する圃場を取り違えたり肥料や農薬の種類・散布量を間違えるなどの作業ミス，書類作成等にかかる労力の増大などの課題が顕在化してきている。各圃場の作付けに関し，日々実施しなければならない管理作業の計画策定，その工程管理や作業結果の記録，さらには必要な資材の在庫管理などを効率的，省力的に行う必要が生じている。

これには，パソコンやICTを活用したシステムが有効である。このためのソフトウエアがICTベンダー等の民間企業から多数開発された。たとえばAkisai（富士通（株）），Geo Matlon農業支援アプリケーション，（（株）日立ソリューションズ），アグリノート（ウォーターセル（株））などが知られている。平成21年（2009）に吉田智一により開発された作業計画・管理支援システム（PMS）もこうしたツールのなかの一例で，GIS（地理情報システム）を活用し地図上の視覚的な情報操作や把握を可能としている。

次代の水田作経営に向けた展望と課題

最後に今後の水田作を展望し，技術開発に課せられた課題を4点ほど指摘したい。1点目が農作業の自動化，2点目はICTを活用した経営と栽培の改善で，いずれも農家の労働力の減少や高齢化，それに伴った大規模化や法人経営の進展へ対応する技術である。3点目が水田の畑輪作利用で，米の消費減退に対応した課題となる。4点目が上記いずれの問題にも関連

する品種育成の効率化と高度化である。

農作業の自動化

農業機械の自動運転 自動で農作業を行う車両型農機の開発は1990年代から行われてきた。平成26年（2014）に開始された内閣府の戦略的イノベーション創造プログラム（SIP：以下SIPと略す）では，関連民間企業（井関農機（株），（株）クボタ，三菱マヒンドラ農機（株），ヤンマー（株）ほか）や他省庁の研究機関との連携で各種の自動農機の開発が進められている。

図14は，そのうちの一例として自動で農作業を行うロボットトラクタを示している。2台のトラクタを一人のオペレータがタブレットを用いて操作することにより，さまざまな作業を行わせることができる。この場合，GPS信号を受信することにより，数cm程度の誤差で高精度に作業を行うことが可能となっている。

平成29年（2017）3月に農水省から農業機械の自動走行について，有人と無人のトラクタが協調して作業を実施するシステム等に関するガイドライン（「農業機械の自動走行に関する安全性確保ガイドライン」）が公表された。これにより実用機の開発と販売が可能となった。完全無人走行に関しては，さらに規制面の対応を必要とするが，技術的には可能と考えられている。こうした自動農作業機は無人走行による大幅な作業効率の向上がねらいであるが，そうでない場合においても，法人経営で雇用される作業

図14　遠隔監視による2台のロボットトラクタ運用システム
（玉城勝彦，井関農機（株））

経験の少ないオペレータが熟練者と同等の効率で作業を行うことを可能とする。また，長時間にわたる直進走行など集中力が途切れがちな作業の強度を著しく緩和する。

水管理の自動化　こうした農作業の自動化に向けた技術開発は，農業機械だけでなく，水管理にも及んでいる。水田作における水管理は時間を多く要する作業である。また，適正な水管理を怠ると，除草の失敗や生育の遅延など，生産性の低下につながる。そこで，SIPにおいて省力的な水管理を可能とする自動給排水システムが開発され，平成30年（2018）に実用化された。

クラウド（インターネット上のサーバを用いてソフトウエアやデータベースなどを活用するサービス）を通してスマートフォンから遠隔で給排水弁を操作することができる。また，この技術では，遠隔操作だけでなく，入水時間，入水期間，水深などをあらかじめ設定することにより，イネの生育期間全体にわたる自動的な管理も可能となっている。これにより生育，温度環境に応じた適正な水管理も簡易に行うことができ，水管理労力の8割ほどの削減が可能である。

営農へのICTの活用

農業者の減少に伴い，農地が担い手経営に集積されるため，100ha以上の大規模層の増加が今後見込まれている。その場合，1経営体が非常に多数の圃場を管理しなければならないことから，これを支援するシステムの構築が必要である。ここでは，平成30年（2018）時点で開発が進み，普及が期待されている技術をいくつか紹介する。

センシング技術の利用　まず，衛星画像，あるいはドローン（無人航空機）などで撮影される空中からの画像に基づいて作物の栽培管理の適正化を図る取組みがある。たとえば，青森県津軽地方における「青天の霹靂」というブランド米の例では，圃場ごとの収穫適期や玄米のタンパク含量に関する情報を衛星画像から取得して，普及指導員が持っているタブレットに

送信し，指導員がそのデータを農家に視認してもらいながら指導を行えるシステムを試行運用している。

農機会社を中心とした技術開発も盛んで，たとえば，ヤンマー（株）では，携帯型の葉色診断計で実績のあったコニカミノルタ（株）や山形大学等と共同で，ドローンによる空中撮影画像から作物の生育を解析し，圃場の位置に応じて追肥を可変施肥する技術を開発し，平成17年（2005）から事業化している。

また，（株）クボタでは，収穫時に収量だけではなくタンパク含量に基づく食味を計測できるコンバインを開発するとともに，圃場の輪郭情報と組み合わせて圃場ごとの収量，収穫物のタンパク含量，水分含量をデータ表示し，次年度の作付計画にこれを反映させるシステムを開発，市販化している（図15）。

さらに，井関農機（株）では，車輪を通じて土壌の電導度を計測することにより土壌の肥沃度を把握し，これにあわせて施肥量を変えていくスマート田植機を開発した。この機械も現場に導入されつつある。

気象情報の利用　作物生育の予測には気象情報が重要であるが，これまでのアメダスでは観測点が限られ，面的に各地域の気象情報を提供するこ

図15　収量と玄米品質をモニタリングするコンバイン（（株）クボタ）

とはできなかった。農研機構東北研では，気象庁や関連企業と協力して過去や現況だけでなく，予報も含めた1kmメッシュ気象データを提供できるシステムを構築している。

これと作物の生育モデル，あるいは病害虫の発生モデルを組み合わせ，それぞれの圃場の位置（メッシュ）ごとにどういう品種を作付けしたらいつ頃出穂するか，あるいは病害虫発生の危険性はどのぐらいかという情報を提供できるようになった。これにより，高温や低温による障害の回避や，病害虫発生の予測に基づく適期防除の実施につなげようとしている。

各種データの連携基盤　ICTに関しては，さらに，公的機関が有するデータや民間企業が保有する情報を可能な範囲で相互利用するための「農業データ連携基盤」が開発された。平成31年（2019）4月からの本格的な運用が計画されている。これにより，農業者がさまざまなデータ，情報を把握するとともに，AIを通してこれを有効に活用した農業の展開を図ることが，近い将来に可能となるであろう。

水田での畑輪作と地力の維持管理

米の消費量は毎年8万tずつ減じている。そうした状況下で，主食用米の作付けの縮小は避けられないし，飼料用米についても財政負担からみてその拡大には限界があるだろう。田畑輪換に伴う畑作物作付け時の圃場の排水性確保と，イネ作付け時の減水深の制御は，圃場内外の排水路等インフラの維持管理を必要とし，それぞれの作付期間中の営農管理も含めて多大な労力を必要とする。

そうした選択ではなく，トウモロコシ等の省力的に栽培できる飼料作物の導入や収益につながる露地野菜の導入など，湛水条件を必要としない畑作物による輪作体系の構築も，水田活用の一つの方向として検討すべき時期にきている。既存の収穫機で子実用トウモロコシや水田でのイアコーンサイレージ用トウモロコシの収穫を可能とするスナッパヘッド（飼料用トウモロコシの雌穂のみをもぎ取り，収穫できる専用のアタッチメント）等

の開発が必要となっている。あわせて，水田輪作で問題となっている地力の維持管理に向け，トウモロコシの収穫残渣の活用，畜産廃棄物の輸送や散布技術の高度化が今後の課題となる。また，露地野菜については，水田でのタマネギやキャベツなどを省力的に栽培できる機械化体系の確立，特に，多労な収穫調製作業の効率向上が喫緊の課題である。

新たな育種技術

平成のイネ育種は良食味と環境耐性の強化に重点がおかれた。今後は，これに加えて多収性や省力栽培適性の付与が必要である。農業者の減少と不作付地の拡大が予想されるなか，より省力的で低コストな生産体系を支える品種が求められる。また，平成26年（2014）のCODEXでの基準制定や平成28年（2016）からのEUにおける規則制定等，ヒ素に関する最近の国際情勢に呼応し（環境問題464頁参照），ヒ素やカドミウムの吸収性の低いイネ品種の育成は喫緊の課題となっている。これらの育種をより効率的に実施していく必要がある。

平成に入ってからの技術革新に伴い，イネの遺伝子に関する情報が飛躍的に集積されてきた。いろいろな重要形質について染色体上の遺伝子相互の位置関係を明確にする遺伝子マッピング技術と，これに基づいて策定される遺伝子マーカー，すなわち，重要形質選抜に利用可能な特定のDNA配列の作成が進んできている。

イネの今後の育種については，都道府県での育種には長年の蓄積があることから，ブランド米品種の育成は引き続き公設試験研究機関の役割が大きいと考える。一方，民間育種の参入機会も今後は増えると想定され，こうした民間企業にも育種素材や遺伝子マーカー等が提供されるとともに，生産者・実需者のニーズに適合した多様で個性的な品種育成の加速化も図られるべきであろう。

農研機構では，病害抵抗性や高低温への耐性，低カドミウム吸収性など，さまざまな形質のマーカー選抜技術を開発してきたが（図16），以上のよ

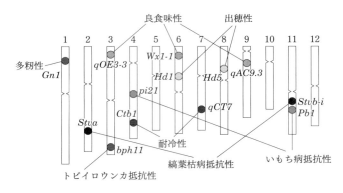

図16　イネの主要な形質を支配する遺伝子
（安東郁男氏提供の資料を一部改変）

主要な遺伝子の一部について染色体上の位置を模式的に示す（イタリック体は遺伝子記号）
表示されている形質以外にも低温発芽性，短稈性，米外観品質，カドミウム低吸収性など多くの遺伝子が知られている
いもち病抵抗性のように1つの遺伝子座に異なる遺伝子が存在する場合もある

うなことを踏まえれば，今後はこうした技術を用いた選抜支援体制を構築するとともに，より先導的な育種素材の開発にも注力し，民間や都道府県での品種育成の加速化に対して貢献を図る必要がある。

———執筆：寺島一男

編集方針により，国立研究開発法人農研機構については内部機関の略称を付した。

参考文献

藤田利雄．1996．土肥誌．67：247-248．
濱田千裕・中嶋泰則・林元樹・釋一郎．2007．日作紀．76：508-518．
林孝・越水幸男．1988．東北農業試験場研究報告．78：123-138．
堀江武・中川博視．1990．日本作物学会紀事．59：687-695．
細川寿．2011．農研機構発－農業新技術シリーズ 第1巻 第二の緑の革命を先導する食料生産の新技術．p32-35．農林統計出版．
伊藤一幸．2005．雑草研究．50：193-198．
小西達也・堀尾光広・吉田清一・山影征男．1989．農業機械学会誌．51：89-95．

越水幸男．1988．東北農業試験場研究報告．78：67-121．
森田敏．2013．第235回日本作物学会講演会要旨集．502-507．
南石晃明・前山薫・本田茂広．2007．農業情報研究．16：66-80．
農林水産省・農研機構．2013．「有機農業 実践の手引き」．
Okuno Kazutoshi, Hidetsugu Fuwa and Masahiro Yano. 1983. Japan J. Breed.. 83：387-394.
大場茂明．1997．農業技術．52：33-34．
大石亘・松本浩一・梅本雅・東野裕広・村岡賢一．2011．関東東海農業経営研究．101：63-68．
大谷隆二．2010．最新農業技術 作物2．p203-210．農文協．
佐々木武彦・松永和久．1983．育雑．33別2：144-145．
佐々木武彦・松永和久．1985．日作東北支部報．28：57-58．
佐竹徹夫・李善龍・小池説夫・刈屋国男．1988．日作紀．57：234-241．
佐藤徳雄・渋谷暁一．1991．日作東北支部報．34：15-16．
澤田守．2013．農業経営研究．51：114-119．
鳥越洋一．1998．システム農学．14：142-149．
山内稔．2010．鉄コーティング湛水直播マニュアル．農研機構．

畑作

畑作をめぐる情勢

　平成期に入り，畑作を取り巻く情勢は昭和期に引き続き，厳しい状況が続いた。ダイズの栽培面積は8万ha弱にまで減少した昭和52年（1977）から，平成元年（1989）には約15万haに回復したが，平成5年（1993）の大冷害を受けて，米の過剰感が弱まった平成6年（1994）から平成12年（2000）にかけては6万〜12万haに減少した。平成28年（2016）には再び15万haに戻ったが（図1），平成6年（1994）の畑における栽培面積比率が約50%

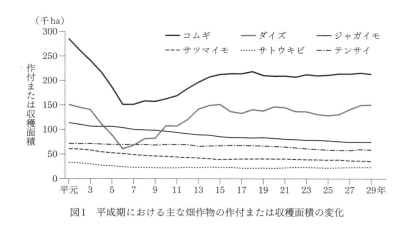

図1　平成期における主な畑作物の作付または収穫面積の変化

であったのに対して，平成元年（1989）は約30％，平成28年（2016）は約20％と，平成のダイズが水田の転作作物という性格を強く帯びるようになった。

コムギでは平成元年（1989）および平成28年（2016）の栽培面積はそれぞれ約28万haおよび21万haであり，ダイズと同様に平成6年（1994）から平成9年（1997）にかけては15万ha台であった。このような状況のなかで，国内産のコムギやダイズはその需要を確保するため，輸入品並み，あるいはそれ以上の品質と安定多収生産が強く求められるようになった。

サツマイモやジャガイモのようなでん粉作物では，廉価な輸入トウモロコシの増加に伴い，でん粉原料用としての利用が激減するなかで，生産費の低減やでん粉品質の改善が強く求められ，同時に，良食味や高品質が求められる生食あるいは加工原料用の需要が拡大した。サトウキビやテンサイのような糖料作物についても同様で，安定生産，生産費の低減，品質改善がこれまで以上に重視されるようになった。

一方で，農業全般に生産者の高齢化，担い手農家の激減，農業労働者の著しい減少などが進行し，畑作においても省力化と生産水準確保のために大規模機械化一貫作業体系の実現が欠かせないものになった。

消費の面からは，消費者の食品に関する多様化が進み，高品質で良食味，健康志向が強まったことから，畑作においても消費者の要望に合致した品質の高い商品を安定的に供給することが，その経営基盤を強くするために重要となった。

消費者の高品質・良食味志向と食の多様化への対応

人口減と高齢化が急速に進行するなかで，消費者の食へのこだわりが顕著になり，高品質・良食味志向が進むとともに，食の多様化への期待が高まった。また，医食同源といわれるように健康機能性への関心が高まり，その一方でこれまでの用途にとらわれない新しい用途の開発が進められた。

良食味化と多様化で消費者ニーズに対応

（1）飛躍的に改良された北海道のめん用コムギ

　昭和50年代から平成の初めにかけて国産麦の生産が大幅に回復したが，国産麦を原料として使用している製粉，精麦，ビールなどの実需者から国産麦の品質，コストなどについてきわめて厳しい要望が出され，その改善が喫緊の課題となった。このため，国，公設試験研究機関をあげた取組みが行われた。

　特に北海道のコムギでは，良質めん用コムギの代表であるオーストラリア産コムギ，Australian Standard White（ASW）の品質を上回ることを目標に育成された品種が大面積に普及するようになった。これに伴い，コムギの品質は著しく改善され，同時に栽培特性も優れていたことから，北海道のコムギの良質・安定化は大きく進んだ。

　「チホクコムギ」から「ホクシン」へ　昭和56年（1981）に北海道立北見農試で育成されためん用の「チホクコムギ」は，収量が高く，栽培しやすかったため，最大で約10万ha普及したが，めんの色がややくすんで，ASWに見劣りするほか，雪腐病などの耐病性や穂発芽耐性に問題があった。そこでこれらを改善した「ホクシン」が平成7年（1995）に北見農試の天野洋一らによって育成された。「ホクシン」は「チホクコムギ」と「北見35号」を交配して得られたもので，耐病性が改善され，成熟期が「チホクコムギ」より4日ほど早く，収量が十数パーセント高いという長所があった。めんの色もやや改善されたため，急速に「チホクコムギ」に代わって栽培されるようになり，平成18年（2006）には北海道で10万haを超えるまでになった。

　「きたほなみ」の登場　「ホクシン」は製粉性やめんの色が改善されたとはいえ，ASWには及ばなかったところから，より品質の高い品種を求める声が大きくなった。平成11年（1999）には農水省で「麦類の高品質・早生化のための新品種育成及び品質制御技術に関する緊急研究（麦類新品種緊急開発プロジェクト）」が開始され，コムギにおいても品質の優れる新品種

開発が加速された。

そこで,「ホクシン」の収量,耐病性,めんの色,穂発芽耐性の改良に向けた品種開発が進められ,平成18年(2006)に「きたほなみ」が北見農試の柳沢朗らにより育成された(図2)。「きたほなみ」は,「ホクシン」の兄弟系統の子を母本にした交配組合わせから選抜されたもので,収量は「ホクシン」よりも約20％高く,めんの色もASWに匹敵し,製粉性はASWを上回るなど,品質はこれまでにわが国で育成されたどの品種よりも優れていた(柳沢ら,2007)。このため,「ホクシン」からの転換は順調に進み,栽培面積は平成23年(2011)には10万haを超えるまでになった。しかし,めん用だけでは国内需要に限りがあるところから,一部パンや中華めん用のコムギへの転換が進められ,平成28年(2016)には9.22万haとピーク時に比べると栽培面積はやや減少した。

北海道は国内コムギ生産量の約60％を占める大産地であるが,「きたほなみ」が出現するまで栽培面積の90％を占めていた「チホクコムギ」や「ホクシン」は,めんの食感の評価は高かったものの,めんの色などではASWに対抗することができなかった。しかし,「きたほなみ」は実需者によるめ

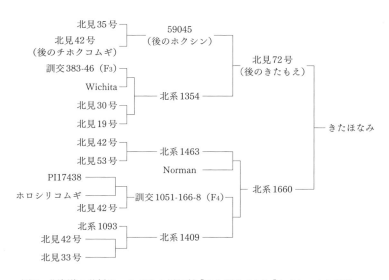

図2　北海道の秋播きコムギめん用品種「きたほなみ」と「ホクシン」の来歴

んの官能評価はASWとほぼ同等であるうえに収量が多かったため，国内産，特に北海道産コムギの評価は著しく高まり，北海道のコムギを核とした畑作経営の改善と安定化をもたらした。

生産の本格化に伴って，「きたほなみ」は輸入小麦よりめんの色と食感が優れ，味や風味も優れるとの評価が高まったため，うどんやめん類に加えて，菓子などへの用途拡大が進んでいる。

(2) ついにコムギの横綱品種も引退

関東以西では「農林61号」（昭和19年〈1944〉佐賀県農試育成）が長い間栽培されてきたが，めんの色，製粉性のいずれもがASWに大きく劣るだけでなく，穂発芽しやすいため低アミロ化*が起こり，めんの粘りやコシが弱いという欠点があった。しかし，総合的に「農林61号」を凌駕する品種が育成されない状況が平成に入っても続いていた。

このような状況のなかでも，品質関連形質の発現機作の解明や優良遺伝子の集積などの基礎的な研究が続けられ，その成果を活かして平成6年（1994）に九州農試の谷口義則らによって「チクゴイズミ」が育成され，平成28年（2016）には九州を中心に1.22万ha栽培されるようになった。また，「麦類新品種緊急開発プロジェクト」が開始されると，めんの色や製粉性に優れる品種育成の流れは加速し，関東でも平成21年（2009）に群馬県農技センターの高橋利和らによって「さとのそら」が，同じく愛知県農総試の吉田朋史らによって「きぬあかり」が育成された。平成28年（2016）には「さとのそら」が埼玉，茨城，群馬，三重などで1.46万ha，「きぬあかり」が0.46万ha栽培されるようになり，ようやく「農林61号」はほとんど姿を消すことになった。

このような良質コムギ品種と止葉抽出期の追肥による子実タンパク質含量の調節技術のような栽培技術の開発が組み合わさることによって，本州

---

*小麦粉中のでん粉の粘度を表すアミログラフ最高粘度を略した呼び方であるアミロ値が低下すること。穂発芽などによりでん粉を分解する酵素の活性が高くなることで，でん粉の最高粘度が低くなり，アミロ値が低下する。

以西でもASWに品質がちかく，収量も安定したコムギを生産できる条件が整った。

(3) パンや中華めん用コムギの登場

国産コムギは主にうどんなどのめん用に利用されてきたが，国産コムギの利用をさらに拡大するためには，パンや中華めんのようにこれまで国産コムギがほとんど利用されてこなかったタンパク質含量の高い強力系コムギへの転換が必要になった。

北海道では春播きコムギである「ハルユタカ」がパン用に栽培されてきたが，平成12年（2000）にホクレン農業総合研究所の長谷川久記らが「春よ恋」を育成し，平成28年（2016）には1.33万haにまで普及した。また，秋播きコムギの品種改良も行われ，「ゆめちから」が平成20年（2008）に農研機構北農研の田引正らによって育成された。

「ゆめちから」はコムギ縞萎縮病に対して強い抵抗性を有しているが，それだけではなく小麦粉の粘りが非常に強いという優れた特性をもっており，めん用の国産コムギにブレンドすることで，製パン性が画期的に改善されることが明らかになった（図3）。このため，育成直後から急速に栽培面積が拡大し，平成25年（2013）には1.3万haまで広がった。これにより，「春よ恋」などと合わせて，北海道において強力系コムギのシェアは平成

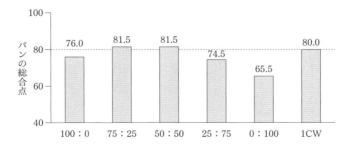

図3　コムギ品種「ゆめちから」ブレンド粉の製パン性の比較
（農研機構HP 研究成果パンフレット：ゆめちから）
注：平成16年，(社)日本パン技術研究所による。横軸の数字は「ゆめちから」と「ホクシン」のブレンド比率を示す。カナダ産のパン用コムギ銘柄1CWを80点として評価

26年（2014）産で約25％にまで上昇した。

(4) 新用途で躍進したオオムギ

オオムギは穂の着粒の仕方により二条オオムギと六条オオムギ，またそれぞれに，実と頴（えい）が癒着している皮麦と分離しやすいはだか麦がある。六条はだか麦はこれまで粳性品種がほとんどであったが，糯性品種もあり，粘りがあって，「もちもち」しておいしいだけでなく，食物繊維の一種である$β$-グルカンが粳性品種よりも約50％多いという特徴があるため，昭和の終わり頃からその利用に向けた取組みが行われるようになった。

機能性への注目　平成9年（1997）には四国農試の伊藤昌光らによってそれまでの「もち麦」より短稈で多収な「ダイシモチ」が育成された。「ダイシモチ」は血液中のコレステロール濃度を低下させる$β$-グルカンの含有量が高く，粳性品種の4～5％に対して6％後半であり，その健康機能性についても着目された。

次いで，平成24年（2012）には画期的に品質を改善した「キラリモチ」が農研機構近中四研の柳澤貴司らによって育成された。「キラリモチ」は二条はだか麦の「四国裸103号（後の「ユメサキボシ」）」と二条皮麦で粒の色が白い「大系HL107（後の「とちのいぶき」）」の交配によって得られたF_1系統に，糯性突然変異系統である「四国裸97号」を交配して得られたものである。粒の中にくすみの原因となるプロアントシアニジンを含まないため，炊飯18時間後も白さを保つというこれまでのオオムギでは考えられない特性を示すだけでなく（表1），麦ご飯にしてももちもちしておいしいという特徴をもつ。また，$β$-グルカンを7％強含むため，健康機能性をうたった利用も可能である。

こうした糯性品種は寒冷地や暖地向けにも育成され，また，$β$-グルカンが9.9％にまで強化された品種として「ビューファイバー」が平成24年（2012）に農研機構近中四研の吉岡藤治らによって育成された。

新食材としての期待　これらの品種は健康機能性をキャッチフレーズに

表1　糯性オオムギ品種「キラリモチ」のポリフェノール含量と炊飯麦の色

品種	60％歩留とう精麦粉		炊飯麦の色相値の差		
	プロアントシアニジン含量（μg/g）	ポリフェノール含量（mg/g）	ΔL^*（明るさ）	Δa^*（赤み）	Δb^*（黄色み）
キラリモチ	0.7	0.15	−1.9	0.6	−1.8
イチバンボシ	55.7	0.32	−8.1	3.8	3.7
ユメサキボシ	103.9	0.36	−9.3	4	4.6

したオオムギの新しい用途を提供するものとして，「ダイシモチ」は愛媛県東温市や香川県善通寺市で，「キラリモチ」は北海道から九州まで22都道府県で栽培されている。特に「キラリモチ」は平成29年（2017）には全国で100〜200haに普及し，平成30年（2018）には種子供給の状況から栽培面積は倍増することが想定されている。

加工品の開発も行われ，菓子，パン，餅，シリアル，大麦めん（きしめん）などの販売も始まっており，今後，新しい食材として需要の拡大が期待されている。

(5) 北海道・東北で普及した良質ダイズ新品種

平成に入っても，温暖地，暖地では「フクユタカ」，北陸では「エンレイ」，関東は「タチナガハ」のような昭和期に開発された品種が主として栽培され，平成27年（2015）においても栽培面積はそれぞれ3.36万ha，1.16万haおよび0.71万haを占めていた。しかし，「タチナガハ」は減少傾向にあり，また北海道や東北では平成になって主要品種は大きく変化した。

北海道で開発・普及した「ユキホマレ」　北海道では，道立中央農試と道立十勝農試の2か所に設置された農林水産省のダイズ育種指定試験地（平成12年〈2000〉度をもって廃止）を核として次々と高品質な品種が育成され，急速に普及した。そのなかで最も普及が進んだのは十勝農試の湯本節三らが平成13年（2001）に育成した白目中粒ダイズ「ユキホマレ」である。

「ユキホマレ」は子実の外観品質の向上，ダイズシストセンチュウ抵抗

性，難裂莢性（莢がはじけにくく，コンバイン収穫時にも子実が圃場に飛散しないため，収穫ロスが少ない性質）の付与を目標に育成されたものであったが，目標であったダイズシストセンチュウ抵抗性だけでなく，低温抵抗性に優れていた。このため低温によって誘発されることがある臍周辺の着色がなく，外観品質が非常に優れていた（田中ら，2003）。

　ダイズ子実種皮にある臍は白色，褐色，黒色のものがあり，煮豆や納豆用には白色のものが求められる。「ユキホマレ」は煮豆，納豆，味噌加工に適し，また難裂莢性や耐倒伏性にも優れることからコンバイン収穫適性（畑作129頁参照）が高い。そのため道内の栽培面積は平成28年（2016）には約1.8万haになり，全国的にも「フクユタカ」に次ぐ面積を占めるようになった。

　東北農試開発「リュウホウ」　東北では平成5年（1993）に東北農試の中村茂樹らによって，育成された「リュウホウ」が普及した。白目大粒で品質が良く，ダイズシストセンチュウに抵抗性を示すだけでなく，子実タンパク含量もやや高いことから，豆腐加工に適し，また煮豆にも適した。最下着莢位置（最も低い位置に着生する莢の位置）がやや高く，倒伏しにくく，裂莢も比較的少ないため，コンバイン収穫に適し，平成27年（2015）には東北を中心に1.16万ha栽培された。

　収穫適性に優れる「里のほほえみ」　また，平成21年（2009）には農研機構東北研の湯本節三らにより「里のほほえみ」が育成された。大粒で子実タンパク質含量が高いため，豆腐や煮豆加工に適すること，ダイズシストセンチュウには感受性であるものの，最下着莢位置が高く，耐倒伏性に優れるなどコンバイン収穫への適応性は「リュウホウ」以上に高いことから，平成27年（2015）には0.66万ha普及し，さらに拡大する見込みである。最近では，子実の大きさやタンパク質含量の高さに着目して，関東においても「タチナガハ」に代わって導入が進められている。

(6) 高品質化するサツマイモと焼きいも需要

　サツマイモは昭和期にはいもの中身が黄色く，ホクホクした食感が好

まれていた。その代表が，昭和59年（1984）に育成された「ベニアズマ」と昭和21年（1946）に育成された「高系14号」である。「ベニアズマ」は甘く，ホクホクして，食味が良く，病気にも強く，「高系14号」は，「ベニアズマ」よりはしっとりとして，ほどよい甘さがあり，栽培しやすいという特性があった。平成に入っても，「高系14号」は徳島では「鳴門金時」，高知では「土佐紅」，宮崎では「宮崎紅」，鹿児島では「べにさつま」，石川では「五郎島金時」などの地域ブランド名で販売され，ブランド品種の先駆けとなった。

嗜好の変化 一方で，スイートポテトのようなしっとりとした食感のお菓子に慣れた若い女性には甘く，ネットリと舌になじむサツマイモが受け入れられやすいことがわかり，平成10年（1998）頃からは品種育成の目標は高糖度，ネットリ系へと変化した。その結果，平成13年（2001）には「べにまさり」，平成19年（2007）には甘くてネットリ系サツマイモの代表ともいえる「べにはるか」（甲斐ら，2017）がそれぞれ農研機構九沖研の山川理らおよび吉永優らによって育成された（図4）。しかし，ネットリ系の品種は貯蔵中に呼吸などででん粉がスクロースなどに変化しやすく，年を越すとネットリからベチャベチャの状態に変化し，食感が極端に悪くなるという問題があった。

焼きいも機の開発 同時期に移動販売の代表例であった焼きいもを簡単に調理できる電気オーブン式焼きいも機が（株）群商によって開発され（図5），平成15年（2003）に特許取得されると，スーパーでの焼きいも店頭販売が急速に増加し，現在では全国2,000店舗以上で利用されるまでに成長した。

図4　高糖度サツマイモ品種「べにはるか」（片山健二）

図5 店頭で活躍する焼きいもオーブン（小巻克巳）

このような技術開発を背景に，平成15年（2003）に茨城県のJAなめがたの棚谷保男らが「年中焼きいもが買える」，「品質がばらつかない」をキャッチフレーズに焼きいも販売事業を開始するとともに，生産されたサツマイモの高品質化に向けた取組みを強化した。

収穫いものキュアリング処理 まず，収穫・運搬の過程で生じたいもの傷を治癒し，貯蔵中の品質を維持するために，キュアリング処理を徹底した。キュアリングとは収穫直後のいもを温度32℃，湿度90％以上の環境下に4日間置き，いもの表皮下のコルク層形成を促進させる処理である。これにより，いもの傷を治癒するとともに，いもの表面から侵入する菌の侵入への抵抗力を高め，貯蔵中のいもの腐敗を減らすだけでなく，劣化も抑えることができる。キュアリング処理をした後，サツマイモの貯蔵に最も適している温度13℃，湿度90％以上の条件で貯蔵することで，原料いもの品質劣化を極力抑えることと貯蔵期間の長期化が可能になる。

周年出荷体制へ JAなめがたでは前述のような基本技術を励行したうえで，貯蔵中に生じる食感の変化に対応して，収穫直後からいもがネットリして甘い「べにはるか」を年内から1月頃まで，以後4月頃までは「べにまさり」，それ以降は貯蔵中の食感の変化が少ない「ベニアズマ」を出荷するという周年出荷体制を構築した。さらに，栽培圃場による品質のばらつきをできるだけ少なくするため，茨城県農総センターの協力を得て，土壌中の有機物含有量が高いほどいもの形状が良いことを明らかにし，有機物の少ない圃場には豚糞堆肥を10a当たり1～2t施用し，いもの形状を大幅に改善した。

平成25年（2013）の「べにはるか」の栽培面積は2,000haを超え，平成

17年（2005）に12億円だったJAなめがたのサツマイモ販売額は平成28年（2017）には35億円に拡大した。10a当たりの粗収入も50〜60万円となり，サツマイモが非常に収益性の高い品目であることを証明した（叶，2017）。このほかにも焼きいも販売で業績を上げている（株）ポテトかいつかのような企業もあり，焼きいもはサツマイモの消費拡大を支える重要な用途になった。

(7) ジャガイモの高品質化と多様化

始まる品種交替　生食用のジャガイモ品種は長い間「メークイーン」と「男爵薯」が中心で，西南暖地の二期作向きの「ニシユタカ」やポテトチップ加工用の「トヨシロ」が加わるという品種構成が続いていた。特に，「メークイーン」と「男爵薯」のブランド力は強く，新しい品種の普及は遅れていた。

しかし，昭和47年（1972）に北海道でジャガイモに著しい減収をもたらすと同時に，植物防疫法によって種いもの生産・流通が制限されるジャガイモシストセンチュウの発生が確認され，平成12年（2000）頃まで急速に発生面積が拡大した。抵抗性をもたない「男爵薯」と「メークイーン」は被害を受けるだけでなく，センチュウの拡散を助長することになるため，厳しい根絶対策がとられるなかで，抵抗性をもつ新しい品種が求められるようになった。その結果，昭和62年（1987）に北農試の西部幸男ら，平成4年（1992）に同場の梅村芳樹らによって育成された良食味でセンチュウ抵抗性の「キタアカリ」，「とうや」はそれぞれ平成26年（2014）には3,834ha，1,943haと栽培面積を拡大し，北海道でもようやく品種の置換えが進むようになった。

カラフルポテトの登場　農研機構北農研の梅村芳樹らは，紫色の「インカパープル」，赤色の「インカレッド」に加えて，濃黄色の「インカのめざめ」をそれぞれ平成14年（2002）に育成した。「インカのめざめ」は，一般に栽培されているジャガイモが生存に必要な最小限の1組の染色体を4組もつ4倍体の種であるのに対して，2組しかもたない2倍体の種（栽培種とは

別の種）であり，これまでのジャガイモとは異なる風味で，甘いという特性をもつ。いずれの品種も非常にユニークな特性を示すため，「カラフルポテト」というコンセプトで普及を進めたが（図6），シストセンチュウ抵抗性をもたないため，その栽培は限定的であった。しかし，「インカのめざめ」はその食味の良さから，本州でも栽培されるようになり，調理食材として活用されている。

図6 「カラフルポテト」として普及しているジャガイモ品種（農研機構）「インカのめざめ」（左），「インカレッド」（中央），「インカパープル」（右）

(8) 地域特産作物の復権

ダブルローのナタネ　ナタネの近年の栽培面積は1,500〜1,700ha程度で推移し，自給率も0.1％と低いが，数少ない秋冬作の畑作物である。子実中の油は高級ナタネ油として，搾り粕は家畜の飼料として利用されるが，これまでわが国で栽培されてきたナタネ品種は子実中に心臓障害を引き起こす危険性のあるエルシン酸，搾油後の油粕の中には家畜などに甲状腺障害をもたらすグルコシノレートを含んでいた。これらはヒトや家畜の健康に問題を引き起こすことが判明したため，いずれの成分も含まない（ダブルロー）品種の開発が必要となった。平成16年（2004）には農研機構の山守誠らによって最初の国産ダブルロー品種である「キラリボシ」が育成されたが，普及は山形県に限られ，また収量がダブルロー以外の品種より低かったため，栽培面積は平成20年（2008）頃の約20haが最大であった。

ナタネは原発事故で脚光浴びるが　平成23年（2011）の東京電力福島第一原子力発電所の事故後は，チェルノブイリ原発事故の調査報告でナタネが放射性セシウムを吸収しやすいわりに，子実へのセシウムへの移行率が

低いという情報をもとに，農地のファイトレメディエーション（植物が養分などを土壌から吸収する能力を利用して，土壌の汚染物質を除去する方法）に有効な作物として利用が検討された。しかし，後の調査でその効果はほとんど期待できないという結論が得られたため，福島の復興に向けたシンボルとして栽培されるにとどまった。

幌加内ソバで町おこし　ソバは北海道幌加内町の取組みが特筆される。その始まりは昭和45年（1970）に遡るが，夏の最高気温は高いものの，最低気温は15℃前後まで下がって，日較差が大きいこと，湿度が比較的低いことなど，ソバの栽培に適しているところから，水田転作物として取り上げられ，昭和55年（1980）には日本一の栽培面積を誇るソバ産地に成長した。

しかし，収穫されたソバのほとんどが本州に出荷され，町の活性化にはつながらなかった。そこで，町ではソバによる町おこしを進めるため，平成元年（1989）に農産加工センター，平成6年（1994）に（株）ほろかない振興公社を設立し，幌加内産のソバを幌加内で製粉，製麺したそばの販売を開始した。平成11年（1999）には乾燥調製が高品質そばの加工に重要であると判断し，「そば日本一の館」を建設，除湿通風乾燥とサイロ貯蔵を組み合わせた品質保持技術を確立し，品質の良い玄そばの提供を行った。さらに，付加価値を高めるため，「半なま麺」などを開発し，幌加内ソバのネームバリューの向上に努めた。

平成29年（2017）の栽培面積は3,460ha，生産量は2,440tで，それぞれ全国の5.5％，7.2％を占める状況になっている。新そばの時期には「幌加内町新そば祭」を開催するなど，町ぐるみで高品質そばの生産が行われている。

九州・沖縄のソバ振興　大分県豊後高田市では，農研機構九沖研，大分県および愛媛大学農学部と協力して，秋ソバに加えて夏ソバを導入している。食味が良い夏ソバ「春のいぶき」を利用し，「手打ちそば認定制度」，「そば打ち職人養成講座」，「春まきそば栽培指針」といった品質向上策を始めるとともに，「豊後高田そば祭」，「全国高校生そば打ち選手権大会（通称そ

ば打ち甲子園)」のようなイベントを行い，地域おこしを進めた。それに伴い，夏ソバの栽培面積は平成28年 (2016) には76haにまで拡大した。このほか，沖縄県においても大宜味村で六次産業化，耕作放棄地の活用，赤土等の流出の低減を目的に輪作作物として活用されるようになり，県全体でソバの栽培面積は平成27年 (2015) には52haに増加し，地域の振興に貢献した。

雑穀にも注目が　岩手県の二戸および花巻地域でヒエ，アワ，キビなどの栽培振興に取り組んだ。岩手県と農研機構東北研が協力して，生産性が比較的高く，健康機能性成分の含有量が高い素材の探索が行われ，選ばれた材料を栽培することによって，平成元年 (1989) に1,253haであった栽培面積が平成24年 (2012) には2,000haを上回るまでになった。この間岩手県ではヒエ3品種，アワ，キビそれぞれ1品種育成した。このほか，福島県では会津，阿武隈地域でエゴマの栽培に取り組み，ドレッシングなどの開発も行われた (図7)。

図7　福島県金山町で販売されたえごま油 (福島県金山町)

栽培きのこの発展　平成の耕種農業が苦悩するなかで特記したい地域特産農業が，農家自身が開発した長野県中野地方のエノキタケ栽培である。昭和30年代後半から始まったが，高圧殺菌釜の購入から滅菌室内の菌床の瓶詰め，種菌の接種，培養室内での栽培まで，すべて農家仲間の試行錯誤のなかから生まれた。この間，地元JAや県の支援があったことも，この快挙を可能にした大きな力であったことも，ぜひつけ加えておきたい。

長野県農政部のホームページによると，平成28年 (2016) 度の長野県の農業総生産額は2,901億円に上るが，490億円が栽培きのこで占められている。野菜が869億円，果実が553億円であるところからも，その健闘ぶりが理解できる。最近ではブナシメジ，マイタケ，エリンギなどの人工栽培も可能になり，新潟県など他県での栽培も増えてきているが，一方で大

型空調施設をもつ大手企業も参入し，競争が激しくなっている。全国のきのこの生産量は図8のとおりである。

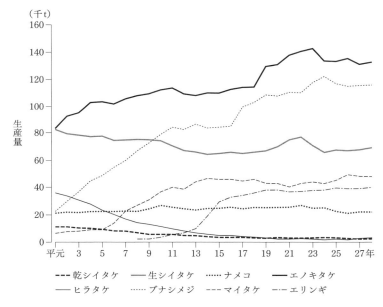

図8　全国における主なきのこ類の生産量の推移（林野庁資料より作図）

健康志向に対応した健康機能性成分の活用

　平成に入ると，食品に含まれる成分の機能のうち第一次機能である栄養機能や第二次機能である嗜好性・食感に加えて，第三次機能，つまり食物繊維，抗酸化性成分のように，血液中のコレステロール濃度や血圧の低下，内臓脂肪の減少，肝機能の改善などの効果がある健康性機能に関心が集まるようになった（表2）。

　食物繊維の代表的なものとしては血液中のコレステロール濃度を低下させるオオムギのβ-グルカン，ダイズでは内臓脂肪の減少効果があるβ-コングリシニン，エストロジェン（女性ホルモン）類似効果があるイソフラボン（化学構造がエストロジェンに類似），抗酸化成分として血圧の低下や肝

表2 平成期に注目されるようになった食品に含まれる健康機能性成分

成分	効果
β-グルカン	コレステロール低下
β-コングリシニン	内臓脂肪減少
イソフラボン	エストロジェン類似効果
アントシアニン	血圧低下，肝機能改善など
β-カロテン	視力改善
ルチン	体重減少，体脂肪率低減
ルテイン	黄斑部（眼）の色素量増加
リグナン	血圧低下，肝機能改善など
エピガロカテキンガレート	LDL-コレステロール低下，抗アレルギー効果など

機能の改善効果があり，サツマイモ，ジャガイモ，黒ダイズに含まれるアントシアニン，同じく抗酸化成分であるゴマのリグナンや抗アレルギー効果もある緑茶のエピガロカテキンガレートがあげられるが，このうち，サツマイモとチャでは産業界との積極的な連携により，新しい商品開発が行われた。

(1) サツマイモの健康機能性で商品開発

いもに紫色素を含むサツマイモ品種があることは以前から知られていたが，その含有量は少なく，いもの色が薄紫，あるいは輪状に濃い紫が分布する程度で，育種選抜の過程で淘汰される対象であった。しかし，昭和の終わり頃に見出された「山川紫」はいも肥大は悪く，梗根（ゴボウのようにやや太くなった根）あるいは小さな塊根（いも）をつける程度であったが，内部は全体が濃い紫色で，食べると苦みあるいはえぐみを感じるほどであった。

紫いも色素利用 一方，色素製造会社では紫色素を紫キャベツなどから抽出していたが，より効率的かつ安定的に抽出できる素材を探索していた。「山川紫」はその目的に合致した素材として着目され，平成の初めに九州農試の梅村芳樹や山川理は三栄源エフエフアイ（株）と共同で，「山川紫」よりアントシアニン含量とイモの収量のいずれもが高い品種の開発に着手

した。その結果，平成7年(1995)にアントシアニン量の指標となる色価が「山川紫」の1.5倍，いも収量が「高系14号」並みである「アヤムラサキ」が育成された（図9）。

健康機能性に注目　「アヤムラサキ」は育成直後には，色素抽出に利用されていた。その後アントシアニンのもつ健康機能性が注目されるようになると，農研機構九沖研

図9　高アントシアニンサツマイモ品種「アヤムラサキ」（日本いも類研究会品種詳説）。左下はいもの切り口

の須田郁夫や吉元誠は「アヤムラサキ」の健康機能性の解析と評価を行い，サツマイモに含まれるアントシアニンには抗酸化作用，抗変異原作用などがあり，アントシアニンが体内に吸収されることにより肝機能障害の軽減，血糖値の上昇抑制，血圧上昇抑制などの効果が期待できることを明らかにした。

　このような研究結果に基づき，平成15年(2003)には(社)宮崎県JA食品開発研究所や(株)ヤクルト本社がジュース，霧島酒造(株)が焼酎を開発した。ジュースは200mlの24缶入りで年間3,000ケース販売されたが，平成20年(2008)頃には頭打ちとなったため，ブルーベリーやクランベリーなどの果汁を配合した商品を開発し，40,000ケースを超える販売を記録した。

(2) チャの健康機能性成分の活用

　チャでは野茶試の山本万里を中心とするグループで健康機能性に関する研究が開始された。平成11年(1999)には茶葉に最も多く含まれるカテキンであるエピガロカテキンガレートの一部がメチル化されたメチル化カテキンに抗アレルギー作用があること，またメチル化カテキン含有量には品種間差異があることが明らかにされた。

紅茶用品種「べにふうき」への注目　もともと，「べにふうき」は平成5年(1993)に野茶試の勝尾清らによって紅茶・半発酵茶用に育成された品種で，樹勢が強く病害虫抵抗性も強かったが，普及の見込みは低いと考えら

れていた。しかし，メチル化カテキン含有量が多いことが明らかにされると，健康機能性素材として一躍評価されるようになった。

そして，メチル化カテキンが九州以北では二番茶〜秋冬番茶に多く含まれること，紅茶に加工すると消失し，緑茶に製造した場合に限って利用できること，成熟葉に多く含まれ，茎にはほとんど存在しないことが明らかになり，「べにふうき」の利用方法が確立されるようになると，その栽培面積が増加し，平成15年（2003）の3haから平成21年（2009）には133haに拡大した。

「べにふうき」による商品開発　「べにふうき茶」はアサヒ飲料（株）の岡本武久らと農研機構野茶研の山本万里らの共同で開発されたもので，ペットボトル飲料「べにふうき緑茶」は平成16年（2004）の4,000箱から平成19年（2007）には10万箱へと出荷量は急増した。平成27年（2015）には食品表示法に基づく食品表示基準によって規定された機能性表示食品として，「べにふうき緑茶ティーバッグ」と「ゆめはな茶」が認められ，ハウスダストやほこりによる目や鼻の不快感を軽減するという機能性表示を行って販売されるようになった。さらに，（株）バスクリンでは谷野伸吾らによりシッカロール，石けん，ローションなどの商品が開発され，平成20年（2008）には販売額が20億円にまで達した（図10）。

図10　チャ品種「べにふうき」から加工された商品（農研機構）

新規用途の開発

(1) 青臭みやえぐみを除いたダイズ

ダイズは子実中に特有の青臭みの原因となる酸化酵素リポキシゲナーゼとえぐみの元となるグループAアセチルサポニンが含まれている。このため，これらを取り除き，さっぱりとしたクセのないダイズ加工製品を開発する試みが行われた。

リポキシゲナーゼ欠失ダイズの開発　まず，リポキシゲナーゼを欠失したダイズが開発された。子実中にリポキシゲナーゼは3種存在するが（図11），これらを合成する3つの遺伝子の間には強い連鎖関係があり，1回の交雑ではこうした連鎖関係が解消されず，後代でも必ず3種の遺伝子がセットで含まれていた。このため，3種類の遺伝子のどれかが含まれない交雑後代が現れることを期待して，繰り返し交雑を行ったところ，2種類の遺伝子を含まない系統を育成することができた。しかし，交雑だけでは3種類を完全に欠失したものを得ることはできなかった。

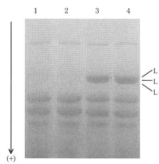

図11　リポキシゲナーゼ遺伝子を欠失させたダイズ品種の遺伝子電気泳動像（高橋ら，2014）
注：L-1, L-2, L-3はそれぞれ異なるリポキシゲナーゼ遺伝子の電気泳動バンド

1：エルスター（全欠）
2：くろさやか（全欠）
3：クロダマル（L-1, 2, 3含有）
4：フクユタカ（L-1, 2, 3含有）

そこで，九州農試は異なる2種類のリポキシゲナーゼ合成遺伝子を欠失した系統間で得られた交雑種子にガンマ線照射処理を行ったところ，3種類の遺伝子が完全に欠失している突然変異種子を1粒得た。そして，この種子の後代系統に「フクユタカ」を繰り返し交雑し，その結果，九州農試の異儀田和典らは平成12年（2000）に「エルスター」を育成することに成功し

た。平成15年（2003）には380haまで普及したが，その後加工技術の進展により普通ダイズを用いた豆乳でも青臭みを軽減することができるようになったことから，それ以上の普及には至らなかった。

さらなる品種開発　「きぬさやか」はリポキシゲナーゼとサポニンのいずれも欠失した品種で，リポキシゲナーゼ合成遺伝子を完全欠失した系統を母，サポニン合成遺伝子を欠失した系統を父とする交配組合わせから，平成17年（2005）に農研機構東北研の湯本節三らによって育成された。豆乳メーカーのマルサンアイ（株）がプレミアム商品「ひとつ上の豆乳」という名称で販売したこともあり，平成27年（2015）には宮城県で100ha栽培されている。

(2) 低温糊化性でん粉をもつサツマイモを用いた商品開発

サツマイモでは低温で糊化を開始するでん粉をもつサツマイモが開発された。サツマイモではそれまで知られていなかった特性であり，焼きいも以外の用途拡大に向けた取組みが行われた。

低温糊化性でん粉系統の発見　平成10年（1998）頃に農研センターの青果用品種の育成試験における「でん粉歩留り調査」で片山健二らは70℃以上の熱風機械乾燥を行うと，乾燥に用いる容器の底に本来であればでん粉が沈殿しているべきところに干からびた糊のような物質が付着するサンプルを見出した。サンプルの採取または乾燥手順のミスが疑われたため，繰り返し調査を行った結果，いずれの調査でも同じ系統で同様の現象が起こり，またその系統ではどの反復区でも同じ現象が起こることが明らかになった。

そこで，でん粉の糊化特性を実験室レベルで詳細に解析したところ，それまで，サツマイモでん粉の糊化温度は70℃より高いとされていたが，そのでん粉は50℃を超えると糊化を始める特性をもち，この特性は遺伝的なものであることが明らかになった。この系統は青果用としても，いもの形や色などの外観が良く，食味も優れるなど，実用的に十分な優良性を示したことから，平成14年（2002）に農研機構作物研から「クイックスイート」

という名称で品種登録された。また，平成22年（2010）には農研機構九沖研の吉永優らにより同じでん粉特性をもつでん粉原料用の品種として「こなみずき」が育成された。

これらの品種について，でん粉の特徴，青果用または加工用に向けた適性が詳細に評価された。まず，低温糊化性でん粉は顕微鏡で観察すると，亀裂が入ったように見え，一般的なでん粉とは容易に識別できることが明らかにされた（図12）。また，「こなみずき」のでん粉の特性は表3のとおりで，一般的なサツマイモのでん粉が75℃以上にならないと糊化しないのに対して，60℃よりも低い温度で糊化が始まった（片山，2011）。

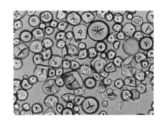 

図12　サツマイモ品種「クイックスイート」の塊根（右）とでん粉粒の拡大写真（片山健二）

表3　サツマイモ品種のでん粉特性

	こなみずき	シロユタカ	クイックスイート
白度（L*値）	95.2	96.6	94.7
糊化開始温度（℃）	58.1	75.5	57.0
最高粘度（RVU）	242	249	195
ブレークダウン（RVU）	118	129	65
セットバック（RVU）	152	139	147
4週間後の離水率（%）	0.0	19.3	0.1
10週間後の離水率（%）	0.0	23.3	0.0
4週間後の硬度（N）	0.44	1.64	0.47
10週間後の硬度（N）	0.46	2.02	0.52
アミロース含量（%）	17.4	18.8	16.5
消化性でん粉含料（%）	94.0	76.0	92.6

注：離水率と硬度は8%濃度のでん粉ゲルを5℃で保存した値を示す

低温糊化性でん粉と甘さの発現　加熱したサツマイモの甘さはスクロースとマルトースによるものであるが，前者は貯蔵中に呼吸などによってでん粉が分解されて生じ，後者は加熱され糊化したでん粉にβ-アミラーゼが作用して生成される。サツマイモ特有の甘さはマルトースによるものといわれているが，β-アミラーゼは約80℃で失活するため，でん粉の糊化開始温度が低いほど，作用時間が長くなり，マルトース生成量が増加する。石焼きいもが甘いのはその加熱条件である70〜80℃を長く維持することによるものであるが，低温糊化性でん粉をもつサツマイモは同様の原理で調理温度が急速に上昇する電子レンジ調理でもβ-アミラーゼの作用温度域が広くなるため比較的甘くなりやすいことが明らかになった。

さらに，一般的なサツマイモでん粉が糊化して得られるゲルは時間がたつと水分が分離して硬くボソボソとした食感になるが，低温糊化性でん粉ではそれが起こりにくいことも確認された。

このようなでん粉特性はサツマイモの加工品やでん粉利用の幅を広げる可能性があり，平成28年（2016）には「こなみずき」の栽培面積は47haを超え，平成29年（2017）には3つのJAを横断した「こなみずき生産部会」が設立され，取組みが本格化しているところである。鹿児島県やでん粉メーカーは新しい加工品の開発を行い，すでに，低温糊化性でん粉がJA鹿児島経済連から販売され，焼酎も本坊酒造で製造されている。

担い手の減少・高齢化と規模拡大への対応

省力生産を可能にした機械化技術

担い手の減少とそれに伴う高齢化により，畑作農家の減少と大規模経営化への転換が急速に進んだ。しかし，同時に起こった農業労働力の減少は大規模経営においては特に深刻であり，省力低コスト化と高品質化を可能にする機械化栽培体系の普及が非常に重要になった。

(1) ダイズのコンバイン収穫の拡大と適性品種

　ダイズ生産に関しては，収穫面積3ha以上の農家戸数が平成2年（1990）には1,055戸（全生産戸数0.13％）であったのが，平成27年（2015）には5,932戸（同9.1％）に増加し，10ha以上も905戸と著しく大規模化が進んだ。

　また，10a当たりの投下労働時間は平成元年（1989）の30.2時間が平成28年（2016）には7.14時間に減少した。これにより，10a当たり生産費は平成元年（1989）から20％以上減少した。これは，規模拡大の急速な進展，それに伴うコンバイン収穫の普及によるところが大きいが，コムギの投下労働時間（平成25年〈2013〉で3.81時間）には届いておらず，耕地の大区画化や播種の省力化がより強く求められている。

　コンバイン収穫適性の課題　コンバインはダイズ専用の機種の開発が先行したが，導入経費が過大になるため，平成に入ると生研機構で水稲などと共用できる汎用型コンバインが開発され，普及した。しかし，コンバイン収穫では倒伏した植物体に付着した土壌による汚粒の発生，収穫前に莢が破れ，子実が落下することによる大きなロス，下部の莢が収穫しづらいなど，収量の減少につながる問題が起こりやすい。このため，耐倒伏性が強く，最下着莢位置が高く，裂莢しにくく，青立ち（莢が成熟した後も茎葉部が枯れない現象で，茎葉部の傷により生じる汁が子実に移り汚粒となる）が起こりにくい品種が求められるようになった。

　そこで，先述のように，難裂莢性で，耐倒伏性に優れ，最下着莢位置が高く，青立ち耐性にも優れる品種として，北海道では「ユキホマレ」，東北では「里のほほえみ」などが育成された。

　DNAマーカー選抜育種の推進　さらに，平成に入って，必要な形質だけをピンポイントで改良するDNAマーカー選抜育種が積極的に進められた。まず，平成19年（2007）に始まった農林水産省のプロジェクト研究「DNAマーカーを使った品種開発の促進」の一環として，ダイズでもDNAマーカー選抜を品種改良に積極的に活用する取組みが行われ，シストセンチュウ抵抗性，モザイクウイルス抵抗性，難裂莢性などに関連するDNA

マーカー（DNAの塩基配列上の特定の位置に存在する一定の数の塩基の配列で，特定の遺伝子と非常に近い位置に存在するとその目印になる）が開発された。

難裂莢性ダイズ　わが国の主要品種は概して裂莢しやすく，コンバイン収穫において，子実の飛散などにより最大で40％の減収を引き起こすことが明らかにされている。そこで，開発されたDNAマーカーを利用して難裂莢性を導入する取組みが行われた。難裂莢性を導入するための親として利用されたのは，タイの品種「SJ2」由来の難裂莢性遺伝子をもつ「ハヤヒカリ」で，改良したい品種と「ハヤヒカリ」を交雑して得られたF_1雑種に改良したい品種を繰り返し交雑（戻し交雑）することにより，難裂莢性の導入が進められた。

　その際，交雑を行うたびに難裂莢性の遺伝子の目印となるDNAマーカーによって，得られた種子に難裂莢性遺伝子が含まれているかどうかが確認された。これにより，交雑種子から個体を生育させなくても難裂莢性を評価でき，品種改良の期間は大幅に短縮された。なお，戻し交雑とDNAマーカーによる選抜は少ないもので3回，多いもので7回繰り返された。その結果，「フクユタカ」，「サチユタカ」，「エンレイ」に難裂莢性を付与した品種が開発された。

シストセンチュウ抵抗性ダイズ　北海道で既存の抵抗性では対応できないダイズシストセンチュウの被害が拡大したため，その抵抗性遺伝子を付与するDNAマーカー選抜育種が行われた。その結果，道立十勝農試の三好智明らは「ユキホマレ」とセンチュウ抵抗性に極強である「十系871号」を交雑し，さらに「ユキホマレ」を3回戻し交雑することで平成21年（2009）に「ユキホマレR」を育成した。平成28年（2016）には北海道での栽培面積は1,800haに達し，「ユキホマレ」の約10％が置き換わった。

　DNAマーカー選抜技術を利用しながら，戻し交雑法によって目的遺伝子を導入して品種改良を行う場合，①世代促進操作が効率的に進むため，育種年限が非常に短縮され，生産現場に育種の効果が早く出せる，②新しい品種の導入の利点や欠点の説明を簡潔に行えるため，栽培指導する手間

が省ける，③元品種と同じ販売戦略が使えるため，栽培指導や販売促進にかかる経費を抑制できるという利点があり，今後の普及が大いに期待されているところである。

(2) サツマイモに機械収穫技術が導入

サツマイモの10a当たり労働時間は平成の初めは全国平均で約70時間であったが，平成26年（2014）においても約60時間とあまり変化はみられず，省力化の動きはきわめて遅かった。平成元年（1989）の作業別労働時間は苗床で21％，本圃で79％を占め，本圃の約40％が収穫作業であった。

しかし，（株）デリカによる乗用トラクタ用のマルチ巻取機など作業機が開発され，またでん粉原料用にはジャガイモの収穫に用いられる大型収穫機などが利用されるようになった。その結果，鹿児島県のでん粉原料用栽培では，歩行型トラクタを用い，人力でいもを収穫・袋詰めしていた平成元年（1989）の体系に比べて，平成20年（2008）には10a当たり35時間と約55％の省力化が実現した。

青果用サツマイモにおいてはいもの損傷を少なくするため，最初は小型トラクタ用掘取機が用いられたが，その後（株）松山や（株）小橋工業で開発された小型自走式収穫機の導入が進み（図13），3〜5人の組仕事で，掘取りと同時にコンテナ収納と簡単な選別が可能になったため，労働時間はでん粉原料用と同様に約半減した。

ただ，育苗，採苗，植付けなどの作業の機械化はまだほとんど進んでおらず，今後の機械および作業体系の開発が必要とされている。

図13　サツマイモ収穫機
（松山（株））

(3) サトウキビの省力栽培と機械化技術

小型ケーンハーベスタの導入　サトウキビ栽培の機械化は昭和30年代に開発された国内初の小型脱葉機をその嚆矢とし，鹿児島県，沖縄県で

数百台が普及した。昭和40〜50年代には外国製の大型刈取機が導入されるとともに，わが国でも農業機械化研を中心に国産の専用収穫機（ケーンハーベスタ）の開発が進められた。しかし，狭隘な農地では性能を十分に発揮することができないところから，より小型化が求められ，平成期に入って国産の小型ケーンハーベスタの開発・実用化が進められた（図14）。

図14　最新の国産小型ケーンハーベスタ（文明農機（株））

　平成5年（1993）頃から国庫補助事業などの導入支援が積極的に行われたこともあり，国産の小型ケーンハーベスタは急速に導入面積が拡大し，平成28年（2016）には鹿児島県では収穫面積の90％，沖縄県でも70％で利用されるようになった。機械収穫作業が進むにつれ，10a当たりの労働時間は人力作業の場合の約160時間に対して25時間と著しく短縮したが，枯葉を含む葉，ゴミ，土などが混入したり，サトウキビの茎が破砕したりすることがあり，これらの防止・軽減が必要とされている。

　作型の変化と品種開発　機械化に加えて，作型比率も大きく変化してきている。サトウキビの作型には，①春に苗を植え付け，その年の冬から春にかけて収穫する1年1作の春植え，②夏に植え付け，翌年の冬から翌々年の春にかけて収穫する1.5年で1作の夏植え，③春に1回植え付けると数年間はそのまま栽培を続ける株出し栽培の3種類がある。

　植付け作業は非常に労力を要することから，その必要がない株出し栽培が増加し，その割合は平成15年（2003）と平成27年（2015）で比較すると，鹿児島県では55.7％から67.4％に，沖縄県でも43.1％から53.8％へと高

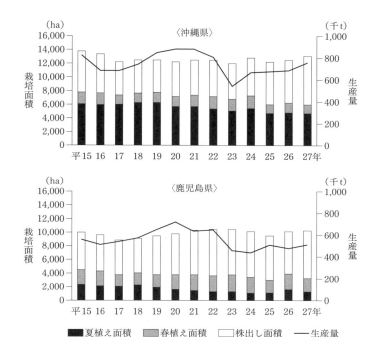

図15　サトウキビの作型の変化（農畜産業振興機構）

まった（図15）。このため，品種にも株出し栽培適性が求められた。

農研機構九沖研の杉本明らによって育成され，平成15年（2003）に奨励品種に採用された「NiTn18（農林18号）」（鹿児島県熊毛地方向け），同じく松岡誠らにより育成され，平成17年（2005）に採用された「Ni23（農林23号）」（奄美地方向け），平成22年（2010）に採用された「Ni27（農林27号）」（沖縄県向け）の株出し栽培適性は非常に高い。

また，株出し栽培では，十分な収量を上げるためにしっかりとした土壌管理が必要であり，前作の残渣のすき込み，それに付随して生ずる窒素飢餓を防止する技術の導入が進められている。ただし，サトウキビのような長大作物では，すき込みのための機械も大型になるため，コストや機械の有効利用の点で利用できる地域は限定されるという問題も存在している。

(4) テンサイの直播栽培の回復

テンサイは北海道畑作の基幹作物であり，畑作物作付指標面積が地域別に設定されて栽培されている。このため，平成初期まではわずかな変動はあるものの，北海道の畑作物栽培面積の約4分の1である7万haを維持していた。しかし，平成23年（2011）以降は6万haを下回るまでに減少した。

手間のかかる移植栽培　栽培面積の減少の原因として生産コストや手間がかかることがあげられており，農林水産省の「農畜産物生産費調査」でも，10a当たり労働時間は平成元年（1989）の19.5時間から平成27年（2015）の14.1時間と大幅に短縮されてはいるものの，コムギの3.7時間，ダイズの7.4時間，原料用ジャガイモの8.5時間に比べて省力化が進んでいないことが示されている。

このため，1戸当たりの栽培面積は3.74haから8.12haへと増加したものの，平成元年（1989）に19,000戸を超えていたテンサイ栽培農家は平成29年（2017）には7,000戸を少し上回る程度にまで減少しており，テンサイ生産においてはこれまで以上に省力化が強く求められている。

テンサイは生産力向上，生育期間の延長，間引き労力の省略節減などのため，昭和30年代後半以降，直播栽培から移植栽培に転換し，昭和50年代前半にはほとんどが移植栽培になり，その普及率は平成6年（1994）には97.7％に達した。同時に，10a当たり収量も昭和30年代の20tから50t台にまで向上した。しかし，移植栽培は移植用紙筒の運搬など労力的には非常に負担が大きく，省力・軽労化技術の開発は進んだとはいえ，労働負荷が非常に高い栽培法である。

このように，移植栽培は農業労働力が充足した時代にはきわめて有効な栽培法であったが，労働力不足が顕在化するとともに，継続が困難になり，ほとんど消滅していた直播栽培が見直されるようになった。

直播が再登場　直播栽培の糖収量は北見農試によれば平成10年（1998）から平成21年（2009）では移植栽培に比べて85％にとどまっている。このため，直播栽培に必要な新しい技術が次々と開発された。

まず，種子は単胚で殺菌剤や殺虫剤を混ぜてコーティングされたペレッ

ト種子になり，高精度・高能率化された播種機の開発と相まって，播種精度や出芽後の苗立ちが安定した。また，除草剤の進歩で初期除草が容易になったことから無間引き栽培が可能になった。

さらに，直播栽培は播種期が早いほど増収となることから，融雪剤の散布による融雪促進が行われ，出芽率を高めるために必要な土粒子と種子の密着を促進するため，土塊径20mm以下の割合が90％以上になるように砕土処理が行われるようになった。ただし，過度の砕土はソイルクラスト（土壌表面の硬化現象。表層の土壌粒子が細かくなることにより，特に乾燥時に粘土のように硬化すること）の形成や細かく砕土された土壌粒子が強風により飛散し，出芽率の低下や植物の枯死をもたらす風害の原因になることが明らかにされた。

テンサイは酸性土壌を嫌うため，石灰質資材を用いて土壌pHを5.8以上にし，肥料の濃度障害を避けるための側条分散施肥など，生育促進のための技術が徹底された。また，湿害を避けるために，表土の下の層で耕起されないままにある心土の破砕，明暗渠施工による排水対策が行われ，特に暗渠施工により15〜25％の増収を得ることが明らかにされた。十勝農試では平成16年（2004）にこれらの結果を「てんさい直播栽培技術体系」として取りまとめ，マニュアル化して普及に努めた。

このような技術開発により，テンサイ生産に必要な投下労働時間は約半分になり，生産コストを15％程度抑制できるようになった。このため，平成10年（1998）以降は年ごとに直播栽培面積が拡大し，平成29年（2017）は全栽培面積の23.7％を占めるまでに拡大した（図16）。現在では，直播栽培における収量の増加が期待できる狭畦栽培に適した外国製の多畦収穫機を導入する試みが行われており，収量，省力化のいずれもが改善される可能性がある。

(5) チャの栽培〜製茶作業の省力機械化

チャは平成の初め頃に約5.7万haで栽培され，約9万tの荒茶（収穫後蒸して乾燥させただけの原料茶葉）が生産されていた。平成29年（2017）に

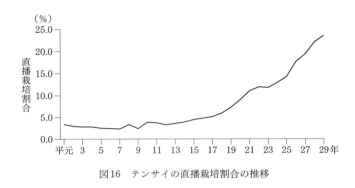

図16　テンサイの直播栽培割合の推移

は栽培面積は約4.2万haと30％ちかく減少しているが，近年は比較的安定した生産状況にある。たとえば，平成20年（2008）頃には1世帯当たりのリーフ茶（ペットボトルに入った茶飲料ではなく，茶葉から入れる緑茶）用茶葉の消費量は1kgを切る一方で，ペットボトル用としての輸入量が一時期急増したが，原産国表示の義務化によりその輸入量は減少し，平成24年（2012）の自給率は96％を維持している。一方，平成13年（2001）に11億円であった緑茶の輸出額は平成28年（2016）には115億円と約10倍に伸び，また世界の緑茶需要も高いところから，今後の緑茶のさらなる輸出拡大に期待がもたれている。

摘採の機械化　チャの生産コストは平成17年（2005）のデータによれば約40～50％が労働費で，10a当たりの全労働時間は139時間に上った。このうち，施肥，防除，剪定などの茶園管理が73時間，収穫・調製作業が50時間を占めた。

　このため，平成期には作業時間の大幅な削減を目指した機械開発が行われ，まず収穫作業に必要な摘採機を中心に開発された。平成の初めには昭和40年（1965）頃開発された二人用可搬型摘採機が用いられ，摘採能力はすでに手摘みの約60倍となっていたが，さらなる低コスト化を図るため，鹿児島県茶試と協力した（株）松元機工が一人乗用摘採機・中刈機・防除機などを開発した（図17）。鹿児島県は他の生産地に比べて平地でのチャ栽培が多かったため，急速に普及し，鹿児島県での10a当たり労働時間は約

74時間と，静岡県の59％，三重県の65％にまで短縮された。

これにより鹿児島県は全国の荒茶生産量の23％を占める大産地へと成長した。その後，乗用摘採機が全国のチャ産地でも普及するようになり，平成23年（2011）度には栽培面積全体の6分の1～5分の1に導入されるまでになった。

図17　乗用型茶摘採機
（松元機工（株））

施肥・防除の機械化　施肥作業についても省力低コスト化技術が開発された。緩効性肥料などの肥効調節型肥料を用いることにより，年間施肥回数が8回から3回になり，さらに肥料利用効率も改善され，施肥にかかる労働時間だけでなく，肥料費も約30％削減された。また，愛知県，京都府，福岡県などでは尿素を主体とした複合肥料を用いた点滴施肥技術が開発された。点滴装置設置にかかる高額な初期投資が問題ではあるが，その利用で施肥量の30％削減や施肥・耕うんにかかる労働の軽減が可能になることを実証した。

病害虫防除作業などについても機械化・省力化が進んだ。交信攪乱剤を利用するとチャノコカクモンハマキやチャハマキの交尾を阻害するなどして次世代の個体の密度を低下せること，シーズン前の設置で7か月間有効であり，年4～5回発生する本害虫の薬剤防除を削減できることが明らかにされた。

また，被害が局所的に生ずるナガチャコガネについては被害個所を水分センサーとGPS（全地球測位システム，Global Positioning System）を用いて自動的に検出する方法が開発され，局所防除が可能となった。

さらに，送風機と低圧ポンプを用いた小型の乗用型ミスト機である茶園用送風式農薬散布機が農研機構野茶研と（株）寺田製作所の共同で開発された。この噴霧機を用いると手散布より散布量を減らしても葉裏への薬剤付着が優れるという結果が得られたため，平成16年（2004）に特許出願，翌年市販化された。

同様にチャ害虫を強制ミスト風で吹き飛ばし，袋で捕獲または圧死させる乗用型送風式捕獲機も開発された。平成14年（2002）に特許出願，翌年市販化された（図18）。このほか，チャノミドリヒメヨコバイ，ダニ類，炭疽病に対して，新芽の生育期間中に有効なサイクロン式吸引洗浄機が開発され，平成28年（2016）には鹿児島県で広く利用されるようになった。これは，ブラシ・吸引部と散水部でなっており，新芽や古葉に生息する害虫や炭疽病に罹病した落葉をブラシで浮遊させ，吸引するとともに，送風ダクトからの強風とともに散水することで，病葉は吹き飛ばし，害虫は噴射圧により損傷する構造になっている。

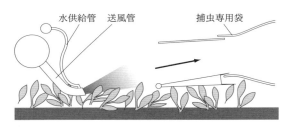

図18　チャ害虫の乗用型送風式捕獲機の原理（(株)寺田製作所）

　鹿児島県農総センターではこの装置を改変し，桜島の火山灰が荒茶に混入しないように，チャ芽に付着した火山灰をチャ株上の枯葉，病害虫とともに，摘採前にできるかぎり除去する目的で利用している（図19）。

製茶工程の機械化　平成10年（1998）以降は荒茶の製造にロボットを多用し，人間が行っていた作業を無人化したFA（ファクトリーオートメーション，Factory Automation）化が進み，全工程が完全自動化された。これにより，人間による作業ミスの削減，作業効率の向上などが進み，省力化と荒茶の高品質化・均質化が可能となった。また，荒茶の製造ラインに仕上げ加工ラインも付加され，製品への異物混入

図19　チャ株上の枯葉，病害虫に加え，降灰除去にも対応できるサイクロン式吸引洗浄機（鹿児島県農総センター）

が防止できるようになった。さらに、チャの生葉が萎れたときに生成する香り（萎凋香）を効果的に発生させるために15℃で16時間処理する低温除湿萎凋装置や炒蒸器が開発された。

このように、チャの生産・加工工程における機械化技術は画期的に進展し、チャの生産コストの低減や品質向上に大きく貢献した。

品質や生産性の安定・向上を可能にした機械化技術

農業労働力の減少に対応した機械化技術だけでなく、品質の向上や生産性の安定に寄与する技術も必要である。平成に入って、センサーや情報処理にかかわる技術が飛躍的に発展し、これらを活用した生産現場に適用できる機械化技術の開発・普及が進められた。

(1) GPSガイダンスシステムなどを用いた高精度・省力化

北海道の畑作において急速な農家人口の減少は経営面積の急速な拡大を引き起こし、近年さらにその勢いを増している。十勝管内での平均経営面積が平成2年（1990）に22ha、平成17年（2005）に32ha、平成22年（2010）に35haと急激に拡大し、平成27年（2015）には40haを超える状況になっている。このような大規模経営では大区画圃場を用いた輪作が行われているところから、圃場の特性を把握し、効率的で適切な作業管理を行うことが必要になった。

自動運転を目指して　欧米の農業機械メーカーでは機械の大型化とともに、トラクタと作業機の間の共通通信技術の導入により、農作業の自動化や精密化を飛躍的に改善した。わが国でもこうした技術の導入が始まり、北海道では全国に先駆け、平成20年（2008）頃からGPSガイダンスシステムの導入が始まった。

GPSガイダンスシステムは全地球測位衛星システムによって得られる位置情報を利用し、走行経路を表示する装置で、トラクタ版のカーナビで

ある．少し遅れて，GPSガイダンスシステムにより示された走行経路に沿ってハンドルを自動で操作する自動操舵装置も導入されるようになった．一般的なGPSガイダンスシステムで50万円前後，自動操舵システムでは数百万円の経費が必要とされる．それにもかかわらず急速に導入が進んだ理由は熟練したオペレータが絶対的に不足していること，長時間のトラクタ作業の負荷がきわめて大きいことがあげられる（村上、2018）．

　平成20年（2008）にはGPSガイダンスシステムが全国で110台（北海道では100台）出荷され，平成23年（2011）には630台（同580台），自動操舵システムも10台（同10台）出荷されるようになった．北海道での大型トラクタ（70ps以上）の出荷台数が年間約2,000台であることからもその普及の速さがみてとれる．その後も出荷台数は急速に増加し，平成29年（2017）には国内9社（井関農機（株），（株）クボタ，日本ニューホランド（株）など）からGPSガイダンスシステムが2,910台（同2,200台），自動操舵装置が1,770台（同1,590台）出荷され，平成20年（2008）からの累計出荷台数はそれぞれ11,500台（同9,200台）および4,800台（同4,430台）に達した．

　盛川農場の例　このような状況のなかで，北海道以外で機械化・高精度化による大規模畑作に挑戦したのが岩手県花巻市にある（有）盛川農場の盛川周佑である．昭和期には水稲栽培を行ってきたが，平成元年（1989）以降は畑作を中心に据え，残っている水稲作も畑作技術を用いて行うという思想で，畑作の機械や技術を活用しながら，本州での大規模畑作を実践した．平成26年（2014）の経営面積は75haを超えるが，その3分の2の約50haで畑作物を栽培した．平成元年（1989）に栽培を始めたコムギが約40haと最も多く，ダイズが約10ha，それにジャガイモと子実トウモロコシがそれぞれ0.1haおよび2.3haである．

　栽培面積が最も広いコムギの場合，時速約10kmでディスクハローをかけて砕土整地し，グレインドリルを2台用いることで40haの播種作業を約1日半で終えること，収穫についても大型コンバインを導入して適期に収穫することを実現した．ダイズの場合は，播種精度が高いことが雑草防除や斉一な生育に有効であるため，1粒点播の真空播種機を利用した．

ジャガイモは北海道からポテトハーベスタを導入して収穫作業を機械化し，子実トウモロコシの収穫にはコムギ用に導入した大型コンバインを用いた。さらに，できるだけ適期に播種できるように，GPSガイダンスシステムを導入し，どうしても夜間にも播種作業を行わなければならない場合も対応可能にした。

　また，春先にできるだけ早く圃場を利用できるようにするため，後述する「雪割り」を行い，融雪を促進した。地力増進のため，堆肥や鶏糞の投入も積極的に行った。こうした取組みの結果，10a当たりの作業時間は平成23年（2011）にはコムギで3.4時間，ダイズで5.1時間と北海道並みの省力化を達成するとともに，収量や品質の向上を可能にした。

（2）センシング技術の利用によるコムギの収量と品質の改善

　リモートセンシングで収穫適期判定　コムギの生産においては，収穫期が梅雨と重なるため，コンバイン作業や乾燥調製に競合が起こり，適期収穫・乾燥が行われないことがある。これが，穂発芽などの発生を促し，それによって品質が低下し，実質的に低収となっていた。このため，農研機構北農研，十勝農試，JAめむろ，（株）ズコーシャが協力して，平成16年（2004）に衛星画像からコムギの生育の早晩を推定するシステムを開発した。

　このシステムは，5月から7月中旬までのリモートセンシング（地表面等の対象物から離れたところから撮影して情報を解析する技術）の一種である衛星画像から広域のコムギの収穫時期を推定するもので，これによりコムギの収穫作業や乾燥・調製作業の順位付けが可能になり，作業を効率化できることから十勝での運用が開始された。その結果，JAや営農集団などで作業順の最適化，コンバインの効率的利用が可能になり，品質の高いコムギを収穫することができた。また，乾燥調製施設に搬入する子実の水分が低下するとともに均一性が高まり，乾燥用燃料費を30％節減することができた。

　品種と栽培管理よる多収化　平成の初め頃のコムギの10a当たり収量は北海道で400kg前後，都府県では300kgを少し超える程度であった。この

水準は英国に比べて著しく低かったため，その原因解明と対策技術の開発が行われた。その結果，日本の気候に適した多収品種がなく，多収化を図るために生育初期に窒素を施用することで出穂後の倒伏が甚だしくなることが原因であるとされたため，品種と栽培管理の両面から対策が講じられた。品種については先述のように，耐倒伏性や穂発芽耐性に加え，収量も改善された品種が育成された。

　一方，栽培管理については窒素施用に関して，北海道の道総研は，北海道大学，(株)トプコンと共同で，コムギに対する適切な追肥の時期の解明，生育パターンの解析による適正追肥量の決定，トラクタ走行と同時に行う生育状況の推定とそれに基づく追肥量の算出，そして追肥の実施という要素から成り立つ可変施肥技術を開発した（図20）。

図20　可変施肥装置の外観
（(地独)北海道立総合研究機構）

可変施肥技術の開発過程　まず，平成15年（2003）頃から十勝農試で，追肥によって雪解け後の生育をある程度確保し，かつ倒伏を回避できる時期と子実のタンパク含量を向上させる時期を把握する取組みが行われた。雪解け後の起生期（全体の40〜50％の株が成長を開始し，葉が起立し始める頃）の生育ムラが顕著であったが，これは雪解けの早晩や雪腐病によるもので，追肥を行っても生育を回復させることは困難であった。一方，幼穂形成期は適正な追肥によって生育量が確保され，かつ倒伏も抑制されることが明らかになった。また，子実のタンパク含量を高め，安定させるためには止葉抽出期における適正な追肥が有効であった。これにより，適正な追肥時期は幼穂形成期と止葉抽出期と決定された。

　次いで，最適施肥量の決定技術は平成26年（2014）に道立中央農試で開発された。主要な品種の地域ごとの過去の生産実績に基づいて，収量，子実タンパク含量，起生期茎数，窒素追肥量などの情報が集積され，品種の窒素吸収特性や圃場ごとの窒素供給性が明らかにされた。これにより，地

域ごとに適正な窒素施肥量を設定することが可能になった。

　生育データをセンサーで取得して追肥量を算出し，追肥を行う技術の開発については，平成10年代から十勝農試で進められた。最初は太陽光に対する植物体の反射光をセンシングするシステムであったが，日差しの具合によっては直射光がセンシングを阻害するなど結果が不安定であったため，平成23年（2011）には人工光源を使って反射光をセンシングするシステムに変更された（林，2015）。

　こうした技術開発により，適正な施肥量を判定するプログラムが生育時期別に作成され，センシングによって推定された作物体の栄養状態とそれぞれの時期に必要な栄養状態の差を地点ごとに算出し，GPSを利用して必要な地点に調節された施肥を行うことが可能になった。このプログラムは平成29年（2017）に市販化された。

　可変施肥の効果　可変施肥はコムギにおいては収量を平均約4％増加しただけでなく，倒伏の軽減，子実タンパク含量の平準化が可能になることが明らかにされたため，生産現場への導入が進んでいる。また，ジャガイモやテンサイに適用する技術開発も行われ，ジャガイモで約3％，テンサイで約6％の増収が達成されている。北海道の主要畑作物に適用できるこの技術は畑輪作体系全体の経営改善に非常に有効であり，現地での普及が期待されている。

(3) ジャガイモのソイルコンディショニング技術で省力高品質化

　ジャガイモは収穫時期の作業量が非常に多く，ジャガイモ作全体の労働時間の約半分を占めている。このため，畑作経営が大規模化するにしたがい，ジャガイモが輪作体系の円滑な運営の制限要因になりつつある。収穫速度を上げることにより収穫の効率化・高速化は可能になるが，収穫機の中に入る土塊や石が多くなり，それらがいもに傷や打撲を引き起こすばかりでなく，いもとの選別に時間と労力を要することになる。つまり，収穫時間の短縮を阻むだけでなく，傷のない品質の高いいも収量を低下させる弊害もある。そこで，収穫速度を上げつつ，収穫ロスを軽減させる技術

として，平成20年（2008）頃からソイルコンディショニング技術の導入が進められた。

播種前の土塊・石除去がカギに　ソイルコンディショニング技術はジャガイモの播種前に圃場中の土塊や石を除いて，収穫の省力化といも品質の向上につなげる技術である。慣行体系ではプラウ，ハロー，ロータリで耕起と整地を行い，そこにプランタを用いて播種するが，ソイルコンディショニング技術を導入した体系ではまずベッドフォーマという機械で通常の2畦分の土を寄せて一つの大きな畦を形成し，次にセパレータで大きな畦の砕土を行うと同時に石や土塊を分離する（図21）。

図21　ジャガイモのソイルコンディショニング栽培で
用いるベッドフォーマ（左）とセパレータ（大波，2010）

砕土は指状の突起が付いたスターローラによって構成されたコンベアによってふるいをかけるようにして行い，その際分離される大きな石は圃場の外に廃棄し，小さな石などはコンベアによって畦間に移動させることにより，いもが生育する土壌空間から石や土塊を除去する。このようにして完成した石や土塊が除かれた2畦分の播種床に2畦用の深植ポテトプランタを用いて播種と培土を同時に行って播種作業が完了する（図22）。

ソイルコンディショニング体系では慣行体系で要している加工用ジャガイモの10a当たりの年間労働時間約12.9時間をほぼ半分の約6.8時間に短縮することができ，また収穫時に取り除く必要がある石，土塊，緑化や腐敗したいものうち，石と土塊の量が著しく減少したことで，収穫に要する時間を慣行栽培の5.6時間から3.5時間にまで抑えることができた（大津，2010）。

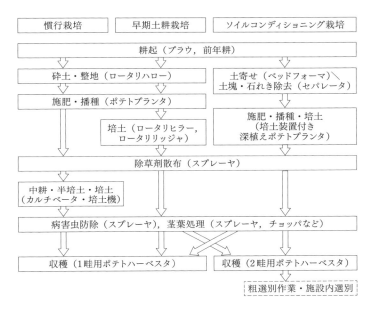

図22 ジャガイモのソイルコンディショニング栽培の作業の流れ（加工食品用の場合）（大波, 2010）

ソイルコンディショニング体系の経済性　この体系で用いる機械は非常に高価で、たとえばセパレータは外国製品で1,000万円を超える。最近では農研機構生研センターが比較的低価格の国産セパレータを開発したが、このような高額の初期投資は生産コストを高めることになるため、導入した場合の機械利用経費の試算が北海道立の十勝農試と北見農試で詳細に行われた。

その結果は図23のとおりで、①ジャガイモの栽培面積を問わず、輸入セパレータを用いたソイルコンディショニング体系は機械利用経費が最も高いこと、②収穫機1台で対応可能な16haまでは慣行体系の機械利用経費が最も低いが、それ以上になると慣行栽培ではハーベスタが2台必要になるため、国産セパレータを用いたソイルコンディショニング体系が最も低くなること、③この傾向は26haまで続くが、これ以上の面積ではソイルコンディショニング体系でも収穫機が2台必要になるところから、再び慣行体

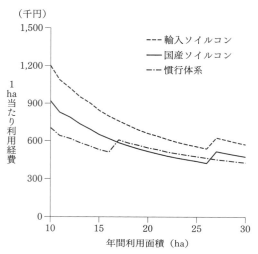

図23 年間利用面積別のジャガイモソイルコンディショニング栽培における1ha当たり機械利用経費の比較（新得町）（大波, 2010）

系が最も低くなることが明らかになった。しかし，ソイルコンディショニング体系においては労働時間を半減させることができるため，今後はさらに導入が進むことが予想される。

(4) 土壌凍結深の制御で野良イモ対策

気候変化による野良イモの増大　北海道十勝地方は冬の気温が低いだけでなく，晴天が多く，雪が少ないため，厳しい土壌凍結が起こる地帯とされていた。しかし，近年は初冬にまとまった雪が降り，これにより土壌が凍結から守られるため，土壌凍結深が浅くなるという現象が頻繁に起こるようになってきた。

ジャガイモ栽培では，収穫しきれなかった小さないもは畑に残るが，これまで十勝地方においてはこれらが冬季に凍結し，死滅するに十分な土壌凍結が起こっていたため，翌年のジャガイモ栽培に影響を及ぼすことはなかった。しかし，土壌凍結深が浅くなるにつれて，畑に残ったいもが生き残ることが多くなり，翌年萌芽し，雑草（「野良イモ」）化することが問題になってきた。

収穫時に畑に残る小粒塊茎や収穫されなかった塊茎は1ha当たり数万～数十万個といわれ，これらの一部が生き残って翌年萌芽すると「野良イモ」となる。「野良イモ」は1ha当たり2万株以上になり，雑草として作物と競合するだけでなく，病害の発生や次のジャガイモ栽培の際の異品種混入の原因となる。

　このため，防除が必要であるが，畑の土中で「野良イモ」が存在する深さが一定ではないため，除草剤による一斉処理は困難であり，人力による抜取り作業によらざるを得ない状況にある。その作業量は1人当たり1haで30～70時間にも上るとされるが，それをもってしても完全に抜き取ることは不可能である。残った「野良イモ」はさらに次年度以降の「野良イモ」となって，さらに蔓延することにより，省力化を妨げるだけでなく，生産されたジャガイモの著しい品質低下を引き起こしかねない大きな問題となっている。

雪割り技術　「野良イモ」の解決法として「雪割り」技術を利用する取組みが平成22年（2010）頃から始まり，平成25年（2013）に農研機構北農研，道総研十勝農試，十勝農業協同組合連合会の共同で開発された。

　そもそも，「野良イモ」の根本原因は土壌凍結深の減少であり，初冬の雪を取り除けば，土壌凍結を促進することができるとの発想からこの技術は生まれた。「雪割り」とはトラクタなどの作業機械で雪を一定間隔で割り広げ，地表面を露出させて凍結させる技術であり，雪割り部の土壌が凍結した後に，雪の寄せられた部分を割り広げて，その部分を凍結させ，畑全体を凍結させる（図24）。1haの畑を雪割りする場合1回30分以内，2回合わせても1時間程度であり，夏の「野良イモ」除去作業の数十分の1である。

　しかし，「雪割り」をしても凍結が不十分で「野良イモ」防除が十分でない場合，逆に凍結過剰で，春先の農作業に支障をきたす場合があったため，「野良イモ」防除に最適な土壌凍結深になるように制御する方法が開発された。まず，地中の「野良イモ」はその位置の日平均地温が－3℃を下回ると生存できないこと，「野良イモ」の大部分は地表下15cmまでに存在すること，が明らかにされた。

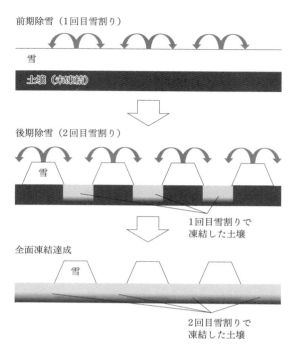

図24 「雪割り」作業の概念図（広田，2013）

　したがって，土壌凍結深は安全をみて30cmにすればよく，この条件を達成するために，積雪深や気温の日平均値といった気象データを用いて土壌凍結深を推定する数値モデルを作成し，これに基づいて最適な土壌凍結深に制御する土壌凍結深制御手法が開発された。

　この手法の開発によって，気象庁のアメダスなどで観測されている気温と積雪深のデータから広く土壌凍結深を最適に制御できるようになった。この技術は「野良イモ」防除にきわめて有効であるため，十勝地方を中心に急速に普及し，平成29年（2017）には約5,000haの畑に適用されている。

農産物貿易自由化の進展への対応

　貿易自由化の進展は平成期に入って一層厳しくなり，輸入農産物との品質や価格の差を縮小するため，畑作物においても外国産並みの品質と生産コストの低減に向けた取組みが求められた。さらに，安全性の確保や知的財産権財の確保に向けた取組みも進んだ。

新しい品種や栽培技術の貢献

(1) 外国産並みの品質をもったコムギやダイズ生産のコスト低減

　北海道のコムギの品質は先述のように「きたほなみ」の育成と普及によって，良質めん用コムギの代表であるオーストラリア産のASW並みに高められた。収量についても品種育成とともに可変施肥技術の効果，さらには畑地への暗渠の施工により10％以上の増収が認められ，全体として30％以上改善された。本州以西においても，「農林61号」から「さとのそら」などの新品種への置換えと水田転換畑における排水対策により，品質と収量面の両方が大きく改善された。また，めん用以外の用途についても，「ゆめちから」のような品種育成が進み，カナダ産のパン用銘柄である1CW（No.1 Canada Western Red Spring）やアメリカ産の中華めん用銘柄HRW（Hard Red Winter）に近づきつつあり，生産拡大に向けた選択肢は拡大した。

　ダイズについては，品種育成は進んだが，それだけでは収量の増加にはつながらなかった。平成元年（1989）に183kgであった世界の10a当たり収量は平成28年（2016）には276kgと大幅に改善されたのに対し，日本ではこの間ほぼ横ばいであった。その大きな原因として，平成のダイズ栽培の多くが排水不良の起こりやすい水田転換畑で行われていることがあげられる。ダイズの播種は梅雨期にあたり，さらに普通畑より過湿になりやすい水田転換畑に播種されるため，発芽の良否に左右されやすいダイズ栽培

において，発芽が不安定で欠株が多発し，これが生育の遅れや雑草の多発による収量減を引き起こしていた。このため，地域の気象・土壌条件に適した播種技術が開発された。

　平成18年（2006），農研機構は「大豆300A技術」を公表する。これは，10a当たり収量を300kgで品質Aクラスの生産を実現しようとしたものであった。排水が良く比較的湿害の起こりにくい条件での大規模経営に向けては「不耕起播種技術」，栽培期間中の中耕・培土作業を省略できる「狭畦密植栽培技術」，中程度の湿害が予測される条件での「小明渠作溝同時浅耕播種栽培技術」，「有芯部分耕栽培技術」，湿害が深刻な条件での「耕うん同時畝立て播種技術」などが開発された（水田作71頁参照）。

　また，ダイズは干ばつ時には生育が抑制されるだけでなく，落花・落莢が生じるため，生育に合わせた土壌水分量に調節することが多収の条件となる。そこで地下水位調節が行える地下水位制御システム「FOEAS」（水田作70頁，農業・農村整備402頁参照）が開発され，ダイズ栽培における有効性とその条件が明らかにされた

　これらにより，適切な肥培管理が行われれば，十分な収量を確保することは可能であることが明らかにされた。

(2) でん粉原料用作物における品種の変化

　ジャガイモやサツマイモのようなでん粉原料用作物についても高でん粉多収性品種の育成が行われ，ジャガイモは「コナフブキ」に対して「コナユキ」や「コナユタカ」など，サツマイモでも「シロサツマ」や「シロユタカ」に対して「コナホマレ」や「ダイチノユメ」などが育成された。

(3) サトウキビにおける高糖化と低コスト生産技術の開発

　国内育成品種の普及　サトウキビは昭和の終わり頃から農林水産省における品種育成体制が充実し，わが国の気象条件に適した品種が開発されるようになった。平成以前は，「NCo310」や「F177」など，インドや台湾で育成された品種が栽培されていたが，平成に入ると国内で育成された「NiF8

（農林8号）」や「Ni9（農林9号）」が普及し，それ以前に比べると製糖能力は試験場レベルで20〜30％向上した。「NiF8」は平成2年（1990）に九州農試の最上邦章らによって育成されたが，高糖性のみならず生育の早い時期から糖度が高いという特性をもち，多収で，株出し萌芽が良いことから，急速に普及が進み，品種占有率は平成16年（2004）には鹿児島県で約68％，沖縄県でも約27％を占めるに至った（最上ら，1992）。

　しかし，収穫した茎をしばらく置いたときに糖の劣化が起こりやすく，一度倒れると回復しないという欠点があった。このため，その改良が必要になった。「NiF8」が育成されたのと同じ平成2年（1990），「Ni9」が沖縄県農試の島袋正樹らによって育成された。早期高糖型品種で，春植え，夏植え，株出しのいずれの作型でも安定して多収で，台風や干ばつに比較的強いこともあり，南西諸島を中心に広く普及した。しかし，黒穂病に弱いという欠点があり，次第に栽培面積は減少し，現在ではほとんど栽培されなくなった。

　現在は鹿児島県熊毛地方で「NiTn18（農林18号）」，奄美地方で「Ni23（農林23号）」，沖縄県で「Ni27（農林27号）」が普及し，平成28年（2016）には「Ni23」は鹿児島県における収穫面積の約22％，「Ni27」は沖縄県で約38％を占めるに至っている。これらの品種の効果もあり，試験場レベルでの製糖量は「NiF8」や「Ni9」に比べてさらに5〜30％向上した。

　残された課題も　サトウキビの生産量は平成23年（2011）ぐらいから減少し，また10a当たりの収量も減少している（図25）。その原因として最も大きなものは台風害，干ばつや虫害による被害であり，昨今の自然災害は品種では対応しきれないほどのレベルにあると考えられる。そのほかの原因としては，連作や不適切な肥培管理があげられる。

　サトウキビは連作が可能ではあるが，そもそも土壌から多くの養分を吸収する作物であるため，連作が続くと地力を低下させる。それを防ぐためには輪作あるいは堆厩肥の投入が有効であるが，労働力が不足していることや堆厩肥の購入費用が高額であることから実施されていないのが現状である。今後はしっかりとした肥培管理をもとに，気象災害に対処していく

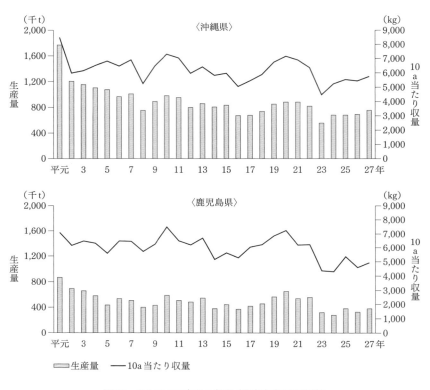

図25 サトウキビ収量の推移(農畜産業振興機構)

ことが重要である。

国産農産物の安全性の確保

(1) ムギ類赤かび病の効率的な薬剤防除技術の普及

毒性基準をめぐる動き 赤かび病に汚染されたムギの毒性については,わが国でも古くから知られており,赤かび病に罹患したムギの大量摂取が原因とみられる食中毒事故も報告されてきた。しかし,昭和30年(1955)に農産物検査規格が改正されて,赤かび粒の混入率が1.0%以下とされてからは急性毒性が問題となるようなことはなかった。

世界的にもかび毒（デオキシニバレノール，DON）の問題は普遍的に知られていたが，近年は食中毒を起こすような高濃度の汚染ではなく，むしろ低い濃度の食品を長期に摂食したときの人への影響に関心がもたれるようになった。平成13年（2001）の第56回FAO/WHO合同食品添加物専門家会議（JECFA）において人に対する毒性が評価され，人の体重1kg・1日当たりの暫定的な耐容摂取量は1 μg とされ，同年のコーデックス（FAO/WHO合同食品規格委員会）食品添加物・汚染物質部会において，穀類のDONのリスク管理についての議論が開始された。

　こうした動きを受けて，わが国でも平成14年（2002）の薬事・食品衛生審議会食品衛生分科会食品企画・毒性合同部会で，国民の健康に影響を及ぼすほどの汚染は認められないものの，食品衛生法に基づく規格基準を定めるべきとの結論が得られ，その暫定的基準はコムギについては1.1ppm以下，農林水産省でも平成14年（2002）に農産物検査規格において赤かび粒の混入率が四捨五入で0.0％を超えた場合，つまり0.05％以上の場合は規格外と定められた。

　防除技術の開発　そこで，赤かび病の効率的な防除技術の開発が行われた。その結果，①赤かび病の病原菌は複数のフザリウム属菌とミクロドキウム属菌であり，このうち病原性が最も高く，DONを産生するのはフザリウム・グラミネアラムであること，②この菌は開花期間中に胞子が葯に付着して感染し，赤かび粒になること，③開花期間中に降雨の日が多いと胞子飛散が活発になるため，本病が多発しやすいこと，④登熟後半に同一穂内で二次感染するが，この粒は外観上健全であること，が明らかになった。このため，防除にあたっては，赤かび粒の発生を防ぐことが重要で，1回目の散布は薬剤が穂全体に付着するように開花初期とし，その1週間後に2回目の散布を行うと秋播きコムギでは高い防除効果を発揮することが可能となり，春播きコムギでもその1週間後にもう1度散布することで十分な効果が得られると判断された。

　この防除技術は行政，普及，生産者，研究機関が明確な目的意識をもって効率的に開発した代表例であり，平成20年（2008）に農林水産省の消費・

安全局と生産局から「麦類のデオキシニバレノール・ニバレノール汚染低減のための指針」が作成された。

(2) ジャガイモのアクリルアミドの生成制御技術

アクリルアミドの発がん性　アクリルアミドは工業用途で紙力増強剤，土壌凝固剤などに用いられるポリアクリルアミドの原料として利用される化学物質で，人が大量に食べたり，吸ったり，触れたりした場合に神経障害を起こす。また，国際がん研究機関（IARC, International Agency for Research on Cancer）では発がん性リスクのある物質を動物実験の結果から得られた発がん性の程度によって，グループ1（ヒトに対する発がん性が認められる物質），グループ2（ヒトに対する発がん性があると考えられる），グループ3（ヒトに対する発がん性が分類できない）およびグループ4（ヒトに対する発がん性がおそらくない）に分類し，アクリルアミドをグループ2の中のA（ヒトに対する発がん性がおそらくある）に位置づけて，注意を喚起している。

平成14年（2002）にスウェーデン食品庁とストックホルム大学が揚げたり，焼いたりしたジャガイモ加工品にアクリルアミドが高濃度で含まれる可能性があると報告し，平成15年（2003）頃から農林水産省でも本格的に調査研究が開始され，生成を抑制するための情報収集が行われた。

食品加工・貯蔵との関係　アクリルアミドはアミノ酸の一種であるアスパラギンとブドウ糖や果糖などの還元糖が120℃以上の高温で加熱されることで，「メーラード反応」と呼ばれる化学反応が起こって生成される。ジャガイモはアスパラギンと還元糖のいずれをも含むため，ポテトチップやフライドポテトにしたとき，アクリルアミドが問題となる。長期間貯蔵したジャガイモは貯蔵中に塊茎中のでん粉が還元糖に分解されるため，還元糖の濃度が高まって，アクリルアミドの濃度も高くなるが，低温貯蔵では還元糖生成がより促進されるため，その傾向が強くなる。

一方で，アスパラギナーゼという酵素で処理することにより，塊茎中のアスパラギンを減少されることも明らかにされてきており，米国，オース

トラリア，ニュージーランド，デンマークで食品へのアスパラギナーゼの使用が承認されており，今後はこうした技術をどのように活用していくか整理することが必要である。

(3) ダイズのカドミウム吸収抑制技術

ダイズからのカドミウム摂取　カドミウムは低濃度でも長期間摂取すると体内に蓄積され，イタイイタイ病を発症するなど健康被害を及ぼす。主な吸収源は食物で，米をはじめとするさまざまな食品から摂取されるが，近年従来の規制値よりもより低濃度で人体に影響を及ぼす可能性が指摘されている。

このため，平成17年（2005）の第27回コーデックス委員会総会でコムギや野菜類に対する国際基準値が採択された。ダイズについても当初国際基準値の検討が行われたが，国際的には他の食品と比べて摂食量が少ないため，現時点では規制対象から外れている。しかし，農林水産省の調査ではダイズのカドミウム濃度は0.2ppm以上のものが17.3％にも上っており，日本人のダイズ摂取量が比較的多いことを考慮すると，可能なかぎりカドミウム濃度を低減させる技術を開発する必要がある。

低カドミウム蓄積ダイズ　そこで，DNAマーカー選抜技術が開発された。まずダイズ品種のカドミウム吸収量の比較が行われ，子実のカドミウム濃度には品種間差異があり，「Harosoy」で最も高く，「エンレイ」は低いという結果が得られた。そして，カドミウム低蓄積性品種と高蓄積性品種の交雑から得られたF$_2$集団の遺伝解析を通して，カドミウム蓄積性は低カドミウム蓄積を優性とする一つの遺伝子によって支配されることが明らかにされた。

さらに，「Harosoy」と低蓄積性品種との交雑によって得られた自殖系統を用いて，子実中カドミウム濃度と関係の深いQTL（量的形質遺伝子座，Quantitative Trait Locus）領域が特定され，詳細な遺伝子解析によって，「Harosoy」の高カドミウム蓄積性が1遺伝子によって支配されることが明らかになり，さらに遺伝子の有無を高精度に判別できるDNAマーカーが

開発された。現在，育種現場ではこのマーカーを用いて品種改良における選抜過程において高カドミウム蓄積性系統の効率的な除外，戻し交雑と組み合わせたピンポイント改良で高カドミウム品種のカドミウム吸収力を低下させる取組みが行われている。

知的財産権の確保による外国産テンサイ種苗への対抗

テンサイ品種の現状　現在栽培されているテンサイ品種はヘテローシス（Heterosis，雑種強勢）育種により開発されている。ヘテローシスとは雑種第一代（F_1）の生産性が両親より高い現象で，他殖性作物などでは自家受粉や親子交雑などの近親交雑によって高糖や病害虫抵抗性などの優良な遺伝子をもった系統を育成し，それらを交雑することによって生産性の優れたF_1を生み出すことを通して新しい品種が開発される。

テンサイでは3種類の親品種（たとえば，A，BおよびC）を利用して，AとBを交雑して得られたF_1にCを交雑した三系配のF_1を品種として利用しており，品種育成には多くのコストと労力を要する。このため，テンサイの種子市場を掌握しているのは十分な資本力をもつ国際的民間育種会社で，日本にはスイスのSyngenta Seeds社（平成29年〈2017〉にデンマークのDLF社がテンサイ部門を買収），ベルギーのSESVanderHave社，ドイツのKWS社が開発した品種が輸入され，一般栽培されている（表4）。

農研機構でも育種が行われているが，採種に必要な広大な農地や資金の問題もあり，開発された品種の普及率はきわめて低い。

しかし，ヨーロッパの産地とは違い，年間を通じて降雨量が多く，春先の厳しい低温や夏季の高温・多湿に遭遇する北海道では，ヨーロッパで開発された品種が適応しない場合が多く，生産者からは日本に特有の病害に抵抗性をもつ品種の育成が強く求められていた。

育種戦略の大幅転換　農研機構北農研は50年にわたって北海道における品種開発で蓄積した，北海道に適した遺伝資源や育種技術を活かして，

表4　北海道で平成28年に栽培されたテンサイ品種の作付面積
（農畜産業振興機構）

品種名	育成機関*	作付面積（ha）	割合（％）
きたさやか	D	1,020	1.7
かちまる	D	5,472	9.2
レミエル	B	3	0.0
リッカ	S	3,497	5.9
ゆきまる	D	217	0.4
パピリカ	B	13,650	23.0
リボルタ	S	6,590	11.1
アマホマレ	J	1	0.0
ラテール	B	5,091	8.6
えぞまる	D	3	0.0
クリスター	S	2,906	4.9
アンジー	S	10,949	18.4
あままる	D	4,013	6.8
カーベ 2K314	D	5,978	10.1

資料：北海道農政部調べ
注：＊ D；KWS社（ドイツ），B；SESVanderHave社（ベルギー），S；Syngenta Seeds社（スイス），J；農研機構

ヨーロッパでは対応できない病害抵抗性をもつ新品種を国際共同研究によって育成し，北海道に適した品種を効率的に生産者に提供する戦略をとった。

この戦略に基づいて最初に育成された品種が「モノホマレ」（昭和63年〈1988〉）であった。しかし，育成された品種の種子生産体制に問題があったために普及面積は十分に広がらなかった。そこで，平成24年（2012）に優良品種認定された「北海みつぼし」では，共同開発した品種の権利を両者が保持したうえで，日本向けの種子の増殖はヨーロッパの育種会社が行い，それを国内の糖業会社が販売するという方法をとった。

「北海みつぼし」は農研機構北農研の黒田洋輔らによってSyngenta Seeds社と共同で育成された世界で初めて黒根病，褐斑病，そう根病にも

抵抗性を示す三病害抵抗性品種である。糖量も外国品種と遜色がなく，種子も安定的に供給されるところから，平成27年（2015）から普及が開始されている。

今後の技術展望

経営類型からみた技術開発

今後の畑作において想定される技術開発について現在の類型をもとに考えてみたい。一つは北海道に代表される大規模畑作，二つ目が本州から九州にかけての多品目高収益畑作，三つ目がサトウキビに特化した島しょ畑作，最後に中山間地のような規模拡大が困難な状況にある畑作である。

(1) 大規模畑作の展望

北海道を中心とする大規模畑作についてみると，農業労働力の減少の影響はきわめて大きく，担い手経営者にとどまらず，労働者を確保することがこれまで以上に困難になることが予想される。

現実に，北海道の畑作の1経営体当たりの経営面積は急速に拡大しているが，機械管理や収穫が進み，手間がかからないコムギやダイズが労働時間・強度が過大なジャガイモやテンサイに対して優先的に作付けされるようになっている。経営面積が100haを超えるようになると，これまで50haぐらいの経営規模を想定していたコムギ，豆類，ジャガイモ，テンサイの4品目による輪作体系の維持は困難であり，安定的な畑作経営を継続できない事態になる。

このため，ジャガイモやテンサイの画期的な省力機械栽培技術，たとえば多畦機械収穫機などの機械開発は喫緊の課題であり，ソイルコンディショニング技術を利用した栽培体系などはより重要になると考えられる。また，輪作体系を柔軟に維持できるよう，ソバやナタネなどの従来型畑作物に加えて，イアコーン（実採りの飼料用トウモロコシ）などの新規輪作作

物の導入が重要になるであろう。それ以外に，自動走行トラクタ，衛星を活用した圃場環境の把握などの新しい機械・技術を導入し，可能なかぎり労働生産性を向上させることが必要である。さらに，最近わが国で発生が確認されたジャガイモシロシストセンチュウを根絶するために，抵抗性品種の育成やセンチュウの孵化促進物質（畑に宿主であるジャガイモがない状態でセンチュウを強制的に孵化させる物質。土壌中のセンチュウを死滅させ，密度を著しく低下させる）のような画期的な薬剤開発などが必要である。

(2) 本州から九州における畑作

収益を確保するために，気象条件などによる販売価格の変動などに対応しつつ，リスク管理型の多品目栽培を行うことが重要である。普通畑ではコムギやダイズに対する補助金が期待できないため，オオムギ，ジャガイモ，サツマイモなどの畑作物の栽培適性，収益に及ぼす効果などを判断して作目の組合わせを多様化し，場合によっては畑作物以外の高収益品目の導入も視野に入れながら畑作経営を行っていく必要がある。

また，この類型でも担い手や労働力の不足に対応するために，北海道の大規模畑作と同様に経営規模の拡大も重要で，自動走行トラクタ，大型コンバイン，栽培管理システムなどを活用した省力化・機械化作業体系の開発は不可欠である。特に，サツマイモでは収穫機械の普及は進んだものの，育苗，採苗，植付けなどの機械化は遅れており，早急に実用的な機械が開発されることが求められる。さらに，収益向上のためには六次産業化に向けた取組みを行うことも必要である。

(3) 島しょ型畑作

サトウキビ栽培の担い手は高齢化しており，すでに収穫機の導入は広く行われているが，管理機械の開発と導入が必要である。また，台風の大型化や集中豪雨の頻発，干ばつの常態化，病虫害の多発などにより収量水準が停滞している現状にある。その状況は島ごとに大きく異なることから，

それぞれの島の条件に適した高糖多収な新品種を育成し，普及を図るとともに，不良環境に対する耐性を強化するために，輪作，堆肥の施用など適正な肥培管理の実践とそれを省力的に実施できる機械化体系を構築することが重要である。

(4) 中山間地の畑作

規模拡大や機械化が困難な条件にあり，また担い手の高齢化は他の類型より深刻であることから，作業の機械化や生産される農産物の商品価値のさらなる向上を図っていく必要がある。そのためには，有機農業などのような差別化，地域特産作物の高品質化に加え，中山間地をセールスポイントにした販売など，労働集約的な畑作技術の開発と商品化が強く求められる。

いずれの類型においても，平成期に進んだ消費ニーズの高品質化・多様化はさらに進み，担い手の減少への対策はこれまで以上に重要である。差別化できる畑作物の生産，人から機械への労働の主体の転換，労働生産性の向上などをもたらす技術開発は不可欠である。経営能力を高めた経営体と連携した新しい技術開発あるいはすでに開発されている技術の適切な組合わせにより高収益化を実現していくことが求められる。

―――執筆：小巻克巳

参考文献

柳沢朗ら．2007．北海道立農試集報．91：1-13．
田中義則ら．2003．北海道立農試集報．84：13-24．
甲斐由美ら．2017．農研機構九州沖縄農業研究センター報告．66：87-119．
叶芳和．2017．農業経営者．4月号：34-38．
農研機構野菜茶業研究所．べにふうき緑茶の研究情報．http://www.naro.affrc.go.jp/archive/vegetea/contents/benifuuki/results/index.html
片山健二．2011．でん粉．農畜産業振興機構．https://www.alic.go.jp/joho-d/joho08_000061.html

村上則幸．2018．砂糖．農畜産業振興機構．https://www.alic.go.jp/joho-s/joho07_001721.html

林邦広．2015．農業食料工学会誌．77（1）：13-16．

大波正寿．2010．でん粉．農畜産業振興機構．https://www.alic.go.jp/joho-d/joho07_000087.html

大津英子．2010．特産種苗．7：33-37．

広田知良．2013．でん粉．農畜産業振興機構．https://www.alic.go.jp/joho-d/joho08_000357.html

最上邦章ら．1992．九州農業研究．54：27．

野菜園芸

野菜園芸をめぐる情勢

　平成年間の野菜園芸技術の発展を顧みると，野菜園芸に影響を及ぼした社会的背景としていくつかの要因が大きく関与し，その下で斬新な技術開発とその普及があった。

　第一は，食に対する消費者の安全・安心・健康志向の高まりで，これは平成10年代初頭の大手食品会社の食中毒事件・食品表示改ざん事件，輸入野菜からの残留農薬問題など，食の安全を脅かすいくつかの事件が引き金となった。一方，平成3年（1991）末のバブル崩壊後は安定した家庭経済を求めて女性の社会進出が加速され，外食や調理済み食材の利用という「食の外部化」が進行した。また，昭和後期頃から環境問題が地球規模で取り上げられ，平成に入りわが国では「環境保全型農業」[1]に社会的関心が寄せられ，「安全・安心」以外に「環境に優しい」農法で栽培された野菜が注目されるようになった。

　それに関連した野菜生産側の対応技術として，病害虫抵抗性品種，業務用品種，機械化適応性品種など育種面からの対応，IPM技術による病害虫防除対策，さらには「有機農業」[2]，「自然農法」があげられる。

　第二は，この時代は人口の減少と産業界の労力不足を受けて，農村人口

の他産業への流出が続くなか，農業経営者の減少と高齢化による労力不足が進行し，耕作放棄地の拡大が大きな社会問題となった。これに対応して，育苗の分業化，省力・軽作業化に向けた技術開発，農機具の利用，規模拡大に向けた耕地の統合，耕作委託などが進行する一方で，経営の高位・効率化を目指した施設栽培の大規模化・ICT化，養液栽培・植物工場などの開発・普及が急速に進展した。

第三は，人の交流，物品の交易のみならず，情報や通信までも国境を越えて自由に行き交うグローバル化が，この時代を特徴づける外的要因と考えられる。農産物の交易についてはTPP，EPAなどで諸外国と交渉が進み，一部はすでに署名・発効の段階に進んだものもあるが，より一層の市場開放が求められる情勢が今後も続くことは必至と予測される。国際社会との競争，攻めの農業に向けた海外進出に向けて，国内産品の高品質維持を前提とした生産コスト低減が必須の条件になるであろう。その対応として，各経営体の大規模化，経営の多様化・高度化による経営強化，作業委託または分業による経営効率向上，ICT農業導入に伴う人件費の削減と若手担い手の取込みなどが急速に進展している。

───執筆：伊東 正

消費者の安全・安心・健康志向と食の外部化への対応技術

食生活・消費の変化と輸入の増加

昭和39年（1964）の東京オリンピックを契機に食の洋風化が進み，高度経済成長期（昭和48年〈1973〉末～60年〈1985〉）に飽食の時代を体験した人々は，バブル景気（昭和61年〈1986〉～平成3年〈1991〉）になると家庭経済の余裕に支えられて，さらなる豊かさと変化を求めて，食の傾向は「多様化・外部化」に移行した。しかし，バブル崩壊（平成3年〈1991〉末）後は，女性の社会進出が加速され，家庭内食が減少し，外食やカット野菜・調理済み野菜等を利用する「中食」が一般化した。

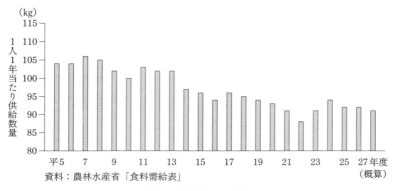

図1　野菜消費量の推移
出典：野菜をめぐる情勢

表1　野菜の加工・業務用と家計消費用の需要量の推移

平成年	国内総仕向量	加工・業務用	加工業務割合	国産割合	家計消費用	家計消費割合	国産割合
	A（万t）	B（万t）	B/A	国産/B	C（万t）	C/A	国産/C
2	1,081	551	51%	88%	530	49%	99.5%
12	1,065	575	54%	74%	490	46%	98%
17	1,002	556	55%	68%	446	45%	98%
22	934	526	56%	70%	408	44%	98%
27	957	547	57%	71%	410	43%	98%

資料：農林水産政策研究所資料を基に農林水産省作成図から作表
引用：野菜をめぐる情勢（平成28年7月）ならびに平成29年度食料・農業・農村白書の概要（平成30年5月）

　このような食生活の変化に影響され，野菜の消費量は平成初期には年間1人当たり100kg強であったが緩やかに減少し，平成22年（2010）度を最低に，その後わずかな上昇に転じて92kg程度に落ち着いている（図1）。国産野菜の消費は平成初期には家計消費用と加工・業務用がほぼ折半していたが，その後，家計消費用が徐々に減り，近年は加工・業務用の割合が増えて57％になっている。また，平成2年（1990）度には加工・業務用で国内産が88％を占めていたが，平成17年（2005）度に68％まで低下し，その後再

び増加し71％まで盛り返した（表1）。このような加工・業務用需要が急増しているなかで，供給側も加工・業務用ニーズに応えた体制づくりが緊急の課題となる。

　野菜の輸入は，平成初期から急増し平成15年（2003）にピークになり，その後しばらく減少し，平成22年（2010）から再び増加している。この減少は，平成14年（2002）に中国からの輸入冷凍ホウレンソウに残留農薬が検出されたことによる。この事件以降，食の安全・安心に対する国内消費者の関心と不安が高まり，一時は国産志向が強まったが，中国内での生産体制の見直しにより再び増加傾向に転じた。

　このように，安全・安心，健康志向，環境負荷低減という消費動向と，増加してきた加工・業務用野菜への対応として，育種的には，病害虫抵抗性品種と機能性を有する品種の開発・利用，ならびに大規模・機械化栽培適応性品種の開発・利用が必須となっている。さらに病害虫管理技術面では，総合的防除管理（IPM），有機農業，特別栽培農産物等が注目される技術である。

育種面からの対応

（1）病害虫抵抗性の重視

　昭和中期まで野菜品種の開発目標は，各地域の作型に適した特性を備えた品種を育成する生態型育種が中心であった。そのなかにあって，トマト，ハクサイ，ダイコンなどの主要野菜では，連作に伴う病害虫の被害が甚大となり，化学農薬だけに頼らない対策として，病害虫抵抗性育種が興隆した。

　国公立研究機関の果たした役割　野菜の経済品種の多くは民間種苗業者で育成されているが，耐病性育種では抵抗性育種素材の導入・検定・遺伝様式の情報提供，中間母本の育成・提供等の面で，国公立研究機関が先導的な役割を果たしている。なかでも，ハクサイの軟腐病・ウイルス抵抗性「平塚1号」[3]（昭和31年〈1956〉），トマト萎凋病抵抗性「興津1〜6号」[3]

(昭和39年〈1964〉)，同病抵抗性「トマト中間母本農3，4号」[4]（昭和62年〈1987〉)，同青枯病・萎凋病複合抵抗性台木「BF興津101号」[3]（昭和49年〈1974〉)，キャベツ萎黄病・根こぶ病抵抗性「かんらん中間母本農1，2号」[4]（平成5年〈1993〉，平成8年〈1996〉）などは，後の抵抗性育種に大きく貢献している。

トマト　抵抗性品種の育種ではトマトが最も早くから進んでおり（表2），平成2年（1990）にはすでに発表された品種の88%が何らかの病害虫に対して抵抗性をもち，その3分の2が4種以上の病害虫に対して複合抵抗性をもつまでに至っている。平成8年（1996），トマト黄化葉巻病がわが国に上陸し，すぐに全国に蔓延し大問題となった。これに対する抵抗性育種は，加工用トマトでは平成14年（2002）にカゴメ（株）総研から「KGM012」[3]が発表され，青果用としては，同病イスラエル系に抵抗性の「秀麗」[3]が平成19年（2007）に（株）サカタのタネから，同病イスラエル・マイルド両系統に抵抗性の品種として，平成24年（2012）に「F_1TYみそら86」[3]がみかど協和（株）から，また平成26年（2014）に「麗旬」[3]が（株）サカタのタネから，それぞれ発表された。

キャベツ　昭和後期に萎黄病の被害が甚大となり，その対応として平成に入って抵抗性品種が続出し，平成9年（1997）には抵抗性品種のほとんどが同病を対象としているところまで進んだ。一方，懸案の根こぶ病に対しては平成2年（1990）に（株）日本農林社育成の「ノウリン交配YCR多夢」[3]が萎黄病との複合抵抗性品種として発表されたが，その後も同社の姉妹品種以外は現れていない。

スイカ　土壌伝染性病害対策として接ぎ木栽培が普及し，かつ果実品質を最優先しているスイカでは，平成23年（2011）につる割病レース0に抵抗性で自根栽培が可能な「FRマダーボール」[3]（平成23年〈2011〉）がみかど協和（株）から発表され，これがスイカ抵抗性育種の幕開けになるか注目される。

抵抗性育種の課題　抵抗性育種を進めるうえでの問題点は，抵抗性を打破する病原菌の新レースの分化や害虫個体の出現である。抵抗性品種の育

表2 平成年間に発表された野菜品種のうち病害虫抵抗性・耐病性品種の数*

「蔬菜の新品種」		スイカ		キュウリ		カボチャ		メロン		トマト		キャベツ		ハクサイ		ホウレンソウ	
巻号	品種発表年	掲載品種数	抵抗・耐病性	掲載品種数	抵抗・耐病性	掲載品種数	抵抗・耐病性	掲載品種数	抵抗・耐病性	掲載品種数	抵抗・耐病性	掲載品種数	抵抗・耐病性	掲載品種数	抵抗・耐病性	掲載品種数	抵抗・耐病性
11	昭62〜平2	15	1	32	5	5	0	50	45	17	15	27	18	18	13	12	10
12	平2〜5	16	0	15	2	12	2	40	38	17	17	21	13	16	9	12	11
13	平5〜8	10	0	19	2	4	0	23	21	24	21	19	15	26	21	12	11
14	平8〜11	22	2	13	7	7	0	31	26	17	15	22	17	18	17	11	11
15	平11〜15	18	0	16	5	13	2	28	23	17	15	20	15	21	20	13	12
16	平14〜18	14	0	18	9	10	3	19	17	20	20	12	11	15	14	9	9
17	平17〜21	19	0	16	12	12	1	16	14	11	11	9	8	13	11	11	11
18	平20〜25	30	1	22	6	20	0	19	18	21	20	9	8	14	12	10	10
19	平18〜28	18	0	12	11	5	2	13	13	17	16	9	8	2	2	4	4

注：*「蔬菜の新品種」の品種紹介欄の「育成経過」，「特性」のいずれかまたは双方に，特定病害虫に対して抵抗性または耐病性と記載のある品種

成と新レースの分化や個体の出現が競争状態になっており，ホウレンソウのべと病，トマトの葉かび病，ピーマンのPMMoVウイルス病などがその典型である。

また，遺伝資源の保護に対する各国の規制が厳しくなり，抵抗性遺伝子を有する育種素材の入手が非常に困難になり，遺伝資源が手狭になっているという現状がある。

一方平成3年（1991）亀谷満朗ら[5]がRIPA（Rapid Immunofilter Paper Assay）法を，平成15年（2003）に平野泰志[5]がPCR（Polymerase Chain Reaction）法を用いた検定法を開発＊したことで病害診断法が簡便・迅速になり，抵抗性育種は飛躍的に発展した。

(2) 機能性品種の登場

野菜に含まれる代表的な機能性成分として「抗酸化物質」といわれる色素・酵素類があげられ，がん等を引き起こす活性酸素の働きを抑制する。機能性食品として平成年間に育成された品種を表3に示した。カロテノイドはニンジン・ピーマン・カボチャ，リコペンはトマトが中心，アントシアニンはジャガイモ・ダイコン・イチゴ・ミズナと多様である。ケルセチンはタマネギで発表されており，青汁ドリンク剤に利用されるケールではルテイン・β-カロテン含量が多い品種が開発・普及した。

(3) 加工・業務用品種へのニーズ

加工・業務用野菜の需要急増に対して，まず消費者視点からのニーズの対応として，食べ頃期間が長いこと，果肉の硬さ・色・糖度等に個体や個所によるバラツキがないこと（カット適応性），周年供給が可能で加工適性の高い品種が望まれている。

＊ともに抵抗性育種や病害診断等で広く利用されている検定・診断法。RIPA法は細胞の染色体DNAの抗原抗体反応を利用して，反応をろ紙上で行うため，きわめて短時間で結果が得られるという利点がある。また，PCR法はポリメラーゼ連鎖反応法とも呼ばれ，DNAの断片を大量に増やす方法として利用されている。

表3 平成年間に機能性品種として発表された品種*

機能性成分／野菜の種類	品種名	育成者（発表年）	「蔬菜の新品種」巻（頁）
カロテノイド			
ニンジン	ベーターリッチ	サカタのタネ（平9）	13（146）
ニンジン	京くれない	タキイ種苗（平26）	19（139）
ピーマン	セニョリータ	サカタのタネ（平10）	15（56）
カボチャ	くじゅうくりEX	カネコ種苗（平14）	15（21）
ジャガイモ	ながさき黄金	長崎県農技開発センター（平28）	―
リコペン			
トマト	KGM952	カゴメ総研（平7）	15（47）
トマト	麗夏	サカタのタネ（平11）	15（45）
トマト	クラスターレッド	日本デルモンテ（平12）	15（50）
トマト	とまと中間母本農10号	農研機構東北研（平20）	17（38）
アントシアニン			
ジャガイモ	インカパープル	農研機構北農研・和田精糖（平14）	15（171）
ジャガイモ	インカレッド	農研機構北農研・和田精糖（平14）	15（172）
ダイコン	紅しぐれ	トーホク（平17）	16（122）
イチゴ	真紅の美鈴	成川イチゴ施設（平23）	19（89）
ミズナ	紅法師	タキイ種苗（平24）	19（123）
ケルセチン			
タマネギ	クエルリッチ	農研機構北農研・日本農林（平17）	17（116）
タマネギ	ケルたま	タキイ種苗（平24）	19（149）
ルテイン・β-カロテン			
ケール	ハイパール	長野県野花試・キリンHL（平21）	19（112）

注：*「蔬菜の新品種」第11巻（平3）から第19巻（平28）までに掲載された品種のうち，『育成経過』または「特性」欄に機能性成分名が記載されている品種

「完熟トマト」の誕生　この分野で特に大きな功績を残した品種は，トマトで完熟になっても果肉が硬めでよく締まり，選果機への対応が可能で，複数病害に複合抵抗性をもち，可食期間が長く，糖度が高いという，いわゆる「完熟トマト」の先鞭をつけたタキイ種苗（株）の「桃太郎」[3]（昭和57〈1982〉）である。平成に入って消費者から爆発的な評価を得て普及し，その後のトマト品種の多くは「完熟・高糖度」が必須の特性となっている。

カット販売対応　スイカでは小家族化の影響でカット販売が多くなり，「カット適性」という特性が平成初期の育種目標に登場し，果肉色が均一でカット稜線が崩れず尖っていること，日持ち性が高いこと，果肉はシャリ感があり糖度が高く，大玉であることなどの特性が重視された。切り売りは昭和後期から普及し始め，平成に入るとスイカだけにとどまらず，メロン，カボチャ，キャベツ，ハクサイ，ダイコンなどに広がった。

ハクサイの黄心志向もカット販売の影響を受けた一つで，タキイ種苗（株）の「オレンジクイン」[3]（平成2年〈1990〉）が，完熟しても内部が白くならず，鮮やかな橙黄色で，サラダ食に適した歯切れの良い食感を育種目標として発表された。球内部まで甘味があり歯切れが良く，青臭さを感じないよう改良されていたことが，この時代の生食・サラダブームに迎合されたことに加えて，「カット売り」で消費者に新規性を印象付けて爆発的な支持を受け，わずか10年間ですべてのハクサイ品種が黄心系に代わった。

周年出荷対応　消費者ニーズに対応して周年安定供給が求められ，耐寒性と晩抽性という難題を乗り越えて，4〜5月の出荷を狙った寒玉系のキャベツの育種成果として，タキイ種苗（株）の「夢ころも」[3]（平成22年〈2010〉）や（有）石井育種場の「新緑」[3]（平成25年〈2013〉）などがあり，これら寒玉系品種を用いた産地間リレーによって国内産端境期に入ってくる輸入ものに対応している。同様の端境期対策として，1〜3月のカボチャは80％以上が外国産であるが，農研機構北農研・（株）渡辺採種場の共同育成によって収量性が高く短節間型・密植可能で，果実貯蔵性が高い「ジェジェJ」[3]が発表（平成25年〈2013〉）され，九州・沖縄地域産で国内産端境期に出荷を可能にした。

栽培適正からみた品種開発　業務・加工用野菜生産の経営を可能にするには，大規模化，機械化，省力化などによる同品質・多量生産と生産コストの低減が最重要課題といえる。こうした生産者視点からのニーズに応えた適応性品種の開発も進行している。

養液栽培，植物工場は機械化・省力化に適合するが，実需者が少ないため，専用品種はサラダナ，リーフレタス，ミツバ，コネギなどに限られていた。こうしたなかで低段密植養液栽培用として農研機構東北研・JA全農共同開発によりトマト「すずこま」[3]（平成23年〈2011〉）が発表されたことは注目され，今後他作物や民間企業への波及が期待される。

着果促進剤・受粉作業や訪花昆虫放飼を必要としない単為結果性の特性をもつ品種も開発されている。トマトではミニで（公財）園芸植物育種研の「ネネ」[3]（平成11年〈1999〉）と，大玉で愛知県農総試・(株)サカタのタネの共同開発による「あいさか2号（ルネッサンス）」[3]（平成12年〈2000〉），ナスでは佐賀県農研センターから「佐賀N1号」[3]（平成22年〈2010〉），ならびに愛知県農総試・農研機構野茶研共同開発の「とげなし輝楽」[3]（平成23年〈2011〉）などがある。特に「とげなし輝楽」は茎葉や果実のへたにとげがなく，管理作業が楽になり，今後のナス育種の方向性を指向している。

イチゴでは種子繁殖性のF$_1$品種が千葉県農総研センターから「千葉F-1号」[3]（平成23年〈2011〉）が発表され，育苗労力の大幅な省力化が期待されるとともに，大規模栽培を可能にする道が拓けた。引き続いて，平成26年（2014）に三重県科技振興センター・香川県農試・農研機構九沖研・千葉県農総研センターなどの共同育成による種子繁殖型品種「よつぼし」[4]が発表され，都道府県単位の種苗供給体制に一石を投じ，イチゴの種苗産業誕生の道を拓いた。

利用目的別育種　トマトは古くからケチャップ，ジュース用専用品種が開発・利用されていたが，加熱調理用（「にたきこま」[3]農研機構東北研，平成14年〈2002〉）やハンバーガー用（「優福」[3]カネコ種苗(株)，平成15年〈2004〉）など育種目標が多様化してきた。

そのほか，機械化適応として，移植機対応で小葉，葉の立性，調製時の

下葉やヒゲ根を管理作業しやすいという特性が特徴となっている品種もある。スイカ，メロン，カボチャでは，同じ機械化適応性といっても，機械化適応性という特性のなかにも，側枝の発生が少ない寡側枝型省力栽培向けと，多側枝型で複数着果一斉収穫可能という2つのタイプの育種が行われている。

IPM技術の分化・発展

IPM (Integrated Pest Management) とは，一般には「総合的病害虫・雑草管理」と訳され，国連食糧農業機関 (FAO) の定義では，「農薬使用を最低限に抑えながら健全な作物を育てることを目的とし，単に病害虫・雑草の撲滅をめざすのではなく，さまざまな防除技術要素を合理的に組み合わせ，生産物の経済価値，生産者や消費者の健康および環境への影響のいずれの観点からも受容できる程度に病害虫・雑草の発生を抑えようとする理念に立脚した栽培管理技術」である。

このIPMの主旨に沿って化学合成農薬の代替として生物農薬が乱立した。農林水産省はこの混乱を回避するため，平成11年（1999）に，総合的病害虫・雑草管理（IPM）プロジェクトを立ち上げ，農研機構が同17年（2005）「IPMマニュアル」[7]を出版し混乱は鎮静化に向かった。

また，平成17年（2005）にはモントリオール議定書で臭化メチルの廃止が決定された。これを契機に臭化メチル使用禁止措置に対応した代替技術のさまざまな研究が始まり，太陽熱消毒や土壌還元消毒法などが普及している。

(1) 耕種的防除

IPM技術の構成要素となる防除技術には，耕種的防除のほかに生物的防除，物理的防除，化学的防除の4つの防除方法が含まれる。耕種的防除は，昭和中期から普及した技術が多く，抵抗性品種の利用，輪作体系の構築，土づくり，接ぎ木栽培，養液栽培・防根シート利用の養液土耕など，いわゆる栽培方法で土壌伝染性病害虫等を回避する技術である。

(2) 生物的防除

　天敵やフェロモンの利用，微生物剤，対抗植物（作物に有害な土壌中の線虫を効果的に減らす効果をもつ植物の総称）を利用するもので，この分野は，化学農薬の使用が難しくなってから，特に農薬業界において開発競争が激化した。（一社）日本植物防疫協会調べでは，フェロモン剤を除いた平成29年（2017）10月時点での登録有効生物農薬は天敵昆虫剤48種，微生物利用殺虫剤15種類，微生物利用殺菌剤32種類である。そのうち野菜栽

表4　主な生物的防除資材*

	天敵昆虫剤・微生物剤等	主な商品名	対象病害虫	初登録年
天敵昆虫	チリカブリダニ	スパイデックス チリトップ	ハダニ	平7 平14
	ミヤコカブリダニ	スパイカルプラス スパイカルEX	ハダニ	平15 平20
	タイリクヒメハナカメムシ	オリスターA タイリク	アザミウマ類	平13 平13
	コレマンアブラバチ	アフィバール コレトップ	アブラムシ類	平10 平14
	オンシツツヤコバチ	エンストリップ ツヤトップ	コナジラミ類	平7 平13
	ククメリスカブリダニ	ククメリス	アザミウマ類・コナダニ	平10
	スワルスキーカブリダニ	スワルスキー	アザミウマ類	平20
微生物殺菌剤	バチルス ズブチリス水和剤	ボトキラー水和剤 ボトピカ水和剤	灰色かび病・うどんこ病	平10 平17
	タラロマイセス フラバス水和剤	バイオトラスト水和剤 タフパール	葉かび病・うどんこ病	平13 平19
	シュードモナス フルオレッセンス水和剤	ベジキーパー水和剤	キャベツ黒腐病・レタス腐敗病	平17
微生物殺虫剤	バーティシリウム レカニ水和剤	バータレック マイコタール	コナジラミ類	平12 平27
	ハスモンヨトウ核多角体病ウイルス水和剤	ハスモン天敵	ハスモンヨトウ	平19
フェロモン剤	アルミゲルア・ウワバルア・ダイアモルア・ビートアーミルア・リトルア剤	コンフューザーV	コナガ・ヨトウガ・ハスモンヨトウ・シロイチモジヨトウ	平16
対抗植物	マリーゴールド		ネグサレセンチュウ	平4

注：*（一社）日本植物防疫協会資料（平成29年10月1日）より作成・一部修正。商品名欄に下線のある商品は令和元年7月1日に失効しているが，同類の剤として最初に登録されたもの

培で多く使用されている防除資材を表4に示した。

　天敵昆虫[8]では，野菜全般のハダニ類にミヤコカブリダニ（平成15年〈2003〉），アザミウマ類にタイリクヒメハナカメムシ（平成13年〈2001〉），アブラムシにコレマンアブラバチ（平成10年〈1998〉），オンシツコナジラミにオンシツツヤコバチ（平成7年〈1995〉）が，それぞれ登録された。フェロモン剤では交信攪乱剤のコンフューザーV（平成16年〈2004〉）が登録され，微生物剤としては野菜全般の灰色かび病，うどんこ病に平成10年（1998）頃からバチルス ズブチリス水和剤が開発・登録された。バチルス ズブチリス水和剤は，水に溶かして散布する防除法のほかに，ハウス栽培では岐阜県で開発された温風暖房用ダクトを利用しての防除法も含めて広く普及している。対抗植物としてのマリーゴールドによる線虫抑制効果が青森県農試により平成4年（1992）に公表され，特にキタネグサレセンチュウに対して普及した。

(3) 物理的防除

　光線の選択利用　物理的防除法には，光線の選択利用，熱利用，遮蔽，昆虫の気門封鎖剤などがある（表5）。そのうち光線選択利用は導入しやすく，昭和40年代後半以降研究が進み，同後期から平成初期にかけて普及した。紫外線を含む反射光を利用するシルバーマルチ（昭和48年〈1973〉）はアブラムシやアザミウマ類に忌避効果があり，害虫の侵入を抑制する。

　一方，紫外線が存在しないと胞子形成が阻害される糸状菌類の回避には，ハウス被覆資材としてUVカットフィルムを日本カーバイド工業（株）が昭和54年（1979）に開発したが，本格的な普及はその特許を譲り受けて当時の農ビ大手メーカー三菱化成ビニル（株）が平成2年（1990）に発売したUVカット農ビからで，減農薬と作業者の健康管理面に良いとされ，野菜栽培に広く普及した。

　また，黄色や青色は特定の害虫を忌避または誘導するため，ハスモンヨトウの侵入防止に黄色灯，コナジラミ，アザミウマ類，ハモグリバエ類などの誘導・捕捉に，住友化学（株）は昭和53年（1978）黄色粘着板（シート）

表5　主な物理的防除法

	防除法・防除資材等	適用病害虫	普及年
〈光線選択利用〉			
紫外線	シルバーマルチ・シルバーテープ	アブラムシ類・アザミウマ類	昭54
紫外線除去フィルム	UVカットフィルム（UVA）・カットエース	灰色かび病・アブラムシ類・アザミウマ類	昭55
黄色粘着板（シート）	黄色・青色	コナジラミ類・アザミウマ類	昭53
黄色灯	イエローガード・エコイエローほか	オオタバコガ・ハスモンヨトウ	昭後期
UV-Bランプ		各種地上部病害	平22
〈熱利用〉			
蒸気・熱水・温湯		各種土壌伝染性病害	昭中期・平8・平2
太陽熱消毒		各種土壌伝染性病害	昭57
土壌還元消毒	フスマ・米糠等利用・低濃度エタノール	各種土壌伝染性病害	平11・平24
遮蔽・防虫ネット	防虫ネット（目合い各種）・べたがけ資材	各種害虫	昭後期
赤色メッシュ	e-レッド	アザミウマ類	平23
転炉スラグ	転炉スラグ	ウリ科ホモプシス根腐病	平23
気門封鎖剤	オレート液剤・ハッパ乳剤・エコピタ液剤	ハダニ類・アブラムシ類・コナジラミ類	平初期

にピリプロキシフェルを塗布したラノーテープを開発し，平成に入ると施設栽培で広く利用されるようになった（図2）。

熱利用技術　古くから蒸気消毒や加熱消毒などがあり，土壌伝染性病害に対する太陽熱消毒は昭和57年（1982）に開発されたが，その効果が不安定であった。しかし新村昭憲

図2　黄色・青色粘着シートを用いたコナジラミ類等の誘導・捕捉（トマトロックウール栽培）

ら[9]らによるフスマを併用した土壌還元消毒法が平成11年（1999）に開発されて以降は施設野菜栽培で広く普及した。熱水土壌消毒法は平成初期から研究が始まり，平成15年（2003）に消毒装置が10社以上から販売され，急速に普及した。平成19年（2007）にKobara Y.ら[10]，ならびにUematsu S.ら[11]が発表した低濃度エタノールを利用した土壌還元消毒法も注目され，平成24年（2012）消毒用資材として「エコロジアール」が日本アルコール産業（株）から販売され本格的な普及に至った。

遮蔽技術　防虫ネットが中心で，このなかで特に平成になって注目されたのは，平成8年（1996），トマト黄化葉巻病がわが国に上陸し，蔓延した際の対策方法である。当時は抵抗性品種が未開発であったため，病原ウイルスの媒介虫の体長×体幅が0.8mm×0.4mmであったことから目合い0.4mm以下の防虫網をトマトハウスの開口部に張って侵入を防ぐ防除策がたてられ，各地のハウスに広く普及した。

（4）化学的防除

減農薬指向　化学的防除法は有機合成化合物による殺虫剤，殺菌剤が一般的であったが，平成になり，消費者の食の安全に対する関心の高まりと環境保全への意識高揚が加わり，それらが敬遠されるようになった。

平成18年（2006）にポジティブリスト制度が施行された。ポジティブリスト制度とは当該作物に登録のある農薬成分以外の農薬が基準値以上に検出された作物を原則流通から排除する制度であり，特にその施行後は，他作物の圃場への意図しない農薬飛散（ドリフト）等が問題視され，無農薬・減農薬栽培などの機運が高まり，化学合成農薬の使用は極端に少なくなった。

無機化学農薬の復権　一方，昔から使われ，有機化学合成農薬としてカウントされない硫黄合剤や石灰硫黄合剤，銅剤などの無機化学農薬および生物由来の化学物質を利用した農薬が脚光を浴びるようになった（表6）。

表6 IPMで使用される化学的防除剤

農薬の分類	指定資材	主な商品名	適用病害虫
無機硫黄剤	硫黄燻煙剤・硫黄粉剤・水和硫黄剤	硫黄粉剤・サルファーゾル	うどんこ病・ハダニ
無機銅剤	銅水和剤・銅粉剤	ボルドー・散粉ボルドー	各種細菌病
無機銅硫黄剤	銅硫黄水和剤	石灰硫黄合剤	カイガラムシ類・うどんこ病
炭酸水素ナトリウム剤	炭酸水素ナトリウム水溶剤	ハーモメイト水溶剤	うどんこ病・灰色かび病
	炭酸水素ナトリウム銅水和剤	ジーファイン水和剤	うどんこ病・灰色かび病
炭酸水素カリウム剤	炭酸水素カリウム水溶剤	カリグリーン	うどんこ病・白さび病・灰色かび病
昆虫成育制御物資	ブプロフェジン剤	アプロード剤	コナジラミ類
	デブフェノジド剤	ロムダン剤	アオムシ等鱗翅目幼虫

有機農産物・特別栽培農産物

「有機農業」はIPMの概念が生まれる以前から一部の有志家が実施していた農法である。昭和46年（1971），一楽照雄ら[12]が日本有機農業研究会を発足させ，昭和63年（1988）に公表された「有機農産物の定義」では「有機農産物とは，生産から消費までの過程を通じて化学肥料・農薬等の合成化合物質や生物薬剤，放射性物質をまったく使用せず，その地域の資源をできるだけ活用し，自然が本来有する生産力を尊重した方法で生産されたものをいう」と定めている。

ガイドライン制定 その後，この定義の解釈で有機農産物に多少の混乱が発生したため，農林水産省は平成4年（1992）に「有機農産物及び特別栽培に係る表示ガイドライン」を制定し，「化学的に合成された肥料及び農薬を使用しないこと並びに遺伝子組換え技術を利用しないことを基本として，播種または植付け前2年以上（多年生作物にあっては，最初の収穫前3年前）の間，堆肥等による土づくりを行ったほ場において生産された農

産物」を有機農産物と定義した。さらに平成12年（2000）に日本農林規格（JAS）が改正され，有機農産物またはそれに類似した表示を農産物に付けるためには，農林水産省の登録を受けた第三者機関（登録認証機関）の認証による有機JASの格付け審査に合格することを必要とした。

有機農業を推進へ　ここまでの国の施策は消費者である国民の混乱を避けるための措置であったが，その後有機農業を推進する目的で，平成18年（2006）有機農業推進法が制定された。平成25年（2013）の農林水産省資料「有機農業の推進に関する現状と課題」によると，平成22年（2010）有機農家数は1.2万戸でうち有機JAS4千戸，JAS以外8千戸，栽培面積は有機JAS9千ha，JAS以外7千haで，平成18年（2006）から22年（2010）までに35％の増加率となっているが，イタリア，ドイツ，イギリス等の西欧諸国に比べてきわめて少ない。

有機農業の実践事例　実践例をみると生産資材，流通，加工などで地域との協力関係を構築している場合が多い。山形県長井市の「台所が農地と農業の健全化の一翼を担い，農業が市民の台所と食の健康を守る仕組み」レインボープラン[13]では，市が家庭生ごみの堆肥センターを作り5名の有機農業者に販売している。生産物はレインボー農産物と認定され，ナス，メロン，スイカ，ハクサイ，ネギなどが市民市場で有機農産物として市民に渡る仕組みになっている。

地元消費者との提携で運営されている事例として，埼玉県小川町の霜里農場[14]は，昭和50年（1975）地元消費者10戸と提携して有機生産物を届ける方式でスタートした。生産者の顔が見え，消費者が生産物の安全を直接確認でき，「有機生産物という付加価値」を理解し合っての確実な活動といえる。現在は有機農業研究生の受け入れ，都市と農村の交流というかたちでの行事など，地域の活性化に貢献している。この小川町にはほかに有機農業を大規模で経営している経営体がいくつかあり，「有機農業の町」として地域ぐるみで盛り上がる素地が整っている。

自然生態系農業発祥の地として町の行政が力強く支援しているのが宮崎県綾町[15]である。昭和58年（1983）生産者，JA綾町，綾町の三者が一体と

なって，有機農業推進本部を設け，昭和63年（1988）自然生態系農業の推進に関する条例を制定した。平成元年（1989）有機農業実践振興会を設置し，収穫体験などによる消費者との交流や有機農業推進大会の開催を通して，自然生態系農業のなかで生産された米や野菜類を食べる喜びを実感してもらう活動を続け，現在，有機農業者25名，加工業3社がJAS認定を取得して有機生産物を供給している。

有機農業の課題 環境負荷が少ない持続型農業と目される有機農業が，他の先進国に比べてわが国であまり普及しない理由は次のようなことが考えられる。まず，公的研究機関による有機農業の実践的研究事例が少なく，たくさんある農作物すべてに対して，年間を通して安定的に生産できる汎用性の高い栽培マニュアルが未完成であること。また消費者や流通業者の有機生産物に対する意識と評価が低いことに問題がある。元来，有機生産物は安全・安心は担保するが，外観からの商品性は一般品より劣る場合が多い。さらに，有機農業に参入しようとする経営者にとって，有機栽培の基本である「土づくり」まで最低3～4年を要し，かつJAS認証を受けるためには，有機栽培開始前2年間はその基準を満たさなければならず，認定後も毎年審査を受ける必要があることなどによる煩雑さと費用負担が，普及の大きな障害になっていると考えられる。

特別栽培の制度 平成19年（2007）農林水産省は社会的ニーズと栽培の実態との融合を図るべく「特別栽培農産物」制度を設け，生産物にその表示を付けるよう指導した。特別栽培農産物とは，その農産物が生産された地域の慣行レベル，すなわち各地域の慣行的に行われている節減対象農薬および化学肥料の使用状況に比べて，節減対象農薬の使用回数が50％以下，化学肥料の窒素成分量が50％以下で栽培された農産物で，実際の表示は「特栽」という略称で，広く普及している。

――執筆：伊東 正

就農者の高齢化と労力不足への対応技術

統計に現れる生産の現状と技術開発

　野菜栽培の機械化等による省力化技術やICT活用などによる効率化技術は平成期に急速に発展した。このような技術が求められた背景は，農林水産省の統計資料[16]から垣間見ることができる。

　わが国における野菜の作付面積は，昭和55年（1980）から60年（1985）にかけてピークとなり，63万haあったが，その後，平成17年（2005）頃までに急速に減少して45万haとなり，それ以降は緩やかに減少し，近年では41万haとなっている（図3）。野菜の生産量も作付面積と同様の推移を示し，昭和55年（1980）から60年（1985）頃には1,670万tであったものが年々減少し，現在では1,200万t弱となっている。

　一方，野菜の販売農家数は，平成初期の平成2年（1990）では61万戸であったものが平成17年（2005）には51万戸になり，その後急速に減少し，平成22年（2010）には43万戸，平成27年（2015）には37万戸となっている。また，野菜農家の就業人口については，平成17年（2005）には153万

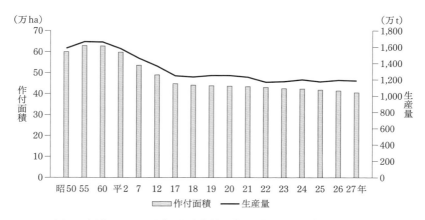

図3　平成期における野菜の国内作付面積と生産量の推移（農林水産省）

人であったものが，平成22年（2010）には128万人に減少し，さらに，平成27年（2015）には76万人まで急速に減少している。その一方で，65歳以上の高齢者が占める割合は，平成17年（2005）は39％，平成22年（2010）は42％，平成27年（2015）には56％となり，急速に野菜農家の高齢化が進んでいる。

　このように，野菜農家の高齢化が急速に進み，農家数の減少とそれに伴う作付面積の減少が顕著となったのが平成期の特徴である。これに対応するため，機械化等の推進により農作業の省力化・効率化が図られ，また，ICT技術等の先進技術の導入によって生産性の向上が図られた。その結果，野菜販売農家が減少し，しかも農家の高齢化が急速に進んでいるなかで，生産量の変動は比較的少なく推移した。これには，露地栽培では機械化による栽培の省力化が，施設栽培では規模拡大とそれに伴う環境制御技術の高度化による単位面積当たりの生産量の増加が大きく関与している。

　また，農業後継者の動向についてみると，平成19年（2007）の新規就農者就業状態調査では，自家農業を継承した者は「水稲・陸稲」が最も多く44.9％，次いで「果樹」が15.4％，「露地野菜」が15.2％となっていた。一方，新たに農業を開始した者では「施設野菜」が最も多く33.0％，次いで「露地野菜」が18.6％であり，野菜分野，特に，施設野菜は先進技術を導入しやすく，新規就農者にとっては魅力ある分野となっている。

育苗の分業化と苗産業の発展

　古来「苗半作」という言葉があるように，野菜農家にとっては育苗が大変に重要視され，良い苗を作ることが野菜生産の基本であるとして，育苗管理には入念な注意が払われてきた。しかし，昭和中期の高度経済成長期以降，労働力不足と農家の高齢化により，野菜苗の生産・利用形態は自家生産から購入苗へと変化してきた。

　特に，平成期に急速に進んだ育苗関連の資材・施設の開発改良，環境制御技術の開発，イチゴのウイルスフリー化や栄養繁殖性野菜のクローン増

殖などバイオテクノロジー技術の進歩は，苗の生産性の向上，付加価値の増大を可能にし，これらの新技術を取り入れた新しい苗生産が事業として行われるようになった。

このように，野菜農家の購入苗依存の高まりと新技術等を取り入れた効率の良い苗生産技術が苗生産企業やJA等の育苗センターによる野菜苗の生産・供給を活発化し，育苗の分業化を急速に進めたのが平成期の大きな特徴の一つといえる。

(1) セル成型苗の導入と普及

セル成型苗はアメリカで開発された育苗方式で，わが国には昭和60年（1985）頃に導入された。当初は，プラグ苗と呼称されていたが，これが商標登録名であることから，平成5年（1993）に西貞夫・崎山亮三によって育苗方式の分類が整理され，セル成型苗（セル苗）と呼ばれるようになった[17]。

一般的なセル成型苗は図4に示す工程で生産される。この工程のなかで播種機を用いることで作業効率が高まり，発芽室や養生装置などの環境制御装置を組み合わせることで生育の均質化が図られ，大量生産が可能となる。また，育苗のシステム化がしやすく，移植機と組み合わせることで定植作業の大幅な省力化が図れる点が大きな特徴といえる。

普及への流れ　当初はアメリカの苗生産メーカーのシステムが直接導入された。その状況のなかで，平成4年（1992）Tanaka T.[18]が横浜で，平成7年（1995）Ito T.[19]が京都で，それぞれ議長として国際園芸学会の苗生産

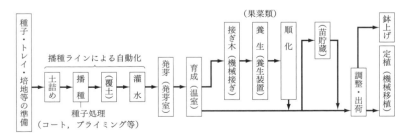

図4　セル成型苗生産の工程（佐藤博之，2001）

に関する国際シンポジウムを開催した。国内外から苗生産にかかわる研究者や企業関係者，農業者などが多数集まり情報交換を行ったことが契機となり，わが国の多くの農機具メーカーや種苗会社などによって独自の育苗システムが開発され，農業者の関心も高まり普及が始まった。しかし，苗と移植機のマッチングが問題となり，平成7年（1995）に農林水産省によってセルトレイの標準化が行われ[20]，標準規格のセルトレイを製造するための金型を，農業機械等の実用化を図るために設立された新農業機械実用化促進（株）から農機具メーカーに供用することで，普及が加速された。

セル成型苗を活かす技術開発　また，平成期にはセル成型苗の生理・生態特性の解明も進められ，苗生育の均一化技術，根巻き（根が育苗容器の壁面に沿ってびっしりと張った状態）防止技術，定植後の活着促進技術，定植適期の調節技術としての苗貯蔵技術，さらには通常の育苗の2倍以上の期間，追肥をせずに水のみで維持したスーパーセル苗による定植適期の拡大技術などの多くの技術が開発された。

(2) 接ぎ木苗生産の急増と苗生産装置

従来からの野菜苗の接ぎ木は，比較的大きな苗を用い，呼び接ぎ，挿し接ぎ，割り接ぎなどの方法で接ぎ木されていた。しかし，平成に入りセル成型苗が普及するにつれて，接ぎ木方法は幼苗による接ぎ木へと大きく変化した。

幼苗接ぎ木　この方法が普及する契機になったのは，平成2年（1990）の全農農業技術センターの板木利隆らによる「全農式幼苗接ぎ木苗生産システム」（簡易幼苗接ぎ木法と接ぎ木活着促進装置「苗ピット」）の開発である[21]。開発された幼苗接ぎ木法はセルトレイ上で栽植状態のまま専用のチューブ状支持具を用い，斜めに切断した台木と穂木の切断面を合わせて接ぎ木する方法である（図5）。この接ぎ木法は接ぎ木操作が簡単・単純で，効率的に行えることから急速に普及し，農研機構野茶研が平成21年（2009）に調査した結果では，トマト購入苗の56.4％，ナス購入苗の43.8％，ピーマン・トウガラシ購入苗の86.4％が同法で接ぎ木されていた[22]。

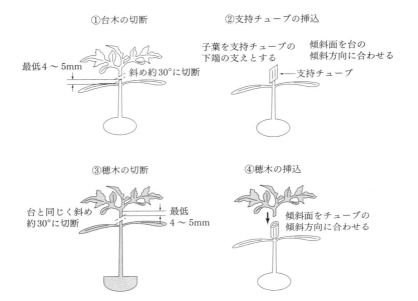

図5　幼苗斜め合わせ接ぎの作業工程（板木利隆，2004）

　接ぎ木後は温度，湿度，光強度および風速を制御できるようにした接ぎ木活着促進装置「苗ピット」に3～4日間入庫して活着と養生を行う．幼苗接ぎ木法の開発で作業効率は飛躍的に向上し，さらに，「苗ピット」の開発で，接ぎ木養生は自動化され，失敗することなく確実に行えるようになった．

　接ぎ木の機械化　平成3年（1991）に（株）梅屋幸によってキュウリを対象とした簡易接ぎ木装置が開発されたのが最初であり，平成5年（1993）には農業機械等緊急開発・実用化促進事業（「緊プロ事業」）[20]において生研機構と井関農機（株）によりキュウリを対象とした半自動の接ぎ木装置が開発され，いわゆる接ぎ木ロボット1号として市販され，JA育苗センターや育苗業者に導入された．

　また，全自動接ぎ木装置については，農機具メーカーや種苗会社等（ヤンマー農機（株），（株）TGR，タキイ種苗（株），（株）サカタのタネ，カゴメ（株），三菱農機（株）で各種の接ぎ木装置が開発され，一部については平成

6年(1994)から市販されたが，普及には至らなかった。

(3) 閉鎖型苗生産システムによる無病苗の計画生産

育苗が分業化すると，苗生産業者にとっては均質な苗の計画生産が重要となる。これを可能にしたのが閉鎖型苗生

図6　閉鎖型苗生産システム「苗テラス」における苗生産

産システムの開発と普及である。この苗生産システムは千葉大学の古在豊樹らによって平成9年(1997)に開発され，その後，太洋興業(株)の岡部勝美らとの共同研究によって実用化され，平成14年(2002)に「苗テラス」(図6)の名称で市販された[23]。

　この苗生産システムは気密性と断熱性に優れたプレハブ庫内に設けられた多段式の育苗棚にセルトレイ(標準機種では96枚)を並べ，蛍光灯による均一な光，エアコンと送風装置による温湿度と気流の制御，炭酸ガス施用，底面給水方式による灌水と肥培管理により，育苗管理の完全自動化が可能になっている。播種すると一定期間後には均質な苗が，1台当たり約7,000～2万7,000株の苗(使用するセルトレイのセル数によって異なる)が生産できる。この苗生産システムの開発により，苗半作などといったこれまでの育苗の概念が完全に変わることになった。この苗生産システムは育苗センターや苗生産企業，大規模な施設野菜生産者などに急速に普及が進んでいる。

省力化・軽作業化に向けた農業機械

　野菜栽培の機械化は，平成期に大きく前進した。その背景には，平成初期に顕著となった野菜農家の高齢化に伴う作付面積の大幅な減少と中国などからの輸入野菜の急増があった。これに対応するために，農林水産省は

省力化・軽作業化に向けた機械開発を重点的に実施することとなり，これが引き金となって，農業機械の開発が大きく前進した。

(1) 機械化が遅れた分野での重点的開発と普及

野菜栽培は，稲作などに比べて作業工程が複雑で，かつそれらが細かく分かれているため，機械化が大幅に遅れていた。また，畝の形状や栽植様式などの栽培法が地域や品目によって大きく異なるため農業機械1機種当たりの需要が小さく，このことも機械化が遅れた要因の一つであった。

農林水産省では野菜園芸等の機械化が遅れた分野での機械化を進めるため，これまでは農業機械の開発は民間主導で行うこととしていた農業機械化促進法を平成5年（1993）に改正し，国と民間が共同で機械開発を行う農業機械等緊急開発・実用化促進事業（緊プロ事業）を開始した[20]。また，機械開発を促進するため，全国で大きく異なる栽培様式，特に農業機械の輪距や車高と関連する畝幅や畝高などについて簡素・標準化した「機械化のための標準的栽培様式」をキャベツをはじめとする11品目の葉根菜類で策定した[20]。

このほか，緊プロ事業では，標準規格セルトレイ（平成7年〈1995〉），野菜接ぎ木ロボット（平成5年〈1993〉），野菜全自動移植機（平成6年〈1994〉），野菜栽培管理ビークル（平成9年〈1997〉），ネギ収穫機（平成9年〈1997〉），ダイコン収穫機（平成9年〈1997〉），キャベツ収穫機（平成24年〈2012〉），軟弱野菜調製機（平成11年〈1999〉），長ネギ調製装置（自動）（平成12年〈2000〉），タマネギ調製装置（平成23年〈2011〉）などが開発され[20]，機械化の推進に大きく貢献した。

(2) 種子加工技術の普及と播種の機械化

平成に入って種子の加工技術が進展し，粘土やでん粉などの被覆剤を用いて不整形な種子や微小種子などを一定の大きさに被覆，粒形化したコーティング種子（昭和56年〈1981〉，住化農材（株）），種子を水溶性または生分解性のテープ状資材に一定間隔で封入したシードテープが開発された。

これらの種子を用いることによる作業効率や播種精度の向上などが認識されるとともに，専用の播種機が開発され，広く普及した。特に，セル成型苗の育苗では，1粒播種が基本となることからコーティング種子を用い，播種盤や自動播種機による播種が広く普及した。また，ニンジンなどの直播き野菜では，マルチ栽培が普及し，畝立て・播種・マルチ張りが同時にできるシーダーマルチャーが利用されるようになった。

また，発芽特性の向上を図るため，薬剤等への浸漬処理により発芽直前まで代謝活性を高め，幼根が発生する直前の状態で再度乾燥させるプライミング種子の開発が進み，種苗メーカーから市販されるようになったのも平成期の特徴といえる。

(3) セル成型苗を利用した移植機

タマネギ栽培の機械化　野菜栽培において，最初に移植機が実用化されたのは北海道のタマネギ栽培である。北海道では，平成の初めの頃までは，あらかじめ2本のテープの間にタマネギの引抜き苗を挟んで結束し，この結束苗を巻き戻しながら植え付けるテープ式移植機が普及していたが，その後，苗取り作業が省略できるセル成型苗に変わり，高速で植付けが可能なセル成型苗用タマネギ全自動移植機（昭和60年〈1985〉：歩行型，平成9年〈1997〉：乗用型，みのる産業（株））が普及した。

現在では乗用型多条用全自動移植機（平成26年〈2014〉，みのる産業（株）など）の導入が進められ，大幅な移植作業の効率化が図られている。一方，北海道以外のタマネギ産地では，規模が比較的小さいため，歩行型移植機を中心に普及が進んでいる。

他の作目の機械化　タマネギ以外では，キャベツ，レタス，ハクサイなどの葉菜類において，セル成型苗を用いる乗用型全自動移植機（図7）が平成6年（1994）に緊プロ事業で開発され[20]，歩行型全自動移植機と併せて，各地の産地に導入され，移植作業の大幅な省力化が図られている。

ネギについては，288穴の標準規格セルトレイを用いるネギの播種・育苗・移植システムが平成17年（2005）に農研機構東北研の屋代幹雄らによ

図7　乗用型全自動移植機によるキャベツの苗の移植

り開発され[24]，大幅な省力化が可能となった。これ以外には，埼玉県農総研センターと井関農機（株）の共同で，比較的大きなネギの裸苗（根に土を付けていない苗）を移植できるネギ平床移植機（平成17年〈2005〉）が開発されている[25]。また，簡易な移植機としてチェーンポット（紙製の鉢がチェーン状に連結した構造のペーパーポット）を用いた人力けん引式ネギ苗移植機「ひっぱりくん」（平成19年〈2007〉，日本甜菜製糖（株））も平成期に広く普及した。

(4) 耕うん・施肥等の管理作業機

畝内部分施肥技術　野菜栽培では，耕うん・施肥，中耕・除草，防除などの多くの管理作業がある。平成期に開発され，注目される技術のなかに，畝内部分施肥技術がある。平成15年（2003）に農研機構東北研の屋代幹雄らによって開発されたもので，畝立てをしながら，同時に畝内の苗が移植される部分に施肥・混和する技術である。畝内部分施肥機の導入により，畝立て・施肥の省力化が図れるとともに，施肥量の大幅な削減（30～50％削減）が可能となった[26]。この畝内部分施肥機はキャベツやハクサイなどの露地野菜産地に普及し，環境保全型の農業に貢献している。

薬剤の静電散布　防除技術では，薬液の粒子を帯電させ，静電気の力で作物体に付着させることで防除効果を高めたり，農薬使用量を減らしたりする静電防除法が開発され，防除の効率化と低コスト化が図られている。この防除法は，農薬がかかりにくい葉裏や茎葉の混み入ったところにも，重力に逆らって薬液を付着させることができ，また，周囲へのドリフト（飛散）を減らす効果もある。

(5) 収穫機の普及が前進

野菜栽培において，最も遅れていた収穫作業の機械化については，平成に入って大きく前進した。これは，生産者の高齢化による労働力不足に加えて，加工・業務用野菜の需要が急増したことによる。

図8 キャベツ収穫機によるキャベツの収穫

最初に収穫機が導入された品目は北海道におけるタマネギであり，その後，平成になってネギ，ニンジン，ダイコン，タマネギ（北海道を除く）へと収穫機の導入が広がった。特に最近では水田への転作作物としてタマネギ栽培が多くなったことから，タマネギ収穫機の導入が急増している。

加工・業務用野菜では実需者から定時・定量・定価格・定品質が求められ，これに対応するためには，大規模圃場で機械化一貫体系による効率的な生産が重要となる。

キャベツ 平成24年（2012）に農研機構生研センター，ヤンマー（株），オサダ農機（株）によって開発されたキャベツ収穫機（図8）[27]は，刈取部で刈り取ったキャベツをベルトで挟んで収穫機後部の調製作業場所に移動させ，そこで，人力で選別・調製を行い，大型コンテナに収容する。キャベツ収穫機は，4～6名の作業で1日に20aのキャベツを収穫でき，これは手作業の2倍の能率である。

キャベツ生産の全作業時間の約3割を占める収穫・調製作業を機械化することで，低コスト化と規模拡大を可能にし，北海道や南九州の加工・業務用キャベツ産地を中心に導入が進んでいる。

ホウレンソウ 最近では冷凍加工用原料として40cm程度の大型規格のものが求められており，従来のように根付きの状態で収穫するのではなく，地上部のみ刈り取るバラ収穫が進んでいる。これに対応して，刈り幅の広い往復動刃（バリカン状の刃）でホウレンソウを地際で刈り取り，コ

図9 乗用型ホウレンソウ収穫機による冷凍用ホウレンソウの収穫

ンテナに収容する乗用型の収穫機(平成17年〈2005〉，松元機工(株))が開発され(図9)，南九州地域等の冷凍加工用ホウレンソウ産地に導入が進んでいる。また，同様の機構でホウレンソウを刈り取り，コンテナに収容する小型で歩行型のホウレンソウ収穫機(平成22年〈2010〉，(株)ニシザワ)も開発されている。

(6) 機械化一貫栽培システム

平成期には，緊プロ事業など国の後押しもあり，野菜用機械の開発が大きく前進した。現在の野菜用機械の普及状況は表7のとおりである[28]。トマト，キュウリなどの果菜類，ハクサイ，レタスなどの葉菜類を除いて，各作業に対応する機械が開発され普及している。

省力化に貢献 最近では，個々の作業機を組み合わせ，播種から収穫・調製・出荷までの機械化一貫体系が多くの露地野菜で開発され，大幅な省力化と効率化が図られている。機械化一貫体系の開発には，全労働時間のなかで大きなウエイトを占める収穫・調製作業の機械化を図る作業機の開発が重要な役割を担っている。

キャベツ 前段でも述べたように平成24年(2012)にキャベツ収穫機が開発され，加工・業務用キャベツを対象に機械化一貫体系が開発された。この機械化一貫体系は，セル成型苗を利用した全自動機械移植，乗用管理機による中耕・除草と防除，キャベツ収穫機による収穫・調製などで構成され，加工・業務用キャベツ産地に導入することにより，慣行栽培(家計消費用)では10a当たり約70時間であった労働時間が，約40時間に短縮された。

ネギ 白ネギの一般的な栽培体系は，チェーンポットによる育苗と人力

表7 野菜用機械の普及状況（深山大介，2018）

種類	品目	耕うん	直播	間引き	育苗	定植（移植）	防除	中耕培土	収穫	調製・出荷
葉茎菜類	キャベツ	○	—	—	○	○	○	○	△	×
	ハクサイ	○	—	—	○	○	○	○	×	×
	レタス	○	—	—	○	○	○	○	×	△
	ホウレンソウ	○	○	—	—	—	○	—	△	△
	ネギ	○	—	—	○	○	○	○	○	○
	タマネギ	○	—	—	○	○	○	○	○	○
根菜類	ダイコン	○	○	×	—	—	○	○	△	○
	ニンジン	○	○	×	—	—	○	○	○	○
	ジャガイモ	○	—	—	—	○	○	○	○	△
	サトイモ	○	—	—	—	○	○	○	△	△
	サツマイモ	○	—	—	×	△	○	○	△	△
果菜類	トマト	○	—	—	○	△	○	—	×	△
	キュウリ	○	—	—	○	×	○	—	×	△
	ナス	○	—	—	○	×	○	—	×	△
	エダマメ	○	○	—	○	○	○	○	○	△

注：○；多くの地域で機械が利用されている。△；機械の利用が一部の地域に限られる，作業の一部が機械化されている。×；機械が利用されず人力。—；該当作業なし

けん引式ネギ苗移植機「ひっぱりくん」を用いた移植，歩行型管理機による土寄せ，動力噴霧機による薬剤散布，トラクター用振動ネギ掘取り機による収穫，根葉切りの後に皮むき機による調製，手動結束機による結束を経て出荷される。

大規模産地におけるネギ　大規模産地においては，セルトレイ全自動播種機による播種，全自動移植機によるセル成型苗の移植，ハイクリアランス乗用管理機による土寄せと薬剤散布，ネギ収穫機による収穫，根葉切り皮むき機による調製，出荷前の全自動結束機による結束の工程からなる機械化一貫体系が開発され，普及が進んでいる。先進的な機械化一貫体系では，慣行体系に比べて約半分の総労働時間まで省力化が図られ，余った労力によって規模拡大が進められている。

府県産タマネギの機械化一貫体系　最近注目すべき点は府県におけるタマネギを対象にした機械化一貫体系の開発である。府県産タマネギで

は，これまで秋播き作型が主であったが，平成28年（2016）に農研機構東北研を中核とする研究グループによって春播き作型が開発され[29]，東北地域の水田地帯に広まりつつある。また，府県産タマネギの主産地である佐賀県，兵庫県以外でも水田への転作作物として秋播きタマネギを導入する府県が増えている。経営規模が小さい府県産タマネギでは，標準規格の288穴またはみのる産業（株）の488穴セルトレイで育苗した苗を全自動移植機で移植し，歩行型ネギ収穫機で掘取りと葉切りを行い，タマネギピッカーで拾い上げてコンテナに収容し，その後，風乾または温風乾燥機で乾燥させる機械化一貫体系が一般的である。

(7) 調製・出荷・流通施設の高度化——イチゴのパッケージセンター

イチゴ栽培に要する労働時間は，おおよそ半分が栽培管理に，残り半分のうち，2分の1が収穫・調製作業，2分の1が出荷のための包装（パック詰め）作業等にそれぞれ充てられ，出荷のための作業が大変に多い。そのため，収穫のピーク期になると農家は連日休むことなく早朝から深夜まで作業を行うことになる。

トマトなどの多くの果菜類は，以前から選果場における共同選果が一般的であったが，イチゴにおいては平成10年（1998）頃より，主要産地の農協に共同で選果とパック詰めを行うパッケージセンター（図10）の導入が始まった。

図10　イチゴパッケージセンターのイチゴ選果機（JA佐賀みどり）

一般的なパッケージセンターでの処理工程は次のような流れとなっている。①搬入されたイチゴは予冷庫に搬入される。②予冷庫から出されたイチゴは選果ラインのパンに人手で載せられる。この際に目視で不良果は除かれる。③パンに載せられた果実は，

画像処理装置で形状，色が計測され，次に近赤外線センサーによって糖度などの内部品質が計測される。④2つのセンサーによって，イチゴの等階級が決定され，決められた等階級の排出口で選別ラインから排出され，パック詰め台で人手によってパックに詰められる。⑤イチゴを詰めたパックは，フィルムを被せたり，段ボール箱に詰めたりした後，予冷庫に入れられる。

　パッケージセンターの導入により，イチゴ生産者にとっては大幅な省力化が可能になり，余った労力による規模拡大が可能となった。また，産地としても一定規格の品質のイチゴが出荷可能になり，市場や消費者から高い評価を受けることになった。現在，多くのイチゴ産地で導入が進められている。

――執筆：吉岡 宏

施設栽培の高度化・大規模化・ICT化

　農家の経営耕地面積が限られるわが国では，露地栽培と比較して少ない栽培面積で高い収入が期待できることから，施設栽培は昭和年代から平成10年代中頃まで順調に面積を拡大し，昭和44年（1969）の11,337haから平成元年（1989）には44,881ha，さらに平成13年（2001）には53,516haに達した。しかし，就農者の高齢化や労働力不足による影響は避けられず，この年をピークに漸減傾向に転じ，平成26年（2014）にはピーク時より約20％少ない43,232haまで減少している。なおこの間，園芸施設の主体はビニル被覆パイプハウスであり，ガラス室は一貫して施設面積全体の4％弱で推移している[30]（図11）。

(1) 栽培施設と被覆資材の変遷

　施設の高軒高・広間口化　前項で平成期においてはガラス室の施設面積がほぼ横ばいであるとしたが，その内容をみると，平成初期にオランダから導入された高軒高連棟フェンロー型ガラス温室は，優れた作業性と作物

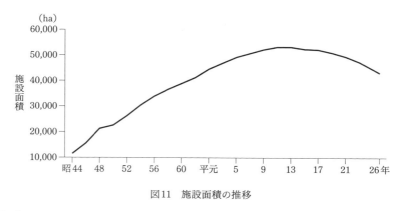

図11　施設面積の推移

栽培の環境条件の好適化が容易であることが広く認識され，これに伴いわが国の栽培施設においても，高軒高で間口の広い大規模施設の普及が進んでいる[31]。

一方，施設園芸の主体となってきたパイプハウスは，昭和期には直径19〜22mmの比較的細いパイプを用いた軒高の低い施設が多かったが，平成期に入ると，高軒高化，広間口化，連棟化の進展に伴い，台風や積雪等に対する耐性等から，直径32〜38mmあるいはそれ以上の直径のパイプを用いたハウスが多くなっている[32]。

被覆資材の変遷　パイプハウス等に展張する被覆資材では，昭和期に大半を占めた塩化ビニルフィルムは，柔軟な材質で可塑性に優れ，さまざまな形状の施設に対応が容易であるものの，材質劣化や塵埃付着などによる透明度の低下のため，毎年あるいは数年ごとの張り替えが一般的であった。昭和終期から平成初期になると被覆資材に大きな変化がみられるようになり，強度に優れて長期展張が可能なPO（ポリオレフィン）系フィルムに移行し，さらに平成20年代には，透明性に優れ，長期展張の可能なフッ素系フィルムの普及も徐々に拡大している[30]。

施設の構造　平成10年代に入ると，国が推奨する低コスト耐候性ハウスが，台風や積雪に強くて作業性にも優れ，また導入コストが手頃であることなどから，全国各地の大規模ハウス団地に普及した[32]。

(2) 施設作物管理技術

平成期を通じて開発・普及が進んだ施設生産における作物管理技術としては，局部温度制御技術，炭酸ガス（CO_2）施用技術があげられる。

局部温度制御 伸張成長や花芽形成など温度が重要な制御要因となる作物反応について，施設全体の温度制御により作物を制御するのではなく，温度制御に効果的に反応する特定部位を集中的に加温あるいは冷却することにより，エネルギーコストを抑えて効率的な作物管理を可能にする技術である。

昭和期にもナスやバラなどの施設栽培では，株元を集中

クラウン部に接触させた手前のチューブに
冷水や温水を流して局所的に温度を制御

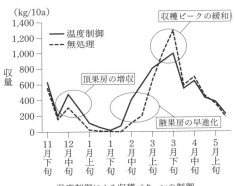

温度制御による収穫パターンの制御
（原図：農研機構九州沖縄農業研究センター）

図12　イチゴのクラウン温度制御

的に暖めることにより低温期の成長を促進する「株元加温」が一部で取り組まれてきたが，平成前期に大きな進展がみられた分野としては，イチゴの「クラウン温度制御」をあげることができる。本技術は農研機構九沖研により開発が進められ，促成栽培における定植後の気温が高い時期には，クラウン部を冷水チューブ等で冷却することにより花芽分化を前進・安定化し，温度が低下してくる時期には，温水チューブや電熱線等でクラウン部のみを加温することで，低温による生育遅延や休眠突入を回避する（図12）[33]。本技術については，導入コストや効果の安定性など幅広い面から，冷却や加温の資材や方式の検討が重ねられ，促成イチゴ栽培の安定化に有用な技術として普及・定着してきた[34]。

このような考え方は，周年あるいは長期栽培される多くの施設園芸作物にも適用され，たとえばトマトの周年長期多段どり栽培では，高温期には成長点付近を集中的に冷却，低温期には加温することにより，周年を通じて安定収量を可能とする技術の実用化が試みられている[35]。また，養液栽培では根域を加温制御することにより，相対的に低い地上部温度でも経済栽培を可能とする「根域温度制御技術」が各地で取り入れられている[36]。

　炭酸ガス（CO_2）施用　光合成に必要な二酸化炭素の濃度が低下する時間帯を中心に，人為的に炭酸ガスを栽培環境中に付加することにより，光合成の低下を回避し，収量や品質を確保する技術である。昭和30年代からトマトやメロンで利用されてきたが，コストや効果面での限界から普及は停滞しており，昭和期終盤には施設面積の3％程度にとどまってきた。

　平成初期にオランダ型の環境制御技術が導入され，これを受けて日本型施設生産技術の開発が活性化するなかで，炭酸ガス施用技術への関心が高まり，施用効果，コスト，管理作業効率など幅広い面から，施用方式や施用濃度の検討が進められた。

　施用方式については，コストと施設管理の両面から，燃焼方式（灯油またはLPG）と液化炭酸ガス方式に大きく整理される。施用濃度については，外気温がまだ低く閉鎖環境にある栽培施設において，日の出による光合成活性上昇に伴い施設内炭酸ガス濃度が急速に低下する午前中の時間帯を中心に，外気環境レベルの炭酸ガス濃度（400ppm程度）に制御することで光合成による物質生産を確保する方法が確立され，大規模施設を中心に導入が進んでいる[37]。

(3) 施設環境制御技術の高度化・ICT化

　ICT化の促進課題　平成27年（2015）に農林水産省は，「ICT農業の現状とこれから（AI農業を中心に）」を公表し，日本農業における生産農業所得の低下や基幹的農業従事者の高齢化進行等の課題，また暗黙知や経験則が多い特質を踏まえ，今後の日本農業においては，ICT化の促進により以下のような課題に取り組むことが重要であるとしている[38]。

①生産の効率化・高付加価値化・省力化・低コスト化，②経営や業務運営の効率化・高度化，③暗黙知（他者との客観的な共有が難しい個人的な経験や勘に基づく知識）・ノウハウ（技術の完成や応用に必要な技術的知識や経験等）などの見える化（生産物や作業内容等の情報を関係者間で具体的に共有すること）・知財化（新規に開発された技術・品種・著作物等について，開発者等がその利用権を専有するために法令や規則等に基づき特許や品種等として登録すること），④トレーサビリティ（Traceability；生産段階から最終消費あるいは廃棄段階までが追跡可能な状態）の確保とGAP（Good Agricultural Practice；農業において食品安全・環境保全・労働安全等の持続可能性を確保するための生産工程管理の取組み，世界120か国以上に普及しているGGAP〈GLOBALG. A. P.〉，日本GAP協会によるJGAP，都道府県版GAP，JAグループのGAP等がある）への対応，⑤これらを担う人材の育成。

大型施設から中小施設へ　施設園芸分野では，昭和期においても，温度，日射量，炭酸ガス濃度などの作物生育環境を好適に保持し，目的とする時期に十分な収量や品質を得るため，加温機，換気扇，保温カーテン，電照施設など多様な機器が利用されてきたが，各機器は個別制御が一般的であった。昭和期後半になると，各種センサーを活用して各機器を相互に関連付けて制御する「複合環境制御技術」が提案され，一部で普及した。さらに平成中期以降には，これにICTによる環境制御技術が加わることで「統合環境制御技術」に発展している[39]。

その一つとして，関連分野の研究者や企業によるユビキタス環境制御システム研究会が開発したUECS（Ubiquitous Environment Control System）がある。これは，作物を取り巻く環境要因の変動に応じて，常時可変的に生育環境を最適制御することにより，作物のもつポテンシャルを最大限に引き出す技術である[40]。

これまでは，コスト面の制約から大規模施設への導入が先行してきたが，平成20年代になると汎用の工業部品や製品の利用による大幅な低コスト化，複数施設の効率的かつ一体的な管理のための無線制御システム開

発などが進み，わが国の施設園芸の主体を占める中小型施設による複数棟経営への統合環境制御システムの普及はようやく入り口段階にきている。

養液栽培と植物工場の普及・発展

　養液栽培システムとしては，昭和40年代にはプラスチック成型品に培養液を循環させる湛液型水耕（Deep flow technique），昭和50年代後半にはイギリスで発展途上国用に少ない資材で生産する技術として開発されたＮＦＴ（薄膜水耕，Nutrient Film Technique）を中心とする高設型簡易水耕が利用されてきた。さらに，オランダから導入されたロックウール栽培も加わり，昭和期後半の養液栽培は多様なシステムが並存してきた[41]。

(1) 養液栽培システムの発展・普及

　平成期に入るとこのような養液栽培システムに関する状況は次第に整理され，平成20年代にはレタス，サラダナ，ホウレンソウなど葉菜類等の周年栽培（年間5～8作）を中心に利用される高設型簡易水耕（ＮＦＴを含む），またトマトなどの果菜類を中心に利用される国産ロックウールやヤシガラを培地とする長期栽培の2方式に集約されてきた[41]。

　これらのシステムの普及には，装置面や手法面でのさまざまな基盤技術の開発・蓄積が大きく貢献している。特に，昭和期の国産ロックウールは品質面の問題から安定した栽培が難しかったが，平成期に入ると飛躍的に改良が進み，現在では多くの花きや野菜で広く利用されるようになっている[42]。

　また，促成イチゴでは，平成中期からヤシガラを基本培地とする高設栽培の面積が徐々に拡大傾向にある[43]。なお，農研機構野茶研が開発したトマト低段密植栽培は，高設型簡易水耕を基本として，1～3段まで収穫する低段栽培を連続的に組み合わせることにより，周年生産を可能とする生産システムである[44]（図13）。

(2) 養液管理技術の発展

養液管理手法の進化 養液管理は，それまでの生育段階別に，一定時間に，一定濃度の液肥を一度に施用する「時間制御」，「濃度制御」，「多量灌液」から，平成中期には，生育段階ごとの養分必要量や光合成有効日射量に応じて施用する「量的制御」や「日射比例制御」，培地環境の急激な変動による作物体へのストレスを抑制する「少量多頻度灌液」が導入された。これにより，たとえばトマトの養液栽培では，果実肥大に必要とされる以上の過大な栄養成長が抑制されることで，葉が過繁茂にならずに採光性が改善され，

栽培風景。栽植密度5,000株/10a程度で1〜3段の短期栽培を周年反復

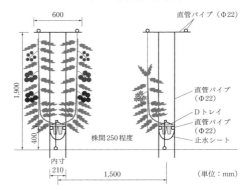

栽培模式図（原図：農研機構・黒崎秀仁）

図13　トマトの低段密植栽培

抑制された草勢や草姿から同等以上の果実収量が安定して得られるようになった[45]。

また，これまでの養液栽培システムでは，培地に施用された後，作物が吸収しなかった液肥部分は廃液として系外に排出されることが一般的であった。これには，液肥の構成成分によって作物の利用率が異なり，施用時と廃液では成分バランスが大きく変化するため，再利用における成分調整がきわめて煩雑となること，また液肥の循環利用では，水媒性病害が侵入するとシステム全体に一気に拡大するおそれがあることなどが関係している[46]。

完全閉鎖型養液栽培システム　しかし，平成中期以降には，系外に廃液

を出さない完全閉鎖型の養液栽培システムの開発と普及が進んでいる。たとえば，東京都農総研センターによる「東京式養液栽培システム」では，施用後に作物に利用されなかった培養液は培地下部の透水性シートを通過してシステム下部に集められ，培地の乾燥程度に応じて給水リボンを通して再利用されるため，作付期間を通して廃液を生じない。本方式では，作物が必要とするだけの養分を毎日施用する「量的制御」の考え方が基盤となっている[47]。

(3) 植物工場

　平成21年（2009）に，植物工場に対する社会的な関心の高まりを受け，農林水産省と経済産業省による「農商工連携研究会」に「植物工場ワーキンググループ」が設置された。本ワーキンググループでは，周年・計画生産が可能な栽培施設として，すべての環境条件を人為的に制御することにより作物生産の最大化を実現する「完全人工光型植物工場」，そして太陽光を最大限に活用しつつ高度な統合環境制御システムにより作物生産の最適環境を創出する「太陽光利用型植物工場」の2類型が提示された[48]。

　実証事業の成果　平成22年（2010）に開始された実証事業では，農林水産省6拠点，経済産業省8拠点で植物工場が設置され，これを呼び水とした全国への普及拡大により，平成28年（2016）には太陽光利用型が126か所，完全人工光型が197か所，併用型が31か所に達している。実証段階ではあるが，これまでに太陽光利用型植物工場では年間10a当たり60t，完全人工光型植物工場では同70tのトマト収量を上げた事例が報告されている。通常の施設栽培では同20t程度，高度な技術を有する熟達者でも同30～40tであることを鑑みると，植物工場の収量は驚異的な水準といえる[49]。

　このような高い収量を可能とする要因として，1日を通じた光合成と果実への転流の最大化，呼吸による消耗の最小化など，トマトの発育と物質生産に関する生理生態的な研究成果の着実な適用を指摘することができる。

高コストへの対応 植物工場では初期投資に加え，日常的な運転に要するコストが課題となっている。この対応として，たとえば平成20年代以降に開発・普及が進んだLED*は，発熱が小さいことから作物体の至近距離からでも照射できるため，相対的に少ない

図14　太陽光利用型植物工場でのトマトの長期栽培（長野県下，5.3haハウス）

電力コストで経済栽培可能としている。また，初期投資の相当部分を占める環境モニタリングおよび制御システムでは，これまでは専業的企業による一体的なシステム開発が先行してきたが，最近では個別部品レベルに先導的技術を有する関連企業等の参画により，より低価格で汎用性の高いシステムの開発に成果がみられている[49]。

人工光型植物工場　この分野では，特に他産業分野からの参入が顕著であるが，単価の低い葉菜類が主体であるため，運転コストとのバランスから採算面に問題のある場合も少なくない。このような課題への対応として，カリウム低含有レタスなど，健康機能性面から付加価値を高めた生産も可能となっている[50]。

太陽光利用型植物工場　平成25年（2013）から農林水産省の「次世代型施設園芸導入加速支援事業」により，全国10拠点でトマト，パプリカ，イチゴなどの太陽光利用型植物工場が展開されている（図14）[49]。

なお，太陽光利用型植物工場におけるトマト栽培では，年間10a当たり70tを超えるオランダに対して，わが国では40t程度と大きな収量差があり，高糖度が求められるわが国では物質生産からみて収量性に限界があるとされる一方で，これまでの日本型施設を前提として育成されたトマト品

---

* Light Emitting Diode：発光ダイオード，順方向に電圧を加えると電子のエネルギーが光エネルギーに直接変換される半導体素子。青・赤・緑等の単色を基本に，これらの組合わせや蛍光塗料の利用により多様な中間色が開発されている。

種は高度制御された環境条件を十分に活用できる遺伝的特性を保有していない可能性が指摘された。このような考え方に基づき，平成28年（2016）には農研機構野花研により最適な統合環境制御下でオランダの収量水準に迫る高い収量性の日本型トマト品種「鈴玉」が育成されている[51]。

――執筆：望月龍也

グローバル化対応技術

経営体の強化・拡大

わが国の野菜農家の経営規模は零細で，海外との競争に耐えられない体質を抱えている。近年意欲的な担い手のいる経営体では，借入や耕作受託などによる農地の集積で規模拡大し経営の強化・拡大を図る事例が増加した。また，作目・品目を組み合わせた複合経営から生産，流通，加工を含めた複合経営の多様化が進行し，その地域の社会的・地理的環境を活用した六次産業化が急速に進展した。ここでは平成の時代に普及した技術をその地域に適合したかたちで取り入れ，経営の安定・強化を図った事例を紹介する。

(1) 規模拡大による経営強化の例

露地野菜の機械化一貫栽培　群馬県長野原町でキャベツ，レタス，ハクサイの3作物の露地栽培をしている（有）橋爪農園[52]は，浅間山麓の高原で昭和43年（1968）に4haのレタスからスタートした。平成13年（2001）農地を集積し15haに，平成22年（2010）には上記3品目を基幹とし，家族4名，臨時雇用7名で，31ha強の経営となった。

3種野菜の輪作体系を確立して病害虫対策を施し，大型農業機械を効率的に利用している。特徴は早期定植・早期出荷を可能にするため，融雪法，セル苗利用の小苗定植，マルチ栽培，土づくりなどで独自に開発した技術を駆使し，露地野菜大規模経営・機械化一貫栽培による高位安定経営の好

例といえる。

都市近郊型農業　東京都八王子市の鈴木農園[52]は，昭和42年（1967）に養蚕と畑作物の複合経営として就農し，翌年，野菜の将来性を予測して，12aのビニルハウスでトマト栽培を始めた。昭和51年（1976）に無農薬・減農薬栽培に転換，販路も市場出荷から地域生協・個人直売に替えた。無農薬栽培の基本となる輪作体系を可能にするため，平成13年（2001）に市街化区域内の農地を売却し，近接の市街化調整区域の遊休地を購入し，同24年（2012）には経営規模を4haに拡大した。

ハウスも，12aから31aに増設し，長期展張可能な被覆材に替え，防草シート，太陽熱処理で雑草を防ぎ，マルハナバチ授粉等で省力化を図った。栽培土壌は有機物を主体とし，毎年の土壌分析診断による施肥量の適正化と化学肥料の低減に努め，IPMによる安全な野菜づくりと環境保全型農業を実践し，労力も都市近郊農業を手助けするNPO法人有償ボランティアを活用している。都市近郊の次世代型攻めの農業の典型として推薦したい。

養液栽培　昭和52年（1977）の就農時からサラダナを土耕栽培している浜松市の（有）佐野農園[52]では，昭和60年（1985）頃から土壌病害の被害を受け，収量が以前の30％にまで激減したため，昭和62年（1987）に同じ問題を抱える地域のサラダナ部会員とともに当時としてはわが国に普及し始めたばかりの高設NFTを自作し，8年かけて全面積に養液栽培を導入した。300aの水耕ハウスの大半でサラダナを周年栽培し，土耕時の年4作から養液栽培にして8.5作が可能になり，かつ土壌病害がなくなり，高位安定生産を実現した（図15）。

一方，後継者が就農した平成15年（2003）からは経営の安定化を図るためにトマトの養液栽培も導入し，静岡県農試が開発・普及したワンポッ

図15　サラダナの高設NFTによる養液栽培

ト養液栽培を導入し，少量多頻度灌液で高糖度果実の生産が可能となり高収益をあげている。養液栽培の新技術をいち早く導入し，それに付随した最先端技術を吸収・消化して成功した好例である。

(2) 多様化による経営強化の例

地域資源活用型の六次産業化　滋賀県草津市の（株）アグリケーション[52]は創業者が流通系商社勤務の経験を活かして，消費者が求める農業の実践者として，平成9年（1997）に起業した。自社農場露地4ha，ハウス2.5haのほか，地域の契約農家の圃場に，県内の河川道路維持管理で剪定された枝木や雑草など地域内粗大有機物資源を自社で長期間発酵，切り返し等を行い作成した有機質肥料を施用した土づくりを実施している。これを施用し生産した良品質の青ネギを，平成11年（1999）「養土育」としてブランド化し，青果のほかに加工販売も行っている。

六次産業化を進めるなかで一次生産物の品質にこだわりをもち，栽培中にネギ内の糖類と硝酸態窒素の含量を適宜測定し，最適時に収穫・加工している。平成16年（2004）に自社の加工場をもち，カットネギ製造中に出る辛み成分を抑える技術を開発して「ネギサラダ」として商品化し，平成27年（2015）には乾燥ネギ事業にも取り組んだ。六次産業化は発展していく過程でおおむね一次産業の生産部門が軽視されがちななかにあって，消費者が求める一次産品の作出に努力を重ね，地域社会との連携を軸に経営を発展させた好事例である。

伝統的作物で地域農業を先導　福井県大野市の（合）上田農園[52]は，「上庄さといも」の有名な大産地のなかにある。このサトイモは大きいうえに，1株に子イモがたくさん着くため，1株で約3kgになり，収穫や運搬作業が労力負担になっていた。そこで，このままでは高齢化が進み，産地が消滅してしまうことを危惧し，平成15年（2003）から農機具会社と共同研究を重ねて，平成20年（2008）このサトイモ品種とこの地域の重粘な土壌に適合した専用収穫機を開発した。さらに，平成23年（2011）には施肥，畝立て，マルチ張り，植付け，収穫，作業舎までの運搬などといった全工程の

機械化一貫体系の確立に成功し，自社のサトイモ経営も1.2haから2.2haに規模拡大し，地域のサトイモ経営者にも広く普及させ産地の活性化に貢献した。

平成23年（2011）には特産サトイモの付加価値を高めるため自社で加工施設をもち，自社ならびに地域農業者に委託されたサトイモ加工に乗り出し，「コロッケ」や「ころ煮」などの商品化を図り，米の加工にも事業を発展させた。地域農地の受託が増加するなかで，これまでのイネ＋オオムギ＋ダイズの2年3作ローテーションでは地力の消耗と耕作の行き詰まりが予想されるため，開発したサトイモ専用収穫機が活用できるジャガイモや，オオムギの播種機が活用できる子実用トウモロコシを導入し，高度輪作体系を構築し，地域農業を先導している。伝統的産物を維持・発展させつつ，大転換期を迎えつつある地域農業の農企業者として注目される。

先端的施設園芸　福島県いわき市の（有）とまとランドいわき[52]は，平成15年（2003）に大型連棟ガラス温室2.3haにオランダ式養液栽培をトマトで導入し，平成22年（2010）には培地をロックウールから環境負荷の少ないヤシガラに転換，灌液も日射比例の循環方式を採用し，生産資材とコスト削減に成功した。最先端のICT技術と環境制御機器を駆使して，病虫害の発生しにくい環境づくりと生物農薬を組み合わせたIPMとJGAPにより，安全・安心な生産に配慮している。

収穫適期の温室棟は市民に開放し，観光農園や体験学習などに利用し，平成19年（2007）以降温室に併設した直売場では，青果のほか，自社トマトで委託加工したジュースやジャムなどの加工品を販売している。先進的園芸施設と設備を備えた農場を癒しの場，食育の場として市民に広く開放しつつ，経営的にも発展を続ける次世代の農業を担う理想的な姿にエールを送りたい。

輸入と輸出

(1) 野菜の輸入,変遷と問題点

輸入の急増と残留農薬問題　平成に入り中国からの生鮮野菜の輸入が急増し,平成13年(2001)政府は国内産地保護のため特にネギと生シイタケに対しセーフガード暫定措置を発動した。同年12月にセーフガードの本発動中止が発表されると同時に,中国国内で流通している生鮮野菜の47.5％に残留農薬が検出されたという「毒菜報道」があり,平成14年(2002)2月にわが国でも厚生労働省が中国から輸入される生鮮・冷凍野菜の検疫体制を強化し,以降冷凍ホウレンソウを中心に基準を超える残留農薬の検出が続発した。

この残留農薬問題は,食の安全・安心に対する消費者の関心を喚起したが,平成14年(2002)8月には国内産野菜にも無登録農薬の使用が発覚し,食の混乱はピークに達した。翌15年(2003)には農薬取締法,食品衛生法などが次々に改正され,国内の混乱は沈静化に向かった。

消費者から輸入野菜は敬遠され,特に平成21年(2009)までは中国からの輸入は減少し続けたが,翌22年(2010)から再び増加に転じた。しかし,平成25年(2013)以降輸入総量は260万tちかくで頭打ちで推移している(図16)。輸入相手国は中国が約50％で,次いでアメリカ(約20％),ニュージーランド(5％)で,生鮮野菜の輸入品目ではタマネギ(37％),カボチャ(13％),ニンジン(9％),ネギ(7％),ゴボウ(5％)となっている[16]。

加工・業務用需要への対応　消費者の輸入野菜敬遠はいったんは回復基調にあったが,その後も伸び悩みが続き,加工・業務用にもその影響が出始めた。その反動として,表1に示したように,加工・業務用需要のうち国産野菜の占める割合は平成17年(2005)の68％を最低とし,わずかずつではあるが平成27年(2015)は71％まで回復し,その分だけ自給率が高まったといえる[16]。

今後,この分野の需要を進展するための方策として,同質・多量・周年

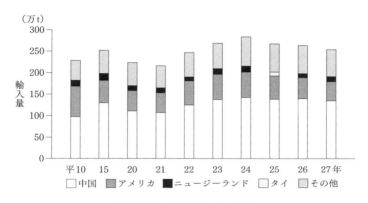

図16 国別の野菜輸入量の推移
資料:財務省「貿易統計」

という加工・業務用のニーズに応えるためのサプライチェーンの構築を急がなければならない。その前提として,安全・安心・高品質を特徴とし,生産コストの低減で経営改善を図る必要がある。それには地域に合った経営規模とそれに見合った機械化・省力化が必須である。現時点では,宮崎県小林市の(有)四位農園[53]のように,業務用野菜を流通対象とした大規模野菜経営の先進的事例がでてきており,このようなタイプの経営が増加することが予想されている。

(2) 野菜の輸出,現状と問題点

増大する野菜輸出 野菜の輸出は平成初期にはタマネギを主要品目として10億円規模であった。平成19年(2007)には台湾向けナガイモの輸出が軌道に乗り,33億円と飛躍的に増加した。

その後,タマネギ,キャベツ,ニンジンなどが加わり,台湾,香港,アメリカなどへ順調に増加した。平成23年(2011)東日本大震災の被害により,台湾,香港など主要な輸出先国が農産品の輸入停止措置をとり,輸出量は激減した。その後輸入制限は解除されたものの,風評被害が長引き,ようやく平成27年(2015)頃から上向きに転じた。

国の輸出奨励策が実を結び,平成29年(2017)の農林水産物・食品の

表8 野菜の輸出品目と輸出額（単位：億円）

品目名	平成28年	平成29年	増減率
ナガイモ	25.6	25.3	▲ 1.1%
イチゴ	11.5	18.0	56.6%
メロン	3.3	4.2	27.3%
キャベツ	1.6	2.1	31.3%

資料：財務省「貿易統計」を基に農林水産省作成

輸出額は5年連続で過去最高を更新し，農産物は4,966億円で前年度より8.1％増加した[16]。個別の野菜では，ナガイモ（台湾・アメリカ），イチゴ（香港・台湾），メロン（オマーン・香港），キャベツ（香港・台湾）などで，平成29年（2017）はイチゴが前年より56％増と躍進した（表8）。このなかで，品質面から高い評価を得ているイチゴとメロンは今後の成長株と期待されている。

和食への注目　平成25年（2013）「和食」がユネスコの無形文化遺産登録となった。海外では日本食への関心は高まっており，海外の日本食レストランは平成29年（2017）で約11万8千店となり，2年間で3割増加した[16]。農林水産省は平成25年（2013）「農林水産物・食品の品目別輸出戦略」を策定し，日本の食文化の普及に取り組みつつ，日本の食産業の海外展開と日本の農林水産物・食品の輸出促進を一体的に展開することにより，今後10年間で輸出額を倍増させる計画を立てた。そのなかで海外の新規市場の戦略的開拓として，EU，ロシア，中東などをあげている。

輸出を長期・継続的に維持・拡大していくには，輸出相手国の文化・経済状況を調査し，平均的庶民の食生活の習慣や嗜好について十分に調査研究し，種類・品種・時期・形状などを検討する必要がある。また，輸出する場合，相手国やその国の流通サイドが独自の規制や基準を定めている場合が多いので，国内での生産・調製・流通などの工程，さらにはGGAP（GLOBALG. A. P.）では自然環境・作業環境・労務管理まで徹底した管理が要求される（図17）。

海外現地生産・現地消費　平成28年（2016）頃から，食品関連商社，食

品流通・加工企業，先進的農業企業体などから，野菜の海外現地生産・現地消費の試行が始まりつつある。日本産野菜の品質の良さは全世界に知れわたっているため，わが国の優れた野菜品種の種子，栽培技術，養液栽培・施設栽培といった農業インフラ，ICT技術を活用した遠隔無人化栽

図17　国内家計用，加工・業務用に加えて輸出用にまで販路拡大を目指し計画的・大規模栽培を展開する群馬県キャベツ栽培

培技術などを駆使すれば，国産品同等の品質を備えた生鮮野菜が現地で生産されることになり，検疫・関税の問題を回避でき国内産野菜の輸出より効率的である。ただ，この試みもあくまでも現地の富裕層等をターゲットとしたものであってほしく，生産物の逆輸入による国産農産物との競合は絶対に避けなければならない。

——執筆：伊東　正

今後の技術展望

経営からみた技術の方向性

(1) ICT化・先進化による若者の取込み

　グローバル化が進展するなか，国際競争力を強化するため，ICT，AIなどでハイテク武装した「日本型規模拡大」の実践が望まれる。国土の狭いわが国の実情では大規模化といっても巨大農場は望めず，複数農場を管理することにつながる。ハイテク化が進行した現在では，複数の農場や温室を一元的に管理・監視できる設備・装置をもち，かつ地域資源や文化と関連性をもった日本型規模拡大を推奨したい。ドローン空撮で作物の診断と管理・病害虫診断などを行い，GPSを利用した大型農機具で作業や防除

を行う大規模経営，さらには地域の特産物や自然環境を活用したグリーンツーリズムなどを取り入れれば，若者たちに大きな魅力と夢を与え，後継者不足を緩和できる。

(2) 快適化と環境に配慮した技術の開発・導入

日本農業はいま，労力不足と就農者の高齢化に直面しており，この問題を解決せずして農業の将来はないといっても過言ではない。それには「楽しい農業」，「科学する農業」，「環境に優しい農業」，「儲かる農業」などを目標に掲げることで，若者を後継者として経営内に取り込むことが必要である。

これまで開発された技術の多くは省力・高位生産に傾倒していた。これからは快適化と環境に配慮した技術の開発・導入が望ましく，現在すでに一部の経営体で導入されて農業の活性化が進んでいる。また，経営形態については家族経営から法人経営へと転換が進む一方で，企業的家族経営でも「農地相続型の経営継承」から，欧米でみられる「パートナーシップ経営」への転換も今後の若者の取込みにとってキーポイントになると思われる。

(3) 流通様式の見直し

農業経営者の多くは自らの生産物に対して，自ら価格を決めることができないこれまでの流通様式に対して不満を抱いている。生産物の市場経由率が年々減少し，多様に分化した流通様式が発達したのもそのためである。

自らの生産物を不特定多数・遠隔地の消費者に知ってもらうツールのなかった時代には「市場」に頼るしかなかった。しかし，電子情報，物流，交通事情などが格段に進歩した現代では，自らの生産物を個性豊かな包装，前処理，加工をして，自分で価格を決めて，消費者に評価してもらい，販売できるようになっている。実際，食料品の購入先をみても，一般小売店や百貨店が激減し，インターネットによる通信販売やコンビニが急増している[16]。

図18　T園芸の育苗温室
5haの育苗温室内は，制御室で任意の箇所に移動できる高設ベンチが設置され，光，温度，湿度，空気循環，CO_2濃度などの環境条件が制御可能。6月中旬撮影

(4) 野菜生産の分業化

育苗の分業化が普遍化し，六次産業化が進展している今日をみると，ちかい将来の野菜産業では，播種から栽培・収穫・販売まで同一経営体が一貫して行うのではなく，種子の生産・苗生産・施肥・移植・防除・作物管理・収穫・調製・出荷・栄養診断と措置・病害虫診断と防除・経営診断・施設保守管理等々のパーツをシェアし合い，それぞれが得意とする分野で野菜供給体制をサポートする時代の到来が予感される（図18）。

形態としては分業は明確に区分できるが，そこに至らない「委託」という形態も考えられる。農作業全般の「耕作委託」はすでに一般化しているので，「耕うん・植付け」と「収穫・出荷」は，比較的ちかい将来，分業化・委託化が起こる可能性がある。また，高い専門的知識と技術を要する土壌伝染性病害を含めた土壌管理と土づくり，病害虫診断とその防除対策，ICTによる施設栽培環境の好適化，農業経営診断などはいずれも分業化が可能であり，ホール（全体）を行う経営者とプロパー（専門）の経営者がそれぞれの技術を高め合って，切磋琢磨しながら野菜産業を興隆していくことを期待したい。

———執筆：伊東　正

参考文献

1) 環境保全型農業推進憲章制度．1997．
2) 有機農業推進に関する法律制定．2006．
3) 公財・園芸植物育種研編．蔬菜の新品種．第1巻(1959)〜第19巻(2016)．誠文堂新光社．
4) 農林水産省．1987・1993・2016．登録品種データベース．
5) 亀谷満朗・幸田佳子・津田新哉・花田薫・日方幹雄・都丸敬一．1991．日植病報．57．
6) 平野泰志．2003．日植病報．69．
7) 梅川學・宮井俊一・矢野栄二・高橋賢司編．2005．IPMマニュアル—総合的病害虫管理技術—．養賢堂．
8) 根本久編著．2003．天敵利用で農薬半減—作物別防除の実際—．農文協．
9) 新村昭憲・坂本宣崇・阿部秀夫．1999．日植病報．65．
10) Kobara Y., S. Uematsu, C. Tanaka-Miwa, R. Sato, M. Sato. 2007. Proc. 2007 Annu. Int. Res. Conf. Methyl Bromide Alternatives and Emissions Reductions.
11) Uematsu S., C. Tanaka-Miwa, R. Sato, Y. Kobara, M. Sato. 2007. Proc. 2007 Annu. Int. Res. Conf. Methyl Bromide Alternatives and Emissions Reductions.
12) 一楽照雄ほか．1989．有機農業の提唱．日本有機農業研究会(編集・発行)．
13) 石塚虎雄．2008．農業．平成20年3月号．
14) 金子美登．2008．農業．平成20年12月号．
15) 吉川直毅．2009．農業．平成21年4月号．
16) 農林水産省．2019．野菜をめぐる情勢．
17) 西貞夫・崎山亮三．1993．育苗方式を異にする苗の一般名称について．農業および園芸．68．
18) Takakura T., M. Hayashi, A. Kano, E. Goto. 1992. Transplant Production Systems. Acta Hort. 319.
19) Ito T., F. Tognoni, T. Namiki, A. Nukaya, T. Maruo. 1995. Hydrponics and Transplant Production. Acta Hort. 396.
20) 農研機構農業技術革新工学研究センター．2018．緊プロ事業の歩み．革新工学センターHP．
21) 板木利隆．2004．幼苗接ぎ木苗生産システムの開発およびその実用化．農林水産技術研究ジャーナル．27．
22) 野菜茶業研究所．2011．野菜の接ぎ木栽培の現状と課題．研究資料．第7号．
23) 布施順也．2014．人工光・閉鎖型苗生産装置「苗テラス」の仕組みと活用法．農業技術大系・野菜編．第2巻．農文協．
24) 東北農業研究センター．2006．288穴セルトレイによるネギの播種・育苗・移植システム．平成17年度東北農業研究成果情報．
25) 勝野志郎・岩崎泰史．2008．ネギ平床移植機の開発．農業機械学会誌．70．
26) 屋代幹雄．2010．露地野菜作において肥料・農薬施用量を大幅に削減できる「うね内部分施用技術」．特技懇．256．
27) 生物系特定産業技術研究支援センター．2013．機上選別・調製で大型コンテナ収容を行う高能率キャベツ収穫機．平成24年度農研機構研究成果情報．

28) 深山大介．2018．野菜生産における機械化の現状．野菜情報．2018年1月号．
29) 東北農業研究センターほか．2016．東北・北陸地域におけるタマネギの春まき栽培技術（技術解説編）．東北農研HP．
30) 農林水産省生産局．2014．園芸用施設の設置状況．
31) 農林水産省農林水産技術会議．2005．農林水産研究開発レポート．No.14．
32) 農林水産省．2017．農業資材に関する施策の展開方向．
33) 農業・食品産業技術総合研究機構．2008．平成19年度研究成果情報（九州沖縄農業）．
34) 佐賀県上場営農センター・九州沖縄農業研究センターほか．2013．低コスト局所温度制御を駆使した所得1,500万円のイチゴ経営マニュアル．
35) 河崎靖．2010．施設と園芸．150．
36) 藤尾拓也ほか．2010．東北農業研究．61．
37) 農林水産省生産局．2016．日本の施設園芸をめぐる情勢．
38) 農林水産省食料産業局．2015．ICT農業の現状とこれから（AI農業を中心に）．
39) 農林水産省．2014．次世代施設園芸の全国展開．
40) 星岳彦．2008．農業情報研究．17．
41) 農林水産省．2013．養液栽培施設の方式別・種類別設置実面積の推移（野菜）．
42) ロックウール工業会．ロックウールQ＆A．ロックウール工業会HP．
43) 宮城県農業園芸研究所．2002．研究成果情報（東北農業）．
44) 渡邊慎一．2006．野菜茶業研究集報．3．
45) 寺林敏．2007．ハイドロポニックス．20．
46) 農林水産省．2017．最新農業技術・品種2015．
47) 東京都農林水産振興財団．2018．東京式養液栽培システムの概要―トマトの栽培管理とシステムの設置マニュアル．
48) 農林水産省経済局・経済産業省地域経済産業グループ．2009．植物工場ワーキンググループ報告書（概要版）．
49) 日本施設園芸協会．2016．大規模施設園芸・植物工場―実態調査・事例集．
50) 小川敦史．2015．第12回植物工場機能性素材協議会．
51) 農業・食品産業技術総合研究機構野菜茶業研究所．2016．「鈴玉」（品種登録出願）．
52) プロ農業20代表 全国農業コンクール．第64回（2015）・第63回（2014）・第57回（2008）・第65回（2016）・第65回（2016）・第62回（2013）．毎日新聞社．
53) 四位廣文．2018．農業．平成30年1月号．

花き園芸

花き園芸をめぐる情勢

　「花卉(かき)」とは観賞用の植物をいい,「卉」(草の意)が常用漢字にないことから「花き」と書かれることが多い。日本の農林水産統計では,切り花類,鉢もの類,花壇用苗もの類,花木類(植木),球根類,芝,地被植物類が含まれる。平成26年(2014)に施行された「花きの振興に関する法律」でも「『花き』とは観賞の用に供される植物をいう」とされ,これらすべて7つを含んでいる。

　しかし,ふつう花きといえば,狭義の切り花,鉢もの,花壇用苗ものを指すことが多く,本章でも花き園芸としてこれら3種類について取り上げる。その特色として,食べ物でなく,嗜好品であり,飽きられやすい,新奇性,多様性が求められ,品質の低下が早く日持ちが重視されるなどがあげられる。また,取り扱う種類・品種数が多く,高品質のものが求められ,それに応えるため高度で集約的な栽培技術が必要とされる。

　花きの生産は,高度経済成長の波に乗って拡大の一途をたどり,昭和52年(1977)には生産額が初めて1,000億円を超え,平成元年(1989)には3,007億円と,この間の12年で3倍という驚異的な成長を示した(図1)。その後も成長を続け,特に平成2年(1990)に大阪鶴見で開催された「国際花

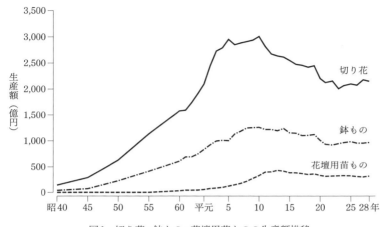

図1　切り花・鉢もの・花壇用苗ものの生産額推移
出典:「生産農業所得統計」,「花木等生産状況調査」

と緑の博覧会」,いわゆる「花の万博」の前後数年の伸びは顕著であった。ただ,花きの生産額は他の農作物に比べ非常に小さく,ピーク時の平成10年(1998)でも4,597億円で,農業全体に占める割合は4.7%弱であった。

　その後,バブルが崩壊して平成の不況が続くと成長が鈍化し,平成10年(1998)以降は切り花の生産額の減少が顕著になり,平成12年(2000)以降,鉢もの,花壇用苗ものの生産額も漸減に転じた。この減少傾向はとまることはなく,平成21年(2009)には世界的な金融危機が起こり,さらに平成23年(2011)には東日本大震災が発生し,生産の顕著な減少がみられた。ただ,その減少程度が大きかったためか,その後,減少傾向はとまっている。

———執筆:今西英雄

多様な消費ニーズと需要拡大への対応

育種の成果

(1) ロイヤリティを伴う導入品種

　わが国における花きの商業生産は欧米から伝わり,戦後に本格的に発展

し，昭和40年（1965）頃から急激な成長を遂げた。主要切り花のなかで，バラ，カーネーション，ユリ，ガーベラ，アルストロメリアなどについては，海外で育成されロイヤリティ（育成者権）を伴う品種のなかから日本の生産・流通に適したものが選抜され普及してきている。(財)日本花普及センターによる品種別流通動向分析調査（平成21年〈2009〉）におけるスプレーカーネーションの上位10品種の例をみると，第7位を除き海外の育成品種で占められており，海外からの導入品種が主に利用されていることがわかる（表1）。

表1　スプレーカーネーションの上位10品種

順位	品種名	花色	占有率（％）	育成
1	チェリーテッシノ	複色	6.1	海外
2	ライトピンクバーバラ	ピンク	5.7	海外
3	バーバラ	ピンク	4.1	海外
4	レッドバーバラ	赤	2.3	海外
5	ライトピンクテッシノ	ピンク	2.1	海外
6	アメリ	オレンジ	2.0	海外
7	ライトクリームキャンドル	黄	1.8	日本
8	ウェストダイアモンド	ピンク	1.7	海外
9	ダークピンクバーバラ	ピンク	1.6	海外
10	トレンディテッシノ	ピンク	1.5	海外

出典：2011年における品種別流通動向分析調査

アルストロメリア　昭和40～50年代にオランダで飛躍的に育種が進められ，昭和60年（1985）前後に日本に本格的に導入された。現在は年間6,000万～7,000万本が生産され，主要花きの仲間入りをしている。その品種のほとんどが南米原産の野生種を遺伝資源として種間交雑により育成された三倍体（不稔で種子は得られない）となっているため，育種素材としての利用が困難なうえに，利用許諾契約で一切の増殖行為が許可されていないなど，花きのなかで最も厳しいロイヤリティが課せられている。

ユリ　園芸品種の主な遺伝資源が日本原産であり，戦前にはヤマユリ，テッポウユリなどの野生種の球根輸出が盛んに行われたほか，昭和の後半までは国産品種を用いた切り花生産が主に行われていた。しかし，平成に

入る頃よりオランダやアメリカなどの海外で育成された品種の導入が急速に進んだ。

ユリは野生種そのものの観賞価値が高いが，近縁そして遠縁の種間交雑により園芸品種の飛躍的な改良が図られた。当初の近縁の種間交雑では，①ヤマユリ，カノコユリといった野生種間の交雑によるオリエンタルハイブリッド（O），②スカシユリ，オニユリといった野生種間の交雑によるアジアティックハイブリッド（A），③テッポウユリ，タカサゴユリといった野生種間の交雑によるロンギフローラムハイブリッド（L）が生まれた。今日でもユリの代名詞的な存在であるオリエンタルハイブリッドの純白大輪品種「カサブランカ」がオランダから導入されたのは昭和58年（1983）であった。

その後，遠縁交雑が海外において一挙に進んだが，これには昭和52～55年（1977～1980）に発表された，北海道大学の浅野義人による胚培養技術と花柱切断受粉法との組合わせによる遠縁雑種の育成技術が大きく貢献している。昭和56年（1981）には，オランダ園芸植物育種研究所でユリの育種に取り組み始めたばかりのファン・タイル博士が3週間の日程で来日し，浅野を訪ねるとともに沖永良部島を含めユリの生産地を視察した。その後，オランダでテッポウユリ（L）とアジアティックハイブリッド（A），あるいはオリエンタルハイブリッド（O）との交雑が盛んに行われ，平成2年（1990）にはLAハイブリッド，その後LOハイブリッドが育成され，花色や花型の変異が大きく拡大した。さらに，中国に自生する耐病性に優れた野生種とオリエンタルハイブリッドとの交雑によるオリエンペットハイブリッド（OT）も平成12年（2000）には生まれ，オリエンタル系に黄色が加わった（図2）。

なお，日本では，昭和63年

図2　オリエンペットハイブリッド（OT）品種「コンカドール」

(1988)までは隔離検疫制度により輸入された球根はすべていったん隔離栽培され，健全な球根のみが生産に供されるにとどまっていた。ところが，「花の万博」にオランダが出展するのを機に，現地のオランダで検疫を行う制度が導入された。これは隔離検疫制度の緩和と呼ばれているが，事実上の球根輸入の自由化につながった。昭和63年（1988）のチューリップに続き，平成2年（1990）にユリでこの制度が導入され，以降，世界最大の球根生産国であるオランダから，これらユリ新品種の球根が大量に輸入されるようになった。平成以降にユリの国内育種が下火になり，海外品種への依存が急激に進んだことは，球根輸入の自由化が大きくかかわっている。

(2) 国内で育成された多様なF_1品種

　花のF_1育種ではわが国が世界を席巻している種類がある。ここでは，主だったものを紹介する。

　リンドウ　日本原産で，昭和20年代に長野県で栽培が始まった。岩手県園試の吉池貞蔵は昭和42年（1967）にリンドウの育種を開始し，他殖性で近交弱勢が著しい問題を集団選抜法により解決，昭和52年（1977）にリンドウでは初めてのF_1品種「いわて」を育成したのに加え，早生から極晩生までの品種を育成し長期出荷体系を確立した。これにより昭和60年（1985）以降，岩手県は長野県に代わって生産第1位となった。その後は，吉池の後継者である八幡平市花き研センターの日影孝志による育種の貢献が大きい。また，F_1の親系統の作出，維持に組織培養を利用する技術が確立され，品種「安代の秋」などの採種で利用されている。

　岩手県内で育成された地域オリジナル品種の「安代リンドウ」は，南半球のニュージーランドやチリで栽培契約を結び，冬期に生産され日本に輸入されるほか，オランダなどへも輸出され世界的な展開が実現している。長野県では，瀬戸堯穂が吉池の教えを受けて，平成6年（1994）以降，同様の方法でF_1品種を作り出し，また信州大学の中山昌明の指導を受け平成14年（2002）には三倍体品種の育成にも成功し，組織培養を利用して苗を

増殖し販売している（花き園芸237頁参照）。

トルコギキョウ　北米原産で，昭和の初めに日本に導入された。リンドウ科の花きで種子が微細なことから，海外ではなく手先が器用な日本人による品種改良が進んだといわれている。トルコギキョウの品種改良進展の様子が図3に示される。わが国では，ユーストマ・グランディフローラム（*Eustoma grandiflorum*）という原種に由来する品種が主に発達してきている。

昭和25年（1950）頃から自殖による固定品種が長野県の篤農家を中心に作出・維持され，紫から白・ピンクが出現した。昭和60年代に花弁の周囲のみが着色する覆輪やパステルカラーが出現し，トルコギキョウの生産・消費が一気に増大した。（株）サカタのタネから昭和61年（1986）にトルコギキョウ初めてのF₁品種「峰シリーズ」が，また平成元年（1989）には大輪八重咲きのF₁品種「キングシリーズ」が発表されて以降は，育種の中心が篤農家から種苗会社へ移った。その後，トルコギキョウでは難かしいとさ

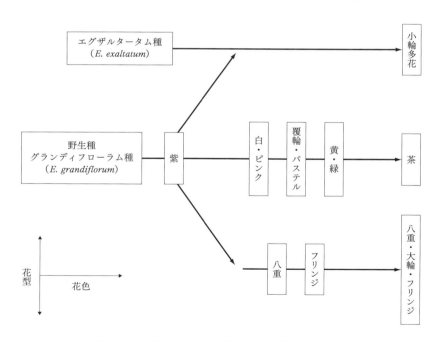

図3　トルコギキョウにおける花色および花型の改良経過

れた黄色も加わり，花色の幅が拡大した。一方，八重化と大輪化が進み，波状のフリンジの入る形質も加わり，バラやカーネーションにちかい花型への改良が進んだ。

　夏の高温期にはバラやカーネーションの日持ちが低下することから，これらに代わる花きとしての普及が広がっている。なお，小輪の野生種であるエグザルタータム種の血の入った小輪多花性の品種も育成されている。わずか数十年の間にトルコギキョウの育種は大きく発展し，アメリカ原産の花きではあるが，日本人が開発した花の代表的な存在となっており，海外にも多く輸出されている。日本における生産本数は約1億本，オランダの市場で1.4億本，世界全体ではおよそ3億本が流通している。

　ヒマワリ　北米原産で，江戸時代に日本に入った。昭和46年（1971）に福岡県の中島礼一が切り花用の品種「太陽」を育成した。本品種は相対的短日性*の特性を備え，長日条件におけば株が伸長してから開花するので，冬期でも加温と電照（夜間の電灯照明による長日処理）をすれば出荷できる切り花が得られ，本品種の登場によりヒマワリの周年生産が可能になった。

　（株）サカタのタネは「太陽」をもとに，細胞質雄性不稔性を利用して，昭和61年（1986）に初めてのF_1品種「かがやき」を発表した。F_1品種は花粉が出ずに花弁や周囲を汚すことがなかったことから，切り花としての適性が一気に向上した。その後，タキイ種苗（株）が，極早生で周年栽培が可能な「サンリッチレモン」（平成3年〈1991〉），「サンリッチオレンジ」（平成4年〈1992〉）を相次いで発表した（図4）。これらを含む「サンリッチシリーズ」は現在，オランダの花き市場で年間5,000万本出荷されており，世界レベルでは1.5億本に及んでいる。

図4　ヒマワリ「サンリッチシリーズ」

＊日長にかかわらず開花するが，短日条件で開花が早くなる性質。

(3) 遺伝子組換えによる青色品種の作出

　昭和62年（1987）著名な科学雑誌であるネイチャー誌に「トウモロコシ由来の遺伝子組換えにより生まれたペチュニアの新花色」という研究論文が発表されて以降，遺伝子組換えによる花きの開発競争が始まった。この分野での日本の研究レベルはきわめて高く，サントリー（株）によって青紫色のカーネーションとバラの実用品種が開発された。現在，日本において市場流通している遺伝子組換え作物はこれらに限られる。

　サントリー（株）の研究グループはペチュニアから青みがかった花色を生む鍵となる酵素遺伝子を単離し，カーネーションに組み込み，平成9年（1997）に「ムーンダスト」を育成した。バラについては長い年月を要したが，平成21年（2009）にパンジー由来の遺伝子が導入された「アプローズ」を育成した。さらに，研究段階における開発であるが，平成25年（2013）に農研機構野茶研とサントリー（株）との共同で青紫色のキク，平成29年（2017）には真に青いキクの作出が報告されている。これは前述の鍵酵素遺伝子の導入だけでなく，無色の助色素とのコピグメンテーションによる青色化が加わっている。ユリ，ファレノプシス，ダリアでも作出の報告があり，遺伝子組換えによる青い花の開発は新しい時代に発展しつつある。

　なお，キクは日本に野生種が数多く自生することから，作出された青いキクは日本では直ちに実際の生産に移すことはできない。不稔化技術などにより生態系への影響を及ぼさないように，さらなる工夫が検討されている。

(4) 多様なニーズに応える有用形質の付与

　生態型を利用したキクの周年生産　花きには多様なニーズがあるが，なかでも最大のニーズは周年生産である。これに応えるため，キクでは異なる生態型の育種的利用が図られている。もともと日本ではいわゆる「秋ギク」のほかに，江戸時代から「夏ギク」といった晩春から初夏に咲くキクが見つかっていたが，長野県のキクの育種家，小井戸直四郎は昭和初期から長い年月をかけて，「秋ギク」からより早い時期に開花する9月咲き，8月咲き，7月咲きの品種群を次々に育成していた。野茶試の川田穣一らがこれ

らのキクの日長反応性を調べ，24時間日長の条件では開花に至らないが，「秋ギク」では開花しない15～16時間日長条件でも開花できることを突き止めた。川田・船越桂市は昭和63年（1988）にこれらのキクを「夏秋ギク」と名付け，新たなキクの生態的分類を提唱した。

　これらの知見を利用して，平成に入り，7月咲きの夏秋ギク品種「精雲」の開花を電照により遅らせ，新旧の盆および秋の彼岸といったキクの需要期に合わせて開花させる技術が確立された。かつて電照栽培は冬から春の時期に限られていたが，「夏秋ギク」と「秋ギク」とを組み合わせることで周年にわたり電照による生産が可能となった。

　平成21年（2009）の輪ギクの生産上位10品種をみると，秋ギクと夏秋ギクがともに重要である点が理解できる（表2）。なお，わが国ではキクは，便宜上，輪ギク，小ギクおよびスプレーギクに分類されている。輪ギクと小ギクは国産品種に限られているが，スプレーギクは国産および海外品種の両方が生産されている。

表2　輪ギクの上位10品種

順位	品種名	花色	生態型	占有率（％）	育成
1	神馬	白	秋ギク	29.1	日本
2	精興の誠	白	秋ギク	10.1	日本
3	岩の白扇	白	夏秋ギク	9.3	日本
4	フローラル優香	白	夏秋ギク	7.4	日本
5	太陽の響	黄	秋ギク	4.3	日本
6	精興の秋	黄	秋ギク	3.7	日本
7	精の波	白	夏秋ギク	2.4	日本
8	精興光玉	黄	秋ギク	2.0	日本
9	精の枕	黄	夏秋ギク	1.7	日本
10	雪姫	白	秋ギク	1.5	日本

出典：2011年における品種別流通動向調査

ペチュニア野生種の新規特性利用　ペチュニアは南米原産であるが欧米で改良され，江戸時代末期に日本に入っている。わが国におけるペチュニアの育種については昭和初期の完全八重咲き品種の開発が特筆される。農事試の禹長春が明らかにした八重咲きの作成原理を元に，昭和5年（1930）

頃に坂田武雄（坂田種苗）が100％八重咲きの出現するペチュニア品種「オールダブル」を開発した。本品種は「サカタマジック」とも称され話題となったが，第二次世界大戦の始まりにより輸出ビジネスが途絶えた。

図5　ペチュニア品種「サフィニア・パープル」

近年で特筆すべきは，平成元年(1989)に京成バラ園芸（株）とサントリー（株）から出た「サフィニア」である（図5）。この品種は南米原産の野生種との種間交雑によるものとされているが，強健で横這い性の強い特性のため，冷涼なヨーロッパにおけるハンギングバスケット利用などで瞬く間に普及した。なお，こうした新たなペチュニアの育種の進展に，千葉大学の安藤敏夫の研究グループによる分類研究が果たした役割は大きい。十数回にわたる原生地調査から7種類の新種を発見し，ペチュニアの新しい分類体系を確立した。この成果は小輪のカリブラコア属品種の育成・普及，そしてペチュニア属とカリブラコア属の属間雑種の品種化にも及んでいる。

スプレー性のストック　ストックは南ヨーロッパ原産の花きであるが，20世紀にアメリカで本格的に育種が進み，わが国に導入された。栽培は昭和に入ってから無霜地帯である千葉県南房総市（旧和田町）で始まった。育種は戦後千葉大学で始まったとされるが，個人育種家による育種が昭和44年(1969)以降に本格化し，多数の品種が育成されるようになった。

当初は分枝系品種の露地栽培が一般的であったが，施設栽培の割合が高まるにつれて一本立ち系品種が主流となった。八重咲き株が約55％出現するエバースポーティング系品種がほとんどで，八重咲き株のほうが商品性は高いので，栽培にあたっては苗の段階での八重株の選別が不可欠であった。昭和57年(1982)に八重咲き株が95％以上出現するオールダブル系の品種「ホワイトワンダー」がタキイ種苗（株）によって発表され，八重鑑別が不要な画期的な品種として注目を集めた。オールダブル系品種は種

皮の色と八重咲き性の連鎖を利用し，種子の段階で一重咲きを淘汰するものであり，この頃に日本の育種レベルが世界でトップに達したといえる。

　平成5年（1993）には千葉県の黒川浩により，茎の上部で分枝して多数の小花を着けるのでスプレー仕立てが可能な品種「カルテットシリーズ」が発表された。フラワーアレンジメントなどの需要に適した特性を有することから着実に生産が伸び，現在は切り花市場の半分を占めるに至っている。一本立ち系品種についてはしばらく育種が停滞していたが，平成10年（1998）以降に黒川浩の後継者である長男の黒川幹により「アイアンシリーズ」が発表された。本品種はこれまでの一本立ち系品種にはない優れた水あげ，花持ち性を有しており，一本立ち系品種の主流となっている。

　秋〜春に連続開花するパンジー　パンジーはビオラ属のいくつかの原種間の交雑によって生まれているが，その中心的な役割を果たしているのがアルプス原産のサンシキスミレである。育種はイギリスで始まり，ヨーロッパに広がり，アメリカに渡った。わが国には江戸時代に渡来したとされるが本格的な導入は明治になってからである。昭和37年（1962）に世界初のF_1品種「マジェスティックジャイアント」が日本で生まれた。本品種は幅広い花色を揃えた大輪で，日長に関係せずに花を咲かせる四季咲き性が導入された。

　パンジーのF_1は手作業で作出されることから，細やかで勤勉な日本人ならではの賜物であるが，冬から春にかけて長く開花する特性をもつ「マジェスティックジャイアント」は昭和41年（1966）にオールアメリカンセレクションで銅賞に輝いた。現在はこの特性をさらに進めて，秋から春までのスリーシーズンにわたって咲き続ける秋咲き性の導入が進んでいる。平成13年（2001）にはパンジーの苗生産量が過去最高の2億2千万鉢に達し，平成26年（2014）でも1億4千万鉢の生産があり，花壇用苗ものの第1位を占める。近年はユニークな花色や花型の変異拡大も進められている。イギリスの個人育種家の栄養系品種からグラデーションを示す花色やフリル咲きの特性を取り入れた初めてのF_1品種「虹色パンジー」が平成16年（2004）に発表されている。

アジサイの花型と花色変異 アジサイは日本の固有種であるが，1830年頃にシーボルトによりヨーロッパにもたらされ，以降，欧米において鉢もの用に改良され，国際的に価値の高い花きとして発展した。それゆえハイドランジアや西洋アジサイと呼ばれることが多い。欧米で育種改良された品種がわが国に導入され，本格的に生産されるようになったのは昭和35年（1960）以降である。昭和45年（1970）以降，篤農家による国産アジサイの育種が開始された。

昭和63年（1988）に群馬県の坂本正次によって育成された「ミセスクミコ」はアジサイの種苗法登録品種第1号である。その後，栃木県の海老原廣，谷田部元照らも相次いで品種を育成，平成4年（1992）にオランダで開催された国際園芸博覧会フロリアード1992において，坂本の「ミセスクミコ」，海老原の「フラウレイコ」，谷田部の「ピーチ姫」が高い評価を受け，日本でも鉢ものアジサイが広く普及することになった。

今日ではカーネーションと並んで母の日向けの鉢ものとして大量に生産されるようになっている。その後も篤農家を中心としたアジサイの育種はアジサイの花型，花色の変異を一気に拡大した。坂本は平成18年（2006）に八重咲きのガクアジサイを素材として「フェアリーアイ」を育成した。本品種は花型が額咲きから手鞠咲きに変化するのに加えて，花色がピンクからオータムカラーへ変化する画期的な品種であった。

公立試験研究機関による育種も開始され，群馬県，福岡県，島根県などにより多くの品種が育成されてきている。平成24年（2012）に島根県アジサイ研究会によって作出された「万華鏡」は同年のジャパンフラワーセレクションの鉢もの部門でフラワーオブザイヤーに選ばれ，注目を集めている（図6）。なお，群馬県園試の工藤暢宏は平成7年（1995）頃からアジサイ属の種

図6 島根県アジサイ研究会育成の品種「万華鏡」

間交雑に取り組み，平成19年（2007）にカラコンテリギとアジサイの種間交雑による「スプリングエンジェルシリーズ」を発表した。これらは常緑性で，温室で栽培すると厳寒期に開花し，「冬あじさい」として支持されるようになった。

―――執筆：柴田道夫

周年生産・安定供給の進展

(1) 日長処理に基づく開花調節技術

電照により物日に合わせた小ギクの計画出荷　小ギクは春の彼岸，夏の新盆・旧盆，秋の彼岸，年末から正月という，いわゆる物日といわれる需要の多い時期には，普段の数十倍も売れる。しかし，特に夏の盆と秋の彼岸には温度による影響を受け，出荷時期を合わせるのが難しい。このため，電照に対する反応が良く，到花日数の年次変動が少ない小ギク品種を選び，輪ギク，スプレーギクと同様に，電照により開花を物日に合わせる技術が平成12年（2000）頃から生産の現場で試験された。その後，電照により花芽を形成しない「夏秋ギク」タイプの小ギク品種はごく少数であることがわかり，「夏秋ギク」タイプの品種を用いての電照栽培が普及している。

加温と電照による冬期からのダリア連続出荷　昭和40年（1965）頃，当時は茨城県園試の小西国義らが，9月に挿し芽苗を定植し，休眠せず開花にも適した14時間という日長で最低夜温を8〜10℃に維持して栽培すれば，冬期に採花できる（冬切り栽培）ことを明らかにした。この知見をもとに，茨城県の農家では秋から翌春にかけて出荷されていた。ダリアは，日持ちが悪く切り花としてほとんど使われていなかったが，平成13年（2001）頃に秋のブライダルの花として使うことを（株）大田花きの宍戸純らが提案し，秋田市の鷲澤幸治により育成された「黒蝶」（平成9年〈1997〉発表），「かまくら」（平成18年〈2006〉発表）などの新品種も登場して脚光を浴び，週末の需要に合わせて出荷されるようになった。

図7　ダリアの加温と電照によるハウス栽培

　これをきっかけに，挿し芽苗を用いた冬切り栽培が見直されることになり，ハウスでの加温・電照栽培が広まった（図7）。年内に採花した後の株を1節残して切り戻すと側枝が伸長し開花するので，翌年6月頃まで連続出荷ができる。さらに，株を基部まで切り戻す台刈りをし，そのまま据え置きして栽培し，8月下旬から電照を始めると秋から翌夏まで出荷ができる。このような栽培技術が確立され，山形県，長野県などで栽培されている。

　日長処理によるトルコギキョウ切り花の品質向上　昭和57年（1982）に長野県野花試の塚田晃久らにより，トルコギキョウは長日下で開花が早まる相対的長日植物であることが明らかにされた。平成6年（1994）頃から農家の促成栽培では，定植5日後から長日処理（20時間日長）を行い，開花を早めて1月に開花させることにより，採花後の株から5月に二番花が確実に得られるようになった。また，花芽が途中で発達を止めるブラスチングが発生せず，切り花品質が向上した。逆に抑制栽培では，定植直後から短日処理（9時間日長）を約1か月間して花芽分化を抑制し，草丈を確保するとともに秋に安定して出荷している。

(2) 温度制御に基づく開花調節技術
①低温による開花促進
　トルコギキョウのロゼット防止と打破　トルコギキョウは先述のように

図8 トルコギキョウのロゼット化した株と打破された抽台株

育種が進んだが（花き園芸219頁参照），種子の発芽適温である25〜30℃で発芽させると，茎が伸長せず節間がつまって基部の葉がバラの花弁のような形になる（図8）。バラのローズからロゼットと呼ばれ，冬の低温を経過するまで茎が伸長しない。このロゼットは発芽時の高温で誘導され，いったんロゼットになるとその打破には低温が必要であることが静岡大学の大川清らにより昭和61年（1986）に初めて明らかにされた。昭和63年（1988）には，夜間（18時〜8時）を15〜17℃に保てば，25〜35℃の昼温ではロゼットがみられないことが高知県園試の吾妻浅男らにより実証された。

その後，実際の栽培では冷涼な高冷地で，あるいは昼間は自然温度で夜間のみ15℃に冷却する夜冷育苗，または昼温25℃・夜温15℃に制御する冷房育苗で育てられた，ロゼットしない苗を植えることで秋から冬の出荷が可能になり，生産が急増した。

さらに，平成12年（2000）には福岡県農総試の谷川孝弘らにより，吸水種子を10℃で5週間低温処理する種子冷蔵処理の効果が示された。それを受けて，セルトレイに播種して約1か月間10℃で低温処理し，2〜3週間育苗して子葉が開いたばかりの稚苗を定植する方法が開発された。根にストレスを与えず定植後は直根を活かす直播きの利点と，発芽揃いが良いセル育苗の利点を組み合わせた技術であり，種苗代は購入苗の3分の1程度で済むことから普及している。

コチョウランの花芽形成促進 昭和52年（1977）に大阪府立大学の坂西義洋らにより，25℃以下でコチョウラン（ファレノプシス）の花芽が形成され花梗が伸長してくることが明らかにされた。この実験結果がラン農家を対象とする講演会で紹介されると，2〜3年のうちに，夏の間約800mの

高さに運び上げる「山上げ」という方法で,農家は秋に開花させることに成功した。また別の農家では,コチョウランは弱光下でも生育するので,強い遮光下でハウスに冷房装置を入れると25℃以下に温度を維持でき,秋に開花することを見出した。

なおこの頃は,切り花としての出荷が主であった。その後,年間を通して25℃以上に保つ高温育苗室で株を育て,盛夏期でも夜間18℃,日中28℃以下に保つ開花室に移せば約3か月で開花するので,これらの組合わせにより周年出荷するという開花調節技術が昭和の末期に確立された(図9)。

図9　冷房した開花室における開花中のコチョウラン

一方で,下垂させた花梗を3本寄せ植えして鉢ものとして出荷する技術も向上し,バブルの時代に高級ギフトとして需要が大きく伸びた。ちなみに,この開花調節技術は夏期が冷涼なオランダに伝えられ,25℃以上の高温で株を養成し,ふつうの温室で栽培すれば容易に開花させることができるため,急速に生産が増えて鉢もののトップに君臨している。

国際リレー出荷　平成に入り,コチョウランはバブル崩壊後の市場価格の低迷に直面した。これに対応するため,培養苗を購入して出荷まで約2年を要する苗生産を中国,台湾に委託し,輸入する国際リレー栽培が始まった。発端は,福岡県の生産者石志和寛で,昭和62年(1987)に中国で苗生産の委託を始めた。その様子を見に来た宮崎県の生産者土居哲美が

翌63年（1988）に台湾に苗生産を委託し，平成元年（1989）には両氏が組んで台湾とのリレー栽培を本格化させた。当初は，日本から種子を持ち込み5葉目が展開するまで育てた株を輸入していたが，次第に栄養系の培養苗（クローン苗）の持ち込みに変わり，花梗が形成された直後の株を空輸し，開花室で開花させ寄せ植えして出荷するようになった。なお，現在わが国で流通しているコチョウランのほとんどは台湾産の苗で生産されている。

台湾で日本と台湾の品種間の交雑で得られた実生（交配種名はソーゴユキディアン）のなかから，福岡県の生産者三坂廣明が選抜した「V3」という白色品種が平成8年（1996）からクローン苗として増殖されるようになった。従来の品種に比べ草姿，花色，花の並びなどが優れ，1輪目の花の手前で自然に下垂し曲げやすいこと，品種登録されていないこともあって，この品種の輸入は急速に増えた。

鉢もののコチョウランは何の手入れをしなくても1か月間楽しむことができる。この日持ちの良さに加え，周年出荷が可能，平均単価もきわめて高いこともあって，市場取扱額では群を抜き鉢もの生産のトップを占めている。

アルストロメリアの花芽形成促進　アルストロメリアは地中に存在する地下茎の腋芽が17℃以下の低温に感応すれば花芽を形成することが昭和50年（1975）頃にオランダで明らかにされ，苗とととともに地中冷却法の技術が導入された。温室のベッド地下の配管に2～3℃の冷水を循環させて地温を15℃以下に保つと，低温に感応した腋芽が伸長後，次々と開花するので周年出荷に欠かせない技術である。

ラナンキュラスの花芽形成促進　近年，人気が高いラナンキュラスについても，昭和60年（1985）に当時は神奈川県園試の大川清により，球根を5℃湿潤4週間の処理後に植えると開花が促進されることが明らかにされていた。ただ，花首が弱いため広く流通していなかった。この花には昼間に開き夜間閉じる習性があり，3回程度開閉後であれば花首が強くなることが，平成16年（2004）頃に長野県の（株）フラワースピリットにより見出された。

それを受けて採花時期を遅らせることにより日持ちが良くなり，また同じ頃から宮崎県の草野修一により新品種が次々と発表され，市場に多く出回るようになった。低温処理球は寒冷地では10月下旬から開花し，最低3℃の栽培で1株当たり10〜15本の採花ができる。多様性と抜群の日持ち，フロリアード2012における高い評価により生産が増えた。

②低温利用による開花抑制——ユリの氷温貯蔵

低温による開花促進とは逆に，低温で開花期を遅らせて周年出荷する方法があり，ユリ類で広く行われている。水は凍るが球根自体は凍らない−1.5〜−2.0℃の「氷温」と呼ばれる温度帯で球根を貯蔵すると，系統により8か月から1年以上の貯蔵が可能である。任意の時期に取り出し植え付けると2〜3か月後に開花させることができ，周年出荷が可能となる。この技術はオランダで実用化され，アジアティック系では昭和50年代に秋に収穫された国産の球根を用い，埼玉県や新潟県のJA冷蔵施設などで翌夏まで氷温貯蔵が行われていた。貯蔵した球根を夏に植えると，自然の開花期である夏より遅れて秋に開花するので抑制栽培と呼ばれ，切り花は高値で販売された。

前述のように（花き園芸218頁参照），平成2年（1990）オランダとの間で隔離検疫制度が緩和され，ユリ球根の輸入が急増した。球根の多くは年末から2月にかけて輸入され，新たに建設された大型の冷蔵施設で氷温貯蔵された。切り花生産者は貯蔵球を購入して植えれば，開花に必要な低温要求は貯蔵中に満たされているため，系統にもよるが2〜3か月後に出荷ができる。このため，毎週植えていけば周年にわたり出荷が可能となり，延べ3ha以上のハウス栽培をする生産者も現れた。

ただオリエンタル系では，氷温で6〜8か月貯蔵するとシュートの致死，葉焼けや奇形花の発生などがみられ，この害を防ぐため低温下で徐々に解凍して出芽，発根させてから定植する「芽伸ばし処理（プレルーティング）」が実際の栽培では行われた（図10）。その後南半球から球根が輸入されるようになり，6か月以上球根を貯蔵する必要がなくなり，周年生産が容易になった。

図10　オリエンタルユリの「芽伸ばし処理」

一方では，新潟県の球根と切り花両方の一大産地であった堀之内町（現在魚沼市）では，小球を輸入して1作し大球に仕上げる球根養成が始まり，従来のりん片繁殖から始める球根養成技術が消えていくことになった。これには，当地の（株）山喜農園の森山隆が昭和60年（1985）のオランダ研修中に隔離検疫制度緩和の情報をいち早く得て，小球を輸入し1作すれば大球に仕上げるのが容易であることに着目し，翌61年（1986）の帰国後に輸入小球を1作で開花球に仕上げ，翌年の切り花用に使ったことが端緒となっている。

(3) 植物調節剤を利用した開花調節技術

エチレンの利用　くん煙処理は掘り上げ後の球根を煙でいぶす処理で，昭和初期より大阪府和泉市の農家で黄房スイセンの開花促進に使用されていた技術である。その有効成分がエチレンであることが昭和58年（1983）に証明され，エチレンの処理効果は気浴時間により左右され，その最適処理法が昭和末期までに大阪府立大学の今西英雄らにより明らかにされた。

平成に入って「ハナチレン」（岩谷産業（株）製）が試作され農家に提供されたこともあり，くん煙処理に代わりエチレン処理が実際の栽培に取り入れられた。ニホンズイセン，ダッチアイリスでは小球の開花率向上と開花促進の効果が，フリージアでは休眠打破の効果が認められる。特に，ダッチアイリスの促成栽培では球根乾燥後のエチレン処理が開花のため必須であり，オランダの球根業者により気浴処理が行われた後，日本を含め全世界に球根が輸出されている。

調節剤散布でストックの開花促進　平成9年（1997）頃に野茶試の久松完らにより，ジベレリンの生合成阻害剤であるプロヘキサジオンカルシウ

ム（クミアイ化学工業（株）より「ビビフル」の商品名で農薬登録）はストックの開花促進に有効であることが示された。平成10年（1998）頃から実用化試験が始まり，現在は主に，年内開花が難しい「アイアンシリーズ」の中生品種の開花を促すため実際の栽培で使われている。

———執筆：今西英雄

経営の高度化と担い手の高齢化や減少への対応

生産性向上に適した有用形質の育種

（1）省エネ——低温伸長・開花性の輪ギク

　昭和50年代から約30年間にわたり電照ギクの主要品種であった「秀芳の力」はロゼット化しやすい特性をもつため，冬期に最低温度15℃以上の加温が不可欠とされた。ロゼット化を回避するため挿し穂の低温処理技術なども普及したが，昭和48年（1973）のオイルショックにより生産費のなかで暖房費の占める割合が高まり，より低温で茎が伸長し開花可能な低温伸長・開花性が重要視されるようになった。

　「秀芳の力」よりも低温下で伸長し開花性に優れる品種として，昭和61年（1986）に浜松特花園より「神馬」が，平成10年（1998）には（有）精興園より「精興の誠」が育成された。平成12年（2000）頃に長年生産第1位であった「秀芳の力」からこれらの品種への交替が一気に進み，暖房経費の節減が図られた。

（2）省力——無側枝性の輪ギク

　輪ギク生産者にとって，一輪に仕立てるための摘芽，摘蕾作業は手がかかるもので，この作業を要しない輪ギクは夢であった。このような生産者の期待を受けて，昭和54年（1979）に前出の小井戸直四郎により最初の無側枝性ギク品種「松本の月」（9月咲き）が育成された。これ以降，さまざまな生態型のキクに対して無側枝性品種の育成が波及し，夏秋ギクでは平成

4年(1992)に(有)岩田農園より「岩の白扇」が,平成11年(1999)には晃花園より「フローラル優香」が,平成19年(2007)にはイノチオ精興園(株)より「精の一世」が育成された。

無側枝性は当初,花芽の発達が高温期となる9月咲き品種に出現したことから夏秋ギクを中心に育成が進み,平成12年(2000)頃を境にそれまで約20年間にわたり夏秋ギクの主要品種であった「精雲」から「岩の白扇」および「フローラル優香」への品種交替が起こり,摘芽,摘蕾作業の省力化が進んできている。現在は「精の一世」の生産が増えてきているほか,秋ギクでも無側枝性の導入が取り組まれている。

(3) 日持ち性(長寿命性)改善——長寿命のカーネーション

カーネーションはエチレン感受性の花きで,後述するように,収穫後にエチレンの作用阻害剤であるチオ硫酸銀錯塩(STS)処理を行ったうえで市場出荷されている。特に夏期には日持ち性が悪くなることから,平成4年(1992)に野茶試で研究が開始された。

品種間交雑を行った集団のなかで日持ち性が優れた系統を23℃一定条件下で選抜し,それらを交雑親としてさらに日持ち性に優れた系統の作出を目指す超越育種(交配により両親を上回る優良形質を得る育種法)の手法を繰り返し行うことにより,平成17年(2005)に従来品種と比較して約3倍日持ちする品種「ミラクルルージュ」,「ミラクルシンフォニー」が育成された(図11)。この成果を利用して,平成28年(2016)には農研機構野花研と愛知県農総試との共同でスプレーカーネーションにおいても長寿命品種「ドリーミィーブロッサム(品

図11　カーネーションの長寿命品種「ミラクルシンフォニー」。「ミラクルシンフォニー」(中)と対照品種「ホワイトシム」(左),「スケニア」(右)。生けて18日後の状況

種登録名カーネアイノウ1号）」が育成されている。

(4) 耐病性――土壌伝染性病害抵抗性のカーネーション

カーネーションの土壌伝染性病害はいったん発生すると薬剤防除が効かないことから，抵抗性品種の育成が求められている。冷涼な環境で発生しやすいフザリウム菌による萎凋病についてはすでに欧州で抵抗性の育種が取り組まれていたが，わが国のような高温多湿な環境で発生しやすいバクテリアによる萎凋細菌病については育種が未着手であった。

平成元年（1989）に野菜試で研究が開始されたが，栽培品種のなかには抵抗性素材が見つからなかった。抵抗性遺伝資源をカーネーションが含まれるナデシコ属野生種に広げた結果，強抵抗性の野生種ダイアンサス・キャピタータスが見出された。平成12年（2000）に本野生種とカーネーションとの雑種である抵抗性中間母本（カーネーション農1号）を育成できたが，実用品種としては問題があり，引き続いてカーネーションへの戻し交雑を繰り返し行う必要があった。抵抗性の遺伝子座に連鎖するDNAマーカーを開発し，抵抗性育種の効率化を図りながら戻し交雑を進めた結果，平成22年（2010）に世界初の抵抗性実用品種「花恋ルージュ」の育成に成功した（図12）。本品種は既存品種にはない優れた抵抗性を示す。

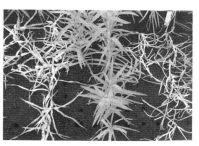

図12　カーネーション初の萎凋細菌病抵抗性品種「花恋ルージュ」。接種検定後50日目。「花恋ルージュ」（中）と対照品種（左右）

なお，花き分野では，国立の試験研究機関においてはカーネーションの日持ち性改良や耐病性育種のような先駆的な育種に限られた取組みがなされており，大半の実用品種の育種は種苗会社や個人育種家によって支えられている。

―――執筆：柴田道夫

苗生産の分業化

(1) セル成型苗生産による苗の大量供給

　セル成型苗は，差し込んで抜く電気のプラグに似ているので「プラグ苗」と呼ばれていたが，「プラグ」という呼称が登録商標のため，昭和62年(1987)に「セル成型苗」と命名され，略して「セル苗」と呼ばれることが多い(図13)。その生産システムは，昭和48年(1973)に大阪府八尾市の(株)斉藤農場にわが国で初めて導入され，昭和50年(1975)頃から種子系の花壇苗生産に使われていた。後継者が大学卒業直後に「農業研修生派米制度」でアメリカに派遣されたとき，このシステムを知ったのが導入のきっかけとなった。

図13　セル成型苗の育苗

　昭和60年(1985)頃から野菜作でセル苗生産技術が導入されるようになり(野菜園芸182頁)，各地でセル苗生産工場が建設され，セル苗が農家にも供給されるようになった(図14)。このようにして，花壇苗生産農家がセル苗の移植とその後の栽培管理を担うという分業化が進んだ。

　平成元年(1989)には，ペチュニアの栄養繁殖系品種「サフィニア」が発売され，栄養繁殖系のセル苗も登場した。平成2年(1990)に開催された「花の万博」を契機に花壇苗のセル苗生産が急増し，ガーデニングブームが起こり，平成9年(1997)には流行語10選に「ガーデニング」が選出されるほどであった。一方，切り花や鉢もの生産においても，平成に入りセル苗

の供給が増加した。たとえば，トルコギキョウの高冷地で育苗してロゼットを回避した苗のように，付加価値のついた苗の供給が増えた。平成10年（1998）には改正種苗法で育成者権が強化され，苗生産と成品生産の分業化がいっそう進展することになった。

図14　セル成型苗生産における播種

(2) 組織培養による大量増殖

　マイクロプロパゲーションとも呼ばれ，昭和40年（1965）頃にラン類，カーネーションをはじめ，茎頂培養によるウイルスフリー化と大量増殖技術が開発された。昭和45年（1970）には，カーネーションでは無病苗（原原種）の配布が開始され，これを親株として農家で挿し芽繁殖された苗が定植され，切り花が生産された。

　昭和53年（1978）の種苗法改正，昭和57年（1982）のUPOV（植物新品種保護国際連盟）への日本加盟により，生産者による増殖が禁止されて種苗業者より苗を購入することになり，ロイヤリティの支払いが発生した。このような状況下で，従来の種苗会社などに加え，昭和57年（1982）には培養による増殖専門会社，（株）ベルディがメリクロン事業を立ち上げ，最初は農家が優良形質の母株を持ち込み，次いで種苗業者やJA関係からの委託が増えて，クローン（栄養系）苗の増殖事業が続いている。

　データは古いが，農林水産省の平成3年（1991）の調査結果によれば，クローン苗利用比率の高い品目はリンドウ，プリムラポリアンサ（両品目ともF_1育種の親株維持），ガーベラ，洋ラン，カーネーション，シュッコンカスミソウ，スパティフィラムであり，130億円の市場規模があると推定されている。現在も同様の傾向にあると推測され，ラン類（新品種育成時の増殖），カーネーションとシュッコンカスミソウ（挿し芽繁殖用の母本），スターチスと観葉植物（クローン苗），シクラメン（栄養系品種の増殖），リ

ンドウ（F_1育種の親株と三倍体品種の苗増殖）などで利用されている。

　一例としてスターチス・シヌアータの場合，昭和63年（1988）頃から栄養系の品種が発売され，種子繁殖苗に比べ生育が旺盛で，花色，草丈，開花期の揃いが良いことからクローン苗の需要が急増した。クローン苗は，組織培養で増殖した株からシュートを採り，セルトレイのセルに挿して作られる。計算上は700万～800万本の苗が供給され，農家が苗業者からこれらを購入して切り花を生産する体制になっている。

　なお，平成に入り，生産コスト低減のため，多くの業者が労働力の安価な国に生産拠点を移し，国際的なネットワークの下でクローン苗を生産している。また実用化された新技術として，発根から順化の過程で培養器内のCO_2濃度と光強度を高め，無糖の培地上でクローン苗を育て成長促進を図る光独立栄養培養法がある。フッ素樹脂フィルム製の培養器や，LEDや冷陰極蛍光ランプを用いた省電力新光源の開発もなされた。

作業の省力化

(1) 移植と定植

　ストックの直播栽培　昭和末期に，あらかじめ種子をテープの中に封入するシードテープの加工技術について封入精度やテープ素材が改良され，このテープをテープシーダーという作業機（人力手押式）で播種する技術が普及した。

　ストックの産地がある鳥取県園試では，昭和62年（1987）からシードテープを利用した直播栽培の試験を始め，平成4年（1992）頃から実際の栽培に普及を始め，平成6年（1994）には産地全体に直播栽培が普及した。ただ，水田転換畑では均一に覆土して一斉発芽させることが難しいため，平成8年（1996）にはコート種子を用い播種機「ごんべえ」を利用した直播に移行した（図15）。

　相前後して，山形県，長野県などのストック生産産地でも，直播栽培が始まった。1か所に3～5粒を播種し，発芽後に子葉の形態などで鑑別し

て，商品性の低い一重の株を間引いており，移植作業の省力になっている。

キクの直挿し　昭和62年（1987）に愛知県田原市の河合清治が夏ギク「精雲」で，圃場に直接挿し芽を行う直挿しに成功した。定植時に捨てた未発根の苗や芽かき時に落ちた芽がそのまま活着し，生育することがヒントになったという。平成4年（1992）には秋ギクの当時の主力品種「秀芳の力」でも成功し，育苗と移植作業が不要となることから，地区の農家に，次いで全国に広まった。挿し穂をフラワーネットのマス目に定植して，十分灌水した後にポリフィルムなどで被覆し湿度を100％とし，適度に遮光すれば活着する。

図15　播種機「ごんべえ」を利用したストックの直播（鷹見敏彦）

(2) 灌水と施肥

養液栽培　昭和60年（1985）に，土の代わりに人造鉱物繊維であるロックウールを培地とする養液栽培がオランダから導入され，平成期にバラやガーベラなどで普及した。特にバラ栽培では，灌水と施肥の作業が自動化され省力化されるとともに，品質の向上と周年生産が可能となるため，3分の1ちかくが養液栽培となった。

また，平成元年（1989）には，愛媛県の横田禎二と実弟の高須賀朝三が開発したアーチング法という樹形管理法が特許出願され，国際特許も取得された。これを契機に，さまざまな仕立て方が開発され，高設ベンチと組み合わせたスプレータイプのバラの養液栽培が増加し，同一品種の大量生産が進んだ。ただ平成12年（2000）以降，バブル景気が終わり，ニーズが多様化するにつれて，少量多品種生産に変わっている。

養液土耕法　平成2年（1990）から栃木県農試，平成4年（1992）から愛

知県農総試で，植物体の栄養状態を診断しながら，生育ステージに合わせて肥培管理する養液土耕法の研究が進められた。液肥混入機やタイマーなどを組み合わせ，灌水と同時に液肥を点滴チューブで供給する自動化されたシステムが数社で開発され，平成6年（1994）にはカーネーションの栽培農家に導入された。その後，養水分管理の省力化と肥料代の節減が可能になるため，カーネーション，トルコギキョウなどの土耕で広く普及している。ただし，平成9年（1997）に「養液土耕栽培」が登録商標とされたため，一般には「灌水同時施肥栽培（養液土耕）」の名称で呼ばれている。

「エブ・アンド・フロー灌水方式」（プールベンチ） 平成2年（1990）頃にオランダから導入された技術で，「潮の干満」を意味し，水と液肥を混合してベンチの上から灌水し，ポットの下には防根シートを敷いて下から排水させ過湿にならないようにする灌水法で，灌水・施肥の作業が省力化される（図16）。セル成型苗生産用に開発されたミキサー（用土混合機），ポッティングマシン（用土充填機）の大型機械とハウス面積を有効利用するために移動ベンチを組み合わせ，ミニバラ，カランコエなどの小鉢の単品目大量生産が開始され，鉢もの生産農家などの規模拡大につながった。

図16　エブ・アンド・フロー灌水方式
防根シートを敷いて下から排水

(3) 病虫害防除

　平成期には，ハウス内では自走式薬散機，圃場ではブームスプレーヤーが薬剤散布の省力化のため使われるようになった。また，ハウス内に除湿機と循環扇を設置し，病害発生の軽減を図るようになった。果樹では昭和60年（1985）頃から，黄色蛍光灯を一晩中点灯し，成虫の行動を抑制して吸蛾類の被害を防ぐ技術が実用化されていた。この技術が平成7年（1995）

頃に兵庫県淡路農技センターで、夜蛾類に対しても有効であることが実証され、カーネーション、バラなどで急速に普及した。

またネットの被覆による防虫では、沖縄県における平張り施設がよく知られ、支柱数を多くして耐風性を高め、目の細かい防虫ネットを利用して防虫効果を高めている。遮光率も強すぎず、台風対策にもなり、平成11年（1999）に県のモデル事業として始まり普及した。

(4) 収穫

昭和の終わりから平成にかけ、収穫台車と下葉落とし機、次いで自動結束機、選花機が普及し、作業の省力化に貢献した。また、小ギクの一斉収穫のため、開花の斉一化試験と収穫機の試作が始まっている。

省エネ化と栽培環境の好適化

(1) ヒートポンプの導入

平成15年（2003）広島県のバラとファレノプシスの生産農家、今井清が新設温室に設置したのが発端である。室外機から放出される温風や冷風にも着目し、ハウスの環境調節に活用することを考え「エコモード」として平成20年（2008）に特許が認められた（図17）。燃料コストはバラで約半減、ファレノプシスでは約30%削減された。しかし設備費は温風暖房機の3〜5倍、電気の基本料金は大幅に増加するため、その導入は暖房の設定温度

図17　ハウスに設置されたヒートポンプ「エコモード」（梶原真二）
今井清のハウス。左：室外機，右：室内機

が高く，稼働期間が長い品目・作型で経済的に優位であるバラ栽培でまず取り入れられた。

その結果，冷房と除湿にも利用でき，品質の向上と収量増加，病害の抑制が実証され，バラ農家に広く普及した。平成17年（2005）以降，重油が高騰し，重油暖房機との併用法（ハイブリッド方式）が開発され，スプレーギク，カーネーション，ユリなどに利用が拡大し，平成21年（2009）には導入台数が12,000台を超えたと推定されている。

(2) 省エネ対策

暖房費節減　日没の時間帯（end of day，頭文字をとりEOD）から数時間における温度，光刺激による植物の応答をEOD反応と呼び，この時間帯での温度管理に着目した変夜温管理技術が平成22年（2010）頃から農研機構花き研の久松完・道園美弦らにより提唱された。実際の栽培では，日没後短時間だけ適温まで加温し，それ以後の時間帯は低温障害の発生しない程度の低い温度で変温管理しても，適温で一定に管理した場合と同等以上の生育が得られ，暖房用の灯油消費が節減できるという結果がキク，カーネーション，トルコギキョウ，シクラメンなどで得られた。多段サーモ装置を取り付けるだけで利用できるため，EOD加温が急速に普及した。

あわせて，ハウスの被覆には光透過率が高く，15～30年もつフッ素フィルム（商品名エフクリーンなど）が使われ，内張りには上層に保温目的のアルミスクリーン（光透過率3％），下層には遮光と保温を兼ねて散乱光タイプの透明スクリーン（光透過率85％）などの新資材を使った2層カーテンを用いる多重被覆により，ハウスの保温力が著しく向上し暖房費節減につながった。

電照経費節減　電照を行う場合，従来は白熱灯が使用されていたが，平成8年（1996）に「電照菊用パルックボール」（電球形蛍光ランプ・25W）が商品化・発売された。ガラス内面に反射鏡がつき，下向きに効率良く光が出る蛍光灯で，白熱灯に比べ寿命は約4倍で交換回数が減り，電気代は約4分の1で済むが，ランプの価格が高いのが難点であった。その後，同種の

蛍光灯が発売され価格も下がり，次第に蛍光灯に変わっている。近年は，LEDに対する関心も高く，ごく一部の農家ですでに使われている。

(3) 栽培環境の好適化

夏期の高温対策　平成12年（2000）頃から日中の冷房技術として，ハウスの一方の側面に濡れたパッドを配置し，反対側のファンで強く吸引し，気化熱で冷却された空気によりハウス内を冷却するパッド・アンド・ファン方式が，高湿度の日本では効率が低いとされるが，一部の大規模生産農家で導入された。また同じ頃，平均粒径30μm以下の細かい霧を施設内で気化させ，周囲の空気を直接冷やす細霧冷房もかなり広く普及した。その後ヒートポンプが導入され，先述のバラ，カーネーションなどのほか，夏越しの難かしいシクラメンでも夜間の冷房に利用されている。

CO_2施用等　光合成の促進を狙って，平成15年（2003）頃までは日の出前から高濃度（1,000ppm）とし，換気開始と同時に外気が入るので施用を止めるという方法で，CO_2施用は行われていたが，研究成果ほどの効果が得られないため普及しなかった。ところが，平成20年（2008）頃に生産農家がハウス内のCO_2濃度を実際に測定してみると，日中は300ppm以下と外気より低いことがわかり，日中も400ppmに維持してみた。すると，トルコギキョウ，バラ，輪ギクなどで生育の促進，切り花品質の向上が実証され，近年，急速にこの施用法が普及している。

また，オランダで冬期に普及している高圧ナトリウムランプを用いて強光で補光する技術も，冬期が寡日照となる地域や，山側のハウス，あるいは曇雨天時に，日照不足を回避し光合成を促進するため，バラやアルストロメリアなどの栽培で利用されている。

DIF（昼夜温の較差）の利用　Differenceの頭の3文字をとりディフと呼ばれ，昼温から夜温を引いた数値により草丈が調節されるという技術が紹介されたのは，平成4年（1992）に農文協より訳書が出版されたときからである。この技術は米国ミシガン州立大学のハインズ博士のグループが見出したもので，ディフがプラス，すなわち昼温が夜温より高い場合は節間が

よく伸び，マイナスの場合は伸長が抑制されてわい化する。

夜温を昼温より高くするには暖房経費が高くつき実際に使えないが，未明に2～3時間加温して，朝の換気により温度を下げると，夜の温度が高く，朝，つまり昼の温度が低くなり，ディフの値がマイナスになってわい化するので，花壇苗や鉢ものの生産で広く利用されている。

高度複合環境制御　栽培環境を最適に維持し生産しているバラ農家の例をあげると，低温の時期には温湯暖房とヒートポンプを組み合わせて最低18℃に温度設定し，夏の高温期にはパッド・アンド・ファンを作動させ，昼間30℃，夜間はヒートポンプを利用して17℃程度にまで冷却する（図18）。多湿のときには除湿機あるいはヒートポンプで除湿し，湿度が低いときには細霧装置で加湿する。曇雨天時で光が不足するときには高圧ナトリウランプで補光し，発生する熱で保温する。CO_2が不足するときが多いので，400ppm以下になれば必ず施用する。これらを統合環境制御システムにより集中管理している。他の品目でも，すべての環境要因でないにしても，栽培環境の測定と好適化を図るシステムの導入例が近年増えてきている。

図18　総合環境制御されたバラ温室
（梶原真二）

――執筆：今西英雄

流通の近代化とグローバル化への対応

オランダにならった流通システムへ

(1) 市場の統合・大型化

切り花の出荷数量は経済成長とともに増加し，昭和40年(1965)の26億

本から平成元年（1989）には57億本（国産53億本，外国産4億本）と2倍以上になった。ところが，花きを取り扱う市場は零細な卸売業者が開設した地方卸売市場中心のままであり，大量生産，大量消費に対応することが困難であった。そこで，市場の近代化，大型化および中央卸売市場花き部の開設が急務となった。平成2年（1990）に開設された東京都中央卸売市場大田市場花き部では，わが国初のオランダ式の機械ゼリ（時計ゼリ）*が採用され，それ以後の花き市場のモデルとなり全国に波及した。その後，インターネットによる事前販売，パソコン，スマホを用いた在宅ゼリなどへと進んだ。

(2) 輸送容器の改善

生活環境の改善により高温期にも切り花が消費されるようになり，産地が日本全国に拡大し長距離輸送が一般化すると，輸送中の鮮度低下が問題になった。

バケット輸送　その対策として，平成13年（2001）に卸売会社（株）フラワーオークションジャパンを中心にオランダ方式のバケット輸送が始まった。バケット輸送では生産者から花店まで水分を補給したまま流通できるので，鮮度低下を抑制することができた。バケットはリターナブルで，花店から市場に返された後，業者に回収され洗浄・消毒後，生産者に戻される。生産者には出荷用段ボール容器の組立てや梱包などの作業，花店では水あげ作業と廃棄段ボールの処理費用の軽減など利点が大きいが，輸送費が高く，市場での取扱いに労力がかかるなど難点がある。そのため，平成19年（2007）には年間500万個のバケットが流通したが，その後は頭打ちである。

湿式縦箱　鮮度低下を抑制できるバケットと従来からの低コストで済む段ボール乾式横箱の中間型として，平成19年（2007）頃から，わが国独自

＊時計を模した表示盤のセリ提示価格に対し最も早く端末機のボタンを押した買参人が落札できるセリ方法。

図19　切り花の輸送容器
左：バケット，中：湿式縦箱，右：乾式横箱

の方式である湿式縦箱が登場した。縦型の段ボールケースの底に水が入ったトレーを置き，切り花を立てて輸送するので，バケットと同じ高い鮮度保持効果が得られる（図19）。

キク類は乾式横箱が主流であるが，バラ，トルコギキョウ，シュッコンカスミソウ，アルストロメリアなどはバケットや湿式縦箱で輸送されることが多く，切り花の種類で出荷容器が使い分けられている。このように輸送容器が混在していることが，流通のコスト増加の要因になっている。

(3) 量販店の増加と花束加工場の出現

平成2年（1990）頃から消費者の切り花購入先としてスーパーマーケット（スーパー）が台頭し，年々増加している。総務省の全国消費実態調査によれば，平成26年（2014）には切り花の購入金額でみると，一般小売店が42％に対し，スーパーが30％であり，ギフトと業務用は小売店，家庭用はスーパーというすみ分けができつつある。それに伴い，市場や輸入業者から切り花を大量に仕入れ，自社の花束加工場でパックして花束を作り，スーパーの各店舗へ配送する業者が出現してきた（図20）。スーパーに安定供給するには，定時・定量・定質・定価の生産，出荷が求められるが，小規模で，多品種生産の国内生産者では対応が難かしく，輸入への依存度が高まる一因になっている。

図20　スーパーマーケット出荷用の花束加工場

　さらに，花きは市場経由率が78%（平成26年〈2014〉）で，野菜の70%，果実の43%より高いが，農水省の平成24年（2012）度六次産業化総合調査によれば，年間770億円の花きが直売所で販売され，流通の多様化が進行している。

日持ち性の向上

(1) 品質保持剤の普及

　切り花は野菜や果物の食品と違い，薬剤を吸わせて鮮度を高め，日持ちを延ばすことができる。このような薬剤を昭和40年代までは英名でプリザーバティブ（Preservative）と呼び，延命剤，鮮度保持剤，花持ち剤などと訳されていたが，現在では品質保持剤に統一されている。品質保持剤には，生産者が出荷前に短時間処理するだけで日持ちが延びる前処理剤と，花店や消費者が容器の水（生け水）に加え，連続的に処理をする後処理剤がある。

　エチレン感受性切り花に対する前処理剤　周知のように，エチレンは切り花の老化を促進する。銀はエチレンの作用を抑制するが，切り花は硝酸銀水溶液などの陽イオンの銀を吸収することができなかった。昭和53年（1978）にオランダのフェーン博士らは硝酸銀とチオ硫酸ナトリウムを1：

4〜1：8のモル比で混合すると，溶液中には銀を含む陰イオンが形成され，切り花は短時間でこれを吸収し老化を著しく遅らせることを見出した。これがチオ硫酸銀錯塩（Silver thiosulfate complex）で，頭文字からSTSと呼ばれた。なお，STSの商品としてはオランダやアメリカからの輸入品が最初は使われたが，昭和59年（1984）に甲東（株）が国産初のSTS剤（商品名コートーフレッシュ）を製造販売した。

生産者が切り花を収穫後，水あげを兼ねてSTSを一定時間吸わせる前処理をしておくと，消費者は水に生けるだけで日持ちが1.5〜2倍に延びた。当初はすべての切り花に効果があるかと考えられたが，実用化したのはカーネーション，スイートピー，デルフィニウムなど，エチレン感受性が高い種類だけであった。

このほかに，つぼみが多数ついているシュッコンカスミソウ，ハイブリッドスターチス，キンギョソウ，トルコギキョウ，スプレーカーネーションなどでは，STSにショ糖，さらに抗菌剤も加えて処理し，開花している花の日持ちを延ばすだけでなく，つぼみの開花も促している。また，アルストロメリアでは，葉の黄化により観賞価値がなくなることが多いので，STSにジベレリンを加えた前処理剤が使われている。

エチレン非感受性切り花の前処理剤　昭和末期から平成の初期はSTS処理品目の拡大時期で，それ以降はエチレン非感受性切り花への個別対応が進んだ。吸水阻害で日持ちが低下するバラには抗菌剤と糖，葉の黄化で観賞価値が低下するユリなどにはジベレリンやベンジルアデニン，花首が徒長するチューリップにはエテホン，ダリアの花弁老化にはベンジルアデニンを主成分とする前処理剤が商品化され，日持ち延長に貢献した。

なお，バケットなどの湿式輸送用として，水の腐敗防止のために抗菌剤を加えた輸送用処理剤が用いられている。

後処理剤　花店や消費者が生け水に加えて日持ちを延ばす後処理剤が研究され始めたのは昭和30年代で，それらの報告をもとに多くの商品が製造販売された。昭和47年（1972）に大正製薬（株）がリピート，フジ日本精糖（株）がキープフラワー，昭和50年（1975）にパレス化学（株）が花の精，平

成10年（1998）に大塚化学（株）（現OATアグリオ（株））が美咲，平成20年（2008）に（株）フロリストコロナが美ターナル・ライフを販売した。これらは所定の濃度に希釈するボトル入り液剤が主体であるが，スーパーなどが販売する花束にはサービスとして添付する小袋も利用されている。

図21　バラ切り花における後処理剤の効果
左：後処理剤あり，右：後処理剤なし

なお，後処理剤は各社でさまざまな名称をつけていたが，現在では切り花栄養剤に統一されている。いずれの商品も，主な成分は生け水の腐敗を防ぐ抗菌剤，栄養源としての糖，吸水を促す界面活性剤などである（図21）。

（2）日持ち保証販売に対応した品質管理

20世紀末をピークに減少し続ける切り花消費を回復させるには，家庭消費（ホームユース）の拡大が必須である。消費者は切り花の品質に日持ちを最も重視することが各種のアンケートで判明している。その要望に応える手段の一つとして，平成15年（2003）頃から，農水省の補助事業「日持ち保証システム実証事業」で，一定の日持ちを保証した販売が先進的な花店やスーパーマーケットで始まった。日持ちを消費者に保証するには，日持ちが長い切り花の生産や低温流通とともに，日持ち調査方法の統一が必要である。

そこで，平成15年（2003）に（財）日本花普及センターが切り花の日持ち試験実施方法（リファレンステストマニュアル）を策定し，日持ち試験の環境条件を定めた（図22）。また，高日持ち性切り花を供給するため，平成26年（2014）には，農水省の補助事業「国産花きイノベーション推進事業」において，日持ち性向上に寄与する技術を総合化した品質管理認証制度が

図22　日持ち検査室（(株)フラワーオークションジャパン）

創設された。それをもとに，平成30年（2018）に改正JAS法における「日持ち生産管理切り花農林規格」が制定された。

―――執筆：宇田 明

グローバル化への対応

(1) 切り花輸入急増への対応

輸入急増の実態　切り花・切り葉の輸入は，昭和60年（1985）頃までタイからのラン，台湾からのランと冬期の輪ギクが主体であった。昭和62年（1987）以降，現地で検疫を済ませた後に輸出することが可能となったためオランダからの輸入が急増し，平成元年（1989）にはオランダがタイを追い越して金額で輸入先のトップとなった。これ以降，輸入金額全体では平成15年（2003）までほぼ横ばい，以後は増加傾向が続いたが，近年は横ばいの状況にある（図23）。数量全体では，平成5年（1993）からサカキやヒサカキ，シダなど（葉ものとして切り花に分類される）が，平成14（2002）年以降はカーネーション，キク，バラなどが多量に輸入されるようになって増加に転じ，近年は横ばいから微減の状況にある。その結果，国内需要の切り花全体の約3分の1が近年は輸入されており，カーネーションでは輸入品のほうが国産品より多くなっている。またこの間，金額では

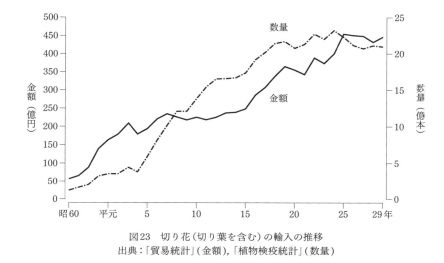

図23 切り花(切り葉を含む)の輸入の推移
出典:「貿易統計」(金額),「植物検疫統計」(数量)

輸入先のトップの座は平成14年(2002)にはタイに,平成16年(2004)以降はマレーシアに変わっている。

なお先述のように,球根はオランダなどから全面的に輸入され,日本の球根栽培は富山県と新潟県でチューリップが,鹿児島県の沖永良部島でテッポウユリ,種子島でフリージアが残っている程度となっている。農作物のなかでこれほどグローバル化に直面している分野はないといえよう。

輸入切り花の優位性　日本で生産されていない新奇性のあるワイルドフラワーや葉ものなどを別として,主な輸入先はマレーシア(スプレーギク),コロンビア(カーネーション),ケニア(バラ),中国(キク,カーネーション)で,いずれも熱帯高地の気候帯地域で生産されている。気候に恵まれて暖房費が不要であり,低労賃で,関税もゼロであるから低価格となる。しかも,年間契約され,同一価格で,物日の大量注文にも対応が可能である。さらに,空港や港で再選別され,水あげ後にリパックされるので見かけ上は高鮮度であり,花束工場などに直接販売され市場外流通されることが多く,国産品にとって輸入品との競争は厳しい。

国産切り花の対応　輸入品に対抗するには低コスト生産により価格を下げる必要があり,キクでは平成17年(2005)よりホームユース用の利用実

図24　短茎多収栽培で収穫した輪ギク切り花
左：短茎栽培の輪ギク，右：通常の輪ギク

態にあわせて，通常の90cmより短い60～80cmの切り花長で出荷して，栽培期間の短縮と密植で収量を増加させる短茎多収生産技術が普及している（図24）。また，鮮度が高く日持ちが良い切り花を提供するため，先述のように平成15年（2003）頃から日持ち保証販売が始まったことを受け，（社）花き卸売市場協会を中心に関係する諸団体が構成員の「新花き生産流通システム研究会」によりバケット低温流通が試行されている。

　葬儀用のキクについては，従来の三分咲きでなく，五分咲きまで発達させてから採花し，バケットで花店や葬儀業者に出荷することにより開花を保証することで対抗しようとする動きもみられる。また仏花用の小ギクのように，国産品種のみによる低価格での供給が可能な品目では輸入の脅威は起こっていない。海外からの導入品種にたよるのでなく，日本人の季節感や感性に訴える品種の育成が望まれる。

（2）輸出拡大への対応

　輸出の実態　平成29年（2017）の花きの輸出は135億円弱で，植木と盆栽が126億円，切り花が8.6億円である。ただ，切り花の半分以上はプリザーブドフラワー（生花を特殊液の中に入れて水分を抜き，半永久化させ

たもの）など，品質が優れる日本製の加工品である。

　平成2年（1990）頃から千葉県のマキなどの植木が中国や香港，EUへ輸出され，庭木や公共緑化樹として利用されてきた。埼玉県，香川県の盆栽も平成9年（1997）頃からEUに輸出され，高い評価を得ている。また，平成3年（1991）から八丈島の鉢植えのフェニックス・ロベレニーがオランダへ輸出され，ホテルのディスプレイなどで人気を博した。

　生鮮切り花については，平成14年（2002）よりオリジナル品種の安代リンドウがオランダへ輸出開始されたとはいえ，平成24年（2012）でも輸出額は1.2億円弱であった。平成25年（2013）以降，生鮮切り花の輸出では，スイートピー，グロリオサ，トルコギキョウなど独自の形質をもった品目の輸出が増えている。

　一方，安代リンドウの鉢花品種，香川県が育成したカーネーション品種「ミニティアラ」などでは，海外と利用許諾契約を結び，知的財産の輸出が行われている。

　輸出力の強化　日本は昭和60年（1985）に花の輸入関税を撤廃したが，輸出相手国には国により異なるが6〜23％の関税が存続している。そのようななかで，平成20年（2008）にはセンチュウ汚染でEUが日本産の植木と盆栽の輸入を禁止したため，センチュウ対策として根の洗浄，人工培地に移植するなどの対策試験を実施し，対応技術が開発された。また切り花輸出促進のため，平成21年（2009）には輸送容器の統一化によるコスト削減の提言と鮮度保持のための保水剤や箱詰め技術などの開発，平成22年（2010）には輸送中の灰色かび病防除技術の開発が行われた。平成28年（2016）以降，農水省の「農林水産業の輸出力強化戦略」のなかに花きも加えられたことにより，輸出の増加が続いている。

　　　　　　　　　　　　　　　　　　　　　――執筆：宇田 明

（3）国際的な分業化の進行

　輸入球根を使った切り花生産　オランダやニュージーランド，チリなど球根産地で適切なエチレンや温度処理などを行い，輸送中の温度処理期間

を加算して開花に必要な処理をすべて終えた輸入球を使った切り花生産が広く行われており，球根切り花ではこのような輸入球なしには生産が不可能な状況になっている。

海外とのリレー栽培　先述のようにコチョウランの鉢もの生産（花き園芸229頁参照）では，台湾で花梗が出現するまで育て空輸後，日本人好みに仕上げるリレー栽培が行われている。デンドロビウムでも，タイで開花が可能になるまで育てた苗を春に輸入し，その年の秋から翌年の秋にかけて開花に必要な低温を与えて出荷する体系がとられている。他のラン類などの組織培養苗でも，栽培期間の短縮とコストの低減のため海外での育苗が行われている。

キクの場合も，日本から送った母株を用い，ブラジルやインドネシアなどで挿し穂が採取され，空輸されて切り花生産に使われている。観葉植物では，原木を中南米から輸入して挿し木で繁殖されている。地域オリジナル品種の安代リンドウは，先述のように，南半球とのリレー栽培で世界に向け周年供給されている。このように，平成の時代に国際的な分業化は着実に進行し，今後も進展することが予想される。

———執筆：今西英雄

おわりに

「花の万博」開催の好影響もあり，平成の初めにはピークにあった花き産業も次第に衰退に向かい，平成末期にはピーク時の平成10年（1998）に比べ生産額は75％を下回っている。これには，輸入切り花の増加と生産者の高齢化が大きく関与している。

ただ，輸入の影響を受けない鉢ものと花壇用苗ものの生産額もほぼ同程度に減少していることから，高齢化による生産者の減少の影響が大きいと推測される。最近は花きの栽培農家数の推移を統計データで継続して追うことができないが，5年ごとの農林業センサスでみると，この10年間で約

20％余り減少している。

　一方で，後継者がいて規模拡大や栽培環境の高度化を進めている農家も少なからずみられる。このような状況下にあって，輸入攻勢が続き国際化が進展するなかで，国際的な分業化をより進め，より高度で集約的な栽培技術が開発されて普及し，国内生産が発展することを期待してやまない。

———執筆：今西英雄

参考文献

今西英雄ほか編著．2014．花の園芸事典．朝倉書店．
今西英雄ほか著．2016．日本の花卉園芸 光と影―歴史・文化・産業―．ミネルヴァ書房．
農文協編．2009-2017．最新農業技術．花卉Vol.1-9．農文協．
柴田道夫編．2016．カラー版 花の品種改良の日本史 匠の技術で進化する日本の花たち．悠書館．

果樹園芸

果樹園芸をめぐる情勢

(1) 生産と消費の動向

栽培面積の減少傾向　果樹は農業算出額全体の約1割を占め，特に稲作や畑作が困難な中山間地においては地域を支える重要な品目となっている。しかしながら，果樹の栽培面積は平成に入って以降もおおむね年1.5～2％の割合で減少が続いている（図1）。特にウンシュウミカンは，日米交渉において生鮮オレンジが平成3年（1991）度から，オレンジ果汁は平成4年（1992）度から輸入枠が撤廃され関税化されることとなり，その対策としてウンシュウミカン園の廃園・優良品目への更新等を誘導する施策がとられたことにより生産が縮小した。その結果として国産の生鮮カンキツの価格は維持されたが，果汁の価格は大幅に下落したため，加工仕向けの生産量は平成6年（1994）にかけて大きく減少した。

　また，ウンシュウミカン園は急傾斜地に立地しているものも多く，担い手の高齢化等に伴い園地の維持が困難となり廃園となったところも多い。昭和50年（1975）から平成27年（2015）までの40年間に，果樹全体では栽培面積が45％，生産量は61％減少しているが，ウンシュウミカンに限ると栽培面積は74％，生産量は79％も減少している（農林水産省「耕地及び作

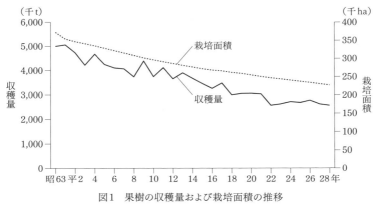

図1 果樹の収穫量および栽培面積の推移
資料：農林水産省「果樹生産出荷統計」および「耕地及び作付面積統計」

付面積統計」、「果樹生産出荷統計」）。このような危機的状況の下，カンキツ産地では高糖度果実の生産によるブランド化への取組みやウンシュウミカン以外のカンキツへの転換が進められてきた。

生鮮果実消費量の減少　一方，果実の消費を1人1年当たりの供給純食料*でみると，昭和40年代後半以降平成20年（2008）頃までは40kg前後で推移している（農林水産省「食料需給表」）。しかし，この値が示す消費量は生鮮果実と果実加工品の合計である。内訳をみると，加工品の消費が増加する一方で国産果実の主たる消費形態である生鮮果実の消費は減少傾向にあった。

加工品消費の拡大は，平成7年（1995）に合意に至ったガット・ウルグアイ・ラウンド農業交渉において果実および加工品の関税の段階的引き下げが決まったこともあって，急激に増加した加工品の輸入によるところが大きく，わが国における果樹生産縮小の一因と考えられる。ただし，加工品の輸入も平成17年（2005）をピークとして減少に転じており，平成28年（2016）における果実の1人1年当たりの供給純食料は約35kgとなっている。わが国の人口は平成以降もかなり減少すると予測されており，わが国の果樹産業の振興を図るには，国産果実の1人当たりの消費量や輸出量を

---

*純食料とは人間の消費に直接利用可能な部分。リンゴならば果皮や芯を除いた果肉の部分。

増やすことが不可欠となっている。

果実への消費者ニーズ （公財）中央果実協会による平成29年（2017）度の「果実の消費に関するアンケート調査報告書」によると，果物を毎日は摂らない理由として「他の食品に比べて値段が高いから」がトップ，次いで「日持ちがせず買い置きができないから」，「食べるまでに皮をむくなど手間がかかるから」，「他に食べる食品があるから」があげられている。また，果物の消費量を増やすための提供方法としては「多少外観が悪くても割安な果物」，次いで「皮がむきやすい，皮のまま食べられる，種がないなど簡単に食べられる果物」をあげた消費者が多かった。

これらのことから，国産果実の消費を拡大するには，単に美味しいだけではなく，割安で，食べやすく，日持ちの良い果実を提供するほか，加工品としての利用を拡大することが重要となっている。

(2) 経営上の課題

規模拡大の制限要因 農林水産省が平成27年（2015）に策定した果樹農業振興基本方針は，目標とする担い手の栽培面積を2haとしているが，これに該当する農家は果樹の主業農家全体の2割以下であり，半数以上の農家の栽培面積は1ha未満にとどまっている。果樹の栽培では機械化が困難な作業や熟練を要する作業が多いため，平成に入っても労働時間の短縮は進んでいない。このことが，果樹生産の減少だけでなく，果樹農家における規模拡大阻害の主要因の一つとなっている。

一方，平成28年（2016）度果樹生産構造分析調査報告書（中央果実協会）によれば，平成22年（2010）から平成27年（2015）までの5年間における果樹栽培面積規模別農業経営体数の変化をみると，3haを境としてこれより規模の大きい経営体は増加しており，1経営体当たりの果樹栽培面積は，この間に64.0aから65.5aに増加した。平成末期でも果樹作の主体は小規模な経営体であるが，後継者のみならず農業従事者も減少していることから，雇用労力を活用し規模拡大を図る動きが徐々に広がっていくものと推測される。また，同報告書によれば，平成27年（2015）において，果樹単一

経営における農業就業人口の高齢化率（65歳以上の割合）は61.1％ときわめて高い。

従事者の実状に合わせた技術開発　このような状況の下，雇用労力や高齢者にも取り組みやすい栽培技術や労働力を大幅に削減可能な省力技術の開発が課題となっている。主な品目における作業別の労働時間を図2に示した。

棚で栽培されるブドウとナシでは，せん定後に残した枝を棚に誘引する必要があるため，他の品目に比べて整枝・せん定にかかる時間が長い。また，ミカン以外の品目では，授粉・摘果が労働時間に占める割合が高い。ナシやリンゴなど自家不和合性の品目で安定した生産を行うには人工受粉が不可欠なことに加え，いずれの品目も商品性の高い果実を生産するため

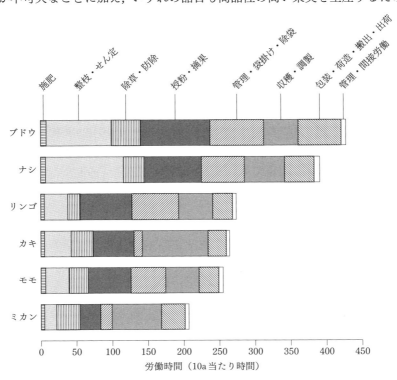

図2　主要果樹の作業別年間労働時間
資料：農林水産省「平成24年営農類型別経営統計」

には摘花・摘果により着果数を制限する必要がある。さらに，ブドウでは，摘粒など果房を整える作業も求められる。

　これらの作業は機械化が困難なため，低樹高化や果実が着生する枝の平面上への配置により作業性を改善することで労働時間の短縮が図られている。また，農薬散布の労力削減につながる耐病性品種や人工受粉を必要としない自家結実性品種など，栽培を省力化できる品種の開発も進められている。

(3) 地球温暖化の影響

永年生作物である果樹への影響　自然環境の下で生産を行う農業にとって地球温暖化は大きな脅威である。1年生作物では作期の調節により高温を回避できる場合もあるが，果樹では人為的に生育時期を制御することは困難である。また，長期的には産地の移動という事態も想定されるが，産地ではそれぞれの主力品目でブランド化が進んでいることに加え，永年生作物である果樹では一度植え付けると30～40年にわたって生産を続けることから，品目の変更は経営上の負担がきわめて大きい。

　農研機構果樹研では，全国の果樹産地において温暖化の影響を懸念する声が高まってきたことを受け，平成15年（2003）に温暖化が果樹生産に及ぼしている影響について全国規模で調査を実施した（農研機構，（財）中央果実生産出荷安定基金協会「平成15年度果樹農業生産構造に関する調査報告書」）。本調査では9県が「温暖化の影響がみられる」と回答し，残りの38都道府県も「温暖化の影響とは断定できないが，温暖化の影響らしき現象が起きている」としており，この時点で温暖化の影響は全国的に出始めていたと考えられる。

品物別にみた温暖化の影響　永年生作物である果樹では年間を通じて温暖化の影響を受ける。施設栽培のニホンナシやモモ，ブドウでは，冬季の気温上昇により自発休眠覚醒に必要な低温要求量が満たされず発芽不良となる事例が多発している。春先の気温上昇はリンゴやニホンナシ，モモの発芽・開花を早め，その結果，晩霜害に遭遇する危険性を高めている。生育盛期である夏から秋にかけての高温は果実にさまざまな影響を及ぼし，

リンゴでは夏季の高温により日焼け果が，カンキツでは秋季の高温により浮皮（図3）などの生理障害の発生が増加している。

収穫期の高温はリンゴやブドウで果実着色の遅延・不良（図4）を引き起こしている。着色の良否は果実の商品性に影響するため，農家の収益に直結する問題となる。リンゴでは，前述のとおり春先の気温上昇により発芽・開花が早まる傾向にあるが，その一方で収穫期の高温によって着色が遅延し，なかなか収穫可能な着色状態に達しないため収穫期はそれほど早まらない。その結果として，果実の生育期間が長くなるため，大玉化や酸の減少による食味の向上などのメリットが認められる反面，果肉の軟化，それに伴う貯蔵性の低下といった問題が生じやすくなっている。

図3　ウンシュウミカンで発生した浮皮
（農研機構果樹茶業研究部門）
左：浮皮の発生した果実
（食味が悪く腐りやすい），右：正常果

図4　高温によるブドウ「巨峰」の着色不良
（農研機構果樹茶業研究部門）
左：正常に着色した果実，右：着色不良果

害虫の多発と病害の北上　多くの品目で，ハダニ類やカメムシ類の発生の増加，病害の発生地域の北上などの問題が報告されている。特に，カンキツに壊滅的な被害をもたらすカンキツグリーニング病は，昭和63年（1988）に沖縄県の西表島で発見されて以降，発生地域が徐々に北上しており，わが国のカンキツ産業にとって大きなリスクとなっている（果樹園芸 294頁参照）。平成期の中期以降，このような温暖化に伴い顕在化してきたさまざまな問題を解決するための栽培技術や品種の開発が進められている。

(4) 輸出入の動向

輸出　政府は農林水産物・食品の輸出額を平成31年（2019）までに1兆円まで増やすことを目標に取組みを進めており，平成29年（2017）の輸出

額は8,071億円に達している。このうち果実の輸出額はリンゴが109億円，次いでブドウが29億円，モモが16億円，果実全体では約181億円となっている。果実の輸出は平成24年（2012）以降増加してきたが，平成29年（2017）は前年から8億円の減となった。これは，輸出果実の過半を占める平成28年（2016）産リンゴの生産量が天候不順により減少し，大玉果も少なかったことから輸出額が24億円ちかく減少したことが響いている。平成29年（2017）産リンゴも小玉傾向であったため，年内（平成29年〈2017〉）は輸出額が前年を下回る月もあったが，年明け以降は主な輸出先である台湾等において中玉果の需要が伸び，輸出が急増した。

　国産果実は贈答用として高価格帯が輸出の主体であるが，長い実績をもつリンゴでは，スーパーでの販売も目指す新たな段階に移りつつあるものと考えられる。ただし，スーパーでの販売では米国産や韓国産と競合するため，品質の良い国産果実をより安く輸出先の消費者に提供することが求められている。

　国内で育成される高品質品種は国産果実の輸出を促進するうえで大きな武器となる。しかし，これらの品種が無断で海外に持ち出され，栽培される事例があり，問題となっている。このような事態を防止するには，海外でも育成者権を確保するとともに，その権利を担保する品種識別技術が重要となっている。

　輸入　輸入量は平成期全体を通じ年間160万t程度で推移している。輸入生鮮果実の内訳をみると，バナナが6割と圧倒的で，国内でも広く生産されている品目の輸入はそれほど多くはない。平成末期における生鮮果実の輸入で注目すべきは，国産果実の端境期に輸入されるカンキツやブドウ，リンゴが急増していることである。

　カンキツでは，米国産の「ミネオラ」やオーストラリア産の「アフォーラ」などの輸入が増えている。これらは輸入カンキツの主体であるオレンジとは異なり，手で皮が剥け，じょうのう膜（房を包んでいる皮）が薄く食べやすいだけでなく味のばらつきも少ない。さらに価格が国産果実に比べてかなり安いことからスーパーにとっては魅力的な商材となっている。ブドウ

では米国やチリ，オーストラリア，リンゴではニュージーランドが主な輸入先である。

　これらの果実に共通していることは，価格が安いだけでなく，国内の消費者の嗜好にも合っていることである。このような動きは，一定の品質で安ければ国産でなくとも消費者は受け入れることを示すものと考えられる。生鮮果実における国産果実のシェアを維持・拡大するには，生産コストを引き下げ，安価で提供することが不可欠な状況となっている。

――執筆：梶浦一郎・樫村芳記

多様化する消費者ニーズへの対応

消費者ニーズに対応した品種

　果樹の育種目標でもっとも重要なことは「美味しい」こと。これは，生食用であればすべての品種が備えもつ必要がある。「美味しさ」を決める要素はいくつかあるが，既存品種よりも糖度が安定して1％以上高いことなどは強みになる。山形県園試の石塚昭吾らが育成したオウトウ「紅秀峰」（平成3年〈1991〉品種登録〈以下「登録」という〉）は，糖度が18〜20％と高く食味がきわめて良いことから平成28年（2016）には全栽培面積の約13％を占めるまでに普及している。また，山梨県の高石鷹雄が育成したスモモ「貴陽」（平成8年〈1996〉登録）は，結実が不安定という問題はあるが，糖度が15％程度と高く，果実重が200g程度ときわめて大果なことから高値で取引されている。

　一方，平成以降特に重要になってきた特性は「食べやすさ」である。たとえば，ブドウ「シャインマスカット」が皮ごと食べられること，そして種なしであることは，食の簡便化に合致した特性である。また，皮に傷を付けて加熱すると渋皮までされいに剥けるクリ「ぽろたん」，皮が剥けやすく，種なしで袋ごと食べられるカンキツ「せとか」なども食べやすさが消費者に評価されている。

(1) 高品質なカンキツ

良食味のウンシュウミカン　ウンシュウミカンは芽条変異（枝変わり）が生じやすいため，熱心な生産者によって食味（糖度）や栽培性に優れた枝変わり品種が数多く見出されてきた。平成元年（1989）に宮崎県の野田明夫により登録された「日南1号」は「興津早生」の枝変わりで，糖度が高く，着色が早いだけでなく，樹勢が弱いという従来の極早生品種の欠点が改善され早生並みの樹勢をもつことから平成15年（2003）には2,500haを超えるまで普及した。その後，栽培面積は減少しているが平成期を代表する品種である。

そのほか，平成12年（2000）に広島県の石地冨司清によって登録された「石地」（「杉山温州」の枝変わり）も，糖度が高く，温暖化により問題となっている浮皮の発生が少ないことから，広島県を中心に普及している。平成のウンシュウミカン生産において忘れてはならない品種の一つとして「させぼ温州」があげられる。本品種は昭和50年（1975）に長崎県の尾崎次夫が「宮川早生」の枝変わりとして見出したものであるが，登録はされていない。浮皮の発生が少なく，完熟させるときわめて食味が良いことから，平成末においてもっとも注目を集めている品種の一つである。長崎県では，糖度14％以上，酸含量1％以下の「させぼ温州」を「出島の華」という統一ブランドで販売している。

「清見」から生まれた高品質な中晩柑　初期のカンキツ育種における大きな目標の一つは，ウンシュウミカンの剥皮性や栽培性などの優れた特性とオレンジの香りや肉質をあわせもつタンゴール（ミカンとオレンジの交雑種）の育成であった。昭和54年（1979）にその成果として「清見」が果樹試の西浦昌男らにより育成された。平成3年（1991）にオレンジの輸入が自由化されたことを受け，消費者ニーズの高いオレンジ香を有する品種の育成が急務となったことから，ウンシュウミカンに比べれば皮がやや剥きにくいもののオレンジ香を有する「清見」を交配親として利用することが進められ，高品質な中晩柑が多数育成された。

「清見」が交配親として優れている点は単胚性にある。多くのカンキツ

は多胚性であるため，果実に含まれる種子から生じた個体のうち交配により生じた個体，つまり父親（花粉親）と母親（種子親）両者の血を引くものは1つだけで，残りは母親のクローンである珠心胚実生である。そのため，通常のカンキツを用いた交配では得られた実生のなかから交配により生じたものを選別する手間がかかるが，単胚性である「清見」を母親にすれば，そのような手間が不要となる。

「清見」由来の品種としては，農研機構果樹研およびその前身である果樹試で育成された「不知火」，「はるみ」，「せとか」，愛媛県で育成された「愛媛果試第28号（紅まどんな）」，「甘平」，山口県大島柑きつ試で育成された「せとみ」などがある。これらの品種は皮が剥きやすく袋ごと食べられるため人気が高く，平成28年（2016）における栽培面積は「不知火」が2,986ha，「はるみ」が473ha，「せとか」が658haとなっている。「愛媛果試第28号（紅まどんな）」，「甘平」も，生産は愛媛県内に限定されるが，栽培面積が増加している。

「不知火」　果樹試の奥代直巳らが「清見」に中野3号ポンカンを交配して育成した品種である。本品種は登録されていないが，食味に惚れ込んだ熊本県の生産者が特徴的な果実の形状を逆手に取って「デコポン」と称しブランド化することで，平成初期から急速に栽培が拡大し，平成17年（2005）頃には中晩柑全体の1割を超すまでに普及した。

普及当初は産地ごとにさまざまな名前で出荷されていたが，生産者団体の全国組織が「デコポン」という商標を管理するようになり，一定の品質以上の「不知火」のみが本商標の使用を認められている。果梗部の出っ張り（デコ）が特徴的である（図5）。剥皮性が良く，じょうのう膜も薄いため食べやすい。成熟期は2月中旬から3月上旬である。

「はるみ」　果樹試の吉田俊雄らが「清見」にポンカンF-2432（第二次世界大戦以前に台湾から導入された品種）を交配して育成したもので，平成8年（1996）に登録された。剥皮が容易でじょうのう膜も薄く種子が少ないので食べやすい。成熟期は1月で食味は良好である。

「せとか」　農研機構果樹研の松本亮司らが「清見」×アンコールNo.2に

図5 カンキツ「不知火」(デコポン)
(農研機構果樹茶業研究部門)

図6 カンキツ「せとか」
(農研機構果樹茶業研究部門)

「マーコット」を交配して育成したタンゴールで，平成13年(2001)に登録された。果実が大きく食味良好な2月に成熟する少核品種である(図6)。

「愛媛果試第28号」　愛媛県果樹試の喜多景治らが「南香」に「天草」を交配して育成した早熟のタンゴールタイプの品種で，平成17年(2005)に登録された。糖度は13％以上と高く，酸は1.1％程度で食味が優れており，一定の品質基準を満たした果実は「紅まどんな」というブランド名で出荷されている。種がほとんど入らず，肉質はゼリーのような感じで，ハウス栽培の果実は歳暮商品としても人気が高い。

「甘平」　愛媛県果樹試の喜多景治らが「西之香」に「不知火」を交配して育成したミカンタイプの品種で，平成19年(2007)に登録された。しっかりとした食感があり食味は優れている。糖度や外観などが一定の基準以上の果実は「愛媛Queenスプラッシュ」というブランド名で販売されている。

「せとみ」　山口県大島柑きつ試の田中仁らが「清見」に吉浦ポンカンを交配して育成したもので，平成16年(2004)に登録された。剥皮は容易で，可食期は2月下旬～4月中旬，果肉はイクラを思わせる独特の歯ざわりで，じょうのう膜はきわめて薄く食べやすい。一定の品質基準を満たした果実は「ゆめほっぺ」というブランド名で販売されている。

(2) 高品質な中生リンゴ

「シナノスイート」と「シナノゴールド」の育成　平成28年(2016)におけるわが国のリンゴ生産の品種構成をみると，世界的にももっとも生産の多い晩生の「ふじ」が51％を，次いで早生の「つがる」が12％を占めている。

一方,中生品種としては「ジョナゴールド」の生産がもっとも多いが,そのシェアは7％程度にとどまっており,柱と呼べる品種はない。そこで,消費者ニーズに対応した中生品種,具体的には高糖度でかつ甘味と酸味のバランスが良く,着色しやすく,多汁で日持ち性に優れた品種の育成が進められてきた。その成果として,長野県により「シナノスイート」と「シナノゴールド」が育成された。平成28年(2016)における両品種の栽培面積はそれぞれ1,075ha,759haと普及が進んでいる。

「シナノスイート」は長野県果樹試の羽生田忠敬らが「ふじ」に「つがる」を交配して育成したもので,平成8年(1996)に登録された。果実は300〜350gと大きく,縞状に赤く着色する(図7)。糖度が高い一方,リンゴ酸は少ないため甘味が強い。果肉が軟らかく,多汁であることも消費者に好まれている。

「シナノゴールド」は長野県果樹試の臼田彰らが「ゴールデン・デリシャス」に「千秋」を交配して育成したもので,平成11年(1999)に登録された。果実は大きく,果皮は浅黄色で果汁の量は多い(図8)。この時期に収穫される品種としてはやや酸味が強い。日持ち性は高く,普通冷蔵では3か月程度,鮮度保持剤の1-MCP(果樹園芸 297頁参照)を併用すれば6か月程度品質を保持できる。

新たな品種戦略 平成に入って以降,県で育成される品種は,ブランド化を図るため,育成した県内のみに栽培地域が限定され,県外への苗木の販売が認められていないものが増えつつある。しかし,「シナノスイート」と「シナノゴールド」は,県外での生産も認められ,育成県以外の産地にお

図7　リンゴ「シナノスイート」
（長野県果樹試験場）

図8　リンゴ「シナノゴールド」
（長野県果樹試験場）

ける評価も高まることによって市場での認知度が高まり，生産拡大につながっている。たとえば，岩手県における「シナノゴールド」の栽培や山形県における「シナノスイート」の栽培は，これらの品種の評価を高めた好事例である。また，「シナノゴールド」は，平成19年（2007）に長野県がイタリア南チロルの果実生産団体に栽培を許諾し，平成25年（2013）から生産・販売が開始されており，わが国で育成された品種の新たな海外展開の先駆けとして注目されている。

黄色品種への注目　「シナノゴールド」以外にも，食味の良い黄色品種の人気が高まっており，早生では岩手県園試の伊藤明治らが「王林」に「はつあき」を交配して育成した「きおう」（平成6年〈1994〉登録），中生では青森県の土岐傳四郎が育成した「トキ」（平成16年〈2004〉登録），晩生では群馬県園試の中條忠久らが「あかぎ」に「ふじ」を交配して育成した「ぐんま名月」（平成3年〈1991〉登録）などが普及している。なお，「トキ」の両親は「王林」と「紅月」として登録されたが，その後に行われた遺伝子診断の結果，「王林」と「ふじ」に訂正されている。

(3) 皮ごと食べられるブドウ「シャインマスカット」

食味と栽培性両立の追求　わが国で育成された代表的なブドウである「巨峰」，「ピオーネ」は，病気に強く裂果しにくい米国ブドウと肉質が良く品質の優れた欧州ブドウとの交配から生まれた。大粒という消費者ニーズに合致していたことから，広く栽培され，平成28年（2016）時点で両品種の栽培面積は全体の46％を占めている。しかし，これらの品種は，食味はまだ米国ブドウにちかく，欧州ブドウの食味と米国ブドウの栽培しやすさをあわせもった品種とはいえない。これを実現したのが，平成20年代以降，急激に生産が伸びている「シャインマスカット」である（図9）。

「シャインマスカット」は，農研機構果樹研の山田昌彦らが安芸津21号（「スチューベン」×「マスカット・オブ・アレキサンドリア」）に「白南」を交配して育成したもので，平成18年（2006）に登録された。糖度が高く食味は良好である。噛み切りやすい肉質をもち，皮ごと食べられることに加

えて、マスカット香をもっており、従来の主要品種とは一線を画す品種である。食べやすさとしては種なし性も重要であり、ジベレリン等の植物成長調整剤による無種子化技術がブドウの消費を後押ししている。

図9　ブドウ「シャインマスカット」
（農研機構果樹茶業研究部門）

優れた栽培性　本品種は、従来の品種と同程度の防除で病害虫を抑えることができ、裂果も起きにくいなど優れた栽培性をもっている。本品種は、食の簡便化という現代のニーズに合致していたことや、温室でしか栽培できない高級ブドウにちかい品質をもちながら既存の主要品種と同様な栽培方法で容易に生産できること、さらに貯蔵性や輸送性にも優れることから、栽培は全国に広がり、その栽培面積は平成28年（2016）時点で1,196haに達している。早期出荷を可能とする作型や収穫遅延技術、貯蔵技術の開発により、出回り時期が拡大しているほか、輸出用商材としても注目されており、平成期に育成された果樹新品種のなかで最大のヒット作である。

困難な育種目標の達成　「シャインマスカット」がこのようにヒットした大きな要因は、皮ごと食べられることである。しかし、この品種は、もともと皮ごと食べられることを目標として育成されたものではなかった。育種目標は、欧州ブドウの食味と米国ブドウの栽培しやすさをあわせもった品種であった。このうち、栽培しやすさを決める重要な要素の一つが裂果しにくい性質である。

欧州ブドウには皮ごと食べられる品種が存在するものの、その多くは裂果しやすく、わが国での栽培は困難であった。つまり、裂果しにくいことを目標とした育種において、皮ごと食べられる特性を導入することはきわめて困難と考えられていた。それにもかかわらず「シャインマスカット」を育成できたことは、裂果しにくく、かつ皮ごと食べられる品種の育成が可能であることを実証した成果でもある。

(4) 供給期間が拡大されたナシ

　昭和50年代頃までのニホンナシ栽培は「二十世紀」と「長十郎」が主力であったが，その後，昭和中後期に育成された多汁で果肉が軟らかい「幸水」や「豊水」にとって代わられ，平成28年（2016）には両品種だけで栽培面積全体の66％を占めるまでになっている。しかし，「豊水」の後に収穫される品種は，肉質が粗く，「幸水」や「豊水」に比べて果実品質が劣る「新高」が主力であることから，「幸水」，「豊水」と同等の品質をもち，「豊水」の後に収穫できる品種として「あきづき」が育成され，平成13年（2001）に登録された。

　「あきづき」（図10）は，農研機構果樹研の壽和夫らが162-29（「新高」×「豊水」）に「幸水」を交配して育成したやや晩生の赤ナシで，「豊水」以降に成熟する既存の品種と比較して外観や品質が優れており，贈答用にも適している。糖度が高く，果肉は軟らかく多汁である。平成28年（2016）時点で412haまで栽培が拡大している。

(5) 新たな食感をもつ高品質な甘ガキ

　カキでは，平成28年（2016）時点で，晩生の甘ガキ「富有」が生産全体の25％を占め，2位，3位は渋ガキの「平核無」とその枝変わりで早生化した「刀根早生」である。渋ガキは脱渋後の日持ちが悪いこともあり，カキの育種では，糖度が高く，肉質が良好な甘ガキ品種の育成が大きな目標とされている。

　「太秋」と「早秋」の育成　平成期に育成された代表的な甘ガキ品種としては，平成7年（1995）に登録された「太秋」と平成15年（2003）に登録された「早秋」があげられる。「太秋」は，果樹試の山根弘康らが「富有」にIIiG-16（「次郎」×（「晩御所」×「花御所」））を交配して育成したもので，果実はきわめて大きく，多汁で食味が優れ，ニホンナシのようにサクサクとした従来のカキにはない肉質をもっている（図11）。また，本品種は交配親としても優秀で，後代からは「太豊」，「麗玉」などの優良品種が生まれている。「太秋」は熊本県などで普及しており，栽培面積は平成28年（2016）時点で

 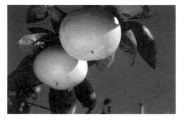

図10　ニホンナシ「あきづき」　　　　図11　カキ「太秋」
（農研機構果樹茶業研究部門）　　　（農研機構果樹茶業研究部門）

322haとなっている。一方，「早秋」は，農研機構果樹研の山田昌彦らが「伊豆」に109-27（興津2号×興津17号）を交配して育成した極早生の甘ガキで，肉質はやや軟らかく緻密で，果汁が多く食味は良好である。

DNAマーカーの開発と利用　甘ガキ育種の課題は，在来の甘ガキ品種の数がきわめて少ないことである。このため，遺伝的に近いもの同士の交配を繰り返すことになり，近交弱勢により樹勢や収量の低下が起こりやすい。そこで，渋ガキ等のできるだけ遠縁のものが交配親に利用されている。しかし，このような交配では甘ガキの出現頻度が低いため，平成16年（2004）に近畿大学，京都大学，農研機構果樹研の共同研究によって完全甘ガキを識別できるDNAマーカーが開発され，品種育成の現場で利用されている。

(6) 渋皮が剥けやすいニホングリ

渋皮剥皮性の簡易評価法　ニホングリは果実が大きいなどの優れた形質を多くもつが，チュウゴクグリ等と異なり渋皮が容易には剥けず，大きな欠点とされていた。そこで，渋皮の剥けるニホングリの育成を目指し，ニホングリとチュウゴクグリの交配などが試みられてきたが，実用品種の育成には至らなかった。その後，平成18年（2006）に農研機構果樹研の正田守幸らが，クリを食用油で揚げて食べている農家がいることにヒントを得て，揚げグリを用いることにより，短時間で多数の渋皮剥皮性を評価できるHOP（High-temperature Oil Peeling）法を開発した。これがブレイクスルーとなり，ニホングリにも渋皮が剥けるものがあることが明らかとなっ

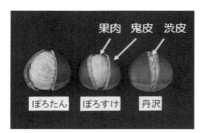

図12 クリ「ぽろたん」，「ぽろすけ」
（農研機構果樹茶業研究部門）

た。このような成果に基づき，農研機構果樹研の壽和夫らにより初めて育成された渋皮の剥けるニホングリが「ぽろたん」（平成19年〈2007〉登録）である（図12）。さらに「ぽろたん」よりもやや収穫期の早い「ぽろすけ」（平成30年〈2018〉登録）も農研機構果茶研の齋藤寿広らにより育成された。

「ぽろたん」と「ぽろすけ」の特性　「ぽろたん」は関東では9月上中旬に収穫できる早生品種で，栽培面積は平成28年（2016）時点で214haとなっている。渋皮剥皮性に優れ，渋皮がぽろっと剥けることと，広く愛されてほしいとの願いを込めて「ぽろたん」と命名されている。「ぽろたん」は鬼皮に傷を付けて加熱すると渋皮まできれいに取れるため，その特徴を活かして，焼き栗や新たな加工品の生産に取り組む産地が出てきている。

「ぽろすけ」は「ぽろたん」と同じ交配組合わせにより育成されたもので，収穫期は「ぽろたん」より1週間程度早く，渋皮が剥けるクリの出荷期間の拡大が可能となった。また，従来は「ぽろたん」の受粉樹として渋皮が剥けないクリを混植する必要があったが，「ぽろすけ」と「ぽろたん」は相互に交配できるため，両者を混植すれば剥けるクリに剥けないクリが混入することを避けることができる。

渋皮剥皮性の遺伝子解析　「ぽろたん」は，「森早生」と「改良豊多摩」の交配系統にさらに「国見」を交配した系統と「丹沢」を交配して育成されている。農研機構果樹研の髙田教臣らは，渋皮剥皮性の遺伝解析を行い，平成24年（2012）に渋皮剥皮性は1つの主働遺伝子によって決まり，容易に剥ける形質は劣性であることを明らかにした。続いて，平成25年（2013）には農研機構果樹研の西尾聡悟らが，本劣性遺伝子を対でもつ個体，すなわち渋皮が容易に剥ける個体を識別可能なDNAマーカーを開発するとともに，本劣性遺伝子は「国見」と「丹沢」両品種の共通の祖先である日本在

来品種「乙宗」に由来することを明らかにした。これらの成果を活用し、渋皮が容易に剥けるクリの育種が精力的に進められている。

———執筆：別所英男

消費者ニーズに対応した果実の安定生産技術

(1) マルドリ栽培

既存のマルチ栽培の問題点　カンキツ、特にウンシュウミカンの果実品質は樹体の水分状態に大きく影響され、適度な水分ストレスを与えると糖度を上げることができる。そのため、産地では品質向上技術として夏から秋の降雨をマルチシートで遮断する、いわゆる「夏秋季マルチ栽培」が行われてきた。しかし、この方法では、年によっては乾燥しすぎて樹体が弱ること、夏のマルチシート敷設は重労働であり被覆面積を拡大しづらいこと、降雨や土壌水分の状況により被覆開始時期の判断が難しいこと、水分ストレスがかかりすぎて果実中の酸が高くなりすぎる場合があることなどの問題が生じていた。

周年マルチ＋点滴灌水・施肥　こうした問題に対し、農研機構近中四研の森永邦久らは、平成10年（1998）から平成14年（2002）にかけて、樹の根元に周年でマルチシートを張り、自動で点滴灌水と施肥を同時に行う「周年マルチ点滴灌水同時施肥法」を開発し、体系化した。この栽培法は、マルチと点滴（ドリップ）灌水を縮めて「マルドリ栽培」と呼ばれ、平成15年（2003）にはマニュアルが刊行されている（図13）。

マルドリ栽培では水源の確保が重要であり、園地より高い位置にため池や揚水ポンプで汲み上げた水を貯めるタンクを確保する必要がある。基本的な資材としては、点滴灌水チューブと透湿性マルチシートのほかに、灌水のフィルタ、液肥混入器、液肥タンク、タイマー制御電磁弁が必要となる。降雨の浸透を遮断する透湿性マルチシートを園地に敷設し、マルチの下に点滴灌水チューブを設置して、必要に応じて自動的に樹体へ水分と肥料成分を供給する。

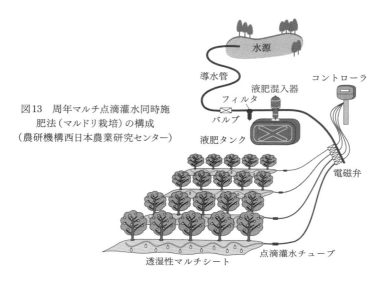

図13　周年マルチ点滴灌水同時施肥法（マルドリ栽培）の構成（農研機構西日本農業研究センター）

マルドリ栽培の効果　本栽培法により糖度は向上し適当な酸度も得られ，果実の着色も早くなるなど，消費者ニーズに適合した高品質な果実を生産できる。さらに，品質のばらつきも小さくなり，秀品率が大幅に向上するほか，プログラム制御で樹列ごとに施肥を行えるため，作業効率の点からも優れた技術である。本栽培法については，改良や関連技術の開発が進められ，平成18年（2006）時点では300ha，平成25年（2013）には400haまで普及している。

(2) 種なしブドウ

品種に応じたジベレリン処理技術の確立　ジベレリン（GA）によるブドウの無種子化技術は，わが国で開発された画期的な栽培技術である。昭和30年代に「デラウェア」の無種子化に成功し実用化されて以降，消費者の種なしブドウに対する高いニーズに合わせて，多くの品種で無種子化技術の開発が行われてきた。種なしブドウの商品性は種の入った果粒が少しでも混じれば損なわれてしまうが，GAによる無種子化のしやすさは品種によって大きく異なるため，ブドウ生産県の公設試験場を主体に，品種に応じた処理濃度や処理時期の解明が進められてきた。

現在では「巨峰」や「ピオーネ」等の四倍体大粒系ブドウを含むほとんどの品種でそれぞれの特性に合った無種子化技術が確立されている。これは，平成になってGAによる無種子化をより確実にするストレプトマイシン（SM）と無種子果粒の着粒安定や肥大に効果のあるホルクロルフェニュロンが実用化されたことによるところが大きい。

　また，GAなどは品種ごとに農薬登録されており，新品種で利用するためには登録の拡大が必要であったため，品種群としての登録が検討され，平成15年（2003）には「巨峰」やその枝変わりの四倍体品種を祖先にもつ四倍体品種などが「巨峰系四倍体品種」として一括登録されることになった。さらに，平成18年（2006）には品種群の見直しが行われ，「二倍体米国系品種」，「二倍体欧州系品種」，「三倍体品種」および「巨峰系四倍体品種」という区分に基づき登録されることになった。これにより，ほとんどの新品種において農薬登録を拡大することなく処理できることになったことも本技術普及の追い風となった。

　ストレプトマイシン，ホルクロルフェニュロンの利用　GAによるブドウの無種子化に対するSMの作用は，広島県果樹試の小笠原静彦によって昭和51年（1976）に発見された。この発見のきっかけは，モモ園に隣接したブドウ樹で毎年発生する果実の発育障害がモモのせん孔細菌病防除に使用されるSMに起因することを突き止めたことである。

　その後，無種子化に適した処理濃度や処理時期の解明が行われ，昭和60年（1985）に「デラウェア」と「マスカット・ベリーA」の無種子化を目的とした利用が可能となった。それ以降，順次適用品種が拡大され，平成15年（2003）には全ブドウ品種での使用が可能となった。特にGA処理だけでは無種子化が難しい品種において，SM処理は無種子化に不可欠な技術として広く普及している。

　植物の細胞分裂を促進するサイトカイニン様の活性をもつ植物成長調整剤であるホルクロルフェニュロンについては，昭和55年（1980）からブドウ主産県の公設試験場を中心にGAの処理効果を高める効果を確認する試験が行われた。その結果，平成元年（1989）に農薬登録され，「デラウェ

ア」,「巨峰」,「マスカット・ベリーA」における利用が可能となった。本剤を1回目のGA処理に加用することによって無種子果粒の着粒安定，2回目のGA処理に加用することによって果粒肥大促進の効果があり，広く利用されている。

　ジベレリン処理の省力化　一般的に，GA処理は無種子化と果粒肥大促進のために2回行う必要がある。そこで，山梨県果樹試の小林和司らは本作業を省力化するための処理方法を検討し，「ピオーネ」などにおいてGAとホルクロルフェニュロンの混合液を満開期～落花期に1回処理するだけでGAの2回処理と同等の効果が得られることを明らかにした。その後，本処理方法は「巨峰」などでも利用できることが示され，平成15年（2003）に「巨峰系四倍体品種」を対象に農薬登録された。GAの2回処理に比べて種子が残るリスクが高いため，SM処理と組み合わせる必要があるが，GA処理の時期は花穂整形や摘粒などの管理作業と重なることから，「巨峰系四倍体品種」に加えて「二倍体欧州系品種」の省力的な無種子化技術として産地に導入されている。

健康機能性の解明と生鮮果実における機能性表示

　平成に入り，食品のもつさまざまな健康機能性に関心が集まるようになった。果実に含まれる健康機能性成分に関する疫学調査やヒト介入試験が進められ，果実は美味しいだけでなく健康に良い成分も含むことが明らかにされてきている。

　ミカン産地での疫学調査　わが国における食品の健康機能性に関する疫学調査としては，ミカン産地住民を対象に実施されたウンシュウミカンに含まれるβ-クリプトキサンチンに関する「三ヶ日町研究」が有名である。本研究は農研機構果樹研の杉浦実が中心となって「三ヶ日みかん」のブランドで有名な静岡県引佐郡三ヶ日町（現浜松市）の総計1,000名を超える住民を対象に平成15年（2003）から10年間にわたって実施された。

　β-クリプトキサンチンはウンシュウミカンに特異的に多く含まれる成

分で，日本人の食生活においてはウンシュウミカンがβ-クリプトキサンチンの主な摂取源となっているため，血中β-クリプトキサンチン濃度からウンシュウミカン摂取量を推定することができる。そこで，血中β-クリプトキサンチン濃度を指標として，ウンシュウミカンの摂取量と生活習慣病等の発生リスクの関係を調査したところ，摂取量が多いと，①飲酒による肝機能障害のリスク，②高血糖による肝機能障害のリスク，③動脈硬化のリスク，④インスリン抵抗性（インスリンの働きが悪くなる状態）のリスク，⑤閉経女性における骨粗しょう症のリスク，⑥メタボリックシンドロームのリスク，⑦喫煙・飲酒による酸化ストレスのリスクなどが有意に低いとの結果が得られた。

また，リンゴでは，プロシアニジン類が腸管での脂質の吸収を抑制し体脂肪の蓄積を予防することや，動脈硬化の原因となるコレステロールや中性脂肪を減少させることがヒト介入試験によって明らかにされた。

「機能性表示食品」制度に基づく表示　平成27年（2015）4月に「機能性表示食品」の制度が始まり，ミカンなどの生鮮物でも安全性や機能性に関する科学的根拠を消費者庁に届け出ることにより事業者の責任で機能性を表示できるようになった。これを受け，平成27年（2015）9月8日にJAみっかびの「三ヶ日みかん」が生鮮物としては初めて機能性表示食品としての届け出が消費者庁に受理され，段ボール箱等の包装資材に「本品にはβ-クリプトキサンチンが含まれています。β-クリプトキサンチンは骨代謝の働きを助けることにより骨の健康に役立つことが報告されています」と表記できることになった。また，β-クリプトキサンチン高含有みかんジュース2品目も同じ内容の機能性を表示できる食品として届け出が受理された。

その後，各産地に取組みが広がり，平成31年（2019）3月時点で，ウンシュウミカン（生鮮果実）についてはさらに9件の届け出が受理されている。リンゴでも，平成30年（2018）3月7日にJAつがる弘前の「プライムアップル！（ふじ）」について機能性表示食品の届け出が受理され，「本品にはリンゴ由来プロシアニジンが含まれます。リンゴ由来プロシアニジンに

は，内臓脂肪を減らす機能があることが報告されています」と表記して販売が始められた。さらに，平成31年（2019）2月8日には同JAの「プライムアップル！（王林）」の届け出も受理された。

高品質果実の供給を支える流通技術

(1) 非破壊内部品質選別機（光センサー）

光センサーによる糖度評価　収穫した果実の多くは選果場で選別されて出荷されるが，平成の初めまでは，重量や色つきなど外観に関わる特性のみに基づいて選別が行われていた。わが国では果実の外観を重視する傾向が強かったが，食味を重視する消費者も増え，平成29年（2017）に農林水産省が約900人の消費者を対象に行った調査では，野菜・果実を購入する際に特に重要と考える点として，「見た目」をあげた者が26.1％であったのに対して「味・鮮度」をあげた者は87.9％であった。このような状況の下，食味，特に糖度により果実を選別し出荷するための技術として，カンキツやモモ，ナシ，リンゴの選果場では，一般的に光センサーと呼ばれる非破壊内部品質選別機の導入が進んでいる。

光センサーは，近赤外光（800nm～2,500nm）を果実に照射し，反射または透過する際の吸収スペクトルから糖度などの内部品質を推定するものである。果実の品質評価用に開発された初めての光センサーは，平成元年（1989）に三井金属鉱業（株）が，鉱物資源探査技術を活用して，山梨県，山梨県果実農業協同組合連合会と共同でモモの糖度推定用に開発したものである。その1号機が同年，山梨県の西野農業協同組合に導入され，選別された果実は糖度保証付きで販売された。

光センサーの進化と応用　本装置は，糖度の推定に果実の表皮および表皮直下の果肉で反射された光を用いるためウンシュウミカンのように果皮が厚い果実では利用できなかった。そこで，果実を透過した光を用いる透過型の光センサーが開発され，平成8年（1996）からはカンキツの選果場でも導入が進んだ。光センサーは，糖度以外にもカンキツでは酸含量やす上が

り，浮皮の発生，リンゴではみつ入り程度の推定なども可能となっている。

　平成29年（2017）に（公財）中央果実協会がウンシュウミカンとリンゴの主要産地に所在する9農協を対象に行った聞き取り調査では，すべての農協で光センサーを活用した生産・出荷が行われていた。ウンシュウミカンでは，光センサーによる選果が普及するに伴い，市場においても外観ではなく食味を重視した取引に変化してきた。また，光センサーは販売面での活用だけでなく，選果結果を生産者にフィードバックするなどにより生産面での技術向上にも寄与している。

(2) MA包装による「不知火」の長期貯蔵

　MA（Modified Atmosphere）包装とは，適度なガス透過性をもつフィルムで青果物を包装し，青果物の呼吸による酸素の消費と二酸化炭素の発生を利用して包装内部を鮮度保持に適した低酸素・高二酸化炭素条件に維持する技術である。住友ベークライト（株）のMA包装資材「P-プラス」は，フィルム面に開けた微小な孔の大きさや数を調整することにより青果物の特性に合わせたガス透過性に調節できることから，さまざまな青果物で利用されている。

　果樹では，カンキツ「不知火」での利用が普及している。「不知火」は，特徴のある果形や美味しさから人気が高く，品質の良いものは「デコポン」とのブランド名で生産が増加しているが，ほとんどが露地栽培のため出荷が集中する3〜4月における販売単価の低下が問題となっていた。そこで，熊本県農研センター果樹研の榊英雄らは，平成17年（2005）頃より，当時開発されたカンキツ用の「P-プラス」を用いた「不知火」の長期貯蔵試験を行い，本資材で個包装した果実を12℃で貯蔵することで7月まで出荷期間を延長できる技術を確立した。特に5〜7月は国産果実が品薄なため，新たな需要を喚起できる技術として，熊本県を中心に取り組む産地が多い。

―――執筆：中村ゆり

担い手の高齢化や労働力不足への対応

わい性台木を利用した省力・軽労化技術

(1) リンゴのわい化栽培

JM台木の育成　わが国のリンゴ産業は外国産果実との競合や生産者の高齢化，担い手不足などさまざまな問題を抱えている。これらの問題を解決する一つの手段が樹高を下げることによる管理作業の省力化である。低樹高化の代表例としてはリンゴのわい化栽培があげられる。

わい化栽培では比較的土壌適応性の広いM.26がわい性台木として多用されてきたが，「ふじ」のように強勢な品種との組合わせでは，樹齢が進むとともに作業性や果実品質が低下することが指摘されている。また，英国から導入されたわい性台木であるM系台木は挿し木繁殖が困難なことから，果樹試の吉田義雄らはマルバカイドウとM.9の交雑実生から挿し木繁殖性とわい化性を有するJM台木5系統を育成し，平成11年(1999)および平成12年(2000)に登録された。

このうち，JM5は極わい性台木，JM1，JM7，JM8はわい性台木，JM2は半わい性台木であり，これらのなかでJM7がもっとも普及している。JM7はM.9とM.26のほぼ中間のわい化効果を示し，生産力，果実品質，耐水性（排水不良条件でも生育低下しにくい）に優れ，挿し木繁殖も容易な台木であり，平成26年(2014)にはわい化栽培全体の1割を超すまでに普及した。

イタリアを参考にした新わい化栽培　一方，長野県ではわい化度の強いM.9ナガノが積極的に利用され，平成9年(1997)からは，イタリアの南チロル地方の密植栽培を参考にした新わい化栽培に取り組んでいる。この方法は，①合成サイトカイニンであるベンジルアミノプリン剤(ビーエー剤)等を処理しフェザー（羽毛状枝）を10本以上発生させた2年生苗を利用し，②10a当たり125〜200本の高密植栽培とし，③結実部位の高さを2.5m程度に抑えて脚立なしでも7割の果実を収穫できる低樹高栽培を目指すも

のである。仕立て方は細型紡すい形で側枝を水平に誘引し，花芽の着生を促す。新わい化栽培の「ふじ」7年生樹では慣行のわい化樹と比べて34％の省力効果が認められている。

トールスピンドルシステムの開発　さらに，多収かつ省力的なリンゴ栽培を目指し，10a当たりの植栽本数を300本程度とする超密植栽培を行い，側枝を下垂させ成長を抑えることで樹を細長く仕立てる「トールスピンドルシステム」が開発されている（図14）。本システムでは，樹高は高くなるものの，樹冠が垣根状の薄い平面となるため，樹列方向の直線的な動きと樹に沿った垂直方向の動きのみで各種の管理作業が可能である。

図14　リンゴのトールスピンドルシステム（農研機構果樹茶業研究部門）

長野県では定植4〜6年目のトールスピンドルシステムで10a当たり収量が平均5t程度と新わい化栽培よりも多収であることが確認されている。また，トールスピンドルシステムにおいて高所作業台車を用い，着果管理に摘花剤と摘果剤を利用すると，新わい化栽培で脚立を利用した場合に比べて収量1t当たりの作業時間を27％削減できる。

(2) カキのわい性台木

カキの栽培では，カキの実生やマメガキなど樹体が大きくなる強勢台木を用いることが一般的である。そこで，農研機構果樹研の薬師寺博らと島根県農技センターの河野良洋らは，作業の省力化を目指してわい性台木の開発に取り組み，平成28年（2016）に「豊楽台(ほうらくだい)」を育成し，登録された。無着果・無せん定で管理された「豊楽台」の「富有」は，アオガキ実生を台木とした樹に比べて樹高は7割程度，樹冠容積は5割程度となる（図15）。「豊楽台」は，新梢や不定芽由来の徒長枝から着葉数1，2枚の挿し穂を調製し，発根促進剤を処理した後にミストの下におけば容易に発根する。

また，静岡県農技研果樹研センターの鎌田憲昭らはわい化程度の異なる2種類の台木「静カ台1号」と「静カ台2号」を育成し，平成26年（2014）に

図15　カキわい性台木「豊楽台」
（農研機構果樹茶業研究部門）
右：豊楽台，左：対照（アオガキ実生台），
品種・樹齢：「富有」11年生，バーの高さ2m

登録した。これらの台木を利用すると，収穫時間を2～3割削減できることが示されている。宮崎大学の鉄村琢哉も挿し木繁殖できるわい性台木「MKR1」を育成し，平成27年（2015）に登録した。

───執筆：別所英男

作業労力を削減する栽培技術体系

(1) ブドウの管理作業省力化

　ブドウは10a当たりの年間作業時間が約430時間と果樹のなかで最長である。作業が集中する時期が5～7月で，花穂整形，ジベレリン処理，摘房，摘粒といった，適期に実施が必要な重要作業が連続する。

　花穂整形・摘心作業の省力化　花穂整形は，ブドウの開花時に花穂の上部に着生した小花穂を取り除いて，先端部数cmに着生した小花穂だけを残す作業で，店頭に並ぶサイズのブドウの房にするためには欠かせない作業である（図16）。一房一房指先またはハサミを用いて行う必要があり，非常に手間がかかる。この作業を省力化するため，平成20年（2008）に農研機構果樹研の薬師寺博らによって開発された器具が花穂整形器（図16）

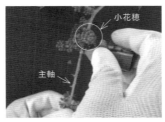

図16　ブドウの花穂整形器（左）と花穂整形器を用いた整形作業（右）
（群馬県農業技術センター）

である．この器具で花穂の主軸を挟みながら上下させるだけの簡単な操作で花穂整形を行えるようになった．

また，ブドウの果実は春先から成長した新梢の3～4節目に着生するが，新梢をそのままにしておくと伸長が続き，果実に転流する光合成産物が少なくなり，果粒肥大や糖度上昇が阻害されてしまう．商品性の高い果実を生産するには，一定程度新梢が伸長して葉数が確保できた時点で伸びを止めるための摘心作業が不可欠である．この摘心作業は，葉数に合わせて随時すべての新梢に実施する必要があり，かなりの労力を必要とする．

この労力を軽減するため，植物体におけるジベレリンの生成を阻害するメピコートクロリドという植物成長調整剤により新梢の伸長を抑制する技術が開発された．本剤は平成3年（1991）に「巨峰」の有核（種あり）栽培における着粒安定を目的に農薬登録されたが，その後，適用範囲が拡大され，多くの品種，栽培体系で利用されている．これらによって，作業の集中する5～7月の作業時間を約3割短縮できるようになった（図17）．

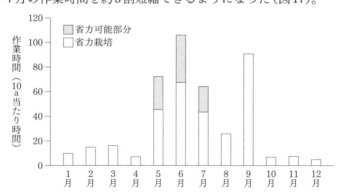

図17　ブドウ栽培における年間の月別作業時間
資料：群馬県農業技術センター「シャインマスカット省力栽培マニュアル」

せん定法と無核化技術　わが国のブドウ栽培では，「長梢せん定」と「短梢せん定」という2つのせん定法が広く行われている．ブドウの果実は，前年に伸長した枝の節に形成された芽から伸びた新梢の節に着生するため，前年に伸長した枝を結果母枝と呼ぶ．長梢せん定は，結果母枝を太さや充実の程度に応じて基部から5～12芽を残して切り落とすせん定法で

ある。これに対し，短梢せん定は，結果母枝の基部2,3芽のみを残して切り落とすせん定法である。黒ぼく土等の肥沃で樹勢が強くなりやすい園地の多い東日本では長梢せん定，作土が比較的浅く樹勢が落ち着きやすい園地の多い西日本では短梢せん定が広く行われてきた。

　長梢せん定は，残す芽数によって樹勢を調節できるためさまざまな品種に適応できる反面，樹形が乱れやすく熟練を要するせん定法である。一方，短梢せん定は，結果母枝を切り落とす位置が決まっているため作業に熟練を要せず，新梢の発生位置や着果部位が直線状に揃うため管理作業も省力化できる。このように短梢せん定は作業の省力化を図るうえで大きなメリットを有するが，品種によっては新梢伸長が盛んになりすぎて花振るい（開花前後の期間に花が落ちる生理現象）を起こすおそれが大きく，利用範囲は限られていた。

　しかし，平成になってさまざまな品種の無核化技術（種なし栽培技術）が確立されると状況が変化した。種なし栽培では樹勢が強くても花振るいが起きにくいため，無核化技術の普及が進むに伴い短梢せん定を導入する産地が増えてきている。現在急速に栽培面積が拡大している「シャインマスカット」は短梢せん定に向いた品種であり，本品種への改植に合わせて短梢せん定を導入する産地も多い。

　H字型整枝法の普及　短梢せん定では，作業動線が直線状となり省力的，かつ効率的な樹冠拡大も可能な整枝法として，上から見て主枝がH型になるH字型整枝法が広く普及している（図18）。この整枝法では，新梢の葉数を揃えることが肝要で，摘心により無駄な新梢伸長を抑制するとともに，1新梢に着ける果房を1房に制限して果実に光合成産物を集中させ，品質の向上を図る。また，この整枝法では，果房が主枝に沿って整然と着生するため，手間のかかる結実管理も一方向への移動のみで行えることから管理しやすい。

　山梨県果樹試の齊藤典義らは，短梢せん定では，GAの1回処理など各種の植物成長調整剤利用技術を活用することにより，長梢せん定に比べて年間の作業時間を2割削減できることを明らかにしている。

図18 「シャインマスカット」への転換に貢献した短梢せん定によるH字型整枝法
左：整枝法の概念図（平面図）。中央の●は主幹，太線が主枝，細線が結果枝．
右：短期間で成園化できた「シャインマスカット」の園地

(2) 画期的なジョイント栽培

樹と樹を連結するジョイント栽培 平成期における果樹栽培の省力化技術としてもっとも画期的なものの一つが，神奈川県で開発された「ジョイント栽培」である．これは，樹間2m前後の狭い間隔で苗木を列状に植え付け，主枝を一定の高さのところで樹列の一方向に曲げて地面と水平になるように誘引し，隣の樹の主枝の曲げた部位に接ぎ木することで，複数の樹を直線状に連結する技術である（図19）．この技術は，初めニホンナシで開発されたが，そのほかの果樹でも有用であることが確認され，神奈川県が平成24年（2012）にナシとウメで特許を取得している．

ジョイント栽培を考案した神奈川県農技センターの柴田健一郎によれ

図19 ニホンナシのジョイント栽培（神奈川県農業技術センター）
短い間隔で直線的に植栽したナシ樹の主枝を一定の高さで一方向へ水平に誘引し，隣接する樹の主枝（曲げた部分）に接ぎ木することで複数の樹を連結する仕立て方．結実する枝が直線状に配置されて作業効率が高まるだけでなく，枝の生育が斉一化する

ば，ニホンナシのせん定時に，樹齢が進んで隣接樹とぶつかってしまう樹があり，半ば冗談で「いっそのこと隣の樹にくっつけてしまっては」という話が出たのが開発のきっかけとのことで，その発想を実用技術として組み上げたことは賞賛に値する。

連結による結果枝の生育揃い　ジョイント栽培のメリットの一つは，果実を着ける枝（結果枝）の生育が揃うことである。通常の平棚栽培では，主枝の先端部から発生する結果枝が基部から発生する結果枝に比べて弱くなりやすく，放置すると主枝先端が弱って樹形が乱れ，収量低下や品質低下の原因となる。そのため，主枝先端部には強い枝を配置して上向きに誘引する一方，主枝基部の強い枝をせん除して生育のバランスをとる必要があり，整枝・せん定に熟練を要する。しかし，ジョイント栽培では主枝が連結され一続きになっているため，基部と先端部で枝の生育差がきわめて小さく，ほぼ均一な結果枝を効率的に配置でき，果実の揃いが良好になる。

管理作業の省力と早期成園化　苗木を養成して接ぎ木するまでは手間がかかるが，樹形が完成した後は，結果枝が直線上の主枝の両側に整然と配置されるため，作業動線が直線的になり，管理作業を省力化できる。せん定も枝の配置が単純なため，熟練者でなくとも比較的容易に行うことができる。さらには，定植2年目で樹冠が完成し，3年目から本格的な収穫が可能となることから早期に成園化できる。

　現在のところ，ジョイント栽培は平棚栽培での取組みが多いが，上向き作業がなく労働負荷が軽いV字仕立てでの取組みも増えてきている。V字棚は設置費用も比較的安価なことに加え，主枝高が1m程度と低いため，平棚栽培のジョイント栽培とは異なり，3m以上に伸長した大苗でなくても利用できる点もメリットである。

　なお，平成29年（2017）現在，ジョイント栽培は，ニホンナシで約74haに導入されており，またカキでもすでに約4.7ha導入されている。このほか，ウメ，リンゴ，カキ，スモモなどでも有用性が明らかにされている（中央果実協会「平成29年度省力樹形等新たな果樹生産技術調査報告」）。

(3) 根域制限栽培

根域制限栽培の模索 果樹は根の分布域が広いため，きめ細かい施肥や水の管理がしにくく，その結果，果実品質が低下することもある。また，どの樹種でも成園化には年数が必要で，新品種への改植や新たな果樹園を開設する際の障害となっている。さらに，果樹は樹体が大きいことから，脚立を用いた作業等が必要で作業効率も悪い。

これらの問題を解決するために，果樹の根域を制限してコンパクトな樹体として早期成園化・省力化を図るとともに，養水分を適切に管理して果実品質を向上させる技術が模索されてきた。昭和の終わり頃から「ボックス栽培」といって，40～70l程度の容器に培土を入れて栽培する方法が各地の公設試験場において試験され，土壌伝染性病害の蔓延防止などにも効果があったが，資材費がかかることや樹齢が進むと根詰まりを起こして収量が低下する問題があり，広く普及するには至らなかった。その後，安価な資材を利用し，根詰まりも起こしにくいさまざまな根域制限栽培技術が開発されてきた。

盛土式根圏制御栽培 ニホンナシの盛土式根圏制御栽培は，栃木県農試の大谷義夫らが平成10年代から20年代初頭にかけて開発した技術で防水用のビニールシートの上に遮根シートを敷き，その上に土を盛ってナシの苗木を植え付ける方法である（図20）。根は盛土の中でしか伸びないため，根の量が制限され，樹体をコンパクトに維持できる。水管理に特徴があり，樹の生育ステージに合わせ，樹が必要とする水分量を，自動制御で細分化して灌水することで，確実に必要な水分を供給する。

栃木県農試では樹を主枝高1m程度の2本主枝一文字Y字仕立てとしている。具体的には，1年生苗木を植え付け，主枝を列方向に水平に誘引し，列の左右斜め上方に伸ばした結果枝に植付け2年目から結実させ，それと同時に植付け時に誘引した主枝とは反対方向に2本目の主枝を養成する。3年目には樹形が完成し，主幹の両側に伸ばした主枝から発生させた結果枝に結実させることができるため「二年成り育成法」と称している。植付けから5年目には慣行の2倍の収量が得られる。樹形の単純化，作業動線

図20　ニホンナシの盛土式根圏制御栽培（栃木県農業試験場）
左：樹園にシートを敷き，上に盛土を置き，ナシを植え付けたところ，
右：3年目で樹形が完成した状態

の直線化によって作業時間の大幅な削減も可能である。

　この技術は，安価な資材を活用することで導入経費を低く抑えているほか，灌水技術などさまざまな工夫が進んでいることもあり，栃木県を中心に普及している。特に改植時の土壌病害対策として用いられているほか，都市部など園地が限られる地域で導入が進んでいる。また，ナシ以外の果樹でも技術開発が行われている。

(4) 人工受粉

　訪花昆虫利用や動力受粉機の問題　リンゴ，ニホンナシなどの自家不和合性を示す果樹やキウイフルーツのような雌雄異株の果樹で，結実を確保して果形や肥大の良い果実を安定生産するためには人工受粉が不可欠である。人工受粉は多くの場合手作業で行われており，綿棒や水鳥の羽毛を束ねた梵天等で1花ずつ受粉する方法が一般的である。本作業は開花期間中に行わなければならないため，短期間に多くの労働力を必要とすることに加え，雨天時には作業ができないなど天候にも左右されることから，省力化が強く求められている。

　平成以前から人工受粉の効率化・軽労化を目的に訪花昆虫の導入や動力受粉機の開発が進められてきた。訪花昆虫としてはミツバチ，マメコバチなどが利用されており，適切な間隔で受粉樹を混植すれば人工受粉にかかる労力を削減することができる。しかし，昆虫の維持・管理に手間がかか

ることや，気温が低いと昆虫の活動が鈍るため受粉率が低くなるという問題がある。受粉用の機械としては，動力噴霧式受粉機，回転式羽梵天機，鉄砲式受粉機が開発されており，手受粉に比べて動力噴霧式受粉機では2割程度，回転式羽梵天機および鉄砲式受粉機では5〜7割程度まで作業時間を削減できる。しかし，機械の導入コストがかかること，手受粉に比べて花粉使用量が多いこと，慣行の手受粉と同様に雨天時には作業が行えないことなどの問題がある。

溶液受粉技術の開発普及　そこで，愛媛県果樹試の矢野隆らは，平成10年代後半にキウイフルーツを対象として，花粉を懸濁した溶液をスプレー等で柱頭に散布して受粉を行う溶液受粉技術を開発した。花粉を懸濁する溶液には，花粉の拡散性を保つための寒天またはキサンタンガム，花粉の破裂を防止し発芽率を向上させるためのショ糖，受粉済みの花を識別するための赤色の食用色素を加え，花粉の濃度は200〜500倍とすることが推奨されている。

ハンドスプレーを用いて個々の花に的確に受粉を行えば，梵天を用いて手作業で受粉する従来法に比べて作業時間を半分以下に減らすことができる。また，少量の降雨でも作業できるため，天候に左右されにくいというメリットもある。花粉使用量についても従来法とほとんど差はなく経済性に優れていることから，愛媛県を中心に広く導入されている。

―――執筆：中村ゆり

作業者の負担を軽減する土壌病害治療技術

既存の白紋羽病対策技術の課題　白紋羽病はナシやリンゴなど多くの果樹に甚大な被害をもたらす土壌伝染性病害である。本病害は土中に生息する糸状菌である白紋羽病菌によって引き起こされる（図21左）。

白紋羽病菌は寄生できる植物種の範囲がきわめて広く，また未分解の粗大有機物の多い土壌ではその有機物上で増殖するため発病が助長される。罹病した樹は根が腐敗して衰弱し，最終的には枯死に至る（図21右）。化

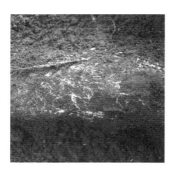

図21　白紋羽病（農研機構果樹茶業研究部門，中村仁原図）
左：白紋羽病菌が蔓延したナシ樹の根，右：白紋羽病によって枯れたリンゴ

温度	処理した時間							
	1分	5分	30分	3時間	5時間	1日	2日	3日
35℃						死滅しない	ほぼ死滅	死滅
40℃			死滅しない	ほぼ死滅〜死滅	死滅			
45℃	死滅しない	若干死滅〜ほぼ死滅	死滅					
50℃	ほぼ死滅	死滅						

図22　白紋羽病菌を温水中で死滅させるために必要な温度と時間
（農研機構果樹茶業研究部門，中村仁原図）
枝で培養した白紋羽病菌を用いて室内で行った試験の結果

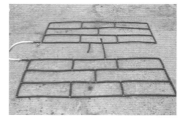

図23　白紋羽病の温水治療に用いる温水点滴器具とその設置状況
（農研機構果樹茶業研究部門，中村仁原図）
左：市販品と同型の点滴器具，
右：治療する樹への設置状況(保温用シートで樹の片側のみを被覆)

学農薬で白紋羽病を防除するためには大量の薬液を土中に灌注する必要があり，環境負荷の面から好ましくない。

温水による白紋羽病治療　そこで，平成19年（2007）に環境負荷のきわめて少ない温水によって本病害を治療する技術がエムケー精工（株）と長野県南信農試の江口直樹により開発され，平成25年（2013）には農研機構果樹研の中村仁らによってマニュアル化された。

白紋羽病菌は他の糸状菌に比べて熱に弱く，35℃の温水中では2日間でほぼ死滅するが（図22），果樹（ナシ，リンゴ，ブドウ）の根は45℃でも短時間であればほとんど影響を受けない。白紋羽病の温水治療では，このことを利用して，50℃の温水を罹病樹周辺の地表面に点滴して土の中にしみ込ませ，土の中を35℃以上45℃以下に保ち，樹体を損傷することなく白紋羽病菌を殺菌する。

実際の手順は，罹病樹を中心として地表面に点滴器具を置き，農業用マルチフィルムなどで覆って保温しながら，50℃の温水を点滴する（図23）。地下30cmが35℃あるいは地下10cmが45℃に達した時点で温水の点滴をやめて終了となる。白紋羽病の温水治療に用いる温水点滴処理機（図24）が市販され，全国で普及が進んでいる。

———執筆：岩波 徹

図24　白紋羽病の温水治療に用いる温水点滴処理機
（農研機構果樹茶業研究部門，中村仁原図）
左：本体，右：運搬車，市販品と同型

地球温暖化への対応

地球温暖化が果樹栽培に及ぼす影響

　地球温暖化の進行が世界中で報告されるようになっている。1年生作物では，作目や品種の選択，作期の変更によって温暖化に対応することが可能であるが，永年生作物である果樹は，植え替えが困難であり，多くは露地栽培で環境制御も難しいことから，温暖化の影響を特に受けやすい。そのため温暖化により栽培適地が移動する可能性が想定される。

　平成16年（2004）に農研機構果樹研の杉浦俊彦らは，年平均気温をベースに，ウンシュウミカンとリンゴにおける栽培適地の移動を推定した（図25）。ウンシュウミカンの栽培適地とされる年平均気温が15～18℃の地域は2060年代には南東北の沿岸部まで広がる一方，現在の主産地は18℃以上となり，ウンシュウミカンよりも高温に適した樹種に切り替えなければならない可能性が示されている。リンゴについても，栽培適地とされる7～13℃の地域は2060年代になると現在の主産地である東北地方の平野部からより標高の高い地域や北海道に移動するものと推定されている。

高温障害軽減技術と地球温暖化に対応した品種

　高温によるブドウの着色不良対策として，広島県総技研農技センターの山根崇嘉らは，平成10年代の中頃から終わりにかけて，ブドウ「安芸クイーン」を対象として，幹の皮部を環状に剥ぎ取る環状剥皮と着果量の軽減によって着色を改善する技術を開発した。また，平成20年代の初めから中頃にかけて，農研機構果樹研の生駒吉識らにより，植物成長調整剤であるジベレリンとプロヒドロジャスモンを用いて早生と中生ウンシュウミカンの浮皮発生を軽減する技術が開発された。ニホンナシの発芽不良については，平成28年（2016）に農研機構果茶研の阪本大輔らが基肥や堆肥の施用時期

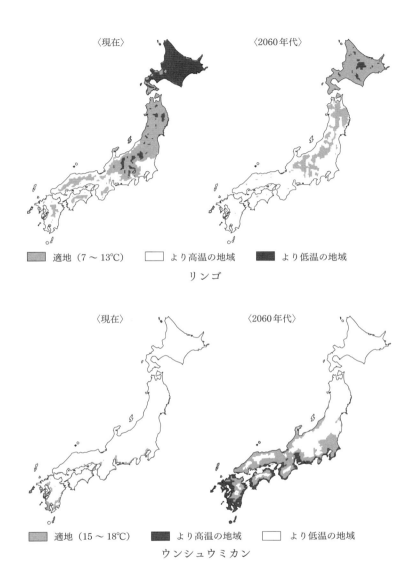

図25 地球温暖化によるリンゴ(上)およびウンシュウミカン(下)の栽培適地の移動予測
(農研機構果樹茶業研究部門,杉浦俊彦・横沢正幸原図)

を秋冬季から春季に変更することで軽減できることを明らかにした。

　また，温暖化に適応した品種の導入，開発も進められている。長野県の小田切健男が平成5年（1993）に育成したリンゴ「秋映」は着色がきわめて良好なことから，高温による着色不良対策として普及が進んでいるほか，高温条件でも着色しやすいブドウやリンゴの新品種，自発休眠打破に必要な低温要求量が少ないモモの新品種も育成されてきている。着色が問題とならない「シャインマスカット」のような緑色ブドウや「シナノゴールド」のような黄色リンゴも対策技術の一つといえるかもしれない。

　さらに，温暖化を積極的に利用して亜熱帯果樹，熱帯果樹を導入する試みも行われている。すでに，愛媛県におけるブラッドオレンジ，鹿児島県におけるパッションフルーツのように産地化が進んでいる地域・品目もある。しかし，温暖化が進んでも全体的な傾向として気温は上昇するものの，気温の振れ幅は大きく，年によっては著しい低温になることもある。亜熱帯果樹，熱帯果樹は低温にきわめて弱く，壊滅的な被害を受けるリスクが高いことから，導入に際しては低温対策が不可欠である。

　　　　　　　　　　　　　　　　　　———執筆：中村ゆり

カンキツグリーニング病の根絶と再侵入防止技術

カンキツグリーニング病　カンキツグリーニング病は，カンキツ類の師部細胞（葉脈の一部）が特殊な細菌に感染することによって引き起こされる病害で，罹病樹は葉が激しく黄化して数年で枯死する（図26）。病原細菌は接ぎ木や取り木などで伝搬されるほか，ミカンキジラミという体長約3mmの吸汁性昆虫によっても伝搬される（図27）。

　ミカンキジラミは，熱帯から亜熱帯にかけて分布しているため，これらの地域のカンキツ産地ではカンキツグリーニング病がしばしば大問題となる。本病は，東南アジア各国では古くから蔓延し，大きな被害をもたらしてきた。最近では，米国のフロリダ州やブラジルのサンパウロ州などの世界的なカンキツ大産地の一部でも発生し，深刻な問題となっている。

図26　カンキツグリーニング病罹病樹における葉の黄化症状

図27　カンキツグリーニング病の病原細菌を伝搬するミカンキジラミの成虫（体長約3mm）

病原細菌の増殖はペニシリンなどの抗生物質で一時的に抑えることはできるが，病原細菌が師部細胞内に存在するため，薬剤の効果が不安定で完治は不可能である。コストや安全性などの面からも，抗生物質の連続施用で本病を防除することは非現実的である。本病がいったんカンキツ産地に侵入・定着すると効果的な対策はないのが現状である。

わが国における発生と分布　国内では昭和63年（1988）に沖縄県の西表島で初めて感染樹が確認されたが，これ以前における南西諸島でのカンキツグリーニング病の存在は不明である。平成9年（1997）には南大東島を除く沖縄県のほぼ全域で発生が確認された。南西諸島のなかでも鹿児島県の島嶼では，平成14年（2002）に与論島で発生が確認され，その後沖永良部島，徳之島，喜界島でも発見された。奄美大島では詳細な調査が行われたが，平成30年（2018）時点で発生は確認されていない。また，喜界島では，後述するとおり根絶に成功し，現在は無病地帯となっている（図28）。

ミカンキジラミは現地で生け垣に用いられているゲッキツというミカン科の常緑植物でも生息するが，生け垣は頻繁に刈り込まれるためミカンキジラミが好む新芽が多く発生すること，殺虫剤をあまり散布しないことなどから，カンキツグリーニング病はカンキツ園地よりも住宅地の庭先で多く発生しやすい。

根絶防除事業　農作物に大きな被害を与える病害虫が国内の一部に侵入，発生した場合，根絶を目指した防除事業が行われることがある。根絶に成功するには，①侵入，発生地域が隔離されていること，②病原体や害虫を減らす効果的な手法があること，③根絶を確認する方法があること，な

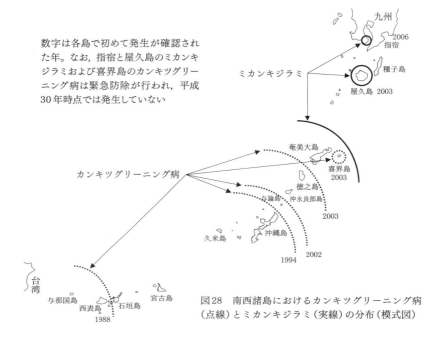

図28　南西諸島におけるカンキツグリーニング病（点線）とミカンキジラミ（実線）の分布（模式図）

どの条件が揃っている必要がある。これまでに成功した事例としては，南西諸島や小笠原諸島で発生していたミカンコミバエやウリミバエがある。

　カンキツグリーニング病の場合，鹿児島県の島嶼部は，海によって隔離されていることに加え，沖縄本島などに比べ発生地域が限定されていたため，根絶の可能性が考えられた。行政担当者，専門家などで検討され，発生地域の最北端で，島内でも発生区域が限定されていた喜界島が根絶防除事業の対象として選定された。そして，平成19年（2007）4月から植物防疫法に基づく緊急防除が実施され，鹿児島県等の協力の下，発生地域からのカンキツ類の苗木等の移動規制，感染植物の伐採・処分等を行った。その後，平成23年（2011）3月から平成24年（2012）2月までの約1年間，喜界島の全域において，約1万7千本のカンキツ類の植物について目視診断および遺伝子検定を実施し発生が確認されなかったことから，喜界島からカンキツグリーニング病が根絶されたと判断された。これは，世界で初めてカンキツグリーニング病の根絶に成功した事例となった。

根絶防除事業を成功に導いた技術と科学的知見　カンキツグリーニング病感染の有無を確定するには高精度な検定法が必要であった。そこで，平成8年（1996）に果樹試の岩波徹らにより，海外で開発されたPCR法の有用性が示され，平成17年（2005）には農研機構九沖研の奥田充らによってより簡易なLAMP法を用いた検定法が開発された。開発に携わった国内研究者が直接根絶防除事業に参加し，PCR法は平成8年（1996）から，LAMP法は平成19年（2007）からそれぞれ国や県，市町村が実施する防除の現場で利用された。このような研究サイドと現場が一体となった事業の推進が根絶防除事業を成功に導いた大きな要因である。さらに，感染樹の発見や伐採に地域住民が協力したこともきわめて重要であった。

その他の対策　平成30年（2018）時点において，徳之島では根絶に向けた防除が重点的に行われており，近い将来，沖永良部島，与論島などでも根絶に成功することが期待されている。一方，沖縄本島などでは，発生範囲が広く，島全体からの完全な根絶は困難である。このため，沖縄本島北部では，発生地である住宅地域から主要産地がある山間部へカンキツグリーニング病が移動することを阻止する事業が根絶防除事業に準じた方法で行われ，本病発生のないエリアが局所的に山間部産地に形成され，健全果実の生産が可能となっている。

―――執筆：岩波　徹

グローバル化への対応

高品質国産果実の安定供給を実現する鮮度保持技術

エチレン作用阻害剤1-MCP　国内の消費者も果実は「日持ちしない」ことが大きな問題の一つとしているが，輸出となると鮮度保持はより重要となる。輸出果実の鮮度保持技術としては特殊な機能をもたせたコンテナなどもあるが，簡便に利用可能な技術として，平成8年（1996）に米国で開発されたエチレン作用阻害剤の1-メチルシクロプロペン（1-MCP）がある。

1-MCPは，常温・常圧下では無色・無臭の気体で，青果物に暴露処理すると，きわめて低い濃度で卓越した鮮度保持効果を示す。気体では保管しにくいため，1-MCPをシクロデキストリン（グルコースからなるオリゴ糖の一種）に包摂して粉末状に製剤化した1-MCPくん蒸剤（商品名：スマートフレッシュ™くん蒸剤）が世界中で広く利用されている。

　処理方法の確立　わが国では諸外国に比べて熟度の進んだ完熟にちかい状態で収穫することから，本剤の効果を確実に得るための処理条件を明らかにする試験が全国の公設試験場や大学によって平成14年（2002）から本格的に実施された。その結果，収穫後速やかに処理するなどわが国の実態に即した処理条件が明らかにされ，リンゴ，ナシ，カキを対象に平成22年（2010）11月に農薬登録された。

　ナシについては平成19年（2007）に埼玉県農総研センター園芸研の島田智人らにより大型のポリエチレン製角底袋を用いた簡易な処理手法が開発されたほか，カキでは平成15年（2003）に和歌山県農総技センター果樹試かき・もも研の播磨真志らが炭酸ガス脱渋と同時に1-MCPを処理しても十分な処理効果が得られることを明らかにしている。リンゴでは平成22年（2010）に農研機構果樹研の樫村芳記らにより，「ふじ」では収穫後速やかに冷蔵することで処理可能期間を拡大できることが示され，処理がより容易となった。

　輸出での利用　台湾などへの輸出においても，本剤の処理は輸送過程における鮮度保持に有効であることが実証されている。本剤は平成24年（2012）産のリンゴから本格利用が開始され，リンゴの貯蔵技術として定着しつつあり，輸出向け果実の鮮度保持技術としても利用されている。

───執筆：中村ゆり

国内育成品種の保護に資する品種識別技術

　わが国で育成された優良な品種が海外に流出し，その生産物が海外から輸入されるようなことになれば，国内の果樹生産は大きな打撃を受けるお

それがある。このため，わが国で育成した品種については知的財産権を確保するとともに，知的財産権が侵害された場合に，そのことを立証するための手段として遺伝子により品種を識別できる技術を確立しておくことが必要となっている。

わが国の育成品種が海外において無断で生産された場合，生産国で知的財産権を確保していないかぎり生産を差し止めることはできないが，生産物のわが国への輸出は日本の法律で阻止できる。ただし，その場合も持ち込まれた生産物の品種を同定することが必要となる。そこで，このような同定にも利用可能な品種識別技術の開発が進められてきた。

リンゴでは，平成28年（2016）に農研機構果茶研の山本俊哉らにより，SSRマーカーを用いて主要な47品種・系統を識別可能なDNA品種識別技術マニュアルが作成された。また，平成20年（2008）には農研機構と（独）種苗センターによりニホンナシのDNA品種識別技術マニュアルが，平成31年（2019）には農研機構によりブドウのDNA品種識別技術マニュアルがそれぞれ公表されている。これらの技術は，農研機構種苗センターが育成者権等の権利保護を支援する業務の一環として実施している品種類似性試験で利用されている。

―――執筆：別所英男

参考文献

小林和司．2016．ストレプトマイシン利用の基礎．農業技術大系．第2巻．ブドウ．追録第31号．技196の2-4．農文協．
里吉友貴．2016．フルメット利用の基礎．農業技術大系．第2巻．ブドウ．追録第31号．技181-188．農文協．
シャインマスカット省力栽培マニュアル．平成27年 群馬県農業技術センター．
矢野隆．2004．開花，受粉と結実．農業技術大系．第5巻．キウイ．追録第19号．基21-23．農文協．
杉浦・横沢．2004．園学雑．73：72-78．

畜 産

畜産をめぐる情勢

牛肉自由化の影響　平成3年(1991)に牛肉の輸入が自由化され，翌年のガット・ウルグアイ・ラウンド農業合意により，多くの畜産関係の保護措置が撤廃されたことから，畜産物生産の一層の効率化が求められるようになった。このため，従来から戸数は減少傾向にあったものの規模拡大が進んでいたが，平成期に入りその傾向が急速に進展した(図1)。

雌牛から搾乳するには出産させる必要があるため，出生した雄子牛の肥育が国内の牛肉生産の約70％を占めていた。しかしこの牛肉の品質は外国産牛肉と差がなく，価格競争により大打撃を受けた。小規模の酪農経営が淘汰され，残った経営は飼養規模を拡大し生き残る傾向が顕著となったが，飼養頭数だけを増やしても，各生産者の飼料の作付面積が増えたわけではないため，飼養頭数に対する飼料作のウエイトが小さくなり，堆肥としてのふん尿利用が困難となった結果，畜産環境問題が顕在化してきた。

上述したように，乳用種雄の肉が外国産牛肉との競争力を失ったため，国産牛肉の差別化のため，和牛を飼養する割合が増加するとともに，肉質の向上が加速された。一方，乳用種では，胚(受精卵)移植技術を使って和牛を生ませる，あるいは人工授精により交雑種を産ませるといった方法で，

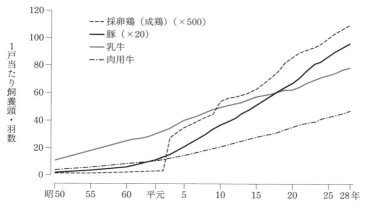

図1　農家1戸当たり飼養頭・羽数の推移
注：採卵鶏の数値は，平成3年以降は成鶏羽数「300羽未満」，
平成10年以降は「1,000羽未満」の飼養者は除く

乳用種雌牛から得られる子牛の高品質化を目指す傾向が顕著となった。

豚肉生産も，「トウキョウX」や「シモフリレッド」のような肉質を重視した系統をつくる動きが加速され，養鶏では，銘柄鶏やヨード卵のような特殊卵など，差別化した商品を提供する動きになっている。

安全・安心が重要に　平成期には，病原性大腸菌O-157や高病原性鳥インフルエンザ，口蹄疫の発生に加え，わが国で初の牛海綿状脳症（BSE）が確認された。このようななか，「安全・安心」を求める消費者の意識の高まりを受け，牛・牛肉の履歴証明を可能にする「牛の個体識別のための情報の管理及び伝達に関する特別措置法」が平成15年（2003）に施行され，養豚においても，飼料や投薬などの履歴を表示したトレーサビリティへの取組みが行われることとなった。さらには，遺伝病の発生頻度が高くなっていることから，遺伝病発見分野でのDNA鑑定技術の開発も急速に進んだ。

輸入飼料価格の乱高下と飼料自給　昭和60年（1985）のプラザ合意に伴い，ドル安政策が容認されて急激な円高になったことから，輸入飼料を買いやすい状況になり，輸入飼料の増加とそれに対する依存が起こった。ところが，平成18年（2006）〜平成19年（2007）頃から一転してバイオエタノールの需要が急増し，トウモロコシの国際価格が大幅に高騰したことか

ら，今度は飼料高で大打撃を受けた。また，中国などで口蹄疫が発生したことにより，中国からの輸入稲わらの使用を中止する動きとなり，国産稲わらの入手がさらに困難となった。

こうした状況のなか，平成11年（1999）に「食料・農業・農村基本法」が制定され，食料自給率に直結する飼料自給率の向上が重要課題となったことから，飼料イネ・飼料米（茎葉を含めてホールクロップで利用するものを前者，穀実のみを利用するものは後者）の生産拡大とその利用技術の開発が進められ，普及が進んだ。

畜産環境問題の顕在化　規模拡大に伴う畜産環境問題の深刻化への対応も，畜産における重要課題となり，平成11年（1999）には，「家畜排せつ物の管理の適正化及び利用の促進に関する法律（家畜排せつ物法）」が制定され，家畜ふん尿を利用した堆肥化など，家畜ふん尿の資源化を進めるための技術が開発され普及した。また，大量の食品残渣の廃棄が問題となり，平成13年（2001）に「食品循環資源の再生利用等の促進に関する法律（食品リサイクル法）」が施行され，栄養科学に基づいた食品残渣の利用という観点からの研究が進んだ。

また，昭和末期から地球温暖化に対する危機感が高まり，平成9年（1997）には，気候変動枠組条約第3回締約国会議（京都会議）をわが国が開催することとなった。これ以降，わが国の畜産分野からの温室効果ガス排出量推定方法の確立や抑制技術の開発が進められた。

平成期に発達した技術　以上のように，平成期の畜産をめぐる状況は，国際化への対応，畜産物の安全・安心と品質保証・差別化，飼料自給率の向上，環境問題への対応というキーワードで表すことができる。

また，特筆すべき技術として，昭和期の胚移植技術開発に始まり体外受精，体細胞クローン牛作出に至る繁殖技術の高度化とイネの飼料としての利用技術があげられる。前者は，細胞生物学に関する基礎的な研究の積み重ねが技術として実を結んだものであり，後者は，耕作放棄水田の有効利用と食料自給率の向上という政治的命題に対して，行政の側から制度改正も含めたプッシュを受け，イネの品種開発から利用体系開発まで，応用的

研究を組織的,体系的に行った成果が普及したものである。技術開発のアプローチの二大典型例といえる。

———執筆:柴田正貴

国際化への対応と家畜生産の一層の効率化

家畜改良手法

(1) BLUP法の開発・利用による家畜改良

家畜では個体の経済価値が高いことから,個体の遺伝的能力いわゆる育種価を正確に推定することが重要である。育種価推定のために現在使われている手法がBLUP法であり,今後の利用が期待されるのがゲノミック評価である。

従来の育種価推定法 乳牛の実際の泌乳形質は雌牛でのみ測定可能であり,肉牛の肉質形質はと体(屠体)で測定される。したがって,それらの能力を種雄牛自身で測定できない。そこで,娘牛の泌乳形質や息牛のと体形質を測定して,それらから父牛の育種価を評価することになる。これを後代検定という。その際,飼育環境のばらつきの影響を小さくするため,条件が整備された検定施設で測定が行われていた。しかし,収容できる頭数には限度があるため検定の効率は高くならなかった。それを高めるには,候補種雄牛の頭数と種雄牛当たりの後代の頭数を増やす必要があった。

乳牛では,昭和49年(1974)から(社)家畜改良事業団を中核として農家の搾乳牛のデータを収集する乳用牛群改良推進事業,いわゆる牛群検定が開始され,昭和59年(1984)度からは後代検定の産子も取り込んだ乳用牛群総合改良推進事業へと発展した。これらの事業により収集された膨大なデータは,さまざまな環境下において測定されているうえ,各個体は複雑な血統をもっており,従来の統計的手法では育種価を正確に推定することができなかった。そこで登場したのがBLUP法である。

BLUP法 BLUP法とは,いろいろな環境で飼育された家畜のデータと

血統データを用いて，個体の育種価を統計学的に推定する方法である。この推定法で得られる最良線形不偏予測値（Best Linear Unbiased Prediction, BLUP）が育種価の推定値となるのでこの名称で呼ばれている。この推定法は，昭和24年（1949）に米国のヘンダーソンによって考案され，昭和48年（1973）に論文が発表された。しかし，推定値を求めるには膨大な計算が必要で，長らく実用化されていなかった。ところが，コンピュータの飛躍的な発達により，農家で取得されたデータからでも育種価が推定できるようになった。

　家畜育種へのBLUP法の応用を日本に紹介したのは，昭和52年（1977）から昭和53年（1978）に米国に留学した京都大学の佐々木義之であり，最初に実用的な育種価の評価に応用したのは，帯広畜産大学の光本孝次・鈴木三義が北海道の牛群検定のデータを用いた乳牛の種雄牛評価であった。平成元年（1989）には光本・鈴木や（社）家畜改良事業団，北農試，畜試などで検討が行われ，全国ベースで乳用種雄牛の評価値が公表された。

　BLUP法利用の広がり　その後，BLUP法はすべての畜種において育種の現場で使われていくようになっていく。和牛では，前述の佐々木が大分県の共進会などに出てきた農家の黒毛和種のデータから種雄牛の育種価を評価したのが最初である。平成3年（1991）には，（社）全国和牛登録協会を中心にBLUP法による黒毛和種の育種価評価事業が8県で始まり，今ではどの県においても取り組まれるようになった。農水省も，平成11年（1999）に20道県の参加を得て広域後代検定事業を開始し，全国規模での和牛の育種改良を促進している。

　豚では，畜試の佐藤正寛が，「制限付きBLUP法」が改良目標達成のための選抜に利用できることを明らかにした。BLUP法により得られた最初の系統豚が有名な「トウキョウX」（平成9年〈1997〉系統認定）である。

(2) ゲノミック評価

　DNAマーカーの実用化　育種改良の場面では，ゲノム研究の進展も大きなインパクトがあった。ゲノム情報を利用するには，品種・系統間の形

質に対応するゲノム領域を検出する必要がある。最初は，ゲノム上の目印（マーカー）として機能遺伝子やマイクロサテライトと呼ばれる遺伝子配列の変異が利用された。

わが国では，日本中央競馬会の補助を受けて平成2年(1990)に設立された(社)農林水産先端技術産業振興センターにおいて，イネと豚のゲノム解析が開始された。このなかで，豚ではマーカー選抜を用いて，平成20年代に静岡県の「フジキンカ」(平成22年〈2010〉)や岐阜県の「ボーノポーク」(平成23年〈2011〉)，徳島県の「阿波とん豚」(平成25年〈2013〉)などの銘柄が開発された。

SNPを利用した量的形質の育種　肉質や乳量など家畜の有用形質の変異の多くは，形質の有無ではなく量的な差異である。この量的形質は多数の小さな効果をもつ微働遺伝子によって支配されており，環境の影響を強く受けるため，個々の遺伝子を特定するのは困難であった。

一方，平成21年(2009)になると豚と牛の全ゲノムも解読されるようになった。同じ家畜種の異なる個体のゲノムDNAを比較すると，両者の対応する遺伝子領域内で1塩基のみが別の塩基に置き換わっている，あるいは挿入されたり欠失したりする例が多数見出された。これを一塩基多型(SNP)と呼び，最近では，1枚のチップで多数のサンプルについて数十万個のSNPを検査できるようになった。これを調べれば，対象となる家畜系統の遺伝的形質を評価できるというのがSNP解析と呼ばれる手法である。

あるSNPが特定のQTL（量的形質遺伝子座）と強く連鎖していることがわかれば，このSNPをマーカーにして肉量，乳量などの量的形質に関与する遺伝子の効果を推定できる。そこで，数千から数百万のSNP情報を同時に利用して，従来の血統情報に加えてBLUP法で解析することにより，より正確に育種価を推定できるようになった。このようにして行った評価がゲノミック評価であり，ゲノム育種価である。

従来の方法では，片親から子には遺伝子の半分が伝わることから，同じ父母から生まれた兄弟なら同じ育種価の期待値をもつとしか推定できなかった。しかし，ゲノミック評価では，親から長男と次男などに伝わった

SNPの種類を調べれば，兄弟で異なる育種価をより高い精度で推定できる。

ゲノミック評価の現場利用　（社）家畜改良事業団では，乳牛の後代検定事業において，平成22年（2010）から後代検定の対象となる候補雄牛を予備選抜する際に，ゲノム育種価を利用するようになった。また，平成25年（2013）から未経産牛のゲノム育種価の評価値を農家に提供している。さらに，平成30年（2018）度より肉用牛産肉能力平準化促進事業においてもゲノミック評価を活用することとなった。

このように，BLUP法の進歩によって，乳牛の泌乳量は平成18年（2006）から平成28年（2016）の間に430kgも改良され，黒毛和種と豚においては筋肉内脂肪含量が顕著に向上した。また，ゲノミック評価は実用化の緒に就いたところであるが，家畜の能力向上を加速させることが期待されている。

――執筆：古川 力

繁殖技術

（1）と場からの卵子活用体外受精技術

平成3年（1991）の牛肉の輸入自由化を前に，乳用牛の腹を借りた和牛の増産を目的とした胚移植技術の普及に大きな期待が寄せられた。しかし，胚の生産コストが高く，かつ絶対数が不足していたため，胚移植技術の普及と並行して体外で胚を生産する技術確立が進められた。この体外受精技術は，と畜場などで廃棄される卵巣内卵子を活用し，卵子の成熟培養，体外受精，発生培養により胚を生産する技術であり，子牛の低コスト生産技術として進展した。

体外受精による子牛生産の成功　昭和61年（1986），世界で初めて体外成熟卵子の体外受精による子牛の生産に成功したことが，畜試の花田章らによって報告され，昭和62年（1987），（社）家畜改良事業団は，花田の方法を導入して実用化試験を実施し，体外受精胚の移植による受胎率が約60％と良好で，生産された子牛は順調に発育することを確認した。また，昭和62年（1987）に北里大学の福田芳詔ら，鹿児島大学の梶原豊らによって，受

精胚を卵丘細胞と共培養することにより移植可能な胚盤胞期まで発生させる手法が開発され，効率的に体外受精胚を生産することが可能になった。

牛体外受精胚の安定的な全国供給のために，（社）家畜改良事業団は，平成元年（1989）から大量生産技術の体系化を図った。また，宅配システムを活用して胚輸送をするための新鮮胚輸送器を開発し，現在も利用されている。さらに，胚の凍結保存の際に凍害保護物質としてグリセロールを利用する方法が開発され，融解後ほぼ100％の生存性を示した。これらの成果を受けて，平成3年（1991）より体外受精胚の全国供給が開始された。

体外受精胚認知の過程　ただし，牛体外受精胚の実用利用までには時間を要した。これは，受精胚移植が理解されず，乳牛から和牛が産まれることに違和感や疑問がもたれたことが大きな理由である。しかし，平成11年（1999）に体外受精胚による和牛生産の経済性の立証を目的に開催された研究会で，その産肉成績の優秀さが認められたこともあり，体外受精胚の移植産子は全国の家畜市場でも活発に取引されるようになった。また，一定の条件を満たせば子牛登記ができるようになり，子牛市場においても体内受精胚の場合と同様の扱いを受けることができるようになった。

図2に示したように，体外受精胚の供給数は，乳用種，交雑種の胚を含めて3万個を超えるに至っている。このように，体外受精技術は，繁殖技術として欠くことのできない技術に発展している。

(2) クローン技術

世界初の体細胞クローン羊「ドリー」は，平成9年（1997）に英国で誕生した。このクローン技術は，核内の染色体ゲノム組成が同一である個体を，人為的な操作で作出する技術である。優れた遺伝形質をもつ優良個体の量産に有効な繁殖手段であり，クローン胚は基となる細胞核（ドナー核，ドナー細胞）を核または染色体を除去した卵（レシピエント卵）に移植（融合）して作出され（図3），用いる細胞核の違いによって，胚細胞（受精卵）クローンと体細胞クローンとに大別される。

技術発展の背景には，体外受精技術の確立により生殖細胞を体外で操作

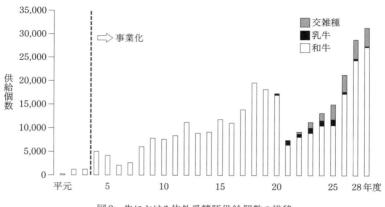

図2　牛における体外受精胚供給個数の推移

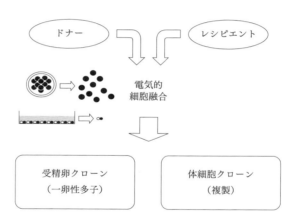

図3　受精卵あるいは体細胞クローン牛をつくる仕組み

する基盤技術が整っていたことがあり，ドナー核を初期化するための飢餓培養法やレシピエント卵の細胞周期同調技術の開発によって急速に発展した。その結果，胚細胞クローン胚，リクローン胚（クローン胚を基にした二世代目）とトリクローン胚（三代目），体細胞クローン胚からそれぞれ子牛が生産された。さらに，生産子牛の成長記録や斉一性の検査結果などの多くのデータが集積され，安全性の検証も行われた。

　本技術の開発側は，一般的に活用されている繁殖技術の延長線上にある

新技術と考えていた。しかし，平成5年（1993）に受精卵クローン牛が食肉として出荷されたことが新聞記事となったことに端を発し，消費者団体などから受精卵クローン牛に対する安全性への疑義が提起され，このことが体細胞クローン牛にも波及した。この技術の普及に向けて，開発側はさまざまな機会を利用してクローン牛の安全性の情報提供や啓蒙活動に取り組んだ。しかし，消費者の理解が得られず，また，生産効率も低いことなどから実用技術として利用されていない現状にある。

―――執筆：濱野晴三

(3) 精子性判別技術

技術開発の過程　精子性判別は，雌あるいは雄の家畜を選択的に生産するための技術である。たとえば，乳用牛では後継牛生産のために雌牛を，肉用牛ではより多くの肉量が期待される雄牛を計画的に生産することを可能とする。

精子にはXあるいはYの性染色体を有する2種があり，それぞれX精子，Y精子と呼ぶ。X精子が受精すると雌が産まれる。昭和58年（1983），ガーナーらによってフローサイトメーター（FCM）を用いた定量分析によりX精子のDNA含量はY精子よりも多く，その差は牛で3.8％，豚で3.7％，めん羊で4.1％であることが報告された。

昭和63年（1988），このDNA含量の差を蛍光色素で染色した精子の蛍光量の差に基づいて判別する方法が，米国のジョンソンらによって開発された。この時点では，性判別効率と判別後の精子活力が低く，実用利用は難しいと考えられた。しかし平成8年（1996），米国のXY社は，精子性判別専用機SX-MoFlo®（MoFlo）を開発し，実用化に乗り出した。

性選別精液の生産と利用　（社）家畜改良事業団は，XY社のMoFloの性能調査などを行った後，平成12年（2000）にXY社と共同研究契約を締結して2台のMoFloを導入し，MoFlo操作技術などを習得し生産試験を開始した。平成13年（2001）から5年間にわたって性選別精液の生産性向上，受胎性確認等の実用化試験を行い，平成18年（2006）にMoFloを用いた性選

別精液生産の商業ライセンス契約をXY社と締結した。性選別精液を用いた体外受精胚は同平成18年（2006）年10月，性選別精液自体は平成19年（2007）2月から販売が開始された。性選別精液の生産は，国内では（一社）ジェネティクス北海道も行っている。

当初受胎率が低いとされた点を改善するために，（社）家畜改良事業団では，通常の人工授精で受胎率が約6％向上することが確認された2層ストロー法（ストロー内が精液層と独自の希釈液層から成る構成）を性選別精液の凍結保存に適用することにより，現在では，通常精液と遜色のない受胎率が得られている（図4）。

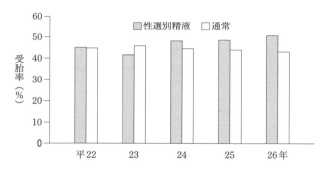

図4　（社）家畜改良事業団の乳用種凍結精液（性選別精液および通常精液）の初回人工授精における受胎率の推移

(4) 豚人工授精技術

人工授精の伸びとその背景　養豚の形態はこの15年間で大きく変化した。農家数が半減する一方，規模拡大は急速に進み，ほとんどが繁殖・肥育の一貫経営になってきている。また，ここ数年で，特に大規模農場では自家採精や購入精液による人工授精の実施率が急激に伸びている（図5）。

この背景には，希釈液の改良による精液保存性の向上，宅配システム利用による2日以内の精液輸送方法の確立，精液保存機器類の整備などにより良質な精液を入手し保存しやすくなったことと，使い捨てタイプの精液注入器具の改良などにより人工授精が容易にできるようになったことがある。さらに，液状精液（非凍結）を用いた人工授精では，90％以上の受胎

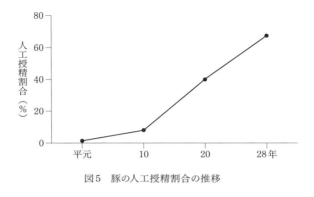

図5　豚の人工授精割合の推移

率，10〜12頭の生存産子が得られるなど，自然交配と比較して遜色がなくなったことがある。

精液保存・利用技術の進展　精液の希釈保存液には，精子生存性を高めるために，耐性菌の少ない抗生物質と細菌の内毒素を不活性化するポリミキシンBなどが組み合わせて添加されている。平成24年（2012）には，広島大学の島田昌之らによって開発された，希釈後の精液の保存性および受胎性に優れた希釈液が市販されている。

豚精液の凍結保存技術も大きく進展し，高張希釈液を用いて凍結保護剤のグリセリン濃度を2％まで低下させた凍結方法が大分県畜試の岡崎哲司らによって開発され，さらに，凍結精液の融解液の改良も進み，受胎率・分娩率の向上が図られている。また，豚の人工授精では，精液中の精子数を約50億個（液量で約50mℓ）に調整したものを用いるのが一般的であるが，さらに，精子数をごく少数の3.5億個とした凍結精液による人工授精でも従来と遜色のない成績を示した報告があり，凍結精液の利用拡大が期待されている。

―――執筆：湊　芳明

飼養管理技術

(1) 繋ぎ飼い牛舎用省力・精密飼養管理システム

既存の省力化技術の課題　酪農経営は，個体乳量の増加傾向と同時に年々規模拡大が進められてきたが，それに伴い，飼養管理作業，特に搾乳・給飼作業の省力化が重要な課題となっていた。

昭和末期頃から，繋ぎ飼い牛舎にレール懸架式の濃厚飼料自動給飼機の導入が始まり，平成9年（1997）には，粗飼料と同時に数種類の濃厚飼料を多回数給与する自動給飼機が国産化され，給飼面での多頭化対応は進んだ。しかし従来の，乳牛は牛床に繋がれた状態で，搾られた牛乳はパイプを通って保冷用のバルククーラーに送乳する繋ぎ飼い・パイプライン方式では，搾乳ユニット（搾乳用の器具一式）を人力で乳牛のもとに運ぶ必要があった。1人が同時に扱えるのは2〜3ユニットであり，作業者1人当たりの搾乳頭数は平均1時間当たり16頭であることから，搾乳労力からみると1人当たり経産牛50頭程度が限界であった。

平成7年（1995）当時，北海道では約400戸において，牛を繋がず自由に行動させるフリーストール牛舎で飼養し，搾乳の時間になると牛が自発的に搾乳施設に集まり，搾乳が終わると牛が自分で出ていくミルキングパーラーを組み合わせた，フリーストール・ミルキングパーラー方式が普及していたが，依然として家族経営の97％は繋ぎ飼いであった。

また，政策としても，経産牛が60頭を超えたらフリーストール・ミルキングパーラー方式への移行がTMR給飼（畜産 336頁参照）とセットで推奨されていたが，大量の粗飼料と大量のふん尿混合物を還元する広大な飼料畑が必要であるうえ，新しく導入するフリーストール牛舎やミルキングパーラーおよびTMR調製・給飼用の機械設備などに高額の資金を要し，誰もが選択できる方式ではないのが実状であった。

繋ぎ飼いの高度化　そうした状況のなかで，繋ぎ飼いで成畜頭数50頭以上を飼養する家族経営を中心とする中核的農家を対象に生研機構が行っ

た調査(全国2,480戸を抽出,回答数892戸)では,今後の飼養管理方式の選択肢として,フリーストール・ミルキングパーラー方式や搾乳ロボット(本項で後述)と並んで「繋ぎ飼いの高度化」を考える経営が約70%を占めた。

このため,生研機構の平田晃らは,「繋ぎ飼いの高度化」を図るため,省力的多頭飼養と精密飼養管理が両立するシステムの開発に着手した。その第一段階が搾乳作業の大幅な省力化で,1人1時間50頭搾乳を目標とする搾乳ユニット自動搬送装置(キャリロボ)(図6)のオリオン機械(株)との共同開発である。

搾乳ユニット自動搬送装置は,慣行の搾乳作業工程に自動作業と人手作業を組み込んでシステム化したもので,作業者が運ばなくても,各搾乳牛の前に自動離脱装置付き搾乳ユニットが順次セットされるものであり,これにより作業動線が単純化され,1人が扱えるユニットの数を6〜8ユニットに増やすことができ,繁忙な牧草収穫・調製時期にも1人作業が容易である。30〜100頭規模の牛舎まで2〜6台と設置台数の増減により合理的な省力化ができ,平成15年(2003)の市販開始以降,平成30年(2018)12月現在,全国415か所で利用されている。

第二段階が,1頭ごとのデータに基づく飼養管理の精密化で,個体乳量の自動記録と個体別自動給飼機との連動による,効率的精密給飼をねらい

図6 搾乳ユニット自動搬送装置(キャリロボ)を設置した畜舎

とする繋ぎ飼い牛舎用精密飼養管理システムの開発である。これは，平田らのグループが，オリオン機械（株），北原電牧（株），富士平工業（株）と共同して開発したものである。

　このシステムは，キャリロボが同時に搾乳する複数の乳牛の個体乳量データを自動記録し，コンピュータ内の給飼モデルに従って，粗飼料または基礎TMRと各種濃厚飼料の個体別給飼量データを作成して，連動する自動給飼機から各設定時刻に給与するものである。この給飼モデルは，初産用，2産以上用，高泌乳牛用など，条件に対応して濃厚飼料の給与量を自動調整する。

　このシステムにより，次第に泌乳前期の削痩牛と泌乳後期の過肥牛が減り，飼料の利用性が改善することなどが実証され，平成22年（2010）の市販開始以降，平成29年（2017）12月現在，全国128か所で利用されている。

搾乳ロボット　搾乳ロボットとは，乳牛が自発的に入る搾乳ボックスとその中に設置されたロボットが，人の代わりに搾乳作業を自動で行う装置のことであり，オランダで平成4年（1992）頃に初めて実用化された。現在，搾乳ストール（搾乳時に牛が入る枠）が1ボックスタイプ（搾乳ボックス1台にロボット1台）とマルチボックスタイプ（複数の搾乳ボックスでロボット1台共用）など数タイプが市販され酪農先進国を中心に普及が進んでいる。

　わが国には平成9年（1997）に北海道の酪農家に導入されて以来，毎年10台前後の導入で推移してきたが，最近ギガファームといわれる大規模経営のなかには，搾乳ロボットを6〜8台まとめて導入する事例も現れている。道農政部の調査によれば，平成30年（2018）2月現在で，道内228戸に431台が普及している。全国では酪農家戸数1万5,700戸の2〜3％に普及し，約700台が導入されているとのことである。

　　　　　　　　　　　　　　　　　　　　　　　　──執筆：平田　晃

(2) 養鶏における大規模鶏舎

　採卵養鶏産業の競争力強化には，大規模化が不可欠であるが，それを実

現するには，対応する鶏舎施設の開発が最重要であった。そのため，採卵養鶏の自動化と高床鶏舎が導入されたが，高床鶏舎は床下に鶏群1サイクル（約1年半）分の鶏ふんを溜める方式のため，ハエ，ネズミの大発生を招きやすかった。

ベルトケージシステムの導入　そこで平成初頭から導入が本格化したのが，オランダ，ドイツで開発された直立ベルトケージシステムである。このシステムではケージを垂直方向に積み重ね，ケージ間に除ふんベルトを組み込んでいる。ケージ間に設置された除ふんベルトを週に2回を目途に動かし，鶏ふんを鶏舎外に排出することでハエ問題が解消し，ネズミ対策も一歩前進した。また，鶏が嘴をつけたときだけ水が出るニップル給水器を備えることで，余計な水の排出を抑え，養鶏場の排水問題も解消した。直立ベルトケージは，従来のひな段式ケージが4〜5段までであったのに対し，8〜12段と鶏舎空間を高度活用することができ，土地利用効率が飛躍的に向上した結果，大型養鶏場の都市部消費地近辺への立地が進むこともなった。

ヨーロッパで開発された直立ベルトケージシステムは，導入が進むにしたがって，①軽微なケージ破卵率の改善（ヨーロッパは無洗卵流通が一般的であるのに対し，日本は洗卵流通であり，軽微なヒビもカビなどの品質問題につながる），②夏期の鶏舎環境改善（ケージ間に除ふんベルトが入っているためケージ内で空気が停滞しやすく，昼間のみではなく夜間も高温多湿な日本では，卵質が低下した）が，急務であることがわかってきた。

システム改善の取組み　そのため，養鶏施設技術者はさまざまな工夫を行ったが，（株）ハイテムの安田勝彦らは，①の問題には本格的機械試験鶏舎による設備の比較試験を行い，昭和63年（1988）から10年間の研究開発を経てケージフロアおよびケージフロア周りの問題を改良し，②の問題も，鶏舎内に比較的均一でかつ速い風速（1.5〜3m/秒前後）を出しやすく夏期に強いトンネル換気に着目，同換気の欠点であった冬期に鶏舎前後の温度差が大きいという欠点をなくした新トンネル換気を開発し解決した。

さらに，鶏の採餌，飲水，舎内温度等をリアルタイムに把握し，大規模

図7　エッグファームオートメーションを装備した採卵鶏舎内部

精密養鶏を可能にしたファームコンピュータの普及により，直立ベルトケージシステムはエッグファームオートメーションとして完成度を高め（図7），欧米メーカーが先行進出している世界人口6割のアジアに輸出をするまでになっている。このような技術開発の結果，消費者物価が60年前と比べて8倍になるなか，同一価格水準を保つ物価の優等生，安全・安心の卵の生産を支えている。

―――執筆：柴田正貴

畜産物の安全・安心と品質保証・差別化

DNA判別技術が広く普及

(1) DNA親子判別・個体識別技術

　牛の登録団体は，血統の正確性を確保するために，飼養頭数の多頭化，人工授精や胚移植などの繁殖技術の普及，輸入精液・輸入受精卵の利用に対応して親子判定の実施体制を整えてきた。この親子判定は，当初は血液型検査法が用いられたが，その後はDNA型を用いた方法が採用され，現在ではSNP（一塩基多型）を用いた方法に移行しつつある（表1）。

　血液型検査法　牛の親子判別のための血液型検査については，畜試や名古屋大学により検査技術が確立され，昭和39年（1964）に（社）日本ホルス

表1 わが国における牛のDNA親子判別・個体識別の変遷

年	血液型検査	DNA型検査	SNP検査
昭和39年	・日本ホルスタイン登録協会が開始		
昭和53年	・家畜改良事業団へ移管 ・抗血清38種類 ・日本ホルスタイン登録協会が導入		
昭和57年	・家畜改良事業団が国際動物血液型研究会に加入，国際比較試験に参加 ・検査件数3,793件		
昭和59年	・全国和牛登録協会が導入		
平成4年	・抗血清61種類 ・検査件数1万7,168件		
平成5年		・家畜改良事業団が第1回牛DNA国際比較試験に参加 ・家畜改良技術推進体制強化事業開始（〜平成9年度）	
平成8年		・国際動物遺伝学会が標準マーカー9種類を決定	
平成9年		・家畜遺伝子解析技術利用推進事業開始（〜平成15年度）	
平成10年〜平成12年		・データベースを充実化（約6万頭） ・親子判定に一部採用	
平成11年	・血液タンパク型廃止		・家畜改良事業団が第1回牛SNP国際比較試験に参加
平成15年		・牛肉トレーサビリティ業務委託事業開始	
平成16年	・赤血球抗原型廃止	・DNA型検査へ全面移行	
平成20年		・5万2,008件実施（ピーク）	
平成25年			・全国和牛登録協会が親子判定を一部開始

タイン登録協会が検査業務を開始した。その後，検査頭数の急増に対応するため，昭和53年（1978）に同協会から（社）家畜改良事業団に検査業務が移管された。昭和59年（1984）には，（社）全国和牛登録協会が血液型検査を導入し，（社）家畜改良事業団に委託して行うこととなった。胚移植の普及に伴って検査件数が年々増加し，昭和54年（1979）度の2,203件から平成12年（2000）度には2万9,822件に急増し，黒毛和種での親子判別の精度（父権否定確率：真の父牛でない雄牛が誤って父牛と見なされることが排除される確率）が0.9851に向上した。

DNA型検査法　この間，畜産分野においてもDNA解析による親子判定，個体識別などへの関心が一気に高まった。平成5年（1993）に（社）家畜改良事業団は，国際動物遺伝学会の第1回牛DNA国際比較試験に参加し，それまでに欧米の検査機関から習得したDNA型検査の技術レベルを検証して実施体制の整備を開始した。血液型検査からDNA型検査に移行するために，平成10年（1998）から平成12年（2000）に種雄牛・供卵牛約6万頭のDNA型検査を実施してデータベース化し，平成12年（2000）にDNA型検査を親子判定に一部採用し，平成16年（2004）に全面的にDNA型検査へ移行した。この検査件数のピークは，平成20年（2008）度の5万2,008件であった。DNA型検査による父権否定確率は，ホルスタイン種，黒毛和種とも0.99999以上となっている。

SNP利用の検討　現在では，これまで親子判定に利用されてきたマイクロサテライトに代わるマーカーとして，SNPの利用が検討されている。SNPはマイクロサテライトに比べて判定の対象となるマーカーの座位数が多くて型判定が容易になり，マイクロサテライトと比較してマーカーとなる座位が突然変異する確率が少ないなどのメリットがある反面，検査コストが高くなるなどの課題も残されている。しかし，SNP情報は親子判定や個体識別に利用されるだけでなく，遺伝的能力の評価や遺伝的多様性の解析など多目的に利用できるため，今後はSNP検査が主流になるものと予想される。

個体識別とトレーサビリティ　牛のDNA型による個体識別は，平成15

年（2003）から農水省が実施している牛肉トレーサビリティ業務委託事業における同一性検査で行われている。この検査では，全国のと場において採取された枝肉サンプルと全国の小売店などで採取された牛肉サンプルのDNA型検査を行い，これら同一の個体識別番号のサンプルのDNA型が一致するか否かを判定している。

同事業では，「本鑑定による個体識別の精度（別個体のサンプルを「同一個体由来」と鑑定する確率）が10^{-10}以下であること」が求められている。親子判定の父権否定確率が高いDNAマーカーセットは，必然的に個体識別能力も高いため，親子判定用のDNAマーカーセットと同一あるいはその一部を除いたセットを使用することで対応可能である。(社)家畜改良事業団の検査では，13種類のDNAマーカーが識別に用いられ，3.474×10^{-15}の精度が確保されている。

(2) 遺伝病遺伝子判別技術

遺伝子判別による発症の未然防止　致死性または症状が重篤で経済的損失が大きい遺伝性疾患のうち，単一遺伝子性かつ常染色体性劣性遺伝様式の疾患が注目され，国内外で原因遺伝子が同定された後に遺伝子型検査法が確立されてきた。遺伝子型検査により保因個体（遺伝病の原因となる変異遺伝子を1つしかもたず発症しない個体。遺伝子が劣性の場合は，両親が保因個体であるなど，変異遺伝子を2つもつ場合でないと発症しない）が明らかになり，変異遺伝子を有する個体の淘汰や保因個体同士の交配を避けることにより，発症の未然防止が可能になった。国内では，獣医学系大学のほか，(公社)畜産技術協会附属動物遺伝研の杉本喜憲が中心となって黒毛和種の遺伝性疾患の原因遺伝子を同定し，遺伝子型検査法を確立してきた。

遺伝病遺伝子判別の変遷については，表2に示した。(社)家畜改良事業団では，確立された遺伝子型検査法の技術移転を受け，平成4年（1992）にホルスタイン種の白血球粘着性欠如症（BLAD），平成9年（1997）には黒毛和種のバンド3欠損症（B3），血液凝固第13因子欠損症（F13）の検査を開始し，以後，新しい遺伝性疾患の原因遺伝子が同定されるたびに検査体制

表2 わが国における家畜遺伝病に関する遺伝子判別技術の変遷

年	出来事・取組み
平成4年	• 牛で初めて白血球粘着性欠如症（BLAD）の原因遺伝子変異が同定 • 家畜改良事業団が白血球粘着性欠如症（BLAD）の遺伝子型検査（PCR-RFLP法）を開始
平成8年	• 豚リアノジン受容体1の遺伝子型検査を開始
平成9年	• バンド3欠損症（B3），血液凝固第13因子欠損症（F13）の遺伝子型検査を開始 • 家畜遺伝子解析技術利用推進事業によるモニタリング調査を開始（〜平成15年度，B3，F13）
平成11年	• クローディン16欠損症（CL16）（タイプ1）の遺伝子型検査を開始
平成13年	• 複合脊椎形成不全症（CVM），クローディン16欠損症（CL16）（タイプ2），チェデアックヒガシ症候群（CHS），モリブデン補酵素欠損症（MCSU）の遺伝子型検査を開始 • 家畜遺伝子解析技術利用推進事業によるモニタリング調査を開始（〜平成15年度，CL16，CHS，MCSU）
平成16年	• 家畜遺伝子解析技術活用事業によるモニタリング調査を開始（〜平成17年度，B3，F13，CL16，CHS，MCSU） • PCR-SSP法による多項目の同時検査を開始
平成18年	• 優良後継牛確保体制整備支援事業によるモニタリング調査を開始（〜平成19年度，B3，F13，CL16，CHS，MCSU）
平成19年	• 単蹄（MF），眼球形成異常症（MOD）の遺伝子型検査を開始 • 優良後継牛確保体制整備支援事業によるモニタリング調査を開始（〜平成19年度，B3，F13，CL16，CHS，MCSU，MOD）
平成20年	• 優良後継牛確保・有効活用技術開発推進事業によるモニタリング調査を開始（〜平成22年度，B3，F13，CL16，CHS，MCSU，MOD）
平成23年	• 種雄牛側からの生産効率向上技術開発事業によるモニタリング調査を開始（〜平成25年度，CL16，FMA）
平成24年	• 牛短脊椎症，ブラキスパイナ（BY）の遺伝子型検査を開始
平成25年	• IARS異常症（IARS），牛前肢帯筋異常症（FMA）の遺伝子型検査を開始 • 優良牛安定確保推進対策事業開始（〜平成27年度，B3，F13，CL16，CHS，MCSU，MOD，IARS，FMA）
平成28年	• 牛コレステロール代謝異常症（CD），牛バーター症候群1型（BAS1）の遺伝子型検査を開始 • 子牛生産性向上推進事業によるモニタリング調査を開始（〜平成30年度，B3，F13，CL16，CHS，MCSU，MOD，IARS，FMA，BAS1）

を整備し，遺伝子型検査を実施している。

遺伝子型検査の手法　遺伝子型検査は，原因遺伝子に特徴的なDNA塩基配列の両端に対応する短い2個の塩基配列（配列特異的プライマー，単にプライマーと称することが多い）を用いてその間の塩基配列の断片をPCR法と呼ばれる手法で増幅し，その断片の長さあるいは塩基配列を解読して，原因遺伝子の有無を判定する。

年々増える検査への対応と，迅速にかつ安価に大量の検査を行うために，一度のPCR処理で複数の異なる塩基配列断片を増幅するマルチプレックスPCRなどの手法も導入して大幅な効率化を図り，ホルスタイン種では5つ，黒毛和種では9つの遺伝性疾患の検査を実施し，両者を合わせた平成28年（2016）度の検査件数は3万7,144件になっている。

───執筆：塗本雅信

(3) DNA動物種・品種判定技術

平成期には，分子生物学の進展が著しく，各種のDNA解析技術が普及したことにより，家畜のDNA情報を用いて動物種や品種の判別技術が開発されている。手法としては，各種動物のDNA塩基配列に特異的なプライマーを用いたPCRにより増幅されるDNA断片の有無による判定と，複数の動物種に共通するプライマーを用いて増幅された断片の塩基配列による判定の2つに分けられる。

動物種判定技術　平成6年（1994），畜試から食総研に異動していた千国幸一らは，消費者にとって重要な食肉や食肉加工品の原材料表示に関する科学的根拠を確保するため，共通プライマー利用による脊椎動物DNAの高精度鑑別法を開発した。すなわち，脊椎動物のミトコンドリアDNA（動物のDNAは細胞内の核内染色体とミトコンドリアに存在する）には，DNA塩基配列の両端が共通で内側の配列が種ごとに異なる配列があることを利用し，各動物種ごとに複数のプライマーを用いることなく，1組の共通プライマーを用いて，食用の可能性のある8種の哺乳類および5種の鳥類について動物種の鑑別を可能にする手法を開発した。この技術は，平

成13年（2001）の牛海綿状脳症（BSE）の発生を受けて実施された，飼料中の肉骨粉混入検査にも使用された．

　その後，食肉として利用される家畜を主な対象として，各種動物に特異的な動物判定用プライマーが市販されている．これらのプライマーを用いて動物種の特定が可能となり，それほど高価な機器がなくても，検体動物種の判定が可能となっている．こうした手法を用いて，分析を受託する民間会社も複数あり，流通や消費段階での検査が可能な状況となっている．

　なお，平成の後期には，野生動物による農作物被害が増加していることから，野外で採取されたふんや毛を用いて動物種を判定することも増えている．このため，イノシシやシカに加え，アライグマやハクビシンといった畜産農家では飼養されない動物種の判定にも利用が拡大している．

　品種の判定技術　牛では黒毛和種，ホルスタイン種およびそれらの交雑牛といった国内産牛肉の品種判定（平成17年〈2005〉），国内産と豪州産牛の識別（平成20年〈2008〉）および国内産と外国産輸入牛肉の識別（平成21年〈2009〉）などの手法が開発されている．

　鶏では，名古屋コーチン（平成17年〈2005〉）や比内地鶏（平成18年〈2006〉）が固有の対立遺伝子をもつことを根拠に，DNAマーカーを用いて他の鶏肉との識別が行われている．

　豚では，偽装表示の多かった黒豚の判定技術が開発され（平成12年〈2000〉），静岡県の銘柄豚では特定のミトコンドリアDNAタイプを有する雌豚を選抜することによって，他の銘柄豚肉との識別を可能とする技術が開発されている（平成23年〈2011〉）．黒豚判定技術の開発経過とその社会的影響については，以下のようである．平成10年（1998），黒豚の偽装が多発していたことから，（社）農林水産先端技術産業振興センターの奥村直彦らが黒豚を特定する手法の開発に取り組んだ．その結果，豚各品種に固有の毛色に関連する2遺伝子の塩基配列から毛色が推定できることを明らかにし，バークシャー種（黒豚）を識別することができる技術を開発した．

　この技術は，平成12年（2000）3月の「日本農林規格等に関する法律（JAS法）」改正で，黒豚の定義を純粋バークシャー種同士の交配による産子とし

て限定されたことに反映された。これらの技術開発と法整備により「黒豚」ブランドが科学的に保証され,偽装黒豚肉が市場から排除された。

食品の安全・安心への貢献　動物種や品種の判定技術は,食品偽装が多発し食品に対する消費者の不信を招いたため,その信頼回復が急務となったことに端を発する。このうち,動物種の判定技術は,食品中に含まれる食肉を対象とする場合が中心であるが,さらに平成後期には,宗教的な理由により特定の動物種が食品中に含まれないことを確認するというニーズへの対応,あるいは食肉に対するアレルギーを回避するためになされる動物種表示の確認などにも応用されている。

一般に,これらの技術は,食品偽装などへの抑止力としての効果が大きく,(独)農林水産消費安全技術センターなどでは定期的に食品の分析を行い,食品の信頼性確保に努めている。このようにDNAによる動物種や品種判定技術は,畜産食品の「安心・安全」を科学的に保証する技術として,平成の畜産業を消費・流通の面から下支えしている。

———執筆：小林栄治

新しい品種開発と飼養管理技術

(1) 地鶏と銘柄鶏

昭和50年代から,小規模な農家養鶏の経営を改善し,地域の活性化を図る観点から,都道府県の公立試験研究機関を中心に,日本在来の鶏,いわゆる品種としての地鶏(以下,在来鶏)を利用した,地域特産品としての地鶏(以下「地鶏」)の開発が始まり,昭和60年(1985)以降活発化した。これと並行して,ブロイラーや外国種を利用して,飼育方法,飼料,出荷日齢など,通常の飼育方法と異なる飼養管理で生産する,いわゆる「銘柄鶏」の生産も行われるようになった。

食品表示による品質保証　農水省は,昭和63年(1988)に公表された鶏の改良目標に高品質鶏肉の開発を明記し,「地鶏」の開発を支援してきた。その結果,平成に入り食肉販売の店頭で産地名のついた「地鶏」が陳列さ

れるようになった。また，平成11年（1999）には食品表示法に基づく「地鶏肉の日本農林規格（特定JAS）」が制定され，地鶏肉の条件が明示されることとなった。これにより鶏肉の信頼度が高まることにつながり，これらの施策が「地鶏」の開発と普及に与えた影響は大きい。

「地鶏」と「銘柄鶏」を合わせた特産鶏肉の年間生産量は，平成6年（1994）の481万羽から平成15年（2003）の932万羽まで伸びたが，平成20年（2008）以降は800万〜850万羽で推移しており，肉用鶏の生産羽数の約1％程度である。平成26年（2014）の地鶏・銘柄鶏数は，38組織49銘柄，年間出荷羽数720万羽であり，また，地鶏肉特定JAS規格に合致した「地鶏」は47種類である（（独）家畜改良センター調査）。このように日本に地鶏・銘柄鶏の市場が確保されたことは，食の多様性，グルメ，安全・安心，国産といったキーワードが台頭した平成という時代の賜物かもしれない。

「地鶏」の開発　「地鶏」の作出に利用される在来鶏は，産肉，産卵とも生産性が低い品種が多く，なかには天然記念物に指定されているものもある。したがって，「地鶏」の開発にあたっては，特に素ビナ（肥育用のヒナ）数を確保するため，産卵性に優れかつ増体能力もある実用品種を雌側とした交雑利用が行われることが多い。特に肉質の評価の高い軍鶏，薩摩鶏，比内鶏などは，このようなかたちで交雑の雄側として利用されている。

「地鶏」としては外見上の観点から有色の鶏が好まれるため，雌側にはロードアイランドレッドや横斑プリマスロックなどの有色の実用品種が用いられることが多い。特に，ロードアイランドレッドの利用は多く，秋田比内地鶏，会津地鶏，奥久慈しゃも，東京しゃも，みやざき地頭鶏，天草大王，土佐ジローなどが開発された。また，産肉，産卵に優れた白色プリマスロックも，雑種第1代では白色羽装が発現しない劣性白色遺伝子をもつ，家畜改良センター兵庫牧場開発の白色プリマスロックを利用して，みやざき地頭鶏，甲州地どりなどが開発された。

一方，雄側に用いられる在来鶏についても軍鶏や薩摩鶏などの闘鶏用に作出された鶏は，集団飼育にあまり適応しないという欠点がある。さらに，素材となる在来鶏自体の産肉性の改良が必要な場合が多い。そのため育種

選抜により軍鶏の闘争性の除去を図ることで，東京しゃもや阿波尾鶏，奥久慈しゃも，青森シャモロックなどが開発された。また産肉性の改良により，秋田比内地鶏，みやざき地頭鶏などが開発された。これに対して愛知県の肉用名古屋コーチンは，唯一純粋品種による生産を行っている。

表3 主な地鶏の開発時期

地鶏	開発時期
秋田比内地鶏	昭和53年
土佐ジロー	昭和60年
東京しゃも	昭和62年
はかた地どり	旧：昭和62年 新：平成22年
阿波尾鶏	平成2年
肉用名古屋コーチン	平成4年
さつま地鶏	平成12年
天草大王	平成12年
みやざき地頭鶏	平成16年

公的機関の果たした役割　「地鶏」開発には，このような素材となる鶏自体の生産性の改良に加え，最適な交配の組合わせを見つけるための交雑試験が必要であり，飼養管理のマニュアル化も含めると，開発にはかなりの時間と労力が必要なため，多くが都道府県の研究機関の成果である（表3）。また「地鶏」生産でも，都道府県の研究機関や農協などで素ビナを生産し，それを農家や民間企業が利用する場合が多い。

———執筆：韮澤圭二郎

（2）ビタミンAの制御による和牛肥育技術

　この技術は，牛肉自由化以降，高級牛肉の生産に拍車がかかり，「サシ（脂肪交雑）志向」が強まったことに起因するものであり，平成の和牛肥育技術のなかでも特筆される。

　サシを入れるには血統が重要であり，但馬牛の血が全国に行き渡ったのもこの時期である。しかし，育種改良には時間がかかり，結果がすぐに出るわけではないため，飼養方法でサシをよく入れる研究も進められた。

ビタミンA欠乏症が技術開発の端緒　従来，一部の生産現場では「目が見えない牛や肢が腫れている牛にはよくサシが入る」と言われていた。これはビタミンA欠乏症の症状で，ひどい場合には「ズル」といって廃棄処分になってしまう牛になる。そういうリスクを抱えながら，一部の農家では

ビタミンA欠乏症になるような飼育管理に取り組んでいた。

そのうわさを聞きつけて，岐阜県飛騨家畜保健衛生所の北和夫が血中ビタミンA濃度と肉質との関係を報告したのが，おそらく初めての学術的な報告である。その後，兵庫県姫路家畜保健衛生所の岡章生をはじめ，多くの国公立試験場や大学が血中ビタミンA濃度と肉質との関係の解明に取り組んだ。

技術の確立と普及　岡は，ビタミンAの血液中濃度と肝臓中濃度との関係を解明し，血液中濃度から牛のビタミンAレベルを把握できることを明らかにした。続いて，農家の肥育牛60頭で肥育前期から測定したビタミンA濃度と枝肉成績との関係を調査し，肥育中期のビタミンAレベルによって脂肪交雑の程度が変わる傾向を認めた。さらに，ビタミンA投与試験により，脂肪交雑形成過程でのビタミンA抑制の効果が現れる時期を明らかにした。その結果，肥育前期と仕上げ期にビタミンAレベルを高くし，脂肪細胞が分化する中期には，血中ビタミンAレベルを30から40IU/dlレベル以上に維持するというビタミンAコントロール技術を確立した。

これにより，ビタミンA欠乏症を起こさず，増体にも悪影響のない肥育技術が示され，ビタミンAの適正な投与量に関するマニュアルが完成した。岡は，平成6年（1994）から全国各地でこの技術の普及に努め，また，各県の試験場でもこの技術に関する試験研究を行い，平成9年（1997）から平成10年（1998）頃までには，全国的な共通技術となった。

　　　　　　　　　　　　　　　　　　　――執筆：柴田正貴

家畜疾病診断法の進歩

（1）鳥インフルエンザ

鳥インフルエンザは，渡り鳥や家禽などがA型インフルエンザウイルスに感染して，呼吸器症状，死亡などを起こす家畜伝染病である。平成9年（1997）には，香港で高病原性鳥インフルエンザウイルスが鳥から直接ヒトに感染し，6人が死亡する事態が発生した。その後，平成15年（2003）末

より東南アジアを中心に流行し，平成19年（2007）5月までに若年者を中心に306名の患者が確認され，死亡率は60％であった。日本でも平成16年（2004）以降，養鶏舎での発生が続き，卵や鶏肉を買い控えるなどの風評被害もあって，蔓延防止対策が強化されてきた。

インフルエンザウイルス亜型の判定技術　鳥インフルエンザには高病原性鳥インフルエンザと低病原性鳥インフルエンザがあり，高病原性鳥インフルエンザは，法定伝染病に指定されている。高病原性であるか否かの決め手となる亜型等の情報をできるだけ早く得る必要があるため，新たに分子生物学的な手法を用いて迅速に判定する技術が開発された。

鳥インフルエンザのウイルスはA型インフルエンザウイルスであり，ウイルス表面にはHとNの2種類の抗原がある。Hには18種類，Nには11種類のタイプが存在し，英文字と数字の組合わせで表す。農研機構動衛研の塚本健司らは，平成21年（2009）にPCR法を用いたウイルスH，N亜型の決定法を開発した。このプライマーは，現在タカラバイオ（株）より販売されている。また高病原性の判定に重要なH5とH7を広く検出するリアルタイムPCR法（定量的PCR法）も開発した。

H5やH7の遺伝子は変異を起こしやすく，20％ちかく塩基配列の相違が生じており，これを一度に検出できることにより検査が迅速化された。さらに平成29年（2017）には，農研機構動衛研の西藤岳彦らが，家禽の検体から次世代シークエンサーにより直接ウイルスの全ゲノム配列を解読し，インフルエンザ型を判定するソフトウエア（FluGAS）を開発した。このソフトは，（株）ワールドフュージョンより発売されているが，これを用いて配列データの解析と亜型の決定や病原性の推定，ヒトに対する感染の可能性の推定を行えるようになった。

技術開発の効果　これらの技術開発により，インフルエンザ発生からきわめて短時間での判定，陽性判定後の殺処分，埋却，ヒトへの感染の可能性の有無についての周知を行うことができるようになった。そのため，現在日本では近隣発生国とは異なり，発生農場から周辺農場への伝播は起こらなくなっている。

(2) 牛海綿状脳症 (BSE)

国内での発生から全頭検査へ　牛海綿状脳症 (BSE) は，昭和61年 (1986) に英国で初めて存在が確認された。異常プリオンと呼ばれる病原体に感染し，牛の脳の組織がスポンジ状になり，異常行動，運動失調などを示して死亡する疾病である。

プリオン病は，正常な動物中に存在するプリオンタンパク質の立体構造が異常になって発生する。異常プリオンタンパク質は，主として神経細胞において正常プリオンタンパク質を次々と構造変化させることで自己増殖する。牛の感染は，BSEに汚染された飼料（肉骨粉）の給餌により拡大した。わが国では，平成13年 (2001) 9月に千葉県の乳牛で発生した。本件は社会的な影響がきわめて大きく，同年10月より牛の全頭検査が実施されることとなった。

普及した検査法　と畜場で牛全頭検査を迅速かつ正確に遂行するため，抗プリオン抗体を用いたELISA（抗体検査法の一つ）を基本技術としたキットが開発された。本抗体は，農研機構動衛研の田川裕一により作成されたが，プリオンを検出する能力が高く，海外製のキットでは検出できない末梢神経における異常プリオンの存在も検出可能で，スクリーニング時に少しでも疑わしい検体は陽性と判定するようにつくられている。

ここで陽性と判定された検体は，それらが本当にBSEであるのか確認するため，確定検査用のウエスタンブロット法で検査する。ウエスタンブロット法はタンパク質を分子の大きさで分類した後，抗原抗体反応を利用して特定のタンパク質の有無を検出する方法であり，この技術にも上記抗体が使用されている。その後さらに検体の組織を顕微鏡で観察する病理学的な検査を加えて陽性を確定している。この一連の検査により，BSE汚染肉が市場に出回ることが確実に防止されてきた。

上記の全頭検査や飼料規制をはじめとしたリスク管理の徹底により，国内のBSEの発生は次第に減少し，平成25年 (2013) には，国際獣疫事務局 (OIE) から無視できるBSEリスク国のステータス認証を受けた。これにて日本の畜産からBSEの問題は一掃された。

(3) 口蹄疫

　口蹄疫は伝染力が非常に強く，畜産分野で最もおそれられている疾病の一つである。日本では平成12年（2000）と平成22年（2010）に発生した。平成12年（2000）の発生はわが国で92年ぶりで，発生地は宮崎県と北海道であった。この発生は大きな衝撃をもたらしたが，伝播力の弱い低病原性株によるものであったため，被害としては最小限に抑えられた。

　平成22年の流行　平成22年（2010）に，平成では2回目となる口蹄疫の発生が宮崎県で起こった。この発生では，一例目（和牛）が報告される1か月以上前から県内に口蹄疫が侵入していたため，報告された直後に養豚農家の豚にもウイルス感染が確認され，爆発的に口蹄疫が拡大した。

　豚は牛と比べて本病に対する感受性が低く，牛よりも多量のウイルスが存在しないと感染が成立しない。しかし，いったん感染した個体からは多くのウイルスが排出されて感染が急速に拡大する。当時は，爆発的に拡散したため，検査が陽性の家畜とそれと同居していた家畜だけを淘汰（殺処分）する方法では，感染拡大阻止が間に合わなくなった。感染拡大が急速であったため，一定範囲内の牛豚にワクチンを投与して感染の拡大を防ぎつつ，ワクチン接種範囲の家畜を順次淘汰する方法をとらざるを得なくなり，最終的に約27万8,000頭の家畜が処分されて流行は終息した。

　簡易診断法の開発　平成12年（2000）の国内における口蹄疫発生事例以降の経過をみると，それ以前は，病原ウイルスの漏洩事故を懸念して，本来研究に責任をもつべき家衛試への持ち込みが禁止されていた。しかし，この国内発生以降，バイオセキュリティーを検討したうえで，ウイルスの保有が認められた。その後，農研機構動衛研の森岡一樹らは，口蹄疫ウイルスの7血清型すべてのウイルスを海外から導入し，これらに対する単一抗体を作製し，すべての血清型に反応する抗体と，それぞれの血清型に特異的に反応する抗体を抗原検出用に用いることに成功した。

　その後，この技術は日本ハム（株）との共同研究により，すべての血清型に広く反応する抗体を用いて，現場で短時間のうちに判定できるようにキット化された。令和元年（2019）度には全国の現場で使用可能になると

期待される。

——執筆：窪田宜之

飼料自給率の向上

移動放牧の発展

　北海道と異なり，多くの府県では，土地の広さが制約条件となりやすいので，まとまった面積の土地で放牧を行うことが困難であった。一方，平成期には未利用荒廃地や休耕田が拡大していたが，個々の土地は小区画で分散して存在していたため，従来の放牧技術の適用が難しかった。そこでそのような条件下における放牧利用として，主に水田を利用し，放牧する家畜を小群に分け，各群の頭数，放牧場所，給飼方法も柔軟に変更して行う移動放牧が考案された。

(1) 西日本における水田放牧技術（移動放牧）

　中国地方の中山間地では，遊休農地の増加が共通する問題でもあり，その解消に向けて放牧が注目された。このうち，牛群を小区画の水田を移動させながら放牧する移動放牧技術は，山口県が県単独事業として平成元年（1989）に開始した「水田放牧技術定着化促進モデル事業」が端緒になった。この事業は，ほぼ10年間継続され，山口県畜試でも，放牧に欠かせない簡便な牧柵設置，飲水施設，捕獲施設，衛生対策，馴致方法など多くの技術が開発された。しかし，過放牧による植生の衰退や泥濘化の発生など，一般農家への普及には技術的に未確立の部分が残されていた。

　こうしたなかで，平成10年（1998）から中国農試は，島根県，京都府，岡山県，山口県，高知県と連携しながら，残された課題を解決するための研究を進めた。このうち，中国農試の小山信明らは，中山間地域に多くみられる遊休棚田の放牧利用に焦点を当て，法面の崩壊防止技術，簡易電気牧柵の設置法，短草型草種の導入法などを開発し，マニュアルとして公表し

た。また，山口県や島根県などからもマニュアルが刊行された。その結果，西日本における移動放牧技術は急速に普及し，山口県では，平成12年(2000)度に12haであったものが10年間で320haに拡大し，以後も県の重要施策として取組みが進められている。

(2) 東日本における小規模移動放牧技術

東日本における移動放牧技術は，草地試の山地支場で，施設機械の研究者である瀬川敬らにより平成8年(1996)から開発が開始された。当時の考え方は，「小規模移動放牧」と呼ばれる，小規模で分散している遊休地や転作田に造成した放牧地で，牛を移動しながら配置する方式であった。この過程で，放牧地からの牛の脱柵を確実に防ぐため，強固な高張力線を利用した電気牧柵の設置法が検討された。また，トラクタで牽引する「低床型家畜運搬車」や「貯蔵型飼料給餌車」などが開発され，平成11年(1999)には，家畜飼養に耐えうる一連の技術体系がほぼ確立された。その後，この放牧技術の大部分は後任の市戸万丈によって整理され，平成14年(2002)にマニュアルとして刊行された。

(3) 東西の移動放牧技術の融合

西日本で取り組まれていた技術では，電気牧柵が必要不可欠な機材と考えられ，設置が容易なポリワイヤー式の簡易電気牧柵の利用が推奨されていたが，一見脆弱なため普及が進まなかった。そこで，東日本で開発されていた高張力線（銅線）による電気牧柵を導入したところ，牛の脱柵は皆無となった。一度牛が電気牧柵に触れると，学習効果により近づかなくなり，そのため，学習した牛はポリワイヤー式の簡易電気牧柵でも同じ効果が得られることが，牛に慣れていない耕種農家にも理解された。これにより，ポリワイヤー式の簡易電気牧柵は急速に普及し，西日本型の移動放牧技術が改良された。

このように，それぞれの移動放牧技術の交流により，技術の適用場面がより拡大した。これらの成果は「中山間地域における耕作放棄地の放牧利

用に関する総合研究」として共同発表されて普及がさらに進んだ。

———執筆：清水矩宏

飼料イネ，飼料用米

(1) 飼料イネ（ホールクロップサイレージ用イネ）

　米の消費量が減少していくなかで，水田を活用できる飼料作物として注目されたのが耐湿性に優れるイネであった。イネのどの部位をどのような家畜に給与できるかは，1970年代以降の稲作転換対策のなかで大きな課題となっていた。牛の飼料にするにあたって第一に考えられたのが，単位耕地面積当たりの収量確保とホールクロップサイレージ用イネの生産と利用システムの開発であった。

　WCS用イネの生産拡大　ホールクロップサイレージ用イネとは，茎葉と穂を同時に刈り取り，乳酸発酵させてから乳牛や肉牛に給与する飼料で，「WCS (Whole Crop Silage) 用イネ」と呼ばれている。しかし，実用化するには，多収の専用品種育成，湿田で泥を付着させることなく収穫調製できる機械開発，良好なサイレージ発酵を促進する技術，乳牛，肉牛への給与技術など課題が山積していた。課題解決のために，平成10年（1998）～平成28年（2016）に研究開発が行われ，開発された一連の技術はマニュアル化され，全国各地で普及した。これにより，WCS用イネの作付面積は，平成10年（1998）度の48haから平成29年（2017）度には4万2,893haへと894倍に拡大し，サイレージ供給量は107万tに及んでいる。

　耕畜連携の動き　これらの技術は，わが国の水田活用に大きく寄与しており，今日では酪農・肉用牛生産で不可欠な粗飼料の一つに成長し，輸入牧草の価格より安価な粗飼料として経営改善につながっている。さらに，飼養管理で多忙な畜産農家にとってWCS用イネ生産は大きな労働負担であったが，収穫・調製の作業を委託できる組織（コントラクター）が各地で組織化され，稲作農家と畜産農家にコントラクターを加えた耕畜連携の仕組みができた。イネWCSは，各種粗飼料と配合飼料などを最適の比率で

混合して畜産農家に届ける組織（TMRセンター，畜産336頁参照）の大切な粗飼料の一つになっている。

(2) サイレージ発酵促進製剤

WCS用イネサイレージは，付着乳酸菌数が少なく，かつ稈が中空のため牧草サイレージと比べて，ラッピング後のロール内に残存する空気量が多く，嫌気条件の確保が難しい。そのため，不良発酵しやすく，品質の不安定性が指摘されていた。そこで，平成10年（1998）頃までは予乾処理や発酵抑制と抗菌性改善に効果があるアンモニア処理などによって貯蔵性を確保していた。しかし，このことは生産利用を拡大するうえで大きな足かせとなっていた。

「畜草1号」の登場　農研機構畜草研の蔡義民は，平成12年（2000）に，WCS用イネのサイレージ発酵は，好気性微生物が増殖するため，乳酸発酵が円滑に進まず，酪酸やアンモニア態窒素が多い劣質な発酵になりやすいこと，さらにイネに付着する微生物のうち好気性細菌などに比べて乳酸菌の割合が少なく，また乳酸菌のなかでも発酵効率の高いホモ発酵型の乳酸菌がヘテロ発酵型よりはるかに少ないことを明らかにし，WCS用イネのサイレージ高品質化には，優良乳酸菌添加による微生物的制御が必要と指摘した。

そこで畜産農家のサイレージから500株の乳酸菌を分離し，ホモ発酵型で好気性細菌や酪酸菌などの増殖を抑制し，低pH耐性と乳酸生成能が優れる菌株を選定した。埼玉県農総研センターの吉田宣夫は，平成13年（2001）～平成14年（2002）に効果を確認し，さらに雪印種苗（株）の北村亨は，乳酸菌の大量増殖・製剤化技術を確立して平成17年（2005）にその菌株を用いた乳酸菌製剤「畜草1号」として市販化に結びつけた。さらに，平成25年（2013）に調製初期に増殖スピードが速いSBS001株と「畜草1号」で用いた菌株を合わせた乳酸菌製剤「畜草1号プラス」が市販された。

乳牛への給与法　乳牛へのWCSサイレージの多給技術は，農研機構畜草研の石田元彦に続き，広島県畜技センターの新出昭吾が平成11年

(1999)～平成17年 (2005) に精密なTMR給与技術を確立した。この技術は，平成12年 (2000) 度から本格的な普及が図られたが，それまで主流であった穂の大きい (茎葉に比べて穂の割合が多い) WCS専用品種を給与すると未消化籾が排出されやすいことが指摘された。その解決のため「たちすずか」に代表される短穂高糖分型品種が農研機構西農研により育成され (水田作76頁参照)，その給与技術が広島県畜技センターの河野幸雄，三重県科技振興センターの山本泰也らにより開発され，収穫調製とその給与技術が安定した。

新機能の「畜草2号」　一方，これらの品種は，高糖含量のためサイレージ適性に優れ，収穫適期が長いなどの特徴があることを活かし，より広範な環境条件に対応するため，低温下でも発酵が促進され，サイレージの開封後の二次発酵が生じにくい乳酸菌製剤の開発が求められた。そこで，農研機構畜草研の遠野雅徳は，平成24年 (2012) に低温条件下での乳酸発酵促進と二次発酵の抑制能力をもつ株を選定した。この株は，平成28年 (2016) に雪印種苗 (株) から「畜草2号」として発売されている (図8)。

畜草1号 (平成17年市販)

畜草1号プラス (平成25年市販)

畜草2号 (平成28年市販)

図8　イネWCSの調製に適した乳酸菌製剤市販化の歩み
高糖分WCS用イネには「畜草2号」(農研機構畜産研，広島県総技研，雪印種苗 (株))，従来品種には「畜草1号プラス」(農研機構畜草研，埼玉県農総研センター，雪印種苗 (株)) が適している。「畜草2号」は二次発酵防止に有効，ロール開封後の品質保持に適している

(3) ロールベール体系

WCS用イネ収穫機の開発 牧草を高密度の円筒状に梱包できるロールベーラの国内導入が昭和49年（1974）に始まり，それをラップフィルムで自動的に包むベールラッパが導入されたことにより，昭和50年代からロールベール体系が牧草生産現場に普及してきた。WCS用イネでは，畑地と異なり水田に刈り倒すと材料に泥が付着しやすいことから，ダイレクトカット収穫機（刈取り後にイネを圃場で予乾せずにサイレージにする方式用の収穫機）と自走式ロールベールラッパの2つの機械による組作業（ロールベール体系）の開発研究が必要になってきた。

三重県農技センターの浦川修司らは，平成2年（1990）から，イネやムギのホールクロップをダイレクトカット収穫できる機械開発を手がけ，自脱型コンバインの脱穀部をロール成形部に置き換えたイネ・ムギ用カッティングロールベーラを開発した。この基本型を発展させたコンバイン型飼料イネ専用収穫機，ロールを直接収穫機から受け取ってラッピングする自走式ベールラッパを完成させ，平成12年（2000）に市販化に結びつけた。サイレージ品質向上などのため，収穫したイネの細断・攪拌機能を装備して高能率にロールベールの梱包ができる改良が行われた製品が販売されるようになっている（図9）。

汎用収穫機の開発 一方，各地で登場したコントラクター組織では，

コンバイン型

フレール型

自走式ベールラッパ

専用収穫機との組作業

図9　WCS用イネの収穫・梱包用に開発されたロールベール体系

WCS用イネに加え飼料用トウモロコシや牧草の収穫作業も受託する可能性があるので，多くの汎用型飼料収穫機が開発された。たとえば，農研機構生研センターの山名伸樹らは，平成16年（2004）に飼料用トウモロコシを収穫できる細断型ロールベーラを開発し，市販化につなげた。さらに，同所の志藤博克らは，平成21年（2009）からWCS用イネを含む牧草・飼料作物の自走式の汎用型飼料収穫機を開発し，実用化させている。

　耕畜連携の鍵となるWCS用イネを含む飼料作物のロールベール体系の確立により，コントラクターの組織化と受託面積の拡大が促進された。その結果，コントラクターは平成15年（2003）の317組織から平成28年（2016）の717組織に拡大し，開発された収穫機は各地で導入された。

(4) TMR（Total Mixed Ration）

発酵TMRの技術開発　TMRは，乳牛や肉用牛の養分要求量に基づいて，粗飼料，濃厚飼料，ミネラル，ビタミンなどをすべて混合した飼料のことで，「新鮮TMR」と長期貯蔵できる「発酵TMR」の2つのタイプがある。TMRによる飼料給与方法は，昭和40年代後半に米国，イスラエルおよび日本で開発された技術で，飼料を別々に給与する従来の技術に比べて，①乳量が多くなる，②乳脂率が高くなる，③飼料費を抑制できる，④省力的である，⑤消化障害が少ない，などの長所がある。

　このうち，発酵TMRは長期貯蔵が可能であるため種々の利点があるが，その袋詰め方式から高密度梱包とその搬送技術などに解決すべき課題が残されていた。平成12年（2000）以降，前述の志藤博克らによる定置式ロールベーラ（平成18年〈2006〉〜平成21年〈2009〉）や松本エンジニアリング（株）によるTMR圧縮梱包機（平成18年〈2006〉〜平成20年〈2008〉）の開発などにより，地域飼料資源を活用した乳牛および繁殖雌牛の飼養技術の幅広い技術開発が行われた（平成25年〈2013〉〜平成27年〈2015〉）。

コントラクター組織のキーテクに　平成期に入り，1戸当たりの飼養頭数が増加するが，域内全体の畜産経営の改善を考えると，戸別に調製・給与する方法から，1か所で大量調製し域内の畜産農家に宅配する組織が有

利と考えられた。これがTMRセンターであり，わが国では平成10年（1998）に北海道で設立されたのが始まりで，その後府県へと拡大していった。

つまり，TMRセンターの出現により，畜産農家が経営規模の拡大と綿密な飼養管理に専念できる糸口が開かれ，そのメリットを反映して，TMRセンターの組織数は32組織（平成15年〈2003〉度）から137組織（平成28年〈2016〉度）に増加し，乳牛のみならず繁殖雌牛，肥育牛へと対象家畜の拡大がみられる。

(5) 飼料用米

利用可能性の高い飼料用米　イネの子実部を飼料として利用する飼料用米は，食用米生産調整の切り札となりうる。そのため，青森県のトキワ養鶏（採卵鶏）や山形県の（株）平田牧場（肥育豚）など一部地域で試みられていた飼料用米の採卵鶏，肥育豚への給与が注目されていた。また，飼料用米はイネWCSと比べて水分が低いため広域流通が可能で，豚や鶏にも給与できることから，平成18年（2006）頃に輸入飼料用トウモロコシ価格の高騰した時期からさらに急速に期待が高まった。

畜種別の給与法　豚への給与では，平成21年（2009）に農研機構畜草研の勝俣昌也らが，従来のトウモロコシ飼料に粉砕玄米を15％の割合で配合して給与しても枝肉形質は低下せず，脂肪酸組成はオレイン酸の割合が増加すること，一般的に利用可能な配合水準として粒度2mm以下の粉砕玄米は豚の品種を問わず40％まで給与できることを明らかにした。

一方，鶏への給与については，農研機構畜草研の村上斉らが，採卵鶏と肉用鶏では未処理の籾米で30％まで，ブロイラーでは18〜20％まで給与できることを明らかにしている。また，乳牛に対しては，農研機構畜草研の野中和久らが籾米，玄米ともに破砕もしくは蒸気圧ぺん処理を行うことで25％まで給与可能で，肉用牛では籾米，玄米ともに破砕，蒸気圧ぺん，サイレージのいずれも30％まで給与可能であることを平成26年（2014）に明らかにした。

さらに，農研機構畜草研の井上秀彦，JA真室川町の丹康之らは，飼料用

米を低コストで長期間貯蔵する方法として，粉砕もしくは膨軟化処理後に籾米サイレージとする技術体系を確立した。これら一連の技術は，平成21年（2009）から平成28年（2016）にかけて数度にわたってマニュアル化され，各地で普及している。

現状と展望　飼料用米の作付面積は平成21年（2009）の4,129haから平成29年（2017）の9万1,510haへと22倍となり，約51万tが国産濃厚飼料原料として畜産経営へ供給され，特に中小家畜の経営改善につながっている。一方，飼料用米の作付増加は食用米の価格下落を抑制する役割も果たしているが，この作付増加は，生産費相当分の直接支払交付金に支えられたものであり，今後の生産持続には課題が残されている。

——執筆：吉田宣夫

環境問題への対応

豚のアミノ酸要求量の精密化が環境問題の解決に

養豚では，生産に伴い発生する悪臭や排せつ物処理が大きな問題であり，特に，排せつ物中の窒素分は養豚施設周辺の水質低下の主原因となるので，その対策が急務となっていた。これらの解決策として，アミノ酸要求量に着目した研究が進められた結果，窒素の排せつ量を大幅に減らすことのできる画期的な技術が平成期に開発され，広く普及することとなった。

(1) アミノ酸要求量精密化

タンパク質は，家畜の生命維持や畜産物の生産のために重要な役割を果たしている。そのため，これまでの豚における飼料設計や飼料給与では，タンパク質の評価単位としてCP（粗タンパク質）やDCP（可消化粗タンパク質）が広く用いられてきた。ところが，タンパク質とは，20種類ほどのアミノ酸が鎖状に結合した化合物であり，体内ではアミノ酸にまで分解されてから吸収・利用されるので，家畜が必要とするのはタンパク質ではな

く個々のアミノ酸である。

　タンパク質の種類は多様であるが，それぞれの各アミノ酸の含量割合は異なっており，単純にどれだけタンパク質が必要かを決めるには無理があった。この点，アミノ酸の含有割合に基づく飼料給与はより精密であり，評価対象がタンパク質からアミノ酸に移行したのは当然の成り行きといえる。ちなみに，DCPの表示は「日本飼養標準・豚（2005年版）」から消えた。

　タンパク質は大腸においてほとんどが腸内細菌の菌体タンパク質に組み替えられるため，飼料中のタンパク質のアミノ酸組成は，それらが小腸末端から大腸に流入した後のアミノ酸組成とは大きく異なる。そのため，アミノ酸の消化率は，他の栄養成分の消化率が大腸を含む全消化管で消化，吸収される割合を測るのに対して，小腸の末端（回腸）で測定するようになっており，これが回腸アミノ酸消化率である。この消化率（有効性）を加味したアミノ酸を有効アミノ酸と呼び，「有効リジン要求量」などと表現する。これらの研究を先導した九州農試の古谷修と梶雄次は，昭和末期から平成にかけて豚の有効アミノ酸の要求量や主要飼料原料の有効アミノ酸含量を測定し，その成果は，「日本飼養標準・豚（1993年版）」に取り入れられた。

(2) 低タンパク質飼料よる窒素排せつ量の低減

アミノ酸添加低タンパク質飼料の実証試験　豚では，20種類存在するアミノ酸のうち約10種類は自らの体内で合成できないため，飼料から摂取する必要があり，必須アミノ酸と呼ぶ。一般的な養豚飼料では，リジンが第1の制限要因となるアミノ酸である。そのため，豚の発育や繁殖は飼料のリジン含量に支配され，他のアミノ酸がいくら多くても無駄になる。

　この原理に基づき，従来の飼料よりもタンパク質含量を低くしたうえで不足するリジンやトレオニンなどのアミノ酸を添加した飼料を給餌するとアミノ酸バランスが良くなり，無駄に排せつされるアミノ酸が減る。その結果，窒素の排せつ量が減少して環境面に対する好影響が期待された。そこで，平成7年（1995）～平成9年（1997）に国内でアミノ酸添加低タンパ

ク質飼料の実証試験が実施された。

　その結果，この飼料の給与により，豚の発育，背脂肪の厚さおよび上物率には差がないにもかかわらず，窒素の排せつ量は一般的な市販飼料に比較して，ふんでは約20％，尿では約45％減少し，ふん尿込みで約35％低減されることが明らかになった。

　低タンパク質飼料のメリット　飼料給与をアミノ酸レベルにまで精密化させたことにより，低タンパク質飼料が可能になり，窒素排せつ量が大幅に低減することが明らかになった。そのメリットは，①豚房や堆肥化施設からのアンモニア揮散量が著しく減り悪臭が低下する，②汚水処理コストが20〜35％低減する，③バイオマス利用として導入されることになるメタン発酵（畜産346頁参照）の効率が約30％高まる，④温室効果ガスの一つである一酸化二窒素の発生量が減る（農研機構畜草研の長田隆らは，アミノ酸添加低タンパク質飼料の給与によって，汚水処理における一酸化二窒素の発生量が約40％削減されることを実証している），と要約できる。

　低タンパク質飼料のコスト　低タンパク質飼料は，基本的にはタンパク質飼料原料の配合量を減らし，それで不足するアミノ酸を単体で添加するもので，一般的には大豆粕の配合量を減らして，第1制限アミノ酸のリジン，場合によっては第2制限アミノ酸のトレオニンを添加する。したがって，飼料コストは，そのときの大豆粕とリジン，トレオニンの価格に依存する。しかし，大豆粕などのタンパク質飼料の原料は比較的価格が高いこと，リジンやトレオニンなどのアミノ酸添加物が安価に生産されるようになったことから，現状では当該飼料が標準飼料よりも高くなることはない。

(3) 行政の対応と肉質への効果

　公定規格の変更　国は，「飼料の安全性の確保及び品質の改善に関する法律（飼料安全法，昭和28年〈1953〉）」により，飼料の種類ごとに栄養成分量の最小量または最大量などについての規格（公定規格）を定めている。これまでの公定規格では，CPは最小含有量で示されており，タンパク質が高いほど良い飼料という常識であった。ところが環境面を考えると，タン

パク質が高いからといって良いとはいえない。

　そこで，排せつされる窒素などを低減させるため，家畜に必要な栄養成分を含み，かつ，余分な栄養成分を含まない「環境負荷低減型配合飼料」の公定規格が設定された（平成25年〈2013〉）。そこでは，CPの上限が決められ，その代わり，リジンやトレオニン含量が最小量として示されている。農水省の統計（流通飼料価格等実態調査）によれば，養豚用配合飼料へのアミノ酸添加量は年に10％程度の割合で増えており，逆に大豆粕の配合量は減り，アミノ酸添加低タンパク質飼料は着実に現場に普及していると考えられる。

　肉質の改善　豚肉生産では，量から質への移行が顕著になっており，何かはっきりした特徴をもった豚肉が求められている。その一つとして，筋肉中の脂肪交雑を高めた豚肉生産が注目されている。たとえば，トウキョウX（東京都）やしもふりレッド（宮城県）など，各地で脂肪交雑に優れた系統豚が作出され，銘柄豚として実用化されている。一般の豚の筋肉内脂肪含量が2～3％であるのに対して，これらの銘柄豚では5％程度と高い。

　一方，品種の遺伝的特性ではなく，飼料給与面から脂肪交雑を高めようとする試みも盛んに行われた。平成13年（2001）に，大阪府食とみどり総技センターの入江正和らは，エコフィード（畜産342頁参照）であるパン類の多給によって霜降り豚肉ができることを明らかにし，兵庫県，熊本県などの飼養試験でそのことが確かめられた。その原因として，パンには比較的リジンが少ないことが指摘された。

　その後，農研機構畜草研の勝俣昌也らは，リジン含量を通常飼料よりも3割程度低くすると筋肉内脂肪含量は約2倍になることを明らかにした。しかしながら，リジン不足の飼料では，豚の発育が鈍り，場合によっては背脂肪が厚くなって枝肉評価が下がる。

　これについて，平成24年（2012）に宮崎大学の高橋俊浩と入江正和らが，パン主体のエコフィードで，リジン含量を豚の要求量を満足させるまで高めても，タンパク質含量も同時に高めれば脂肪交雑豚肉ができると報告した。重要なのは，飼料のリジン含量を低くすることではなく，リジン／タ

ンパク質の比率を低く抑えることである。

今後への期待　それまで，わが国には豚肉のロース断面積の脂肪交雑程度を評価する基準がなかったが，(独)家畜改良センターと(公社)日本食肉格付協会が共同で，脂肪交雑基準（ポークマーブリングスタンダード，PMS）を開発した。この基準は，豚肉の格付け時にオプションとして行われるもので，平成30年(2018)1月から実施されているが，その実施頭数は毎月300～400頭である。今後，当該基準が豚肉の差別化やブランド化の一助となることが期待される。

――執筆：古谷 修

エコフィード

消費段階における食べ残し問題　平成期に入り，消費段階で大量に発生する食べ残しが，食料の多くを輸入に依存しているわが国として問題であるばかりでなく，それによる資源の浪費と環境への負荷が大きな社会問題になった。そこで，食品リサイクル法が平成13年(2001)に施行され，食品残渣の飼料化が注目されることとなった。また，輸入穀類の高騰もあり，食品残渣の飼料化にかかわる取組みは加速されてきた。しかし，飼料の原料となる食品残渣について，その資源量が限られていることから，畜産農家やエコフィード製造業者間の競合も生じた。そのため，さらに多種の食品残渣を飼料原料とするには，①水分の高い資源の利用，②多様な残渣が含まれる資源の飼料化，③分別の必要な残渣の飼料化，④排出量の少ない資源の効率的な利用，⑤加熱殺菌が必須である資源の飼料化，などの課題を克服する必要が出てきた。

発酵リキッドフィーディング　農研機構畜草研の川島知之らは，コンビニエンスストアから廃棄される賞味期限切れ食品に着目し，それらを類型化し，代表的な成分値により飼料設計することで安定した成分の飼料を調製できることを示した。飼料化は，廃棄食品に加水し，加熱殺菌後，乳酸菌を添加して発酵調製する発酵リキッドフィーディングという方法を採用

した。ここで，米飯やパン類を加熱すると粘性が高まるが，α-アミラーゼを加熱前に添加することで，この課題を克服し，乾物率の比較的高いリキッド飼料を調製する方法を開発した。

　川島らによるシンポジウムの企画や都道府県や民間企業と実施した多くの共同研究の取組みを契機に，食品残渣の飼料化は全国的に広がった。すなわち，戦後から「残飯養豚」と呼ばれて，各地の畜産農家が独自の方法で行っていた食品残渣利用の養豚が，栄養科学的にも適正な飼料による環境に優しい肉豚飼養技術となった。

　発酵リキッドフィーディング技術を端緒に，それまで廃棄されていた洗米排水，ジャガイモ加工残渣，サツマイモ加工残渣なども飼料利用が実用化されている。さらに，豚用食品残渣飼料生産を支援するアプリケーションプログラムも普及し，発酵リキッドフィーディングの技術は，養豚の現場で広く活用されている。

「エコフィード」名称の確立と認証制度の開始　その後，平成17年（2005）には，食品残渣利用の飼料に対して「エコフィード」という名称が定められ，有名百貨店，大手コンビニチェーン，大規模養豚企業でも取組みが広がり，生産された豚肉はプレミアムを付けて販売されている。

　また，エコフィードに関する認証制度も開始され，平成21年（2009）から（一社）日本科学飼料協会を認証機関としてエコフィード認証制度が，平成23年（2011）から（公社）中央畜産会を認証機関として，エコフィード利用畜産物認証制度がそれぞれ運用されている。

　　　　　　　　　　　　　　　　　　　　　　　　──執筆：柴田正貴

ふん尿処理

(1) 吸引通気式堆肥化技術

　アンモニア回収による悪臭対策　ふん尿の堆肥化は好気性発酵で行われるので，処理するふん尿に空気を送る必要がある。従来からの通気方法は，堆肥の底部から空気を圧送するため，発酵排気と悪臭成分が堆肥表面

から同時に放出されることが問題であった。そこで，農研機構畜草研の阿部佳之らは，平成12年（2000）～平成16年（2004）度に堆肥の底部から直接に悪臭成分を吸引する吸引通気式堆肥化技術を開発した（図10）。この吸引通気方法では，堆肥表面から空気を堆肥中に導入するため，表面からの悪臭の放出を防ぎつつ，従来の圧送通気と同等の好気性条件で堆肥化ができる。

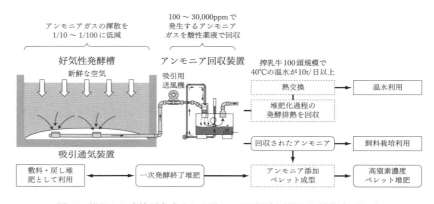

図10　堆肥から直接悪臭成分を吸引する吸引通気式堆肥化技術（阿部ら）

　この技術は，悪臭の発生を防ぐ技術として有効であるのみならず，発酵排気中のアンモニアを窒素資源として回収できることも大きな特徴である。たとえば，回収用の酸性薬液としてリン酸溶液を利用するとリン酸アンモニウム（リン安），希硫酸を利用すると硫酸アンモニア（硫安）のかたちで窒素資源を回収できる。

　発酵排気熱の回収利用　また，発酵排気の熱を回収し，水の加温熱源や，戻し堆肥を乾燥する温風の熱源として利用することもできる。たとえば，搾乳牛120頭規模の酪農家における実験では，発酵排気の温度が48.3℃で通水温度が7.7℃の場合，熱交換器を利用して40.6℃の温水が1日当たり11.5t得られた。この温水を牛に給与することによって，寒冷期の泌乳量が改善されたとの結果も示されている。

　本技術の導入自体に必要な資材費は安価であるが，自動堆肥クレーンと

組み合わせたシステム全体では高価となり，大規模農家でなければ容易に導入できないが，それでも民間企業が特許の使用許諾を得て，堆肥化の自動化装置とあわせてシステム化し，酪農家，廃棄物処理業，外国企業などで使用されている。

(2) ペレット堆肥化技術

堆肥ペレット化のメリット　家畜ふん堆肥をペレット状に成型した堆肥は，従来の堆肥に比べて取り扱いやすいので，耕種農家の保有するブロードキャスターなどの肥料散布機で散布が可能である。また，畜種別の堆肥をブレンドして成分調整が可能であり，またペレット状に圧縮成型するため容積当たりの肥料成分の濃縮が可能で，貯蔵性も良くなる。そのため，三重県農技センター，岐阜県畜試，栃木県農試，愛知県農総試が平成6年（1994）～平成8年（1996）度に家畜ふん堆肥のペレット化技術の開発を行った。九州農試の薬師堂謙一は，この技術を発展させ，ペレット化することにより容積を2分の1程度にした。移動距離が100kmを超える堆肥流通を考えれば，ペレット化のコストを十分吸収できると試算している。

ペレット化の方式　乾式押出造粒法（ディスクペレッター方式）で堆肥成型する場合，原料堆肥の最適水分は20～25％で，湿式押出造粒法（エクストルーダ方式）では40％程度である。一方，堆肥の水分は畜種や堆肥化方法によって異なり，平均すると牛ふん堆肥が52％，豚ぷん堆肥が37％程度である。そのため，ペレット化に際して，乾燥処理で堆肥の水分を下げる必要がある。

畜産現場では，このうち，目詰まりなどのトラブルが少なく処理能力が高いディスクペレッター方式が多く導入されている。

ペレット化技術の普及　これらの成果を受けて，ペレット化技術は全国的に普及し，特に九州地域で優良な普及事例がみられる。たとえば，熊本県のJA菊池有機支援センターでは，年間288t（平成27年〈2015〉）のペレット堆肥を生産し，地域内での広域流通を図っている。堆肥のペレット化装置は民間業者が実用装置を市販しており，最も多数販売している業者の家

畜ふん堆肥ペレット化装置は，平成29年（2017）現在で全国で142台販売されている。

(3) 家畜排せつ物のメタン発酵

エネルギー情勢とメタン発酵技術　家畜排せつ物のメタン発酵は昭和30年代から検討が始まった技術であるが，国内のエネルギー情勢の変化に大きく影響され，技術開発は盛衰を繰り返しながら進歩してきた。たとえば，昭和48年（1973）の石油ショック時や，バイオマスをエネルギー利用技術として位置づけて平成24年（2012）に施行された「電気事業者による再生可能エネルギー電気の調達に関する特別措置法（再生エネルギー特別措置法）」による固定価格買取制度（FIT）によって注目が集まった時期には，技術開発が大いに促進された。農水省生産局の調査によると，畜産関係のメタン発酵施設は平成28年（2016）現在で179か所に上り，そのなかで発電を行っている施設は159か所となっている。

メタン発酵技術の特徴　メタン発酵技術では，スラリー状の家畜排せつ物を発酵槽に投入し，燃料となるメタンガス（バイオガス）の生産を行う。発酵処理により，投入スラリーと同量の消化液が生成されるが，この消化液はもとの投入スラリーよりも低級脂肪酸などの悪臭物質が低減するので，悪臭低減技術としても有効である。また，液の粘性が低くなり，窒素成分がアンモニア態窒素に変換されるので，液肥としての利用性も高い。そのためドイツなどの欧州諸国では液肥にも利用されている。しかし，わが国では液肥を施用する土地が十分に確保できないことや液状物の運搬・散布が困難なことから，有効利用があまり進んでいない。

バイオガス事業による後押し　メタン発酵技術の普及には，バイオマス関連省庁のほか，自治体，大学，公的機関，民間企業が一体となったバイオガス事業の展開が有効と考えられたため，平成14年（2002）にバイオガス事業推進協議会が設立され，平成29年（2017）現在，40社を超す関連民間企業，10を超す自治体のほか，公的機関，大学なども加わって100以上の会員数となっている。家畜排せつ物，下水汚泥，生ごみ，食品廃棄物な

どの有機資源を利用したバイオガス事業の導入推進に関して，成功事例の普及，技術情報の伝達，政府その他関係機関への提言，課題解決のための調査検討，情報資料の収集などの活動が行われている。

(4) MAP法による豚尿の浄化とリン回収技術

リン回収技術の重要性　豚舎排水中のリンは，湖沼や海域の富栄養化原因物質として規制されており，排水中からのリン除去技術は重要である。一方，リンは有限資源でもあり，資源の枯渇が懸念されている。リン資源をもたないわが国では，資源を輸入に頼らざるを得ないため，汚水や廃棄物からのリン資源回収技術は重要である。

そこで，農研機構畜草研の鈴木一好らは，佐賀県畜試，佐賀県窯業センター，神奈川県畜技センター，神奈川県農技センター，沖縄県畜研センター，沖縄県農研センターと協力し，平成20年（2008）頃に豚舎汚水からリン酸マグネシウムアンモニウム（MAP，$MgNH_4PO_4 \cdot 6H_2O$）の回収によるリン除去と回収したMAPの利用性評価技術を完成させた。また，愛知県，岡山県，茨城県など多くの県がMAP法の普及技術開発に取り組んでいる。

開発技術の効果　豚舎汚水はリン酸イオン，アンモニウムイオン，マグネシウムイオンを含むので，pH8〜9のアルカリ性条件下で難溶性のMAPの結晶を生成する。このMAP反応により，汚水からのリンの除去とリン資源の回収を同時に行うことができる。

鈴木らの実証試験では，全リン濃度138mg/lの豚舎汚水1m^{3}から32〜170gのMAPが回収され，処理水の全リン濃度は33〜84mg/lに低減された。また，母豚100頭規模の一貫経営（豚の繁殖と肥育を同一経営体で一貫して行う経営方式で現在の主流）を想定した場合，MAP装置の設置コストは約250万円，運転コスト（電気代）は年間約20万円と試算された。

――執筆：羽賀清典

地球温暖化対応技術

　昭和末期頃から地球温暖化に対する危機感が高まり（環境問題 453 頁参照），平成 9 年（1997）には気候変動枠組条約第 3 回締約国会議（京都会議）をわが国で開催することとなった。これに向けて，わが国の全分野における温室効果ガスの排出量を算定することとなった。

　家畜からのメタン放出量の推定　メタンの放出は，飼料のエネルギー利用の観点からは損失であり，畜産分野におけるエネルギー代謝実験では不可欠の測定項目であった。そのため，畜試には，データが豊富に蓄積されており，柴田正貴らは追加実験も含めてこの問題にいち早く取り組んだ。

　まず家畜種別，生理状態別，給与飼料構成別のメタン発生量を明らかにした。これを基に家畜の乾物摂取量からメタン発生量を推定する式を作成し，平成 5 年（1993）にわが国における全家畜からのメタン放出量（ルーメンおよび腸管内発酵由来）はおおよそ 0.35Tg/年と公表した。この推定式の利用はIPCCにおいて認められ，国別報告書において，わが国の家畜からのメタン発生量の推定に用いられている。

　牛からのメタン生成抑制技術　柴田らは，続いてメタン放出，特に牛のルーメン（第 1 胃）内発酵に由来する曖気（げっぷ）に含まれるメタンの抑制技術についても取り組み，牛に不飽和脂肪酸を投与するとルーメン内でメタン生成を促進する水素が消費され，メタン放出が抑制されることを明らかにした。

　カシューナッツ副産物給与によるメタン削減　さらに，北海道大学の小林泰男らは，出光興産（株）との共同研究でカシューナッツ副産物給与による牛からのメタン生成削減技術という画期的な技術の開発に成功した。きっかけは，農業部門への業務展開を考えていた出光興産（株）が，畜産への事業展開の一環としてルーメン発酵を制御できる飼料添加剤を開発していたところ，ルーメン発酵制御の研究で実績のある小林に評価依頼を委託したことに始まる。

小林らは，出光興産（株）保有のオイルコレクションのなかから，文献的にルーメン発酵の際に，牛のエネルギー源となるプロピオン酸の生成増強効果のあるアルキルフェノールを豊富に含むカシュー殻液に目をつけ，ルーメン発酵に対する効果を検討した。その結果，カシュー殻液を牛に給与すると，メタン発生量が20〜40％は低減できることが明らかになった。

　食材であるカシューナッツを製造する際の副産物なので，工程中に食せない物質が入る危険性もなく，また飼料利用効率も高まることから画期的な研究成果として平成20年（2008）から平成21年（2009）の間に3件の特許を取得している。現在，市販されているが，「飼料添加物」ではなく「飼料」扱いのため機能性は強調できず，またメタン低減では畜産農家の利益に直接結びつかないため，ルーメン発酵改善剤あるいは鼓腸症防止剤という名目で販売されているのは残念なことである。

　　　　　　　　　　　　　　　　　　———執筆：柴田正貴

食品加工・流通

食をめぐる社会情勢の動向

食生活の動向と課題

(1) 消費者ニーズの多様化

　平成におけるライフスタイルの多様化は食の洋風化など食生活にも及び，その影響から米を筆頭に家庭で調理し利用される青果物や鮮魚・肉類など生鮮食品の消費が減少する一方，インスタント食品や調理済食品など利便性の高い加工食品の消費が増加した。また，家族そろって食卓を囲む機会が減少し，単身世帯や高齢者世帯が増加するなどの影響から中食や外食の利用など食の外部化が進展するなかで，消費者の食の安全・安心や健康への関心の高まりから，「オーガニック」・「アレルゲンフリー」・「ノンカロリー」などのこだわり食品へのニーズが高まっている。

(2)「日本型食生活」の変質

　食生活の変化に伴い，昭和55年（1980）当時の米を主食に多様な食材を使った主菜や副菜から構成され，栄養バランスのとれた理想的な食生活とされた「日本型食生活」が大きく変質した。

具体的には，食生活の総供給エネルギーに占めるタンパク質（P），脂質（F），炭水化物（C）のエネルギー構成比である栄養バランス（PFC比）は，「日本型食生活」とされた昭和55年（1980）度のP：13.0%，F：25.5%，C：61.5%から，平成15年（2003）度のP：13.1%，F：28.9%，C：58.0%，さらに平成29年（2017）度概算値のP：12.9%，F：30.1%，C：57.0%へと，一貫して脂質の割合が増加し炭水化物の割合が減少する傾向が続いてきた。

(3) 食料自給率の低下

食生活の変化がもたらしたもう一つの課題は，食料自給率の低下に影響を及ぼしたことである。食料自給率には，「食料需給表」をもとに農水省が作成する供給カロリーベース自給率と，「国民健康・栄養調査」をもとに厚生労働省が作成する摂取カロリーベース自給率がある。一般に，食料自給率の低下を話題とするときは供給カロリーベース自給率が使われる。

供給カロリーベース自給率は，昭和40年（1965）度の73%から平成元年（1989）度には49%へと低下し，さらに平成5年（1993）の「平成の大冷害」の米不足時には37%まで低下した。平成20年（2008）度にいったん41%へ回復し，平成22年（2010）度に再度39%へ低下した後は下げ止まっていた。しかし，平成29年（2017）8月に公表された平成28年（2016）度概算値によれば38%へと低下した。

食料自給率の算出において分母となる1人1日当たりの供給カロリーは，平成元年（1989）度に2,642kcalおよび平成28年（2016）度に2,429kcalであって，食料自給率が73%であった昭和40年（1965）度の2,459kcalと大差ない。しかし，この間の1人1日当たりの供給カロリー全体に占める食品の品目別割合の変化において，自給可能な米や国内生産が主体であった魚介類，野菜・果実の消費量が減少した半面，畜産物や油脂類の消費量が増加し，「日本型食生活」が変質した影響が大きい。

すなわち，畜産業を支える飼料や油脂類の原料油糧作物など国内生産基盤が脆弱な作物は輸入に頼らざるをえず，食料自給率の算出ではそれらのもつカロリーが分母の供給カロリーに加えられるため，結果的に供給カロ

リーベースが大きくなり食料自給率が低下した。

(4)「食品ロス」の増加

　供給カロリーベース自給率が38％へ低下した平成28年（2016）度において，1人1日当たり供給カロリーの2,429kcalに対し摂取カロリーは1,865kcalで，その差564kcalが「食品ロス」とされる。その大きさは，平成20年（2008）以降は600kcalを切るもののそれまでは650～750kcalで推移しており，これは日々の食生活における一食分の摂取カロリーに相当する。

　「食品ロス」は，食料資源の浪費といった基本的問題に加え，廃棄物排出量を増加させることから環境面でも問題とされる。そのため，消費者庁を事務局に，農水省，経産省，文科省および環境省の関係5省庁は連携して「食品ロス削減関係省庁等連絡会議」を設置し，消費者をはじめ食品関連事業者らと一体となったさまざまな活動に取り組んでいる。

　その一つの国民運動「NO-FOODLOSS PROJECT」では，「食品ロス」発生の大きな要因とされる，製造日から賞味期限までの期間を3分割し，「納入期限は製造日から3分の1の時点まで」および「販売期限は賞味期限の3分の2の時点まで」を限度とする取引慣行（いわゆる3分の1ルール）を改善し，納入期限を2分の1に延長する実証事業の実施や消費者の賞味期限表示に対する正しい理解醸成に向けた取組みがある。

　なお，国際的にも平成27年（2015）9月，国連で採択された「持続可能な開発のための2030アジェンダ」のなかの17の「持続可能な開発目標（SDGs）」の一つとして，2030年までに小売・消費レベルにおける世界全体の1人当たりの食料廃棄量を半減させるため，生産・サプライチェーンにおける損失量の減少や廃棄物の発生を削減する目標が示された。

(5) 健康・安全志向の高まり

　食の多様化が進展した平成において顕著なことは，消費者の健康志向の高まりである。その背景には，「健康増進法」（平成14年〈2002〉8月）や「食育基本法」（平成17年〈2005〉6月）が制定されるなど，高齢者社会における

健康寿命の延伸や健全な食生活の構築に向けた国による取組み強化がある。

一方，安全志向が高まった背景には，①減少したとはいえ，食中毒発生件数は現在でも毎年約1,000件前後で推移し死亡者も発生している，②急増した輸入野菜や加工食品に農薬汚染などが頻繁に発見された，③平成13年（2001）9月11日に牛海綿状脳症（BSE）が発生した，④平成23年（2011）3月11日の福島原発事故に起因して食品の放射能汚染が深刻化したことなど，平成になって食に対する信頼を失墜させ，わが国の食品衛生行政の根本的な見直しにつながる大きな事故が相次いだことがある。

特にBSEの発生をきっかけに，食品安全行政に関する制度上の欠陥や省庁間の縦割りなどの不備が指摘されたことから，食品安全行政の基本的理念を定めた「食品安全基本法」（平成15年〈2003〉5月）が制定され，その下で講じられた方策の一つとして，平成15年（2003）7月，科学的知見に基づき客観的かつ中立公正にリスク評価を行う機関として内閣府に「食品安全委員会」が創設された。

また，農水省にはリスク管理とリスクコミュニケーションの専門部局として「消費・安全局」が新設され，BSEを教訓に国民の健康保護を最優先とした食品安全行政を担うための指針として，「食の安全・安心のための政策大綱」（平成15年〈2003〉6月）が策定され，そのなかではリスク低減化に向けた技術開発などの強化がもられた。

そのリスク管理の一環として，平成15年（2003）6月に「牛の個体識別のための情報の管理及び伝達に関する特別措置法（牛トレーサビリティ法）」が制定され，牛を個体識別番号により一元管理し，生産から流通・消費の各段階において個体識別番号を正確に伝達するトレーサビリティシステムが義務づけられた。

さらに，平成20年（2008）に発生した残留農薬やカビに汚染された事故米の食用への不正転売事件を契機に，平成21年（2009）4月に「米穀等の取引等に係る情報の記録及び産地情報の伝達に関する法律（米トレーサビリティ法）」が制定された。これにより，米および加工品の販売・輸入・加工・製造または提供の事業を行う者は，取引などの記録の作成・保存および事

業者間における産地情報の伝達が義務づけられた。

(6)「機能性食品」の誕生

文部省プロジェクト「食品機能の系統的解析と展開」(昭和59年〈1984〉度〜昭和61年〈1986〉度)の成果として生まれた「食品機能」の概念に注目した当時の厚生省は,「厚生白書」(昭和63年版)において「食品機能」および「機能性食品」の概念を紹介し,特に「生体調節機能」(三次機能)を活用した「機能性食品」の制度創設について言及した(図1)。厚生省には「機能性食品」を国民の健康増進に役立てることにより,拡大する医療費の抑制に役立てる意図があった。

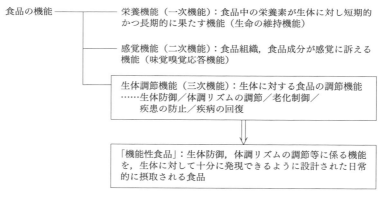

図1　厚生白書(昭和63年版)で紹介された
「食品機能」と「機能性食品」の概念

その結果,「機能性食品」は,平成3年(1991),「栄養改善法」に規定された「栄養強化食品」の一つの「特定用途食品」のなかで「特定保健用食品(トクホ)」として制度化された。平成5年(1993)には,「トクホ」第1号として米アレルギー者用「ファインライス」((株)資生堂)および慢性腎不全者用「低リンミルク L. P. K.」(森永乳業(株))の2品目が認可された。

以後,健康志向の消費者ニーズの高まりに対応した新規食品としてのビジネスチャンスへの期待から,「トクホ」の基盤技術である機能性成分の探査・抽出・分離・精製・評価などに関する研究開発が産学官あげて取り組ま

れた。平成29年（2017）10月において，「トクホ」の総数は1,086品目に及ぶ。

また，「食品機能」に関する研究分野は，「科学技術基本計画」において一貫して重点領域とされたことから，厚労省・農水省・文科省などが主導する多くの国家プロジェクトが実施され，「食品機能」に関する研究は平成における食品研究の主流となった。

平成13年（2001）3月，いわゆる「機能性表示」が可能な食品として「保健機能食品」制度が新設され，「トクホ」は「栄養機能食品」とともに「保健機能食品」の一つとして位置づけられた。「栄養機能食品」は国が定める特定の栄養成分の規格基準に適合していることが条件とされ，「トクホ」に関しては国が有効性や安全性を個別に審査し許可する制度である。

その後，平成27年（2015）4月，「栄養機能食品」および「トクホ」に加え，3つ目の「保健機能食品」として「機能性表示食品」制度が新設された。この制度は，アメリカの「ダイエタリーサプリメント」の制度を参考に設けられたもので，事業者の責任において，販売前に安全性および機能性に関し文献情報を含む科学的根拠などを消費者庁へ届け出るだけで「機能性」を表示し上市できる点を特徴とする。

平成27年（2015）秋には，機能性表示食品としてチャ品種「べにふうき」（目鼻の不快感の改善）や「三ヶ日みかん」および「大豆イソフラボン子大豆もやし」（いずれも骨の健康の維持）が上市された。

(7) 食品表示の一元化

平成になって増加した輸入食品のみならず国産品においても食品偽装事件が多発し，食品表示に対する消費者の信頼は著しく低下した。このため「農林物資の規格化等に関する法律（JAS法）」の一部改正が行われ，法律違反に対しては公表迅速化・罰則強化（平成14年〈2002〉）および直罰化（平成21年〈2009〉）などの強化が図られた。

一方，食品表示に関する法律には，表示事項ごとに農水省が所管する「JAS法」および厚生省が所管する「食品衛生法」と「健康増進法」があり，制度が複雑でわかりづらいとの批判があった。そこで，平成21（2009）年

9月,「消費生活に密接に関連する物資の品質に関する表示に関する事務を行うこと」を目的に内閣府に消費者庁が創設され,さらに平成25年(2013)年6月,3つの法律を一元化した「食品表示法」が制定された。

その後,平成27年(2015)4月1日の「食品表示法」の施行を前にした同年3月20日,「加工食品」・「生鮮食品」・「添加物」の区分に沿って,一般用および業務用ごとに「横断的義務表示」・「個別的義務表示」・「表示禁止事項」などが細かく規定された「食品表示基準」が内閣府令で公布された。なお,平成29年(2017)9月1日に「食品表示基準」は一部改正され,すべての加工食品を対象に原料原産地表示が義務づけられた。

(8) HACCPシステムによる衛生管理の法制化

平成10年(1998)に「食品の製造過程の管理の高度化に関する臨時措置法」が制定されてから20年,平成30年(2018)6月に「食品衛生法」の改正が行われ,フードチェーンを構成する食品の加工・調理・販売などを行うすべての食品事業者を対象として,「危害要因分析重要管理点」と称されるHACCP (Hazard Analysis and Critical Control Point) による衛生管理システムが制度化された。その背景には,食の外部化や輸入食品の増加が進展するなかで,食中毒の発生などによる健康被害の発生などへの対応が喫緊の課題となっており,また食品の輸出振興が図られるなかで国際規格と整合的な食品安全マネジメントシステムが必須とされる事情があった。

そもそもHACCPの考え方は,1960年代アメリカのNASAで宇宙食の安全管理の確保のために生まれた考え方である。その後,一般的な食品衛生管理手法として国際的に広まったのは,平成5年(1993)年,FAO(国際連合食糧農業機関)とWHO(世界保健機関)の合同機関であるコーデックス委員会において,「HACCPシステムとその適用のためのガイドライン」が採択された以降である。

その「ガイドライン」で示された衛生管理手法は,表1に示した「HACCP導入の7原則12手順」から構成される。そのなかの手順6から手順12が「HACCPの7原則」とされるもので,有害微生物などの生物的危害および

表1 HACCP導入のための7原則12手順

手順1	HACCPのチーム編成	製品を作るために必要な情報を集められるよう,各部門から担当者を集める。HACCPに関する専門的な知識をもった人間がいない場合は,外部の専門家を招いたり,専門書を参考にしてもよい
手順2	製品説明書の作成	製品の安全について特徴を示すものである。原材料や特性等をまとめておくと,危害要因分析の基礎資料となる。レシピや仕様書など,内容が十分あれば様式は問わない
手順3	意図する用途および対象となる消費者の確認	用途は製品の使用方法(加熱の有無等)を,対象は製品を提供する消費者を確認する(製品説明書のなかに盛り込んでおくとわかりやすい)
手順4	製造工程一覧図の作成	受入れから製品の出荷もしくは食事提供までの流れを工程ごとに書き出す
手順5	製造工程一覧図の現場確認	製造工程図ができたら,現場での人の動き,物の動きを確認して必要に応じて工程図を修正する
手順6【原則1】	危害要因分析の実施(ハザード)	工程ごとに原材料由来や工程中に発生しうる危害要因を列挙し,管理手段をあげていく
手順7【原則2】	重要管理点(CCP)の決定	危害要因を除去・低減すべき特に重要な工程を決定する(加熱殺菌,金属探知等)
手順8【原則3】	管理基準(CL)の設定	危害要因分析で特定したCCPを適切に管理するための基準を設定する(温度,時間,速度等々)
手順9【原則4】	モニタリング方法の設定	CCPが正しく管理されているかを適切な頻度で確認し,記録する
手順10【原則5】	改善措置の設定	モニタリングの結果,CLが逸脱していたときに講ずべき措置を設定する
手順11【原則6】	検証方法の設定	HACCPプランに従って管理が行われているか,修正が必要かどうか検討する
手順12【原則7】	記録と保存方法の設定	記録はHACCPを実施した証拠であると同時に,問題が生じた際には工程ごとに管理状況を遡り,原因追及の助けとなる

毒物などの化学的危害ならびに金属片などの物理的危害が発生する可能性のある重要管理点を継続的に監視・管理し,その状態を記録・検証するなどのHACCPの根幹をなす手順が含まれる。

なお,HACCP導入の前提として,施設整備の衛生・食品などの衛生的取扱い・従業員の衛生教育・食品の回収プログラムなどからなる,いわゆる一般的衛生管理プログラムを用意する必要がある。HACCPの導入によ

り，これまでの品質管理の手法である最終製品の抜取検査に比べ，より効果的・効率的に問題のある製品の出荷を未然に防ぐことが可能となる。

平成28年(2016)1月，日本発の食品安全マネジメント規格・認証スキームの構築・運営を目的に（一財）食品安全マネジメント協会が設立された。同協会の「JFS規格」は，平成12年(2000)に創設され世界中の食品安全エキスパートなどによって運営されるオランダに本部が置かれた「世界食品安全イニシアチブ」GFSI (Global Food Safety Initiatives) から国際標準規格として，平成30年(2018)11月に認証された。

食品産業の動向と課題

(1) 地域の基幹産業としての食品産業

平成30年(2018)4月，農水省が公表した「「食品産業戦略」食品産業の2020代ビジョン」によれば，平成23年(2011)において，食品製造業・食品流通業・外食産業の3業種からなる食品産業は，食用農林水産物10.5兆円（うち輸入1.3兆円）と輸入加工品6.0兆円を合わせた16.5兆円をもとに，加工・流通を経て最終消費額76.3兆円（内訳：外食25.1兆円(32.9%)，加工品38.7兆円(50.7%)，生鮮品など12.5兆円(16.3%)）の市場を形成し，結果的に生産から消費に至るバリューチェーンのなかで約5倍弱の付加価値を産出している。

また，農林水産業や関連投資を加えた食品関連産業全体では，約100兆円に及ぶ国内生産額を有する。これは国内総生産額の9.5%を占め，827万人の就業者数は全就業者数の13%を占めている。そのなかで食品製造業についてみると，事業所数および従業員数はそれぞれ14.3%，15.9%で製造業中第1位，さらに製造品出荷額および付加価値額はそれぞれ11.0%，11.1%であって，輸送用機械器具製造業や化学工業などとともに，わが国の基幹産業の一角を占めている。

国全体では製造業全体の11.0%で3位の位置を占める食品製造業の出荷額であるが，都道府県別にみると製造業出荷額全体に対し食品製造業が

1位は鹿児島など6地域，同2位は沖縄など12地域ならびに同3位は長崎など7地域である（表2）。

なお，経産省の「工場立地動向調査」によれば，平成29年（2017）に工場建設用地を取得した製造業1,009社のなかで，食品製造業は180社（17.8％）と最多数を占める。さらに，国産農林水産物の仕向け先の7割が食品産業であり，なかでも食品製造業の原材料の7割は国産農林水産物が占めており，他の製造業の立地機会が少ない地域ほど食品製造業は重要な位置を占め，食品産業は農林水産業と一体となって地域経済を支えている。

表2　地域の総製造業出荷額に占める食品製造業出荷額の割合

食品製造業が1位	鹿児島（34.4％），北海道（29.7％），宮崎（20.8％），佐賀（18.7％），新潟（15.7％），高知（14.6％）
食品製造業が2位	沖縄（23.9％），青森（20.5％），鳥取（19.8％），岩手（14.9％），熊本（13.3％），香川（13.3％），埼玉（12.9％），宮城（12.4％），奈良（12.0％），茨城（11.2％），群馬（8.5％），秋田（7.8％）
食品製造業が3位	長崎（16.0％），山形（11.5％），福岡（10.7％），兵庫（10.4％），京都（9.5％），徳島（9.0％），山梨（8.3％）

参考：平成26年工業統計調査「産業編」統計表データ第24表

（2）グローバル化と海外市場拡大戦略

平成5年（1993）のガット・ウルグアイ・ラウンド決着後も，WTO体制を基軸にEPA（経済連携協定）やFTA（自由貿易協定）などにより貿易自由化の流れは加速された。国はこうしたグローバル化の進展を農林水産業および食品産業の成長の起爆剤と捉え，平成18年（2006）4月，食料・農業・農村政策本部は「攻めの農政」の視点に立った「21世紀新農政2006」を発表した。国際戦略との関係では，①WTOおよびEPAへの積極的取組み，②農林水産物・食品の輸出促進，③「東アジア食品産業共同体構想」，④知的財産権の保護・活用を通じた国際競争力強化などが示された。

このなかの農林水産物・食品の輸出促進に関しては農政の中心的課題の一つとされ，平成21年（2009）には輸出額を現状から倍増させ6,000億円を目指すとされた。この目標は数回にわたって見直され，平成22年（2010）

3月の「平成22年 食料・農業・農村基本計画」では、「輸出額を2020年までに1兆円水準とすることを目指す」とされた。また、平成26年（2014）6月の「日本再興戦略」改訂2014（閣議決定）では、2020年に輸出額1兆円を達成し、その実績をもとに新たに2030年に輸出額5兆円の目標を目指すとされた。なお、平成28年（2016）8月には、2020年の1兆円目標を1年前倒しで平成31年（2019）に達成するとされた。

こうした政府による積極的な輸出戦略もあって、平成16年（2004）に3,609億円の輸出額は、平成21年（2009）に4,454億円、平成26年（2014）に6,117億円と順調な伸びを示し、平成30年（2018）の速報値では前年比12.4％増の9,068億円となった。品目別では、加工食品17.7％、水産物（調製品を除く）10.5％、穀物16.0％、野菜・果実15.6％、水産調製品9.4％、畜産品5.5％、また輸出先別では、香港（23.3％）、中国（14.8％）、米国（13.0％）、台湾（10.0％）である。

(3) 農林漁業の六次産業化への期待

平成22年（2010）3月に制定された「六次産業化法」は、正式には「地域資源を活用した農林漁業者等による新事業の創出等及び地域の農林水産物の利用促進に関する法律（六次産業化・地産地消法）」と呼ばれる。農林水産業の担い手の農林漁業者が、食品加工や流通・販売・サービス業などに取り組むことにより、新産業としての六次産業を起業し、農林水産業の付加価値向上を図ることを通じ、地域の活性化とともに食料自給率の向上に資することを目的する。

国による「農林水産業・地域の活力創造プラン（改訂）」（平成28年〈2016〉11月）では、平成27年（2015）度で2.2兆円の六次産業化の市場規模を2020年度までに10兆円に拡大する目標を掲げている。

法律に基づく六次産業化総合化事業計画の認定件数は、平成23年（2011）5月の第1回認定以降累増し平成30年（2018）8月現在で約2,400件に及ぶ。対象農林水産物の種類別割合は、野菜31.7％・果樹18.4％・畜産物12.2％・米11.3％・水産物5.5％・豆類4.6％・林産物4.0％、また事業

内容別割合は，加工／直販68.3％・加工19.2％・加工／直売／レストラン6.9％・加工／直売／輸出1.7％となっており，いずれにおいても加工分野に偏った傾向にある。

今後は，市場ニーズに対応したマーケットインの視点から多様な取組みを加速すべきとの指摘があるなかで，六次産業事業計画の特徴である大学や試験研究機関の研究成果を活用する「研究開発・成果利用事業計画」への期待が高い。しかし，この点ではこれまでは認定件数全体のわずか1％にすぎず，今後は大学や公設試験研究機関との連携を図り，戦略的な研究開発の実施および成果の活用が課題である。

(4) 循環型社会形成へ向けた食品産業の取組み

食品リサイクルへの取組み　平成12年（2000）6月に「循環型社会形成推進基本法」が成立し，同時にそれまでの「再生資源の利用の促進に関する法律（リサイクル法）」が「資源の有効な利用の促進に関する法律（資源有効利用促進法）」へ改題され，消費者および事業者に対し，廃棄物の発生抑制（Reduce），再利用（Recycle）および再生利用（Reuse）のいわゆる「3R対策」に取り組むことが規定された。

また，「資源有効利用促進法」の個別法の一つ「食品リサイクル法」により，食品関連事業者は「3R対策」の徹底に取り組むことが義務づけられた。その結果，食品産業全体のリサイクル率は向上したものの，食品製造業に比べて多種多様な廃棄物が混在し，かつ店舗ごとに分散して発生する食品小売業や外食産業における対策が遅れたため，平成19年（2007）12月に法改正がなされた。

法改正では，食品循環資源の再生利用を一層促進するため，前年度の食品廃棄物の発生量が100t以上の食品関連事業者に対し，食品廃棄物の発生量や再生利用の状況を毎年度6月末まで主務大臣に対し報告することが義務づけられ，平成21年（2009）度から実施された。また，再生利用の手法として，それまでの飼料化・肥料化やメタン化ならびにバイオディーゼル（BDF）に加え，バイオマスエネルギーへの関心の高まりに対応して「熱回

収」が追加された。

　こうした対策の結果，平成12年（2000）度に1,072万t，平成20年（2008）度に2,315万tの食品廃棄物発生量は，平成21年（2009）度以後は減少に転じ，平成28年（2016）度には1,497万tまで減少した。また，再生利用実施率は，食品産業全体で平成12年（2000）度の29％から平成28年（2016）度には85％と大幅に増加した。業種別には，発生量全体の80％を超える食品製造業では，平成28年（2016）度に平成31年（2019）度目標値の95％を達成した。しかし，外食産業では23％と目標達成率の50％の半分にも満たず，今後の拡大に向けた取組みの強化が課題である。

バイオマスの利用拡大への取組み　再生利用の手法の一つに加えられたバイオマスエネルギーは，再生可能エネルギーでカーボンニュートラルなエネルギーとして国際的にも注目され，平成14年（2002）1月の「新エネルギー法」の改正にあたって，表3に示した10種類の「新エネルギー」にも採用された。

表3　新エネルギーの種類

(1) バイオマス（動植物に由来する有機物）を原材料とする燃料製造
(2) バイオマス（動植物に由来する有機物）熱利用
(3) 太陽熱利用
(4) 河川水などを熱源とする温度差熱利用
(5) 雪氷熱利用
(6) バイオマス（動植物に由来する有機物）発電
(7) 地熱発電（バイナリー発電）
(8) 風力発電
(9) 水力発電（出力1,000kW以下）
(10) 太陽光発電

　平成14年（2002）12月，「バイオマス・ニッポン総合戦略」が閣議決定され，その後「バイオマス活用推進基本法」（平成21年〈2009〉6月）をはじめさまざまな関連法が制定され，関連技術の開発に関しても農水省や経産省など国主導によるプロジェクトが切れ目なく実施された。

開発された技術のなかには実用化レベルのものもあるが，現状では事業化に至ったものは限定的である。平成24年（2012）7月，電気事業者に対し再生可能エネルギーの全量調達を義務づけた「固定価格買取制度」（FIT制度）が導入されて以来，わが国の発電総量に対する再生可能エネルギー比率は，FIT制度導入前の平成23年（2011）度の10.8％から平成29年（2017）度の15.6％へと増加した。しかし，多くは太陽光発電の普及によるもので，バイオマス発電に関しては1.5％と大きな変化はみられない。

　こうした状況に対応するため，経産省が平成27年（2015）7月に公表した「長期エネルギー需給見通し」では，2030年までにバイオマス発電の導入量を電源構成の3.7〜4.6％程度とされた。また，平成28年（2016）9月に閣議決定された「バイオマス活用推進基本計画」の2025年における目標として，年間約2,600万炭素tのバイオマスを利用し，農林漁業・農山漁村において新たな産業創出として5,000億円の市場形成を目指すとされた。

　「基本計画」ではこれら目標の実現に向け，①地域の実情に応じた多様なバイオマスの混合利用，下水汚泥由来の水素ガスの製造利用方法の確立，②発電に伴う余剰熱およびバイオガス製造過程で発生する消化液の副産物の利用技術の確立，③産業化を見据えた微細藻類などによる次世代バイオ燃料の開発などの技術課題が提示された。

　環境に配慮した食品容器包装への取組み　循環型社会形成に関連した食品産業の取組みでは，環境に配慮した食品容器包装の開発がある。その一つに回収したPET（ポリエチレンテレフタレート）容器の「ボトルtoボトル（BtoB）」による再使用（Reuse）がある。

　衛生上の観点から許可されていなかった，回収したPET容器を化学分解し中間原料に戻した後に再重合させ，新たなPET容器用樹脂として利用するケミカルリサイクルが，平成16年（2004）3月に清涼飲料・しょう油・酒類・乳飲料用容器に認められ，続いて平成18年（2006）6月には，みりん風味調味料・食酢・調味酢・しょう油加工品・ドレッシングタイプ調味料（ノンオイル）用容器まで拡大された。

　その後，平成24年（2012）4月に厚労省の「食品容器具及び容器包装にお

ける再生プラスチック材料の使用に関する指針（ガイドライン）について」では，海外で主流の洗浄による異物の除去など物理的処理を経て再生ペレット化するメカニカルリサイクルを含めた食品用PET容器の完全循環型リサイクルが解禁された。

　食品容器包装に関するもう一つの取組みは，マイクロプラスチックによる海洋汚染など環境負荷への影響の少ない生分解性プラスチック（グリーンプラスチック）の普及に向けた取組みがある。平成元年（1989），樹脂メーカー・加工メーカー・最終製品メーカーなどを会員に設立された「生分解性プラスチック研究会」（平成19年〈2007〉に「日本バイオプラスチック協会」に改称）は，中央省庁や地方自治体などの協力の下，バイオマスプラスチック識別表示制度の運用をはじめ，バイオマスプラスチック導入による温室効果ガス削減効果の検証や用途開発のためのモデル事業の実施などの活動を行っている。

　食品分野でグリーンプラスチックは，容器包装・キャップ・ラベル・食器・ごみ収集袋・レジ袋などに使われており，大手飲料企業が開発したサトウキビなど植物由来原料100％の清涼飲料用バイオペットが一部実用化されている。しかし，現在でグリーンプラスチックの生産量は10万t程度とプラスチック全体のわずか0.1％にすぎない。

平成における食品加工・流通技術の高度化

食品加工・流通技術の目的と技術

　食品の主原料である農林水産物は，温度・湿度・光・ガス組成・機械的外力などの環境条件の影響を受け，物理的・生物的・化学的変質を受けやすい不安定な物質である。こうした属性を有する原料を消費者志向（健康，安全，簡便，価格など）に沿った商品化により付加価値を向上させ，かつ流通過程において価値の低下を防止するため，表4に示したさまざまな食品加工・流通技術が開発されている。

表4　食品加工・流通処理操作と技術

加工操作	粉砕	粉砕機（スタンプミル（胴搗式）・ハンマーミル・ピンミル・ターボミル・ロールミル・ボールミル・気流粉砕（渦流式）・カッターミル），高含油食品粉砕，米粉粉砕機，超微粒摩砕機
	分級・篩別	振動シフター，ロータリーシフター，多段式ふるい，超音波ふるい，湿式ふるい
	混合・攪拌・混練	固体（粉粒体）と液体・粘性体（ペースト）・塑性流動体材料の攪拌・混練，真空減圧操作，凝集紛粒体の破壊作用
	成型・造粒	圧密化（コンプレスフード），マイクロカプセル化，皮膜処理，3Dプリンター，エクストルーダー
	膨化	加圧膨化，爆砕，発泡，エクストルーダー
	凝集	コロイド凝集（合一），超音波凝集，凝集剤，凝集物の疎水化，固液分離
	乳化	膜乳化，超音波乳化，高圧乳化，香り成分・油脂の粉末化，O/W型エマルジョンの凍結乾燥，包括剤（マルトデキストリン，アラビアゴム，シクロデキストリン），マイクロチャネルによる単分散エマルジョン・ダブルエマルジョン(W/O/W型エマルジョン)，ピッカリングエマルジョン，ナノテクノロジー，マイクロカプセル化
	分離	異相分散系の機械的分離法（ろ過・沈殿分離・遠心分離・サイクロン），均一混合/溶解系の分離法（蒸留・膜・吸着・吸収など），膜分離（精密ろ過法・限外ろ過法・透析法・電気透析法・逆浸透法・ガス分離法）
	抽出	固液抽出，液液抽出，超臨界・亜臨界流体
	濃縮・脱水	真空蒸発濃縮，膜濃縮（逆浸透・ナノろ過・限界ろ過），凍結濃縮，蒸気回収省エネ型濃縮，遠心式薄膜真空蒸発
	蒸留	マイクロ波減圧蒸留，バイオエタノール蒸留
	晶析	結晶化，ガラス化，冷凍時の氷晶形成，過飽和液生成技術，多成分溶液の単物質分離，アミノ酸・深層海水塩
	加熱・冷却	高周波・マイクロ波による誘電加熱，電磁誘導調理器，通電加熱，過熱水蒸気，赤外線加熱
	冷凍・解凍	液体・気体急速冷凍，氷結晶再結晶防止・電磁場環境利用凍結，高周波解凍，真空蒸気解凍，過熱水蒸気解凍

保蔵操作	洗浄	洗浄法（原料洗浄/CIP（定置洗浄）・ブラスト洗浄・酵素洗浄・ラジカル酸化洗浄・超音波洗浄）
	乾燥	気流乾燥，噴霧乾燥，ロータリー乾燥，流動層乾燥，真空乾燥，真空凍結乾燥
	殺菌	レトルト殺菌（熱水スプレー式，熱水貯湯式，蒸気式），気流式，過熱水蒸気式，液体連続式（プレート式，チューブ式，直接蒸気加熱式），通電加熱殺菌（交流高電界殺菌・加圧交流高電界殺菌・水中短波帯加圧加熱法），非加熱殺菌（オゾン・次亜塩素酸水・ソフト電子線・高圧・紫外線・水中放電・光パルス・高電場プラズマ・光触媒），CO_2ファインバブル
	除菌	除菌剤・除菌スプレー，膜利用（精密ろ過：微生物除去，限外ろ過膜：ウイルス除去）
	包装	真空包装，ガス置換，無菌充填，脱酸素剤・吸湿剤，機能性包材，アクティブバリア包材，生分解性包材・バイオミメティック包材，ナノテクノロジー
	殺虫	燻蒸（リン化水素（ホスフィン）・CO_2），性フェロモントラップ，天敵
反応操作	発酵	環境に優しい有用物質の生産，新規微生物などの探査・収集・改良，伝統的発酵食品の改良，真空発酵，機能性食品素材
	バイオリアクター	酵素・微生物・細胞などの固定化，バッチ式・連続式装置のシステム化，メンブレンリアクター，高密度培養
品質管理操作	品質検査・モニタリング	オンライン非破壊検査，HACCP対応モニタリング用迅速検査，検査キット，味覚センサー，食品表示真正性評価法，異物検査，工程のフィードバック制御管理
用廃水・廃棄物処理操作	用水処理	用水処理（膜技術：中空糸膜・逆浸透膜・限外ろ過・精密ろ過），電気再生式イオン交換装置，濁質成分・油成分・有機物などの吸着除去（活性炭・低ファウリング膜），加圧浮上
	廃棄物処理	曝気槽フリー嫌気排水処理システム（UASB・嫌気性固定床法・嫌気性流動床法），有機廃棄物の水素・メタン二段発酵処理システム，窒素高含有機廃棄物の乾式メタン発酵システム，膜分離活性汚泥法，亜臨界水処理システム，廃液濃縮技術，バイオマスエネルギー

注：木村進・亀和田光男監修「食品加工の新技術」（シーエムシー，2000）に加筆

食品加工における注目技術

(1) 穏やかな温度条件での非加熱殺菌技術

　殺菌のための加熱処理は食品の栄養成分や風味などを損なうため，加熱によらない非加熱殺菌法の開発は，食品技術開発における最も関心の高い課題の一つである。

　表5に示した非加熱殺菌法のうち，わが国では食品衛生法において許可されていない放射線処理や研究開発段階の光パルス処理・放電プラズマ処理・光触媒処理などを除き，実用化された技術はオゾン殺菌・紫外線殺菌・電解次亜塩素酸水・高圧処理など限定的である。

　オゾン殺菌　平成7年（1995）5月の食品衛生法の改正でオゾンが殺菌消毒剤として認可されてから普及が進展した。殺菌消毒剤としてのオゾンの特徴は，①強力な酸化力により細菌・酵母・カビ・ウイルスなど広範囲な微生物に対して殺菌効果がある，②耐性菌が生じない，③殺菌後は速やかに分解され残留のおそれがない，④食品のみならず加工機械装置の洗浄・殺菌に使える，⑤トリハロメタンが発生しないなどがあり，さまざまな分野で利用されている。

　次亜塩素酸水殺菌　塩化物イオンを含む水溶液を電気分解する際に陽極側に得られる次亜塩素酸水は，平成14年（2002）6月の強酸性電解水（pH2.7以下）と微酸性電解水（pH5.0〜6.5）に続き，平成24年（2012）4月に弱酸性電解水（pH2.7〜5.0）を含めた電解酸性水全体が，次亜塩素酸水として食品添加物（殺菌料）として認可された。ウイルスを含むすべての微生物の殺菌に効果があり，さらに有機物と反応して分解す

表5　食品の非加熱殺菌法

実用化段階	高圧処理 オゾン処理 紫外線処理 赤外線・紫外線併用処理 次亜塩素酸水 光触媒処理
研究開発段階	放射線処理 高電界パルス処理 放電プラズマ処理 光パルス処理 超音波処理 衝撃波処理

るため残留しないないなどの特徴を有する。

　この分野は，厚労省の外郭団体として平成5年（1993）に設立された（財）機能水研究振興財団が，平成11年（1999）5月に設立された「強電解水企業協議会」（平成22年〈2010〉5月に「日本電解水協会」に変更）との連携の下に開発と普及を図ってきた。

　さらに，平成26年（2014）6月に創設された「新市場創造型標準化制度」を活用し，わが国発の技術で優れた技術の新市場開発を目途に規格化に取り組んだ結果，平成29年（2017）10月20日に「次亜塩素酸水生成装置」としてJIS制定（「JIS B 8701」）がなされた。使用法が簡単なため，東南アジアなど新興国での市場拡大が期待される。

　高圧殺菌　昭和62年（1987），京都大学の林力丸が世界に先駆けて提唱した超高圧加工技術は，数千気圧の高圧環境を食品加工に利用するもので，多様な応用が期待できることから世界的に関心を集め技術開発が活発に進められた。そのなかの一つに食品の非熱的殺菌への応用がある。

　平成元年（1989）から平成4年（1992）に実施された農水省のプロジェクトのなかで設立された「食品産業超高圧利用技術研究組合」の下で組織的な共同研究が実施され，産業技術化に向けた基盤技術が開発された。

　本プロジェクトとは直接に関係しないが，平成2年（1990），（株）明治屋が三菱重工業（株）広島製作所製の高圧装置を使い，常温で400～500MPaの圧力条件下で10～30分間処理し保存性を高めたイチゴ・リンゴ・キウイジャムを「ハイプレッシャー・ジャム」の商品名で上市した。

　しかし，高圧処理による非加熱完全殺菌には600MPa以上の高圧が必要なことが明らかになると，機械装置の設計上の制約となりコストがかさむことなど実用化に際してさまざまな技術的課題が指摘され，普及には至らなかった。

　一方，わが国では食品衛生法における「食品別の規格基準」のなかで，製造基準として食品ごとに殺菌条件が示されている。たとえば，pHが4.6を超え，かつ水分活性が0.94を超える容器包装詰加圧加熱食品では，中心部で120℃，4分間の加圧加熱殺菌（レトルト殺菌）または同等以上の殺菌が

義務づけられている。このため，新規に開発された殺菌法は，加圧加熱殺菌と同等の効果があることを証明する必要があり，実質的にはきわめてハードルが高い。

こうした高圧技術の実用化にとっての課題を解決したのが，越後製菓（株）による「包装米飯」の無菌化技術である。同社は，洗米した原料米を200MPa下で十数分間処理することにより芽胞菌の耐熱性が低下することを見出した。すなわち，高圧処理により芽胞菌の細胞膜の「濡れ性」が増し，芽胞菌の中に水が圧入されることによって菌の耐熱性の低下が生ずることを明らかにして，結果的に高圧処理後に通常の温度での炊飯により芽胞菌の殺菌が可能なことを証明した。

過酷な温度・圧力条件のレトルト殺菌に代わる穏やかな条件での無菌化プロセスは，平成10年（1998）に自社開発された半連続自動無菌包装米飯プラントに導入され，「容器包装詰加圧加熱殺菌米飯」に比べ食感・風味などが優れるとされる「容器包装詰無菌化包装米飯」として上市された。

(2) 新加熱源としての過熱水蒸気技術

過熱水蒸気は，大気圧下で100℃の飽和水蒸気を再加熱して得られる100℃以上の水蒸気である。過熱水蒸気を食品加工で利用した場合，①食品表面での凝縮による潜熱伝達とガス熱放射により迅速な伝熱が可能，②凝縮水により食品の過乾燥防止が可能，③低酸素環境のため加熱時の酸化防止が可能などの利点がある。食品加工では，多くの場合で過熱水蒸気の温度は最高250〜300℃以下の範囲が使われ，その利用分野は焼成・蒸煮・焙煎・抽出・解凍・殺菌・洗浄・炭化など多岐にわたる。

過熱水蒸気自体は，古くから民間企業を中心に開発が進められてきた。そのなかで平成16年（2004），シャープ（株）が大阪府立大学と共同開発した家庭向けウォーターオーブンを上市し，脱油・減塩・ビタミンC保存・栄養素保持・細胞破壊抑制・酸化抑制効果があるとされたこともあって関心が一気に高まり，それ以降民間はもとより大学，研究機関あげて研究開発が進展した。

出願された特許も多く，味の素ゼネラルフーズ（株）の「アクリルアミドの発生を減少させるコーヒー豆焙煎方法の開発」（平成18年〈2006〉），東洋ナッツ食品（株）の「過熱水蒸気による焙煎ナッツの製法」（平成23年〈2011〉），味の素（株）の「ノンフライ食品の製造方法」（平成24年〈2012〉），日清食品ホールディングス（株）の「ノンフライ麺の製造方法」（平成28年〈2016〉）などがある。

また，農研機構食品研が（株）タイヨー製作所などと共同開発した新たな過熱水蒸気の利用技術に，平成18年（2006）に特許出願された「アクアガスを用いた農産物のフード供給システム」がある。密閉空間に100℃以上に加熱された熱水または水蒸気を噴射した際に得られる微細水滴と湿熱水蒸気の混合ガスの「アクアガス」は，多様な食材の加熱・調理・殺菌などで利用が進められている。

(3) 熱効率が高い高品質食品のための通電加熱技術

通電加熱技術は，電極に挟まれた食品に直接通電するとき，食品自体の電気抵抗によって発生するジュール熱を加熱源として利用する方法で，抵抗加熱（オーミックヒーティング）またはジュール加熱とも呼ばれる。原理は古くから知られていたが，食品製造技術として装置化され広範に利用されたのは平成の時代になってからである。

通電加熱技術の特徴　通電加熱技術は，①電気抵抗で消費される電力がすべてジュール熱に変換されるため熱効率が高い，②食品内部からの発熱により迅速で均一な加熱が可能なため食品の熱損傷が少ない，③固体・液体・ペーストなど多様な食品で利用が可能，④熱交換器による加熱のように伝熱面での焦げが生じない，⑤機械・装置の洗浄が容易など多くの特徴がある。一方，導電性の低い油脂食品や低水分の粉体食品には不向きなこと，電極の腐食による食品汚染防止に留意する必要があることなどの欠点がある。

研究開発としては，昭和末期に当時の中央水研におけるすり身の加熱・成形に関する基礎研究が進められて以降，企業において連続加熱処理装置の開発が活発になった。はじめはミートパテや蒲鉾など水産練り製品など

の製造で利用された。現在は固体状から半固体状および液体状まで，多様な食品で加熱・殺菌を目的とした装置が数社から上市されている。

通電加熱技術の進化　通電加熱技術に関しては，食総研の植村邦彦らが中心となり産学共同研究をリードした。その一つ，通電加熱技術で課題とされる電極腐食による食品の金属汚染を抑制するため，商用交流電源に代わり10kHz以上の交流電源を用い，かつ電極間隔を狭くすることによって10kV/cmの電界強度を確保し，電極間に液状食品を通過させる際に微生物細胞壁に電気穿孔（エレクトロポーレーション）を生じさせ殺菌する「交流高電界殺菌法」を開発した。

また，平成15年（2003）度～平成17年（2005）度に農水省のプロジェクトでは，（株）ポッカコーポレーション（現ポッカサッポロフード＆ビバレッジ（株））と（株）フロンティアエンジニアリングなど民間企業と共同し，過熱部を0.2MPaの加圧環境下に置き加熱部を通過する食品の沸点温度を130℃まで昇温させることにより，耐熱芽胞菌の殺菌を可能とする「加圧交流高電界殺菌法」を開発した。

平成25年（2013）には，この研究成果をもとに（株）フロンティアエンジニアリングが開発した実機がポッカサッポロフード＆ビバレッジ（株）の果汁製造プラントで実用化された。この方法では0.1秒以下の短時間で瞬間的に温度上昇ができるため，加熱処理による変色や加熱臭の機能成分の損失が防止できる特徴を有する。

現在，農研機構食品研では，「交流高電界殺菌法」を真空包装した固体状やペースト状の食品のレトルト殺菌に代わる殺菌法として，27MHz，10kWの短波帯を用いた「水中短波帯加圧加熱法」の実用化に向けた開発が行われている。

(4) 電磁場環境を活用した冷凍技術

冷凍中に食品の水は，氷晶を形成して膨張し，周囲の細胞・組織を破壊する。このため，解凍後に食品からドリップが滲出し食感や風味が失われる。

こうした課題の解決が可能とされる電磁場環境下での冷凍技術は，対象

の食品を電場や磁場の環境下に置き冷凍操作を行うもので，（株）アビー，（株）菱豊フリーズシステムズ，（有）サンワールド川村などが開発した専用装置が上市されている。平成17年（2005）には，島根県海士町に自治体としては初めて第三セクター「CAS冷凍センター」が建設され，白イカ・岩ガキなどの魚介類やその加工品の冷凍事業が成功を納め話題となっている。

　（株）アビーのCAS（Cells Alive System）の国際特許「超急速冷凍方法およびその装置」（平成19年〈2007〉）は，CRC Pressから刊行された専門書「Ohmic Heating in Food Processing」において「Electrofreezing」の名前で紹介されている。

　その特許情報によれば，磁場を作用させた環境下で冷凍するとき対象物に過冷却が生じ，その状態を保ったまま内外の温度差を均一に冷却した後磁場環境を開放することにより，短時間で対象物が凍結する現象を利用するもので，その後は高電場下で保存することにより高品質が維持され，結果的に解凍時のドリップ発生が抑制され鮮度を高いレベルで維持することが可能とある。

　しかし，大学や研究機関での基礎研究の実績は少なく，産総研が平成15年（2003）に特許出願した「細胞の組織の冷蔵・冷凍保存方法及び冷凍庫」や，高知大学および高知県工技センターが（有）サンワールド川村との共同研究により，さまざまな食材の冷凍品の微細組織構造の観察からその効果を明らかにした報告など限定的である。

　一方，平成21年（2009）に日本冷凍空調学会誌に発表された論文「食品凍結中に磁場が及ぼす効果の実験的検証」では，磁場による冷凍凍結に及ぼす影響は認められないとする報告がなされている。そんななか，医学分野での成果ではあるが，平成28年（2016）1月，慶応大学は，それまで困難とされたヒトiPS細胞由来神経幹細胞の凍結保存にCASを使って成功したことを世界に発信し話題となった。

　いずれにせよ，現場では効果が認められ普及が広まっているが，先行する技術のスピードに科学的アプローチが追い付かない現状にある。今後は，電磁場環境下における水分子の過冷却現象などの挙動を明らかにする

など，食品科学と物理学や量子科学など学際的基礎研究が重要である。

(5) 真空環境を利用した食品加工技術

真空の定義は，日本工業規格JIS Z 8126で「真空とは通常の大気圧より低い圧力の気体で満たされた空間の状態」とされ，圧力そのものをいうものではないとある。また，真空の領域は，低（粗い）真空（$10^5 \sim 10^2$Pa），中真空（$10^2 \sim 10^{-1}$Pa），高真空（10^{-5}Pa），超高真空（10^{-5}Pa以下）に区分される。

食品分野での真空技術は，蒸留・フライ・凍結乾燥・解凍・含浸・発泡・攪拌・発酵・調理・冷却・燻蒸・包装・貯蔵などさまざまな分野で使われ，その多くは低真空〜中真空の範囲での利用が多い。これらは，酸素濃度が低いため加工中に食品が酸化しにくい，あるいは大気圧より低いため沸点が低下するといった真空環境下で得られる特性を活用するもので，主な実用例に以下の技術がある。

真空凍結乾燥（フリーズドライ） 真空凍結乾燥では凍結した食品中の水分を真空下で氷から直接昇華させ乾燥を行うもので，得られる食品の特徴は，①乾燥中に栄養素・風味・色合いなどの変質が少ない，②軽量である，③多孔質なため湯を注入するだけで復元でき利便性が高いことである。一方で，脆く崩壊しやすいうえに吸湿・酸化しやすいため厳重な包装が必要なことが欠点とされる。

日本凍結乾燥食品工業会によれば，平成29年（2017）度におけるフリーズドライ食品の生産量は対前年比4.7％の伸びを示し，最近では味噌汁やスープのほか，トンカツ・カレー・ラーメン・鍋など調理済み食品などの高品質で高級感のある成型加工品が，コンビニなどでも身近な商品となっている。

真空フライ技術 真空フライは，フライ缶内環境を減圧することにより水分の沸点を下げ，一般のフライ工程での油温は180℃前後のところ，その温度よりかなり低い70〜130℃の油温下でフライ処理する製法で減圧フライとも称される。真空フライ食品では，原料の栄養素や色合いが保持され，サクサクしたスナック風の食品が製造できる特徴がある。

また，ポテトチップなどフライ食品で問題とされるアクリルアミドの生成温度が120℃以上とされるところ，真空フライでは120℃以下でのフライ操作が可能なことから注目される。反面，フライ操作により食品から蒸発した水分に代わって油が吸収されるため，油の吸収量を抑制する技術の開発が課題である。

真空含浸法 広島県食品工技センターが平成14年（2002）に特許出願した「植物組織への酵素急速導入法」は，「凍結酵素急速含浸法」と呼ばれ真空技術の一つである真空含浸法を利用している。この方法は真空下で酵素を食品中に含浸させ，食品の外観を残したまま野菜・畜肉・魚介類などを軟化させることにより，これまでのミキサー食やきざみ食に代わる嚥下・咀嚼困難者向け食品として利用されている。

具体的には，加熱処理した食品素材を1分当たり5℃の冷却速度で緩慢冷凍し，その後解凍した食品素材を酵素液に浸漬したまま数十mmHgの減圧環境下に置き，さらに復圧させる操作を5分間隔で数回繰り返す。その際，減圧操作時に食品素材の細胞間隙にある空気が脱気され，復圧操作時にその部位に酵素液が浸入するため食品素材は単細胞化され，歯茎や舌でつぶせる程度に軟化が進む。

酵素には，目的に応じてペクチナーゼ・セルラーゼ・プロテアーゼなどが使われる。1回の処理時間は約1時間と効率的な加工が可能とされる。現在，広島県から特許の通常実施権許諾を受けた企業が製造した食品が上市されている。

(6) グルテンフリーで世界も注目する米粉技術

国産農林水産物の消費拡大を通し食料自給率の向上に貢献する国民運動の一環として，平成20年（2008）10月，生産者・メーカー・流通・外食企業などが一体となって米粉の開発・普及・消費拡大に向け取り組むため「米粉倶楽部」が設立された。国も米粉利用の拡大を制度的に支えるため，平成21（2009）年4月に「米穀の新用途への利用の促進に関する法律（米粉・飼料用米法）」を制定した。

小麦粉の代替としての米粉の最大の特徴は，グルテンフリーとして小麦アレルギーの人たちも摂食可能なことであり，海外市場からも大きな期待が寄せられている。そのため産学あげて新用途利用（ケーキ・麺・パン）に向けた技術開発が進められている。

用途別基準・表示に関する制度確立　米粉製造業者は小規模な企業が多く，米粉用米の品種や製粉方法も多様なため製造業者間の米粉品質の違いが大きいため，利用上の難点となることが指摘されてきた。そのため，米粉製造業者による共通の用途別米粉の製造に資する「米粉の用途別基準」および「米粉製品の普及のための表示に関するガイドライン」が策定され，平成29年（2017）3月に農水省から公表された。

「米粉の用途別基準」では，菓子・料理用およびパン用ならびに麺用の用途別ごとに，①粒度，②でん粉損傷度，③アミロース含有率，④水分含有率の基準値およびそれぞれの測定法が示され，パン用および麺用についてはグルテン添加率の基準値が示された。また「表示に関するガイドライン」では，欧米で制度化されているノングルテン表示制度（グルテンの含有基準値20ppm）よりはるかに厳格な1ppmを含有基準値とする表示制度が示された。

なお，製造業者によるガイドラインの普及やノングルテン米粉の第三者認証機関の登録・監督，認証マークの管理などを行う機関として，平成29年（2017）5月に「日本米粉協会」が設立された。

米粉製粉技術の開発　製粉技術に関しては，昭和50年代から研究をリードしてきた新潟県食品研が開発した「二段階製粉技術」（平成6年〈1994〉）および「酵素処理製粉技術」（平成8年〈1996〉）がある。これらの技術は，新潟県などが出資した第三セクターとして平成10年（1998）7月に設立された新潟製粉（株）が，平成22年（2010）4月に米粉専用工場として新設した工場において実用化された。

それぞれの技術は，前者は米を洗米後圧偏ロール粉砕装置により硬い米外周部に小さなヒビを入れ，その後気流式粉砕装置で粉砕する方法で，温度上昇と損傷でん粉発生を抑えることにより，和菓子・米菓のみならずカ

ステラ・ケーキにも適する微細米粉の製造が可能とされる。一方，後者は酵素処理によって胚乳部を軟化・粉質化した後に気流粉砕する方法で，損傷でん粉の発生を抑制し，パン・洋菓子・ピザ・天ぷら粉・揚げ粉に適した微細米粉の製造が可能とされる。

一方，新潟県は，平成29年（2017）3月の農水省が定めた「米粉の用途別基準」に先立ち，平成24年（2012）2月に県独自の「新規用途米粉の用途別推奨指標」を策定しており，米粉ユーザーの製品開発のみならず製粉機械メーカーの技術開発における目標設定に供されてきた。

米ゲル加工技術　平成27年（2015）4月，「米粉・飼料用米法」の規定に基づき改定された「基本方針」では，飯米を直接利用でき多様な食品への利用が期待できるピューレ状・ゼリー状への加工技術が新たに加えられた。新加工技術に関連しては，農研機構食品研が平成26年（2014）6月国際特許出願した「米ゲル」技術がある。これは米を製粉せず粒のまま水を加えて糊化させ，高速せん断攪拌を施すことによって中アミロース米ではペースト状，また高アミロース米ではゲル状の物質「米ゲル」の生成を可能とする技術である。

加水量・糊化温度・せん断攪拌速度などを調整することで，やわらかいゼリーから高弾性のゴム状のものまで幅広く物性の制御ができるため，プリン・ムース・クリーム・パイなど多様な食品への利用も可能とされる。

ヤンマー（株）は，この技術をもとに開発した大量生産システムを用い，茨城県稲敷郡河内町に設立したライステクノロジーかわち（株）で本格生産を開始し，平成29年（2017）12月から販売を開始した。

(7) 国際標準化を目指すファインバブル技術

ファインバブル技術は，日本発の技術であり国際的にも注目されている。平成24年（2012）7月，産学官が連携して，①ISO（国際標準化機構）での国際標準化，②認証技術の開発，③共通基盤情報の収集などを総合的に行うプラットフォームとして，（一社）微細気泡産業会（現ファインバブル産業会）（FBIA）が設立された。

FBIAは，経産省が実施する「国際標準共同開発事業」の一環として実施する戦略的国際標準化加速事業「ナノ・マイクロバブル技術に関する国際標準化」（平成24年〈2012〉度〜平成26年〈2014〉度）の委託を受け，産総研や民間企業などと一体となって，①ナノバブルの存在実証，②ナノ・マイクロバブルの発生機構の解明，③効果および作用原理の解明など，規格提案の前提となる技術データの収集のため基礎研究に取り組んだ。

　平成24年（2012）12月には，FBIAの主催により「ナノ・マイクロバブル国際シンポジウム」が開催された。その際，国際標準化の対象とする微細気泡の名称は，それまでのナノバブルやマイクロバブルなどに代わって，直径100μm以下を「ファインバブル」，特に1μm以下を「ウルトラファインバブル」と定義づけられた。

　さらに，ファインバブル技術の国際標準化提案を検討する場として，平成25年（2013）6月にわが国を幹事国とした専門委員会と3つの作業部会が承認された。その活動の成果の一つとして，平成30年（2018）10月，「ファインバブルの特性評価及び計測技術」に関して国際規格第1号となるISO 21255：「保管・輸送」が発行された。

　一方，ファインバブル技術による新規産業創出・地域創生を目指した活動のため，平成27年（2015）6月にFBIAに「ファインバブル地方創生協議会」が設置された。この協議会では，平成30年（2018）7月の段階で12県2市1町が参加している。協議会の協力機関として位置づけられている経産省九州経産局は，平成30年（2018）1月に「ファインバブル活用事例集追補版」をまとめた。そのなかの食品分野での活用事例として，キユーピー（株）が平成15年（2003）に慶応大学の寺坂幸二と共同開発した，酸味を和らげ食感を改善し，かつ保水性を向上させることにより野菜などから滲出した水分を抱えむことを可能としたマヨネーズが紹介されている。

(8) 生産性向上のためのロボット化技術

　食品製造業におけるFAニーズ　食品産業全体として，人手を多く要する業種が多く，結果的に従業員一人当たりの付加価値額である労働生産性

が低く，食料品製造業は製造業平均の5割，食料・飲料卸売業は卸売業平均の9割，飲食料品小売業は小売業平均の7割，食品サービス業はサービス業平均の6割にとどまっている。

そのため，特に食品製造業では製造プロセスのロボット化によるFA（ファクトリーオートメーション）のニーズが高い。しかし，開発には食品製造業の特性からさまざまな困難が伴うことが多く，その要因として，①対象物が小さく軟弱で不定形な食品はロボットなどによる機械操作に馴染まない，②製造ラインの一部だけ効率化してもライン全体にその成果が現れにくい，③衛生管理の観点から機械・装置のスペックのハードルが高いことなどがある。

そうした状況のなか，砂糖・油脂・製粉など素材型食品製造業や酒類・清涼飲料・乳製品など組立型食品製造業ではFA化が進んでいる。また，食品製造業全体でもラベリング・梱包・箱詰めなど包装機械などでは自動化が進んでいる。しかし，食品製造業の太宗を占める中小零細企業が扱う，多様な形態の原料や和菓子・ケーキなど軟弱で不定形な食品を扱う業種では自動化が遅れている。

ロボットによる食肉の脱骨・除骨処理　最近，視覚センサシステムによって対象物を認識しながらロボットを作動させるロボットビジョン技術が進歩し，これまで難しいとされた分野でのロボット化が可能となり現場での普及が進んでいる。また，ヒトの手指の機能に近い滑らかな接触作業を可能とするロボットハンドやマニュピレータの開発も進められている。

実用化されたロボット技術の一つに，平成6年（1994），（株）前川製作所により販売開始された「チキン骨付きもも肉全自動脱骨ロボット」を皮切りに，「チキン手羽元全自動脱骨ロボット」，「豚もも部位自動除骨ロボット」，「豚うで部位自動除骨ロボット」があり，海外市場も含め広く普及している。いずれの装置も，対象物形状のX線画像からナイフの動きを決定し，その情報に連動した6軸多関節ロボットのアーム先端に取り付けられたナイフが脱骨・除骨を行う。

一般に，鶏や豚などの脱骨・除骨作業は多くの熟練した人手を要する手

作業であり，食肉加工業が食品製造業のなかで労働生産性が低い業種である要因である。さらに食肉製造業でのロボット化は，ヒトを介した微生物汚染を避ける衛生管理上のメリットに加え，低温下で厳しい作業を強いられる労働環境の改善や品質ムラをなくし歩留まり向上に資することから，開発された一連の脱骨・除骨ロボットは，国内のみならず世界中で広く普及している。

水産加工でのロボット技術利用　一方，畜肉加工業と同様に労働生産性が低い水産加工業でもロボット化のニーズが高く研究開発が行われている。（株）ニレコが平成27年（2015）に開発した魚種選別装置は，魚に近赤外光と白色光を照射して得られる画像のうち，近赤外光画像の魚体形状情報および白色光画像の色・縞模様画像情報から魚種を自動的に判別する。魚長350mmの場合，ライン速度40m/分で毎秒10尾の選別能力を有する。

また，（株）ニッコーが平成元年（1989）に開発したホタテ貝自動生剥き機は，機械に投入したホタテ貝を画像処理により整列した後，自動的に殻・ミミ・ウロ・貝柱を分離し，貝柱だけを生のまま回収することができる。北海道湧別町で稼働している脱殻部8連の装置は，時間当たり5,760枚のホタテ貝を処理する能力を有する。

食品流通における注目技術

（1）内容品質保証のための非破壊選別装置

非破壊品質評価法は，対象物に外部から入力したエネルギーが対象物によって影響を受け出力されるとき，両者の相互関係から対象物の品質・特性を推定する方法である。測定に際して，対象物の理化学的特性が実用上変化しないことが求められる。

非破壊品質評価法は使われるエネルギーの種類から，①光学的方法，②放射線的方法，③電磁気学的方法，④力学的方法，⑤その他の方法に分類される。果実・野菜・魚肉・畜肉などの生鮮食品のほか，加工食品を対象とした携帯型機器からオンラインプロセス管理装置や青果物選別装置まで

幅広く利用されている。

非破壊選別装置の開発と普及　青果物選別施設での普及が始まったのは，表6に示したように，昭和後期から平成初期にかけ産地の既存施設が更新されるときであった。最初は光学的方法の一つのカラーグレーダーと呼ばれ，カメラで撮像したカンキツの色彩，キズなどを画像処理により判別するもので，それまでの目視による外観検査が自動化された。続いて，力学的方法の打音や放射線的方法の軟X線を使ったスイカ空洞果選別機が開発された。

平成元年（1989）には，農水省の補助を受けて三菱重工業（株）が当時の食総研の非破壊評価研究室の協力の下に開発した，近赤外光ファイバープローブの一端をモモ果実表面に接触させる手動式の果実糖度測定装置が岡山県一宮農協に導入された。

また同年には，三井金属鉱業（株）が開発した近赤外法によるオンライン型モモ果実糖度選別装置が山梨県西野農協に導入された。段ボール箱に印字された「光センサー選別」の表示もあって，糖度保証付き果実として市場で高い評価を受けた。

平成2年（1990），浜松ホトニクス（株）・（株）マキ製作所（現シブヤ精機（株））・全国農業協同組合連合会が，当時の生研機構を通じて国から出資を受け設立した（株）果実非破壊品質研究所（FANTEC）は，搬送装置など周辺技術を含む近赤外法による非破壊選別装置の基盤技術の開発を進めた。平成4年（1992）〜平成17年（2005）の間，FANTECにより出願された特許は23件に及ぶ。

その後，複数の企業の参入もあり，青果物非破壊選別装置の対象作物もカンキツ・モモ・リンゴ・ナシ・メロンなどへ広がった。この分野では，わが国は世界トップの技術力を有する。

非破壊選別装置によるブランド力の向上　非破壊選別装置で特筆すべきことは，生産者の圃場ごとに品質の評価が可能なため，得られた品質情報と栽培管理情報とを関連付けることにより，産地全体の品質向上を目指した栽培管理技術の改善によるブランド化につなげた産地が多くあることで

表6　「青果物非破壊選別装置」導入時の歴史

年次	製造元	導入先	選別装置	測定項目	測定原理
昭和54年	青果物選別包装技術研究組合		青果物の外観等測定装置の開発	色彩，傷	可視画像
昭和62年	（株）マキ製作所	愛媛県温泉青果農協	カラーグレーダー	色彩，傷，サイズ	可視画像
昭和63年	（株）マキ製作所	熊本県植木市農協	スイカ空洞選別装置	空洞	打音
平成元年頃	ソフテックス（株）	長野県波多農協	スイカ空洞選別装置	空洞	軟X線
平成元年	三菱重工業（株）	岡山県一宮農協	モモ果実糖度選別装置（光ファイバー型）	Brix	近赤外
平成元年	三井金属鉱業（株）	山梨県西野農協	モモ用糖度選別装置（反射型）	Brix	近赤外
平成2年	（株）果実非破壊品質研究所（FANTEC）設立				
平成4年	（株）マキ製作所	JA信州いいだ	落葉果実用複合品質選別装置（反射型）	熟度，色彩，Brix	近赤外
平成4年	近江度量衡（株）・ヤンマー（株）	JA志賀	スイカ空洞選別装置	空洞，Brix	静電容量，質量
平成7年	FANTEC	一般に公開	温州ミカン用糖度選別装置（透過型）	Brix	近赤外
平成8年	（株）マキ製作所・FANTEC	JA上伊那	リンゴ用糖度選別装置（透過型）	Brix，蜜入り	近赤外
平成8年	三井金属鉱業（株）	熊本市農協	温州ミカン用糖度選別装置（透過型）	Brix	近赤外
平成8年	（財）雑賀技術研究所	長崎県琴海町農協	温州ミカン用糖度選別装置（透過型）	Brix	近赤外
平成9年	三井金属鉱業（株）	北海道共和町	メロン用糖度選別装置（レーザー使用）	Brix	近赤外

参考：河野澄夫氏から提供された情報による

ある。

　たとえば，愛媛県JAにしうわ真穴柑橘共同選果部会では，生産者は互いに技術協定による栽培管理を行い，非破壊選別装置によって外観（色彩，傷）および味（糖度，酸度）を厳選し，完全共同出荷を行うことにより品質を保証するシステムを確立し「真穴共選」のブランド化に成功した。

　同様な試みは，和歌山県有田ミカン「味一」，山口県ミカン「島そだち（はるみ）」，静岡県「三ヶ日みかん」，茨城県旭村メロン「プレミアムメロン」，岩手県りんご「サンふじ「蜜の極」」，滋賀県「彦根梨」，山形県「鶴岡だだちゃ豆」，高知県「高知のトマト」など全国各地の産地でみられる。

　また，平成27年（2015）4月に始まった「機能性表示食品」制度において，三ヶ日町農業協同組合は，生鮮食品として機能性表示食品の第1号として，骨粗しょう症への予防効果をうたった温州ミカンを消費者庁へ届けた（果樹園芸 276参照）。届け出にあたって，機能性関与成分のβ-クリプトキサンチンが糖度に比例して含有することから，光センサーで測定した個々の果実の糖度に基づき機能性成分を評価する仕組みが導入されている。

　青果物以外での利用　青果物以外では，平成27年（2015），水産研センター中央水研の水産物応用開発研究センターが（株）ニレコと共同で開発した，近赤外法による魚類の品質指標の「脂ののり」のオンライン魚品質選別装置がある。

　また，宮崎大学農学部と（株）相馬光学および大阪府環農水研のグループは，平成19年（2007）に近赤外法をベースに携帯型畜肉品質測定装置を開発した。と殺後の牛および豚の枝肉の表面に測定部を接触させるだけで，瞬時に脂質の組成・融点・硬さなどの値が測定できる。本装置を信州牛の銘柄肉評価方法として市場へ導入した長野県は，脂質を採り入れた新たなブランド化に活用している。

(2) 官能検査に代わる味覚センサー

　従来は官能検査に頼っていた食品味覚の評価を客観的に数値化するため，わが国で2種類の「味覚センサー」が開発されている。

人工脂質膜を用いた味覚センサー　世界で初めての「味覚センサー」の「味認識装置 SA401」は，平成5年（1993）に九州大学の都甲潔とアンリツ（株）の共同研究によって開発されたでもので，ヒトの舌の味受容体である脂質二分子膜を模した「脂質／高分子膜」で構成される5つの基本味（酸味・塩味・苦味・甘味・旨味）に対応したバイオセンサーを基軸に，個々の物質選択性はあまり重視せず，個々の物質と味細胞との相互作用を定性的・定量的に分類し情報を出力する特性を有する。

平成14年（2002），アンリツ（株）から事業を引き継いだ（株）インテリジェントセンサーテクノロジーが開発した最新装置では，食品を口に含んだ瞬間の「先味」の酸味・塩味・旨味・苦味雑味・渋味刺激・甘味と，食品を飲み込んだ後に残る持続性のある「後味」の一般苦味（酸性苦味）・渋味および旨味コクの計9種類の情報を得ることが可能である。

AIによる味物質濃度の分析　もう一方の「味覚センサー」は，慶応大学の鈴木孝治研究室で開発され，平成17年（2005）に特許出願された「味の測定方法並びにそのための味覚センサー及び味測定装置」の技術を使った装置である。この装置の特徴は，生体膜において特定イオンの透過性を増加させる機能を有する脂溶性分子イオノフォアをセンサーとして検出される味物質の濃度を，前もって学習させている各濃度に対応したヒトの官能評価のデータと照らし合わせ，AI（人工知能）を使って最終的にヒトの舌で感じられる味の強さとして数値が算出される。この技術は，大学発ベンチャーとして設立されたAISSY（株）から味覚センサー「レオ」として上市されている。

商品開発での利用　いずれの機器も，出力値をレーダーチャートなどさまざまな形式で出力し味覚を可視化する機能を有する点が特徴であり，商品開発の現場で使われている。

その一つ，平成21年（2009）度経産省の支援を受けた北海道では，「北海道地域イノベーション創出協同体形成事業」の一環として，（公財）北海道科学技術総合振興センター・道総研食加研ほか6機関が共同し，魚しょう油・イカ塩辛・ナチュラルチーズ・食酢の4品目の商品開発のための「食品

の味評価のための味覚センサー活用マニュアル」を作成した。

また，平成28年（2016）1月，島根県商工会連合会は，島根県産食品は「後味」が良く「滋味」のある食品が多い特徴を「味覚センサー」で数値化し，その情報をレーダーチャートにより消費者や外食産業・流通小売業などへ視覚的に伝えるカタログ集「島根の味覚 エビデンスブック」を作成した。

(3) 食品表示の信頼回復のための真正性評価技術

平成27年（2015）4月，「食品表示基準」による食品表示の包括的かつ一元的な制度を定めた「食品表示法」が施行され，不適正表示の監視・指導が強化された。

このため，食品表示の真正性を判定するための分析・判別法の開発が重要となっており，農研機構・農林水産消費安全技術センター（FAMIC）・大学および民間検査機関で研究開発が行われている。その成果には，①無機元素パターン分析による原料・原産地判別，②軽元素安定同位体比分析による原料・原産地判別，③軽元素安定同位体比分析による有機農法判別，④DNA分析による品種および遺伝子組換え食品の判別，⑤DNA分析による魚種および生息地域の判別などがあり，当局による食品表示の監視・指導の現場において活用されている。

しかし，いずれの方法も高額な分析機器と高度な分析技術を必要とするため，より安価で簡便・迅速な分析法の開発に加え，精度向上のために複数の分析法を組み合わせた方法や分析データの解析法（ケモメトリックス）の開発が進められている。また，原産地における土壌条件などの生産環境が変化することが想定されるため，FAMICにおいては定期的に判別精度の確認に取り組んでいる。

(4) HACCPに対応した危害要因のモニタリング技術

HACCPに沿った衛生管理の義務化に伴い，食品製造・流通過程の現場では，危害要因の対象の生物的危害・化学的危害・物理的危害を迅速に検出するためのモニタリング技術のニーズが高まっており，それぞれの分野

で以下の開発例がある。

生物的危害要因　生物的危害要因の一つ微生物の検査法は，食品衛生法のほか，各種通知や法令・食品衛生検査指針などにおいて，食品の種類や検査対象微生物の特性ごとに最適な検査方法が決められており，一般的には2〜5日間を要する培養法である。

培養法に代わる迅速検査法として，平成5年（1993），キッコーマン（株）から上市された微生物汚染度測定器「ルミテスターK-100」による「ATPふき取り検査法」は，食品加工設備機器に付着した微生物や食品汚れなどに存在するATP（アデノシン三リン酸）と酵素ルシフェラーゼを反応させた際の発光量から，数十秒間で微生物や食品汚れの検出を可能とした。

この検査法は，キッコーマン（株）が昭和63年（1988）に遺伝子組換え大腸菌によるホタルルシフェラーゼの大量生産技術を確立したことにより可能となったもので，厚労省の「食品衛生検査指針微生物編2004」に採用されたこともあって広く普及している。

なお，平成23年（2011），キッコーマン（株）から業務を引き継いだキッコーマンバイオケミファ（株）が開発した最新の機器では，ATPが分解されADP（アデノシン二リン酸）やAMP（アデノシン一リン酸）に変化することにより検出精度が低下する欠点を補い，10秒間程度で高精度の結果を得ることが可能となった。

化学的危害要因　アレルゲン，残留農薬，マイコトキシン（カビ毒）などの化学的危害要因の分析は，一般的に高価な分析機器と高度な分析技術を必要とし，そのうえに結果を得るまで長時間を要するためモニタリング用としては適さない。

そこで開発された迅速分析技術の一つに，測定すべき微量物質を抗原とするモノクロナール抗体を作成し，抗原抗体反応の高い特異性を利用して微量物質の検出・定量を行う免疫化学測定法がある。この方法は，高感度に加え迅速性および経済性の面で利点を有する。

免疫化学測定法の応用分野の一つに，世界的に最も厳しい厚労省医薬局食品保健部長通知「アレルギー物質を含む食品の検査方法について」（平成

14年〈2002〉11月）において，表示義務のある特定原材料5品目（小麦・そば・卵・乳・落花生）のスクリーニング検査法として酵素結合免疫吸着法（ELISA法）が採用された。

そのなかでは，日本ハム（株）の複合抗原認識抗体を用いた「FASTKITエライザ・シリーズ」と（株）森永生科学研究所の単一／精製抗原認識抗体を用いた「モリナガ特定原材料測定キット」を併用することが規定されている。また，平成17年（2005）10月の改正通知では，強度に加熱加工された食品でも適用可能な「FASTKITエライザVerⅡシリーズ」および「モリナガFASPEK特定原材料測定キット」が新たなスクリーニング検査法として追加された。

さらに，平成20年（2008）6月，任意表示から義務表示化された「カニ」および「エビ」の2品目の検査法として，平成21年（2009）1月の改正通知で日水製薬（株）の「FAテストEIA-甲殻類Ⅱ「ニッスイ」」およびマルハニチロ（株）の「甲殻類キット「マルハ」」の2種類が採用された。

一方，費用と日数のかかる公定法による残留農薬分析に代わる迅速分析が可能なELISA法は，平成2年（1990）に米国で開発された。その後，国内の複数の企業からも，わが国で一般的に使用される数十種類の農薬用の検査キットが上市されている。ELISA法を用いて効果的・効率的に残留農薬の確認を行うには，検査する農薬は最も残留するおそれのあるもの，あるいは最後に使用したものなどに絞り込むことが重要である。

免疫化学測定法によれば，試料液の調製から結果を得るまでの時間は約2時間程度と迅速な分析が可能であり，このことが一般化学分析に比べ免疫化学測定法の最大の特徴である。しかし，作物・農薬の組合わせにより測定の感度が異なるおそれがあるため，それぞれについて個別に適用性を確認する必要がある。今後の課題として，対象農薬ならびに適用食品を増やすことや公定法へ向けた取組みがある。

また，免疫化学測定法の応用分野としてマイコトキシンの検出があり，イムノクロマト法のための簡易検査キットが上市されている。この方法によれば，対象とする試料およびマイコトキシンの種類ごとのストリップテ

ストでは，専用のスキャナシステムを用いることにより3～10分間での定量が可能である。

物理的危害要因　物理的危害要因のなかの金属片やガラス片などの異物検出を目的に，各種の異物検査機が開発されている。アンリツ産機システム（株）が平成20年（2008）に開発したX線異物検査機は，新型高感度センサーに加え画像処理技術やフィルタリング技術を導入したことにより，検出感度としては金属球で直径0.2mmと高い感度を有し，骨や樹脂などの低コントラストの異物の検出も可能となった。

(5) 進化の著しい多様な機能性包装技術

食品包装の役割には，①内容物品質の保護，②安全性・衛生性の確保，③内容物の情報提示，④物流の利便性・効率化などがある。特に内容物品質の保護の視点からは，酸素・水分・光・温度・微生物・外力など食品の品質へ影響を及ぼす要因から内容物を保護する機能が重要である。

食品包装材料は，かつてのガラス・金属・紙に代わりプラスチックが主流となっており，重合プロセスなど原料製造技術および多層化・薄膜化など成形加工技術，ならびに蒸着法・印刷技術などの基盤技術の進歩に伴い，多様な機能性包装材料が開発されている。

東洋製罐（株）が平成元年（1989）に開発した「オキシガードトレイ」や「モイスチャーガード」の容器包装は，包装材料自体が酸素や水分を吸収する機能を有するため，これまでの脱酸素剤や乾燥剤・吸湿剤を使用する必要がない利便性がある。特に，鉄剤を使った脱酸素剤を使用しないため電子レンジでの加熱が可能といった特徴から，平成6年（1994）にこの容器を使った無菌包装米飯が上市されて以降，コーヒー・スープ・粥・フルーツソースなど多方面で利用されている。

また，電子レンジで加熱した際，過熱時に発生する水蒸気による膨張から容器包装の破断を防止するため，発生した水蒸気を逃がす蒸気口を設けたキョーラク（株）のレンジ袋収容容器や，ミクロンオーダーの微細孔を有する凸版印刷（株）のレンジ加熱用袋が開発され，平成20年代になって冷

凍食品やレトルトパウチ食品のような調理済食品に広く利用されている。

開栓後の酸化による劣化が課題とされるしょう油において，平成22年（2010），ヤマサ醤油（株）は逆止弁によって酸素の侵入を防ぐ機能を有した二重袋構造の新規液体食品用容器を開発した。また，平成24年（2012）には同様な視点からキッコーマン（株）は「やわらか密封ボトル」を開発し，いずれもその品質維持効果からしょう油容器の主流となっている。

なお，青果物など生鮮食品の鮮度保持用として，平成10年（1998）には高知県農技センターが開発したパーシャルシール包装技術および平成15年（2003）に住友ベークライト（株）が開発した機能性フィルムは，いずれも包装内ガス環境を青果物に最適なガス組成条件に調整し品質を維持することが可能となるため，軟弱野菜やカット野菜用のMA（Modified Atmosphere）包装に利用されている。

平成の時代には多様な機能性包装材料が開発され実用に供されたが，最近で特徴的なことに，高齢化社会やバリアーフリー社会に対応して，内容量や成分などの商品情報がわかりやすく，包装の開封・再封・廃棄が容易などの特性を有するユニバーサルデザインへの配慮が求められるようになったことがある。

(6) 青果物の高機能鮮度保持技術

青果物の鮮度保持の基本は対象物に応じた適温での定温貯蔵であり，その点では平成において新しく開発された技術は限定的である。そのなかの注目技術の一つに，植物ホルモンの一種のエチレンに関する研究から生まれたエチレン除去剤およびエチレン発生剤がある。

エチレン除去剤の多くは，古くから青果物の過熟・老化抑制のために使われており，その多くはエチレンを吸着・分解する機能を有する。一方，全く新たな発想から米国で生まれた1-MCP（1-メチルシクロプロペン）は，植物のエチレン受容体に作用し，その機能をブロックすることによりエチレンの作用を阻害するもので，米国では農薬として平成14年（2002）に許可された。わが国では，平成22年（2010），植物成長調整剤（燻蒸剤）とし

てリンゴ・カキ・ナシで農薬登録されて以来，リンゴの長期貯蔵において効果を発揮している（果樹園芸297頁参照）。

一方，平成15年（2003）に三菱ガス化学（株）が開発したエチレン発生剤は，これまでのバナナやレモンなど特定の果実の催色・追熟促進への利用とは全く異なり，ニンニクやジャガイモなど根菜類の発芽抑制効果がある。

光照射による鮮度保持技術として，平成24年（2012）に（一財）雑賀技術研究所が上市した赤外線と紫外線の併用照射による青果物表面殺菌技術，平成21年（2009）の北海道電力（株）の遠赤色光照射による根菜類の萌芽抑制技術，平成25年（2013）の（株）四国総合研究所の近赤外照射による鮮度保持技術，平成27年（2015）のパナソニック（株）の青色光照射による鮮度保持技術などがある。

また，三州産業（株）が平成21年（2009）に，鹿児島県農総センターと共同開発した定温蒸気処理は，50℃前後の温度の蒸気で青果物を処理し，表面の病害虫や微生物を殺虫・殺菌し鮮度保持効果を可能とするもので，マンゴー果実の炭疽病様黒色斑点の発生抑制などに利用されている。

電磁場環境やイオン環境などの特殊環境を活用した冷蔵庫が開発されている。電磁場環境を活用した例には，松下冷機（株）および松下電器産業（株）のそれぞれが，平成4年（1992）および平成15年（2003）に特許出願した冷蔵庫がある。また，イオン環境を活用した例には，平成13年（2001）にシャープ（株）および平成15年（2003）に（株）東芝が特許出願した冷蔵庫がある。

今後の課題

社会情勢の変化のなかで求められる技術イノベーション

　わが国は少子化による人口減少が続く一方，世界に類をみない高齢化社会の進むなかで，かつてのような経済成長は期待できない。また，グローバル化の進展による貿易自由化に伴う輸入食料の増加は避けられず，わが国の食品産業のあり方にも大きな影響を与える。

　一方，消費者の健康寿命への関心の高まりや食に対する安全・安心志向はますます高まることが予想される。さらに，平成25年（2013）12月に「和食」がユネスコ世界文化遺産へ登録されたことをきっかけに世界的に「和食」への関心が高まっており，これからは世界市場を念頭に置いた食品・農林水産物の輸出拡大に向けた取組みが重要である。

　このような情勢を踏まえ，平成30年（2018）4月6日，農水省から食品産業の2020年代ビジョンとして「食品産業戦略」が公表された。そのなかでは，①需要を引き出す新たな価値創造，②海外市場開拓，③自動化や働き方改革による労働生産性の向上の3つの戦略について，いずれに対しても3割増の戦略目標が示され，その目標達成に向けた具体的な取組みの一つに，技術開発による新規商品を生み出すことの重要性が指摘された。

　なお，技術開発に関しては，わが国の食品産業の競争力の強化を図るため，平成26年（2014）度の農水省の補助事業として，産学の専門家の協力の下に（公社）農林水産・食品産業技術振興協会（JATAFF）が編刊した，「食品産業技術ロードマップ集（2015年版）」―グローバル化に対応した出口を見据えた食品産業技術のイノベーション―がある。

　「ロードマップ集」では，食品産業技術のイノベーションを目指す5つの社会的領域として，①食の安全・信頼性の確保，品質管理の徹底，②健康の維持・増進（栄養・健康機能，医福食農連携），③資源利用の効率化，副

産物利用，廃棄物リサイクル，省エネ・CO_2削減，④国産農畜水産物の利活用増進，自給率向上，地域活性化，食品産業と国内農業の連携，⑤食品の製造・流通における長期的視点に立った技術のイノベーションが示され，それぞれの領域ごとに，平成27年（2015）を起点に15年後を目標に取り組むべき研究開発課題が体系的に整理された。

今後は，研究管理システムとして「ロードマップ集」に示された課題解決型バックキャストアプローチの手順を参考に，①あるべき姿として解決すべき目標を明確にする，②その目標達成に必要な技術課題を技術マップとして整理する，③技術マップに示された技術の解決に向け取り組むべき研究開発の行程をロードマップとしてまとめ，その進捗管理をPDCAサイクル「計画（Plan），実行（Do），評価（Check），改善（Action）」の手法に基づき行うことが重要である。

―――執筆：岩元睦夫

参考文献

荒井綜一監修．1995．機能性食品の研究．学会出版センター．
食品製造過程における品質管理のための分析法の課題整理と課題解決プログラムの検討．2013．（公社）農林水産・食品産業技術振興協会．
髙橋悌二・池戸重信．2006．食品の安全と品質確保〜日米欧の制度と政策〜．（社）農山漁村文化協会．
農林水産省．2018．「食品産業戦略」食品産業の2020年代ビジョン．
農林水産省・経済産業省・環境省・文部科学省・国土交通省．2002．バイオマス・ニッポン総合戦略．
中川仁（編著）．2018．農林バイオマス資源と地域利活用―バイオマス研究の10年を振り返る．養賢堂．
木村進・亀和田光男監修．2000．食品加工の新技術．シーエムシー．
梅田圭司（監修）．1999．最新地域食品加工の手引き．家の光協会．
河野澄夫編．2003．食品の非破壊計測ハンドブック．サイエンスフォーラム．
食品産業技術ロードマップ集（2015年版）―グローバル化に対応した出口を見据えた食品産業技術のイノベーション―．2015．（公社）農林水産・食品産業技術振興協会．

農業農村整備

「農業基盤整備」から「農業農村整備」へ

　平成に入って，農村活力の低下や環境保全に対応する「農村整備」の要望が著しく高まり，平成3年(1991)に農業の構造を改善するために農林水産省が実施する事業名称が「農業基盤整備」から「農業農村整備」に変更された。それは，農業の生産基盤と農村の生活環境の一体的な整備と農地や施設等の保全管理を行うもので，農林水産省で主に農業基盤整備を担当してきた「構造改善局」は「農村振興局」へと再編され，食料・農業・農村基本法に示される理念の実現を図ることになった。

　農業基盤とは，農地が中心となるが，これに灌漑するための貯水池，ため池，水路，分水工(水路の水を支線に分ける施設)等や，農地への降雨を排水する小排水路，支・幹線排水路，河川等への排水樋門，ポンプ機場等の農業水利施設，農地への物資搬入，収穫物の搬出，農業機械の移動等に必要な農道網から構成される。

　農業基盤の中核である農地の平成3年(1991)における面積は，約520万ha(水田280万ha，畑240万ha)であった。戦後に干拓や農地開発事業で100万ha余り造成されたが，工場や住宅地に転用された農地も250万haにのぼった。そのため，平成29年(2017)には，444万haと減少が続いてい

る。また，昭和39年（1964）からこれまで長年かけて圃場整備が行われ，水田の7割弱が30a以上の大区画になったが，残りはいまだに小区画のままで農業水利施設の更新も進んでいない状態である。さらに，暗渠排水施設は毎年約2万haの水田で整備されてきたが，昭和期に整備された施設は耐用年数を迎え，機能が維持されている水田面積は約80万haにすぎない。

昭和40年代半ばからの米余り，米価の低迷のなかで，平成期には技術と経営力を備えた担い手が現れ，彼らのニーズである水田汎用化，経営規模拡大，圃場の大区画化，畑作の大規模経営に資するため，農地の連坦化（隣接する農地を一つにまとめること）・集積（分散した耕作地を近距離に集めること）等農業基盤強化への施策が講じられ，必要な技術開発が行われてきた。平成29年（2017）土地改良法が改正され，農地中間管理機構が借り入れている農地について，農業者からの申請によらず，都道府県が，農業者の費用負担や同意を求めずに基盤整備事業を実施できる農地中間管理機構関連農地整備事業が創設され，平成30年（2018）度から，その第一歩が踏み出された。各地の担い手は，この事業に注目し検討を重ねており，今後の展開が期待されている。

一方，農村に目を転じると，都市近郊の農村地域は混住化が進んだが，農業にかかわる人手が増えたわけではなかった。農村地域では，都市部よりも早く高齢化が進み，農業の後継者不足に悩まされてきた。就業人口の6割が65歳以上の高齢者であり，そのため，土地持ち非農家は急増し，耕作放棄地の増加はとまりそうもない。また，農村地域の過疎化はとまらず，中山間地域では共同体の機能維持が限界に達している限界集落が増加している。

そのような条件の下で，都市部に比べ遅れていた上下水道等の生活環境の整備，特に農業集落のし尿，生活雑排水の処理施設の整備に力がそそがれた。また，地震や異常降雨等によるため池の決壊等による災害から地域住民の安全を確保する手段の整備，具体的にはため池の保守管理体制の強化，ため池補強改修の技術の開発，災害予測などの防災技術の強化に力がそそがれた。

さらに，圃場整備の際に用排水路の分離が進められたため，圃場と排水路

間の落差が大きくなり，それまで圃場と水路を行き来して生息していた地域の生きものが減少した。これらの問題点への関心の高まりに応じた農村環境整備への要望の増大に伴い，水路などにおける魚類や両生類の保全に必要な環境配慮技術すなわち農村の環境保全技術の開発にも力がそそがれた。

———執筆：岩崎和巳

農地と水利の高機能化

担い手の体質強化と産地収益力の向上を推進した諸技術

　地域の農業を守るため，作業受託，請負耕作等の受け手として集落営農組織や大規模営農法人が生まれ，行政も支援施策を打ち出した。担い手農家・法人は，より効率的な経営を目指し，圃場の大区画化，農地集積，開水路（水面が外部から見える用水路）での分水等の水管理の負担を軽減し，水路を地下埋設することで潰れ地を減少させることができるパイプライン化，加圧ポンプ等を必要とせず取水口から自然圧で配水できるパイプライン化を強く要望するようになった。さらに，ムギ・ダイズに加え野菜等の高収益作物が水田に導入できるように，より排水が確実にでき，かつ地下水位が任意の高さに制御できる水田整備が強く求められるようになってきた。

　一方，昭和期の開発整備が十分になされていなかった北海道等の畑作地帯において泥炭地の排水強化，乾畑化，畑地灌漑施設の導入への要望が強く出されるようになった。また，島しょ部の天水農業の解消を目指した水源開発としての地下ダム，ファームポンド（調整池）へのポンプによる地下ダムからの取水，パイプラインによる畑地灌漑施設の整備に力が入れられた。

　平成期に技術革新を遂げたものとして，情報通信技術（ICT: Information and Communication Technology）があげられる。この技術は農業水利施設の維持管理や担い手農家による圃場管理に欠かせないものになりつつあ

る。特に、これまで人力に頼っていた圃場の水管理作業の自動化技術も急速に普及が進んでいる。

　昭和後半までは、農業施設が想定した耐用年数を迎えれば、順次更新されてきたが、財源不足などにより多くの施設で更新が不可能になってきていた。このため、予防的な補修を加えて施設を長寿命化していくストックマネジメント手法が重要となってきた。

　このような背景のもと、本節では、農地と水利の高機能化による担い手の体質強化と産地収益力の向上を推し進めた技術として、大区画化均平化技術、ICT活用水管理技術、地下水位制御技術、ストックマネジメント技術、地下ダム技術、大規模畑地灌漑システム技術、大口径パイプライン技術について紹介する。

　　　　　　　　　　　　　　　　　――執筆：岩崎和巳

大区画圃場の整備とICT活用水管理

　動力耕うん機が普及し始めた昭和30年代後半以降、機械化によって労働生産性を向上させるため、短辺30m、長辺100mの30a区画を標準とした圃場整備が進められてきた。その結果、平成初期には、田全体の約5割が30a程度以上の区画に整備された。しかし、依然として非効率で生産性の低い圃場が多く残っていた。また、農村では、農業者の高齢化や農業水利施設の老朽化が進行し、農作業や水利施設の維持管理作業が農家にとって大きな負担となっていた。一方、平成初期は、ガット・ウルグアイ・ラウンドへの対応として、国内の農業生産力を強化するための農業経営の大規模化の施策が進められた、平成5年（1993）から始まった農水省の第4次土地改良長期計画以降は、圃場のさらなる大区画化と担い手に優良農地を集積するための基盤整備が重点的に進められた。

　この状況下で、さまざまな技術開発が求められ、農業機械の大型化・高速化等に対応できる圃場の大区画化や水管理労力を軽減するための技術が実用化した。

図1 大区画水田での田植え作業
出所:農林水産省ホームページ(鹿児島県大隅町笠木原地区)
http://www.maff.go.jp/j/nousin/sekkei/nn/

(1) 大区画化技術

　水田の大区画化は,農業機械の作業効率を向上させるだけでなく,農地単位面積当たりの用排水路と道路の占める割合が低くなるため,工事費と維持管理費の軽減が図られるとともに,潰れ地が減少するという利点がある(図1)。しかし,傾斜のある地域で大区画化を図ると,土工量(工事で掘り,運び,盛り固める土の量)の増大や圃場面の均平作業が課題となる。これらの課題を解決するために,緩傾斜地の大区画化に有効な反転均平工法や低コストの高精度均平工法が開発された。

　反転均平工法　反転均平工法は,農工研の藤森新作や北海道空知支庁北部耕地出張所を中心とし,北海道立中央農試,空知管内の土地改良区,施工業者,レーザーメーカーであるトリンブルジャパン(株),新キャタピラー三菱(株),(株)小松製作所,スガノ農機(株)らにより平成11年(1999)に開発された。

　反転均平工法は,圃場の計画標高よりも高い場所のみを反転・耕起した後,心土*を低い場所に運土(土を移動させる作業)し,荒整地後に盛土場所を表土直下から反転・耕起して,最後に耕区全体の整地・均平を行うものである(図2)。この工法では,緩傾斜地で隣接する複数の水田を合筆し

大区画圃場を整備する場合，もとの圃場の表土（作土）と心土の位置関係を確保しつつ運土量を最小にすることができるため，低コストで良好な土壌の水田の造成が可能となった。

圃場面の均平作業は，平成に入りゴムクローラ（ゴム製のキャタピラ）のトラクタとレーザープラウ，レーザーレベラ（いずれもレーザー光で水平面を確認して地表を均平化する装置）等を用いた整地・均平工法が圃場整備工事で

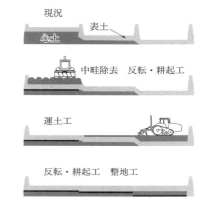

図2　反転均平工法による段差圃場の大区画化
（農研機構農村工学研究部門資料を改変）
心土反転と運土により，心土を地表に出さず均平な大区画にする。太線はプラウの基盤

も大規模経営農家でも用いられ，ブルドーザを用いた従来工法に比べ，作土厚の均一性や田面均平度の高い（±2.5cm以内）整備が可能になった。

高精度整地・均平作業の低コスト化　さらに平成20年（2008）には，従来のレーザーレベラを用いた工法に加え，RTK（リアルタイムキネマティック）GPS測位によって土工機械の三次元位置情報を高精度で把握しながら機械を制御し整地・均平作業を行う技術が，スガノ農機（株）や（株）ニコン・トリンブルの技術を活用し，農研機構農工研，北海道農村振興部や（一財）北海道農業近代化技術研究センター等によって確立された。それは，従来工法に比べ，均平作業時間が30％以上削減でき，レーザーの干渉が回避できることから近傍で同時に複数の工事が可能になった[**]。また，地表排水を促進する必要がある場合などには，田面を高精度で緩傾斜化することも可能であり，事業の低コスト化を実現している。

---

[*]農地の表層で作物の根が生育する部分を作土（表土），その下層を心土という。一般に作土は作物栽培に適するように管理されている。
[**]近くの圃場で複数のレーザーレベラによる作業が行われていると，相互のレーザー光が干渉して作業に支障が生じることがある。

排水路のパイプライン化等の導入　また，昭和後期から，大区画圃場整備の実施とあわせて，圃場と農道の間に設置されている小排水路を地下に埋設しパイプライン化するとともにターン農道を整備することによって農業機械作業を効率化する技術や*，給水栓，落水工，暗渠水閘を農道沿いに配置し水管理の効率化を図る技術が開発されている。

これらの技術によって，平成初期にはわずかであった50a以上の大区画圃場の整備が進み，平成28年（2016）には北海道で約5万ha，東北で約8万haをはじめ全国の水田全体の約1割にあたる約24万haが大区画圃場となっている（図3）。

(2) ICTを活用した水管理

農作業の機械化と農地の大区画化によって農業の生産性は大幅に向上したが，さらなる生産性向上のためには，水管理作業の省力化が残されてい

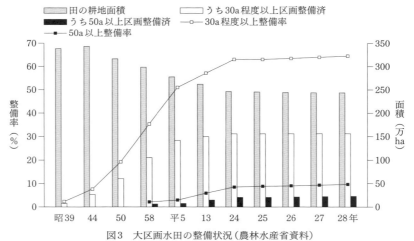

図3　大区画水田の整備状況（農林水産省資料）
注：農林水産省統計部「耕地及び作付面積統計」（平成28年7月15日時点），
農林水産省農村振興局「農業基盤情報基礎調査」（平成28年3月31日時点）

---

*圃場の端でのトラクタ等のターン作業や生じた枕地の管理は煩雑である。トラクタ等を圃場からそのまま農道に移動可能とし，そこでターンができるように施工した農道をターン農道という。

た．つまり，開水路を中心とした従来の用水システムでは分水操作，水田の取水口，排水口操作などの機械化が遅れており，耕作者が毎日水田を返回して分水工での分水作業を行っていた．しかし，昭和50年代に入って，主に畑地灌漑で用いられてきたパイプラインが水田用水路にも用いられ，水田パイプラインシステムとして整備が進んだことにより，給水栓や排水栓を機械的に開閉操作して水管理作業ができるようになった．

ICT技術の進化　平成に入ると，情報通信技術（ICT）が飛躍的に進展し情報インフラの整備が進められた．農業分野でも，平成初期から水管理労力を軽減するためのICTを活用した水管理の自動化・遠隔操作の技術開発が進められてきた．しかし，開発当初は，給・排水機器の制御や通信のための電力や電子部品の性能の確保が十分ではなく，実用的な技術にはならなかった．

その後，平成20年代後半から本格的なICTによる水管理技術の開発が行われるようになり，平成28年（2016）には実用的なICTを活用した圃場の給水機として，積水化学工業（株）と（株）クロスアビリティが初めて商品化を実現した．

自動給排水栓　また，内閣府の総合科学技術・イノベーション会議が主導し平成26年（2014）度から開始された戦略的イノベーション創造プログラム（SIP）のなかで，給水側と排水側の同時制御が可能な自動給排水栓が農研機構農工研の若杉晃介らによって平成28年（2016）に開発された．この自動給排水栓は，センサーで測定された水田の水位などのデータをクラウドサーバに送り，ユーザーがモバイル端末等でこれを監視しながら給水バルブ・落水口を遠隔または自動で制御できる装置である．これにより，水管理の労力が大幅に削減されるとともに用水量の低減にもつながった．

実証圃場では，水管理にかかる労働時間を約80％削減し，出穂期から収穫までの期間の用水量を約50％削減したとの報告もある．また，きめ細かな水管理が可能となるため，イネの高温障害（環境問題454頁参照）の回避や理想的な水管理による米の品質向上への利用も期待されている．

水管理・制御システムiDAS　水田への用水は，一定の圃場ブロックご

とに設置されたポンプ場からパイプラインで供給されることが多い。そこでは，水田の用水需要に応じ，不足のない水量を供給するための操作が不可欠である。しかし，そのためのポンプや分水バルブの操作の労力負担が大きい。

この問題を解決するため，SIPのなかで農研機構，情報通信研究機構等が連携し，工場のオートメーションや小電力通信などの技術を組み合わせ，圃場の給排水栓と揚水ポンプ等の水利施設を連携させ，圃場の需要に応じたこれらの操作を自動で行う水管理・制御システム（iDAS: irrigation and Drainage Automation System）が，農研機構農工研の中矢哲郎らにより平成28年（2016）に開発された（図4）。iDASは，圃場の給排水栓から支線バルブ，揚水ポンプ等土地改良施設までを連携して監視・制御することによって，省力的な水管理と土地改良施設の節水・節電に大きな効果がある。また，管水路内に過剰な圧力がかかるのを防止できることで水利施設の長寿命化にも効果的である。

この自動・遠隔操作可能な水管理を行える技術である自動給排水栓や

図4　圃場—広域連携型水管理システム
（農研機構農村工学研究部門）

iDASシステムは，開発された翌年には豊川用水総合土地改良区や千葉県篠本新井地区等5地区に導入されるなど，短期間で全国に事業展開されている。

———執筆：白谷栄作

水田排水改良や地下水位制御

　水田転換畑は排水条件さえ良ければ，転換初年目や2年目までは畑地よりも収量が高いことが多い。これは，水田土壌中の有機物が分解されて作物に吸収されやすい可給態の窒素が増えるためである。このことから，イネ―ムギ―ダイズ―ダイズの4年輪作やイネ―ムギ―ダイズの2年3作などの作付体系が推奨されている。しかし，作物の種類やその生育期に応じた最適な土壌水分環境が必要となり，排水性が良好であればよいというわけではない。

　そこで，排水機能に加えて地下からの給水機能も有した新しい地下水位制御システムが開発され，増収や高品質化，水管理の軽労化，さらには節水の効果が報告されている。そのため，この技術は平成27年（2015）に示された食料・農業・農村基本計画においても農業生産の基盤整備技術として推薦され，農地整備事業のなかで全国に普及し始めている。

(1) 地下水制御

　国による米の生産調整が始まった時代から，水田の汎用化（湛水でも畑状態でも使用できる水田）を推進して農業生産の選択性を拡大させることが土地改良の課題の一つであった。排水機能強化のために，土地改良事業で暗渠の施工がなされるほか，農家でも額縁明渠，心土破砕などの工夫が凝らされてきた。平成に入り，レーザー光やGPSを活用した技術によって農地の均平精度が向上したため，地表面の凹凸により生じる湿害を回避し，圃場全体に緩傾斜をつけて地表排水を促進することが可能になった。このように地表排水技術は発達したが，地下水位を自在に制御できる技術

の確立には至っていなかった。

集中管理孔方式　地下水制御は昭和期末から熊本県や北海道等で実施された例がある。しかし，それらのうち圃場整備事業で施工する規模となったのは北海道で平成10年（1998）頃から普及が始まった集中管理孔方式の地下水制御システムである（水田作 70頁参照）。集中管理孔は，用水路と暗渠排水上流部を接続し，灌漑用水を洗浄水として暗渠に注水することによって，暗渠管の清掃を実施することを目的としたシステムであった。このシステムは地下灌漑にも利用されたが，水位制御機能はなく，観測孔の水面を目視で管理するか，排水路側に水位調整型水閘（暗渠管出口の開閉弁）を設置して排水で制御していた。

地下水位制御システムFOEAS　これに対し，農工研の藤森新作，原口暢朗，北川巌，若杉晃介と（株）パディ研究所の小野寺恒雄らによって共同開発され，平成15年（2003）に特許出願された地下水位制御システム（FOEAS，フォアス）は水位制御器を備えており，FOEASにかかる一連の技術により，農地の地下水位を任意の位置に制御する圃場整備技術として一定の完成をみた。このシステムは，用排水ボックス，二重構造の塩ビ管でできた水位制御器，幹線パイプ（50aに1か所），支線パイプ（10m間隔，深さ60cm，有孔管・疎水材埋設・水平敷設），補助孔（1m間隔，深さ40cm）で構成される（図5）。

　設定水位よりも地下水位が低い場合は，用排水ボックス内の給水バルブを開栓し，地下給水孔を通じて幹線パイプ内に給水する。水位制御器まで到達した用水は，支線パイプに流入して暗渠の疎水材内を設定水位まで上昇し，疎水材と連結している補助孔（補助暗渠）を通じて圃場全体に給水される。水位制御器の操作で設定水位を下げた場合や降雨の浸透によって地下水位が高くなった場合は，過剰水が補助孔から支線パイプに集水され，水位制御器の上端（水位設定高）から越流して排水される。

FOEASの特徴　FOEASは，支線パイプに対して直角に狭い間隔で多くの補助孔（弾丸暗渠[*]やカットドレーンによる孔隙）を施工することにより，圃場全体の地下水位を短時間で均一にし，一様な土壌水分環境を実現

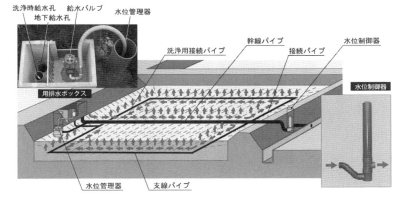

図5 地下水位制御システムFOEAS（藤森ら，2003）

できる。設定できる水位の範囲は，地表面＋20cmから－30cmと広い（＋の水位は湛水状態）。

一般の暗渠で管理上問題となる暗渠内での泥の堆積に対しては，幹線パイプを水平に敷設することで土粒子の沈降を促進させ，用排水ボックスに設けた洗浄時用の給水口からの送水と水位制御器の操作によって容易に排出できる構造となっている。これにより，支線パイプにきれいな用水が供給できる。このシステムの施工で留意すべき点は，幹線パイプを水平に敷設することと補助暗渠に耐久性をもたせることである。幹線パイプを水平に施工するにはレーザー光を用いた専用機が開発されている。

(2) 補助暗渠施工機カットドレーン

弾丸暗渠に比べて耐久性のある補助暗渠の施工には，無資材で迅速に作業できる穿孔暗渠機（カットドレーン〈図6〉）が平成25年（2013）に農研機構農工研の北川巌と（株）北海コーキの後藤幸輝の共同研究で開発され，急速に普及した。カットドレーンは，工事用重機や大型トラクタによる牽引作業により40〜70cmの任意の深さに断面が10cm角の通水空洞を成形

＊トラクタに装着したサブソイラで地中に潜らせた分銅を牽引することにより簡易暗渠を作る技術。

機械の外観　　　土壌断面　　　　施工の方法

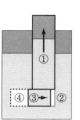

① 縦長の土塊の切断成形して持ち上げ
② 直下に空洞を成形
③ 下方に別の土塊を切断成形して横に移動
④ 暗渠となる通水空洞を構築

図6　カットドレーン（北川ら，2013）

し，空洞部には資材を充填しない技術である。

3つの特殊な形状の刃で，図6に示す順序で崩れにくい通水空洞を成形する。空洞が縦溝の直下にないため，従来の弾丸暗渠よりも耐久性が優れており，3〜5年の使用に耐える。なお，適する土壌条件は重粘土や泥炭土で，砂質土や石礫に富む圃場では使用できない。カットドレーンは，土地改良事業計画設計基準「暗渠排水」に補助暗渠施工の新技術として採用されている。

(3) 地下水位制御システムとその効果

地下水位制御システムFOEASの施工コストは従来の一般的な暗渠施工費を若干上回る程度である。FOEASやカットドレーンが開発されたことで，水田への畑作物導入がより安定化し，集落営農組織の設立や，高収益作物の栽培，加工・業務用野菜の産地化，六次産業化への取組みが加速されている。平成28年（2016）度末時点で，FOEASは北海道の約2,200haをはじめ，宮城県，新潟県，山口県，福岡県や佐賀県等36の道府県で約1万3,000haの水田に整備され，カットドレーンは暗渠排水工の施工業者をはじめ農業生産法人や担い手農家に約200機が導入済みである。

適正な土壌水分管理による増収効果（ムギやダイズで約40％増収）に加え，降雨後の迅速な地耐力の回復による計画的な機械作業の実現，水管理作業の軽減などの効果は，経営規模拡大に寄与している。滋賀県東近江市の事例では，各種事業を利用してFOEASを積極的に導入してキャベツの

生産拡大を実現し，市や4つのJA，農業者，民間企業等の連携によりフードシステム協議会を設立して加工・業務用野菜の産地化に成功している。

―――執筆：小前隆美

農業施設構造物のストックマネジメント*

農業水利施設の相当数は，戦後から高度経済成長期に整備されたものであり，平成期に耐用年数を迎えた施設が多い。これに対応するため，施設の長寿命化とライフサイクルコスト**を低減させつつ機能を安定的に発揮させる施設管理が不可欠となっている。

農林水産省は，平成20年（2008）度から，それらの施設の劣化状況等の機能診断から対策工事等までを一貫して行うストックマネジメントの事業を実施してきた。しかし，農業水利や海岸保全の施設には，人による点検では困難または多大な労力と費用を必要とする部分がある。これらの課題解決のため，ロボット，ICT等を活用した施設の点検・診断技術が開発された。また，全国の施設構造物の点検・診断結果を蓄積し，施設管理者等で共有する農業水利ストック情報データベースが構築され，効率的な補修・改修に活用されている。

(1) 水路トンネルの点検技術

農業用水路トンネルは，総延長2,000kmにも及び，人による点検が困難な区間や，上水・工業用水と共用され，断水することのできないものがある。そこで，平成27年（2015）に農研機構農工研の森充広らと，日本工営（株）の藤原鉄朗ら，（株）ウォールナットの斎藤良二ら，日本シビックコンサルタント（株）の藤井和人らとの共同研究によって，通水中でも水路トンネル内部の状態を点検できる調査ロボットが開発された。

＊施設の新規整備，維持管理，改築修繕を一体的に捉えて管理する方法。
＊＊施設の設置から使用，廃棄までの全段階でかかる費用の合計。

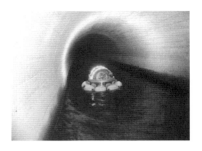
・高感度CCDカメラで動画撮影
・ドップラー速度計で点検地点を推定
・赤外線距離計で計測した水路壁面までの距離をもとに側壁と常時正対するようにカメラを制御

図7　農業用水路調査ロボット（森ら，2015）

　調査ロボット（図7）は，3台の高感度CCDカメラを搭載しており，水路トンネル内を自然流下しながら，壁面のひび割れや湧水などの変状を動画として記録する装置である。その主な特徴は，流下過程で生じる装置自体の回転を検知して，搭載カメラの向きを補正制御しながらトンネル内の壁面とカメラとを常時正対させる機構を搭載し，安定した画像記録を可能としたことである。また，撮影した動画からトンネル内の展開図が簡便に作成できるため，高い精度で変状を見落としなく記録することが可能である。

　この調査ロボットは，農業用水路用のトンネルだけでなく，上水用トンネルでも活用されるなど，さまざまな用途の水路トンネルへの適用の活用が期待されている。

(2) ドローンによる水路，海岸堤防の点検

　水路や海岸堤防など長い線状の施設は，目視による点検作業は効率が悪いうえ，見落としや調査結果にムラがでやすい。また，これらの構造物で生じる不同沈下やたわみは，肉眼で認識はできるもののその変位量を測量で効率的に計測する手法がなかった。そのため，農研機構農工研の白谷栄作，桐博英や国際航業（株）の大石哲らと秋田県立大学の高橋順二の共同研究によって，無人航空機（UAV: Unmanned Aerial Vehicle）によって水路や海岸堤防の外的変状を計測し劣化状態を点検・診断する技術が開発され，平成28年（2016）から現場に導入された。

　この技術では，デジタルカメラを搭載したUAVで上空から撮影した構造

物の画像から，亀裂やひび割れの検出とともに構造物の三次元形状を作成し不同沈下やたわみを抽出する。画像から検出できるひび割れの幅は，市販のカメラでも高度10〜25mから幅2〜5mmの亀裂やひび割れの位置を検出できる。また，撮影位置や角度が異なる複数の画像から被写体の三次元モデルを作成する技術SfM（Structure from Motion）を活用し，従来の写真測量では困難だった構造物の傾斜やたわみ等の定量を可能とした。これにより，現状を当初の設計図や過去の画像データと重ね合わせてその時点からの変化量を求めることができるなど，変異量の把握や補修量の算定の効率も高い。

なお，この技術は，当初対象としていた海岸堤防や水路のほか，人のアクセスが困難なダム等の水利構造物の点検にも活用が広がっている。

（3）ポンプ設備の点検技術

農業用揚排水機場は，農地ばかりではなく地域の用排水を担う重要な施設であるが，多くが老朽化し，突発事故件数が増加している。しかし，これまで，ポンプ設備には劣化状態を定量的に診断する手法がなく，供用年数等を判断基準として定期的にポンプの分解点検・補修を行う方式が適用されている。これに対し，ポンプ設備の回転部（減速機や軸受け）から潤滑油やグリースを採取・分析することによって，設備を分解することなく劣化状態を診断し，致命的な故障に至る前に異常を検知して，突発的な故障リスクを低減するための新たな点検・診断手法がのう農研機構農工研の國枝正やトライボテックス（株）の川畑雅彦らにより平成26年（2014）に開発され，普及が進んでいる。

この手法では，まず施設管理者自らが携帯型測定装置を用いて潤滑油やグリースの劣化度を診断し，異常が見つかれば，専門の分析機関に試料の詳細な診断を依頼する。この方法によって異常個所の特定が可能となり，分解点検による高い費用をかけないでも，劣化している個所のみを効果的に補修ができるため，ポンプ設備の維持管理費の節減効果が大きい。

(4) 効果的な農家，土地改良区の日常点検手法

　農業水利施設の劣化状態は，土地改良区や農家の日常的な点検により把握することが重要である。全土地改良区の7割が受益面積数百ha程度といった小規模な土地改良区であり，1～2名程度の職員で運営されていることが多いため，施設の管理に関する情報が効果的に活用ができない場合がある。

　そのため，地域内の農業用水路や排水路の状態を点検し，その場で過去の写真や設計図と比較しながら劣化を診断し記録できる簡易GIS（iVIMS）が平成24年（2012）に農研機構農工研の山本徳司と（株）イマジックデザインの進藤圭二ら，（株）ソニックビジョンクリエイトの杠公右らによって開発された。iVIMSは，対象とする施設の状況を位置情報付きの写真や音声，またはメモとして記録することができ，画面の中に表示される。記録したデータは，メール送信することによりPC上の水利施設管理台帳の中に整理することができる。一方，水利施設管理台帳に整理したデータベースはPCからモバイル機器で閲覧できるので，現場での追記や確認に活用できる（農業農村整備432頁参照）。

　この手法が開発されたことで，日常点検で得られた情報の蓄積と共有が効率化されている。

―――執筆：白谷栄作

島しょ部の天水農業を激変させた地下ダム

　奄美・沖縄地方の島々では，地盤が空隙の多いサンゴ性石灰岩でできているため，降水はたちまち地盤に浸透し，そのほとんどが地下水となって利用されないまま海に流出していた。そのため，農家は常に干ばつに苦しめられ，海際の崖から湧き出す水を汲み上げてタンクを積んだ軽トラックで畑まで運び人手で散水するという重労働を強いられていた。この作業に毎日6時間をかけても十分な水は得られず，生産性が低く不安定な営農を続けるしかない状況であった。

沖縄がわが国に返還され，政府は多額の国費を投入して沖縄の復興を推進した。そのなかで生まれたのが農地の下にあたかも貯水池が存在する状態を作り出す地下ダムである。この施設により，地下から容易にポンプで揚水でき，必要な時に必要な量だけ水が使える水利システムが実現した。また，地下ダム貯水域外の受益地では，地下ダムからポンプで汲み上げた水を丘陵に設置したファームポンド（調整池）まで圧送して貯留し，農地に配水するパイプライン網が整備され，灌漑が行えるようになった。

　これまでに沖縄本島や宮古島などで，工事中も含めて13基が建設されている。地下ダムができた島では，十分な水源を確保することでサトウキビ収量が増大したばかりでなく，サトウキビ中心の農業から花きや野菜等の高収益作物への転換が進んでいる。空路等の整備とも相まって，冬から春にかけ端境期にあたる大消費地に供給する農業が展開できるまで大変貌を遂げた。

(1) 地下ダムとは

　地下ダムは，地下に止水壁を築くことによって地下水を貯留するダムである。地上に造るダムのように，流出していた地下水を堰き止める「堰き上げ型」が基本型である（図8）。

　地表面まで壁を造るといずれ地下水が地表に溢れ湿害を起こすので，地表面下5～10m程度が止水壁の上端になるように施工する。また沿岸域では，地下水を貯留する空隙の多い地層（琉球石灰岩層）の下位にある水を透し難い基礎地盤（島尻層群泥岩層）に止水壁の下端が埋まるように施工し，海水の浸入を阻止して貯留水の塩水化を防ぐ「塩水侵入阻止型」も築造

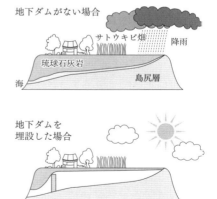

図8　地下ダムの模式断面図
（沖縄総合事務局宮古農業水利事業所，2001）

されている。

　地下水は地層の空隙に貯留されるため，貯留域容積の10％程度の水量が貯まる。地表のダムが貯水域を水面に変え，時には住居の移転を必要とするのに対して，地下ダムは揚水ポンプやファームポンドなどの利用管理施設が設置される以外は地表の土地利用を変えず，農地が潰れることもない。

(2) 地下ダムのための技術

　地下ダムといえる構造物は2千年前に築造された歴史がある。現代の身近なところでは，台湾で日本人技師鳥居信平が築造した二峰 圳(にほうしゅう)地下堰堤（大正12年〈1923〉）や，庄内川の支流に造られた内津川地下堰堤（昭和9年〈1934〉）があり，その後もいくつかの地下ダムが造られたが，これらはすべて川底の砂礫層を流れる伏流水を対象とする小規模なものであった。

　これら既存の地下ダムとは地質が全く異なる奄美・沖縄地方の島々に地下ダムを築造するために，多くの新しい技術が開発，導入された。表層の粘土の厚さや地下水を貯める石灰岩層の連続状態，未知の空洞の位置や規模，基盤の深さなどを調査する高密度電気探査技術が平成元年（1989）頃から農工研の竹内睦雄によって改良され，また平成7年（1995）頃から同氏によって地下レーダ探査システムが開発された。地下水中の微量放射性物質で地下水の循環速度などを解析する調査技術が平成8年（1996）頃までに農工研の小前隆美らによって確立され，これらの新技術によって最適な地下ダムサイトの選定が可能になった。

　地中に止水壁を築造する技術は，地下鉄工事で採用されていた多軸オーガー掘削による原位置攪拌工法（SMW工法）を基に琉球石灰岩の掘削に適する機能を加えて地盤中でセメントと破砕した地質を攪拌，固化する地中連続壁工法が民間企業によって開発され，砂川地下ダムの建設から採用された（平成2年〈1990〉）。また，地下ダム貯水の水収支解析モデルや水質変動解析モデルが平成16年（2004）に農工研の石田聡らにより開発され，地下ダムの計画調査や施工後の管理に適用されている。これらの技術の多くは農林水産省の地質技術者と研究者によって開発と改良が進められたもの

で，貯水量が100万m³規模の本格的な地下ダムを実現させた世界に誇る新技術として体系化されている。

(3) 地下ダムの整備

わが国における最初の農業用地下ダムは，沖縄県宮古島の皆福実験地下ダム（昭和54年〈1979〉完成）である。その後，宮古島に砂川地下ダム（図9，平成5年〈1993〉）と福里地下ダム（同10年〈1998〉）が建設された。続いて，鹿児島県の喜界島に喜界地下ダム（同11年〈1999〉）が，沖縄本島南部に米須地下ダム（同15年〈2003〉），慶座地下ダム（同13年〈2001〉），与勝地下ダム（同21年〈2009〉）が建設され，そのほか久米島，伊江島，伊是名島にも建設された。平成30年（2018）時点で宮古島に建設中のものも含めると13基の地下ダムが完成し，それらの総貯水量を合わせると，4,800万m³もの農業用水が新たに確保されたことになる。

地下ダムの構造は地形や地質に大きく制約されるため，これらの地下ダムの堤長は500〜2,612m，総貯水量は39万〜1,050万m³とさまざまである。特に地下空洞の存在が施工を難しくするため，事前に地下ダム独特の地下構造調査や地下水流動調査が行われた。貯留型や塩水侵入阻止型のほか，地表貯留併用型や貯水域をほぼ囲む地下壁も建設されるなど，一つひとつのダムで立地条件に合った施工技術を開発しながら，多様な地下ダムが建設された。

図9　宮古島砂川地下ダムの流域（白線が堤体の位置）
（沖縄総合事務局宮古農業水利事業所，2001）

(4) 地下ダムによる農業振興

　地下ダムに貯留された地下水はポンプで揚水して微高地に整備されたファームポンドに送水される。その水は農地までパイプラインでつながっており，農業者はパイプラインの末端を操作することでいつでも取水や散水を行うことができる。

　地下ダムの整備で十分な灌漑水が得られるようになって，サトウキビ栽培が大きく変わった。30％減肥しても反収は2倍ちかくに増大し基準糖度を上回った。10a当たり平均1時間を要した灌水作業はコックを開閉するだけになった。残された労力は経営規模の拡大や作物の手入れに向けられ，新たな作物の導入を可能にし，地域ぐるみで農業の六次産業化を推進する原動力となっている。

　宮古島では圃場整備や機械化が進み，大型ハウスではマンゴーを栽培するなど，水なし農業から高収益型農業へと展開している。沖縄本島南部の糸満市では，サトウキビ主体の農業から小ギクやニンジン，レタス等を作付けするようになった。JAが県内初のファーマーズマーケットを開設し，地域の農産物等を販売。特にニンジンを「美らキャロット」として特産化にも成功している。隣の八重瀬町安里地区（26.8ha）では，地下ダムから通水されるようになって耕作放棄地がなくなり，作目は高収益作物に大転換。小ギクの面積が3.8ha増えたことにより安里地区全体で約8,500万円増収となった。用水供給開始からわずか2年で安里地区の農業は一変した。他の島々でも地下ダムで農業が大きく変貌している。

　　　　　　　　　　　　　　　　　———執筆：小前隆美

大規模畑地灌漑システムで近代的な畑作を創出

　北海道斜網地域は，オホーツク海に面し，網走市，斜里郡斜里町，清里町および小清水町にまたがる標高5.0m〜250mに広がる2万2,206haの畑作地帯である。ジャガイモ・テンサイ・コムギを主体とした畑作経営が展開されていたが，錯綜する未墾地や不整形な畑が存在していたため生産

性が低く，経営規模の拡大や効率的な土地利用が難しい状況であった。また，灌漑施設がほとんど未整備であり，年間降水量800 mm（全国平均の半分）の雨水に依存しており，排水路は，その断面が狭小で河床が高いため，降雨時および融雪時には湿害に悩んでいた。一方，地元農家からは，沢水を汲み上げて運搬・散水する重労働からの解放，防除・施肥・洗浄等の多目的用水の確保等が可能となり，農業生産性の向上，高収益作物の導入が容易となる畑地灌漑システムの導入が強く要望されていた。

畑地灌漑の受益地は1万8,291haとわが国最大であり，かつ標高差250 mにも及ぶ傾斜地であることが特色である。地元の要望をかなえるため，北海道開発局は，昭和53年（1978）から平成18年（2006）にかけて，国営畑地帯総合パイロット事業を実施した。末端の散水灌漑施設の導入に際し，仏国の灌漑システムが導入された。事業完了後約12年が経過し，北海道を代表する畑作地帯となり，後述するように活気あふれる農業が展開されている。

(1) 自動定圧定流量分水栓・自走式散水機の導入

ファームポンド（調整池）以降の各圃場は大区画で，スプリンクラーによる散水を行おうとすると施設投資が大きくなるため，効率的な散水方式の導入が求められた。また，高所のファームポンドと圃場の標高差が大きく，パイプライン化すると末端では管内圧力が非常に高くなるので，途中の区間で減圧をどのように行うかが課題であった。

昭和56年（1981）に仏国グルノーブルで第11回国際かんがい排水委員会（ICID）が開催された。総会に参加した北海道開発局の千葉孝らは，同国の大規模畑地灌漑システムで使用されていた自動定圧定流量分水栓・自走式散水機に注目し，自動定圧定流量分水栓の有効性の検証を昭和63年（1988）〜平成元年（1989）に筑波の農工研に依頼し（図10），減圧，定流量管理が同一弁で可能であることを確認し同システムを導入することとした。

仏国のシステムを導入するには，地域の農業者の理解と，システム使用に習熟してもらう必要があり，大規模な体験圃場が設置された。体験圃場

図10 自動定圧定流量分水栓
（農研機構農村工学研究部門）

は昭和60年（1985）に，小清水町泉地区に設置され，灌漑面積223ha（標高65〜90m），関係農家24戸の協力を得て，畑地灌漑施設（自動定圧定流量分水栓35栓）を整備し，仏国の自走式散水機であるリール式スプリンクラー中型19台，同大型2台，サイドホイールロール2台の合計23台を配置した（図11）。

(2) 整備された大規模畑地

事業では，緑ダムを新規水源とし，6か所の頭首工，13か所のファームポンド，総延長680.3kmのパイプラインの整備による畑地灌漑用水の安定供給および総延長51.8kmの排水路の整備による湿害の解消とあわせて，凍上被害を回避する農道整備（42.5km）を含む区画整理（7,593ha），農地造成（1,466ha）が行われた。

(3) その後の地域農業の動向

地域の農家数は，昭和50年（1975）の1,699戸から平成27年（2015）には

図11 自走式散水機
出所：（一社）北海道土地改良設計技術協会主催「北の農村フォトコンテスト」応募作品

806戸と40年間で53％減少している。専業農家の割合は，昭和50年（1975）の75％から平成27年（2015）には81％に増加し，北海道の割合70％を上回っている。30ha以上の規模を有する農家は，昭和50年（1975）の16％から平成27年（2015）には61％となって大規模経営が行なわれている。

(4) 事業の波及効果

収量・品質の向上と安定生産　1戸当たり経営規模が拡大するなかで，圃場の大区画化による作業の効率化や用水が確保されたことによって，平成27年（2015）の野菜類の作付けは，事業実施前（昭和50年〈1975〉）と比較して約2倍に増加している。根菜類（ジャガイモ，ニンジン等）をはじめ，コムギ，豆類，葉茎菜類（アスパラガス，タマネギ等），果菜類（スイートコーン）など多様な作物に灌漑が行われ，適期の灌水によって干ばつ被害，発芽不良・生育障害が解消され，作物の収量・品質が向上するとともに，安定生産が図られている。

労力・作業時間の節減　事業実施前は，防除用水に沢水等を利用していた。そのため，水汲みと運搬に多くの時間を要していたが，圃場付近に給水栓が設置されたことに伴い労力や作業時間が節減され，食品会社等との契約栽培により生産と経営が安定化したことから，受益農家の高い評価を得ている。

さらに，排水路や暗渠排水が整備され，圃場の排水性が改善され，事業実施前には降雨の後平均で約4日を要していた農作業再開までの待機日数が，約2日に短縮されている。圃場の大区画化や傾斜の改良により，圃場区画の整形・拡大地区では平均で営農作業時間が20％，傾斜改良地区では平均で約17％が節減され大規模経営を可能にしている。

経営の安定・多角化　斜里地区ではジャガイモシストセンチュウの発生により，昭和53年（1978）から既耕地での種イモ生産が困難になっていたが，本事業によって既耕地から離れた場所を農地造成し種イモ生産体制を確立した。

JAこしみずは，でん粉廃液を工場が稼働する8月から10月にかけて主に

コムギ畑に散布している。また，でん粉カス，しぼり汁およびコムギの皮（ふすま）を混合してサイレージ飼料を製造し，町内酪農家に供給している。さらに，畑作農家から畜産農家へ麦わらが供給され，畜産農家から堆肥が供給される耕畜連携が図られており，地域環境保全にも寄与している。

　平成25年（2013）から小清水町産ジャガイモから作られたでん粉を使用した菓子「ほがじゃ」を製造し，年間売上げ5億円に迫る土産品となっている。従業員を地元から採用し，地域の雇用創出に貢献している。また，清里町営の焼酎醸造所で，同町産ジャガイモ「コナフブキ」を使用した焼酎の製造販売を行っている。

　区画整理，畑地灌漑施設の整備により，農作業の効率化が図られたことから，軽減された労力を活用して六次産業化に取り組んでいる農場が増えている。たとえば，小清水町の澤田農場は，平成23年（2011）に六次産業化の認定を受け，多彩な加工品を製造し町内4か所の道の駅や直売所をはじめ，ネット販売にも取り組んでいる。

　冬期の凍上などの被害がないように整備された幹線および支線農道は，農作業機械の通行や収穫物運搬等のほか，地域の生活用道路としても利用されており，移動時間の短縮や走行時の安全性向上に寄与している。

自然圧大口径パイプライン水利系

　九頭竜川下流地区は，福井・坂井平野に位置し，受益面積1万2,000haの大規模な農業水利施設で灌漑を行っている水利系である。昭和22年（1947）～昭和30年（1955）にかけて第一期事業により完成した水路系は，幹線・支線・末端水路のすべてが開水路であった。この地区では昭和40年代後半から水田パイプライン化が進み28か所のポンプ場により開水路から汲み上げ給水されていた。しかし，その電気代が経営を圧迫し，ポンプは昼間しか運転されず，夜間は水田に用水を供給できていなかった。

　開水路の老朽化に伴う更新を実施するに際し，受益農家から水配分の平等化，電気料金の節減等の要望が出され，それらへの対応策として取

水口（鳴鹿大堰）から末端まで自然圧でのパイプライン化が強く求められた。これを受けた農業用水再編事業が北陸農政局九頭竜川下流農業水利事業所によって平成11年（1999）度に着手され，平成28年（2016）4月に全長55kmの幹線用水路（パイプライン）の全面供用開始に至った。河口から約29.4kmに位置する鳴鹿大堰から最大で右岸から毎秒約35m^3，左岸から約12m^{3}を取水し，標高差約30mの扇状地に広がる福井・坂井平野を自然圧で潤す大口径パイプライン水利システムが完成された。自然圧のパイプラインであるため，ポンプ場は廃止され，24時間灌漑することが可能となった。

また，用水路のパイプライン化により送水の際に生じるロスが減少し，生み出された用水を周辺の畑作地域に配水することが可能となった。

(1) 先進的な大口径パイプライン施工

送水量が大きいため，右岸幹線の取水口付近3.8kmは，直径（φ）3,000mmの管路を3連（3本並列）で設置され，左岸では，φ2,800mmが採用された。右岸末端の3.5kmは，当初φ2,800mmのパイプ2連で計画されたが，集落内の工事が周辺家屋に影響を与えるおそれがあるため，別ルートを通すこととされた。用地の関係で，当時の設計基準（最大φ3,000mm）では認められていないφ3,500mmの大口径パイプが敷設された。これらの工事にあたっては，先進的な施工技術として，管路の浅埋設工法，流動化処理土の利用，軟弱地盤でのスラスト力対策，水路内配管工法等が採用された。

管路の浅埋設工法　農業用パイプラインでは，非灌漑期にはパイプ内を空にして，点検等が行われる。この時期に降雨等で地下水が上昇すると浮力により浮き上がる事故になることがある。大口径パイプになるほど地中深く埋設する必要があるが，工事費は高価になる。管路上部にジオテキスタイル（ジオグリッド，ジオネット，織布，不織布等の面〈網〉状補強材）の網に砕石を入れた重しを載せ浅埋設する工法が平成11年（1999）に農工研の毛利栄征らにより開発された。当地区では，この工法が多く採用された。

流動化処理土の利用　この水路の下流区間では，φ3,500mmの大口径鋼管を採用したが，鋼管のたわみ特性や浅埋設工法の妥当性について検

図12 口径が3.5mと大きな鋼管のたわみ特性実証試験（農研機構農村工学研究部門）

討するため，農工研内の試験ヤードおよび施工現場において確認・検証を重ねた（図12）。この過程で，大口径管では，埋め戻し時の締固め・転圧が難しいことが判明した。流動化処理土という土砂に大量の水を含む泥水とセメント等の固化材を混練することで流動性を付与した湿式土質安定処理土を埋め戻し部分に使用すると，流動性と自硬性を有し締固めが不要となることを突き止め，この工法が農業水利の工事では初めて採用された（図13）。

軟弱地盤のスラスト力対策 パイプラインの屈曲部では，流水により曲がりの外側に向け遠心力（スラスト力）によりパイプがずれるのを防止するため，一般にコンクリートブロックの重さにより安定を図る。しかし重量が大きく，軟弱地盤では沈下等の問題が生じる。このため軟弱地盤が多い本地区では，流動化処理土とジオグリッド（前出）を併用した対策工法が神戸大学の河端俊典や澤田豊らによって平成22年（2010）に開発され，農研機構農工研や設計コンサルタントの協力を得て，模型実験や現場実証試験を実施し実用化した。

図13 流動化処理土による埋め戻し施工（財津ら，2016）
左：流動化処理土の流し込み，右：埋め戻しが完了した端面

水路内配管工法　本地区において，中小口径（φ1,650〜φ300mm）の配管を行う場合，混住化が進んだ水路周辺区間では開削埋設工法によると施工費が大幅に高価となる。そこで，既設の三面張り用水路内にパイプラインを配管し，製造プラントから圧送した流動化処理土などで用水路天端まで埋め戻す工法（水路内配管工法）を開発し，多用して，施工費を抑えることができた。

(2) 生産基盤をフル活用した営農へ

平成19年（2007）頃から，イネの登熟期である夏場の異常な高温により，胴割粒や乳白粒の発生率が高まり食味も低下することが多くなった。福井県全体としては，5月半ば以降への田植え時期の後ろ倒しによって回避を図っているが，九頭竜川下流地区では，福井県農試の井上健一や農研機構農工研の友正達美らの協力を得て，15時から21時の間に給水し，開水路に比べ10℃低い冷たい水を夜間に張った状態に保つことによって品質が向上することを確認した。地区内の夜間灌漑実施面積は平成25年（2013）の約400haから平成27年（2015）度に約1,800haに拡大している。

水田を利用したダイズ栽培で高い収量を確保するには，開花後や実が肥大する時期に水分が必要である。当地区では，圃場整備事業で敷設された既存の暗渠排水管にパイプラインを接続し暗渠排水出口の高さが調節できるようにした簡易地下灌漑システムを考案し，平成25年（2013）度からダイズ栽培において実証試験を実施した。その結果，品質および収量の向上に効果が認められ地区内で普及が始まっている。

また，暗渠排水の再整備にあたり，平成26年（2014）度から，FOEASシステムによるダイズ，ネギ，エダマメ，冬期キャベツの実証試験を行い，品質と収量の向上および圃場の作業性の向上が確認され普及が進んでいる。

平坦地の水田地帯では，イネ—ムギ—ダイズなどの2年3作が定着していたが，パイプラインで得られる水圧と目詰まりが起こりにくいきれいな水を活かしたチューブ灌漑の導入により，イネ—ダイズ—野菜などの複合輪作体系（水田園芸）を平成23年（2011）度より実施している。これによ

り，ニンジン，キャベツ，ブロッコリー，ネギ，スイートコーンの活着や苗立ちの向上といった効果が認められ生産が増加している。

(3) 砂丘地への新規作物の導入

海岸近傍の三里浜砂丘の畑地では，砂丘地の特性を活かし，ラッキョウなどを主体とする農業が行われていたが，地下水は塩分濃度が高く，塩水被害に悩まされていた。パイプライン化により，鳴鹿大堰からの真水の利用可能量が増加する見通しが立ち，新たな作物として，ハツカダイコン，ニンジン，抑制小玉スイカ，ショウガなどの実証試験を平成20年（2008）より順次実施しており，効果が発現し平成25年（2013）頃から作付けが増加し収益増に結び付いている。

(4) 経営規模が拡大

当地区では，圃場整備に合わせて，集落営農組織を中心とした農地の利用集積が進んでおり，平成中期に国が目標としていた担い手経営体への利用集積率80％をすでに達成している。米の生産コストの低減に有効な直播栽培も広く普及している。

30ha以上の経営規模になるとパイプラインの給水栓は約100か所にも達するため，水管理労力が増大し，規模拡大が進みにくいといわれている。そこで，平成27年（2015）度よりICTを活用した新しい水管理技術の実証試験が実施され，ICTの高度化機能を付加した遠隔操作が可能な給水栓の利用による水管理労力の削減効果が確認され普及が始まっている。

また，パイプラインでは途中に水面がなく雑草種子が入らないため，いくつかの大規模経営体では除草剤の散布量が減少したとの報告がある。当地区では，この水田雑草の減少がパイプライン化の効果として注目され，調査が進められている。

————執筆：岩崎和巳

環境保全に配慮した農村の整備

農村環境保全による地域づくりを推進した諸技術

　平成に入り，食料・農業・農村基本法の基本理念に多面的機能の発揮が掲げられるとともに，農業生産の基盤整備にあたっては，環境に配慮することが明記された。農林水産省等の実施する農業農村整備事業も可能な限り農村の二次的自然や景観等への負荷や影響を回避・低減するとともに，良好な環境を形成・維持し，持続可能な社会の形成に資するように方向性の転換を図ることとなり，環境創造型の事業と標榜するようになった。特に水田周辺に生息するドジョウなどの魚類等を保全する技術の開発が行われた。

　さらに，想定を上回る集中豪雨の頻発や大規模地震により，ため池の決壊，大規模地滑り等の多くの災害が発生した。このため農地や住民の生命・生活を災害から守るため，農業農村整備事業のなかでは，ため池改修や地滑り対策等の整備部門と情報収集・提供体制等のソフト部門の連携を図り，広域的な農地防災対策を推進するための技術開発が行われた。被災場所および状況の確認調査には通信技術の革新が活かされ，モバイル機器で撮影した写真にその場でメモ書きして，メールで送信できる簡易GIS（iVIMS）が開発された（前出）。また，このシステムは土地改良区，市町村，県等における土地基盤情報の一元管理や農業農村整備事業の計画と実施の中核技術として活用されている。

　農村地域における生活環境整備や農業用水の汚濁防止の必要性に対処する施設として農業集落排水施設がある。そこで，その施設を対象に農業集落のし尿，生活雑排水などを処理する技術の開発・改良が進められた。また，畜産廃棄物の処理処分対策や再生可能エネルギー利用の促進も求められるようになったため，農村地域でメタン発酵システムを成立させ，その

消化液を農地で利用し尽くすための技術開発が進められた。

このような背景のもと，本節では，農村環境の保全を通じた安全で美しい地域づくりを推し進めた技術として，農村環境の保全技術，ため池を豪雨・地震から守る技術，ため池防災情報配信システム，簡易GISシステム，ワークショップ手法，農業集落排水技術，メタン発酵システム等について紹介する。

———執筆：岩崎和巳

農村地域の生態系を保全する取組み

昭和期より用水路のコンクリート張りが進み，親水空間の喪失や魚類等の生物の減少が指摘されていた。平成4年(1992)にブラジルのリオデジャネイロで開催された「環境と開発に関する国際連合会議（通称「地球サミット」）を契機に，わが国では生物多様性などの環境保全に対する意識が急速に高まり，農林水産省では平成3年(1991)に農業農村整備事業のなかに水環境整備事業などを創設し，同時に（社）農村環境整備センターが設立されて土地改良事業における農村環境保全技術への取組みが始まった。

また，農村地域では水田や水路などを活用した環境教育や水田周辺の魚類等の生物の調査活動が盛んになった。平成10年(1998)頃から環境配慮工法の一つとして生物のネットワーク*に着目した水田魚道の開発が進んだ。また，平成13年(2001)の土地改良法改正により，事業実施時には環境への配慮が原則化されたことにより，環境配慮工法の事例や技術的知見の蓄積が進んだ。平成18年(2006)には環境との調和に配慮した事業実施のための調査計画・設計方針を定めた技術指針が制定され，平成27年(2015)には技術指針が改定された。

---

*野生生物の生息に適した空間の連続性が保たれるよう回廊等によりネットワーク状に広く確保されていること。水系内の段差で魚の遡行・降下が妨げられる場合には魚道を設けると回廊になる。

(1) 田んぼの学校と生きもの調査

　農村地域の水田や水路，ため池，里山などを自然体験の場として活用して，環境に対する豊かな感性と見識を育む環境教育「田んぼの学校」が，平成10年（1998）に農林水産省など3省が合同で実施したモデル調査のなかで提唱された。この活動は（社）農村環境整備センターによって推進され，平成12年（2000）から始まった同センター主催の「田んぼの学校」指導者養成研修では，生態系や環境教育に関する専門知識と生物実習などが組み込まれ，18年間で1,542名の指導者が養成され，これらの受講生の普及活動により全国各地で環境配慮技術への関心が高まった。

　また，環境に配慮した土地改良事業を進めるために，農村地域の水域に生息する生物と生息環境の調査が盛んになった。農林水産省では環境省の協力を得て魚類や両生類を中心とした「田んぼの生きもの調査」の手法を定め，土地改良区や小学校，地域住民などの参加を得て，水田周辺水域の代表的な生物の生息状況を把握するための調査を平成13年（2001）から同21年（2009）まで実施した。

　平成21年（2009）度調査では，約600団体，約5,000人が参加し，魚類の調査では，全国の約1,250地点で実施，日本に生息する淡水魚の約4割にあたる87種が確認された。カエルの調査では，全国の約300地点で実施，日本に生息するカエルの約8割にあたる15種が確認された。調査の結果は，事業実施の際に保全の対象とする生物の選定に活用されるともに，生物の特性に合わせた環境配慮工法の開発に役立てられた。

(2) 水田魚道

　水田の生産性を向上させるために従来の用排兼用水路を用水路と排水路に分離独立させた圃場整備が行われ，また暗渠排水工事を行うことにより排水路が田面より70〜90cm下げられ，大きな落差が生じたためにドジョウ等の魚類が産卵場所である水田に遡上できなくなった。また，湾曲していた排水路が直線化し，側壁が柵渠（コンクリート板を柵状に設け側壁の崩れを防ぐ工法）で直立したために水路内の水の流速が一様になり，稚魚

図14　波付きU型水田魚道（メダカ里親の会）

の休息・避難に必要な水深が浅く底質や植生があり流れが緩やかな環境が減り，水田周辺水域に生息する魚類等が減少した。

圃場整備を終えた水田では，魚が産卵などのために水田に出入りするつながりが断たれたので，平成10年（1998）頃から農工研の端憲二や宇都宮大学の鈴木正貴（現岩手県立大学）らによって水田と排水路をつないでドジョウ，メダカ，ナマズなどの水田への遡上，降下を可能にする水田魚道の開発・設置が試みられるようになった。平成22年（2010）には宇都宮大学の水谷正一の監修により，メダカ里親の会，なまずの学校，（社）農村環境整備センターが共同で，鈴木正貴らの開発した魚道の設置方法について解説した「水田魚道づくりの指針」を制作し，全国に普及を図った（図14）。

また，（一社）地域環境資源センター（旧（社）農村環境整備センター）は，主に県の圃場整備事業関係者を対象とする水田魚道設置指導者全国研修会を開催し，水田魚道の設置，管理・モニタリングなどの講義と現地での実践研修を行い，平成24年（2012）から5年間で合計90名が受講した。これらの受講者の指導により全国各地の圃場整備事業実施地区において水田魚道の設置が進められた。

(3) 環境配慮技術指針

土地改良事業の実施においては，平成2年（1990）以降，個別事業地区ごとに可能な範囲で環境に配慮した事業実施が試みられてきたが，平成13年（2001）の土地改良法改正により，事業を実施する際に「環境との調和に配慮」が原則化され，環境への負荷や影響の回避・低減，良好な環境の形成・維持の視点に立った事業実施が図られることとなり，環境配慮技術への取組みが大きく前進した。

平成18年（2006）には，生物の生息・生息環境や移動経路（ネットワーク）の重要性に着目し，あらゆる工事に共通する環境配慮の手法や工法を取りまとめた「環境との調和に配慮した事業実施のための調査計画・設計の技術指針」が制定された。平成27年（2015）に改正された技術指針には，各地での環境配慮の実績が加えられるとともに，環境保全に留意した地域づくりの考え方が取り入れられた。

（4）環境保全で農産物の高付加価値化

滋賀県「魚のゆりかご水田米」　滋賀県農政水産部では，平成13年（2001）から排水路から田んぼにニゴロブナを遡上させるための施設として水田魚道を開発，平成16年（2004）には改良を加えるとともに設置するための手引書を作成した。また，設置した魚道を魚が遡上して成育した圧んぼで作られた米を「魚のゆりかご水田米」と命名し商標登録を行い，この取組みを「魚のゆりかご水田プロジェクト」と命名して推進している。魚道の維持管理や水田のきめ細かな水管理と減農薬栽培などの営農に経費がかかるが，いわゆる環境保全米として農産物の高付加価値化に貢献している。平成29年（2017）度には24地区，131haで取り組まれている。

兵庫県「コウノトリ育むお米」　兵庫県但馬地域では，平成14年（2002）からコウノトリ野生復帰活動が始まり，コウノトリと共生する農業を支える「ひょうご安心ブランド」の推進，コウノトリの郷営農組合の設立，豊岡市による「コウノトリの舞」制度やJAたじまによる「コウノトリ贈り物」制度の制定などを経て，平成17年（2005）年に有機質肥料・無農薬で育む「コウノトリ育む農法」を確立した。現在では「コウノトリ育むお米」の生産が但馬全域で展開され，「コウノトリ育む大豆」の栽培も始まっている。わずか0.7haで始まったコウノトリ育む農法は，平成28年（2016）には約366haになり，その取組みが評価されて，第42回日本農業賞（第9回食の架け橋賞）や，日本の優れた文化・産業を国際的な視点で評価する「クールジャパンアワード2017」を受賞。また，JAたじまは，「コウノトリ育むお米」で，全国のJAで初めて国際的な安全・安心の基準「GLOBALG. A. P.」のグルー

プ認証を取得した。一方，このような活動の広がりとともに，昭和46年（1971）に豊岡市内で最後の1羽が保護された野生のコウノトリは，他県に移して繁殖したものを含めて平成31年（2019）3月時点で140羽まで増えた。

新潟県「朱鷺と暮らす郷づくり認証米」　新潟県の佐渡島の東部，小佐渡丘陵に位置する小佐渡東部地域では，昭和56年（1981）に野生のトキがすべて捕獲・保護されたが，平成12年（2000）に最後のトキ「キン」が死んで日本産のトキは絶滅した。その後，平成16年（2004）に策定されたトキの野生復帰を目指した「新潟県トキ野生復帰推進計画」と並行してトキを中心とした生態系保全工法の検討が進められた。

　新潟県は，平成20年（2008）に水田をトキのエサ場として有効に機能させるため，①江*の設置，②冬期湛水（ふゆみず田んぼ），③水田魚道の設置，④水田に隣接して常時湛水するビオトープ（生物生息空間）の設置などが求められる「生きものを育む農法」が要件となる「朱鷺と暮らす郷づくり認証制度」を創設した。「朱鷺と暮らす郷づくり認証米」は，いわゆる環境保全米として，生物豊かな環境で生産された米として他の佐渡産コシヒカリよりも高い価格で販売されており，平成24年（2012）には1,367haに拡大している。

宮城県「ふゆみずたんぼ米」　ラムサール条約は，昭和46年（1971）に採択された「特に水鳥の生息地として国際的に重要な湿地に関する条約」という国際条約であるが，宮城県には同条約で国際的に重要な湿地として認定されている湿地が3か所ある。そのなかの大崎市の「蕪栗沼・周辺水田」は，「水田」という名前で登録されている世界で唯一の湿地で，農業生産活動と湿地保全の一体性，農民と水鳥の共生という観点で世界的にも注目されている。冬には10万羽を超える渡り鳥がやって来るために，沼の周りに水田魚道やよどみ工**などを設置し，「ふゆみずたんぼ」をつくって休み場の拡大や沼の水質改善につなげている。なお，ここで生産された米は「ふ

---

*水田の落水時にも通年湛水の可能な一画。水鳥の生息に重要。
**水路底に丸太等をはめ込み，土砂を堆積させてよどみ（淀み，澱み）をつくる工法。ドジョウやアユの生息環境を創る。

滋賀県	新潟県	宮城県
「魚のゆりかご水田米」	「朱鷺と暮らす郷認証米」	「ふゆみずたんぼ米」

図15　環境保全による各地のブランド米（各掲載ホームページより）

ゆみずたんぼ米」としてブランド化されており，農薬や化学肥料を使用せずに有機JAS認定を受けて約80tが出荷されている（図15）。

―執筆：宮元 均

ため池の災害情報システムと対策工法

　全国の約20万か所に存在する農業用ため池は老朽化しているものが多い。豪雨や地震が頻発傾向にあり災害への備えの強化が求められるが，農家の減少と高齢化でため池の管理機能の弱体化が進行している。これに対し平成期には，ため池の諸元をデータベース化して，地震発生時に緊急点検すべきため池が検索でき，豪雨時には気象情報からリアルタイムで予測した被災危険度と氾濫解析結果等をメールで自動配信するシステムが開発され，全国に普及した。ため池を補強改修する新工法も開発された。防災意識の高まりとともに住民参加による防災・減災の活動が活発になり，地域農業に重要なため池やその下流域を災害から守る取組みが進められた。

（1）急がれるため池対策

　灌漑面積が2ha以上のため池は全国に約6万4,000か所あり，その約70%は江戸期以前の築造，約20%は明治・大正期の築造である（図16）。江戸期以前のため池には築堤の正確な時期や，構造，材料，工法等のほか，後年に施工された嵩上げ工事の有無も含めて不明なものが多い。また，ため池は集

図16 古事記・日本書紀にも登場する狭山池（大阪府河川室）

落，水利組合等によって管理されており，農村の過疎化や農業者の高齢化によって巡回点検や除草等の管理作業が十分行われないためため池が増加している。

近年には大規模地震や集中豪雨によって多くの被害が発生しており，その数は毎年300か所程度，平成16年（2004）には新潟中越地震と10回の台風上陸により2,500か所，平成23年（2011）の東日本大震災では約4,000か所に及んでいる。東日本大震災ではため池の決壊により尊い人命が失われた。平成29年（2017）の北部九州豪雨でも多くのため池が被災した。その原因を分析すると，平成19年（2007）～平成28年（2016）の10年間では約70％台が豪雨，約30％が地震であった。

地球温暖化に代表される気候変動下では短時間強雨など極端現象の頻度増加の可能性が叫ばれるなか，自然災害の甚大化が大きな社会問題となっており，ため池は防災対策が急がれる対象であった。

(2) 情報システムの開発と導入

ため池防災情報システム　平成7年（1995）の阪神淡路大震災を契機として，それまで紙ベースで分散管理されていた約11万か所のため池の立地や構造に関する情報が電子データベース化された。どの程度の地震や豪雨で災害が生じるかについての解析研究も進んだ。

農林水産省と農工研の谷茂や，(財)日本水土総合研究所が協力して解析研究やデータベースの構築を進め平成8年（1996）に，①ため池の諸元データを管理し，②地震時に被災の可能性の高いため池が検索できる「ため池防災情報システム」が開発された。このシステムは都道府県への導入が進み，データ件数も増大した。システムの機能を強化する研究開発が進み，平成21年（2009）には，農研機構農工研の井上敬資，谷茂らにより，①豪

雨時のため池の被災危険度が予測でき，②決壊した場合の氾濫エリアが解析でき，③被災危険度と氾濫解析結果等をメールで自動配信することができるところまで機能が拡張された。

ため池防災支援システム　さらに，東日本大震災をきっかけとして，平成26年（2014）度からSIPで，災害時のため池の危険情報を，ため池管理者から国までリアルタイムに共有できる全く新たなシステム「ため池防災支援システム」が，農研機構農工研の堀俊和によって開発された。

このシステムは，熊本地震（平成28年〈2016〉），平成29年（2017）7月九州北部豪雨，平成30年（2018）7月豪雨の際には災害情報を共有するためのシステムとして利用され，各地への導入が始まっている。これにより，ため池の管理者が天気予報と経験からため池の危険度を予測して，ため池の水を放流するなどの対策をしていた時代は終わり，自治体や地域住民に対してリアルタイムに予測したため池の被災危険度等の防災情報を携帯メールやホームページを通じて直接伝達できるようになりつつある。

(3) 危険なため池の新しい対策

ジオテキスタイル盛土補強工法　ため池の堤部分（堤体）は浸透流や溢流*で浸食されることによって脆弱化する。堤体の内側斜面を石やコンクリートブロックで被覆することで大量の浸透流の発生や波による浸食への対策が施されているのはそのためである。しかし通常ため池から水が溢れることはないので，外側斜面は一般に盛土斜面で植物が生えた状態になっている。ところが，予想を超える豪雨によって流入水量が増大し，または，ため池周辺で斜面崩壊が発生して大量の土砂が流入すると急激に水嵩が増し，堤体の上から溢れ出て外側斜面を激しく浸食し，堤体が決壊する危険性を高める（図17）。

これに対応するため，堤体の内外斜面をジオテキスタイル製の土嚢で補強する「ジオテキスタイル盛土補強工法」が平成17年（2005）に農工研の

---

*浸透流は堤体や基礎地盤を浸透する水，溢流は堤体の上から溢れる水のこと。

図17　豪雨で決壊したため池（農研機構農村工学研究部門）

松島健一や毛利栄征らによって開発された。一般の土嚢よりも耐久性が高く，脆弱化した部分を補強する工法として有効であった。

越流許容型ため池工法　次に平成19年（2007）上記の両氏らにより開発されたのは「越流許容型ため池工法」で，それは袋の端がテール状に延びた特殊な形状の大型土嚢（テール土嚢）を堤体外側の法面から上面まで積み上げて補強する改修工法である。大きな地震動を受けた場合でも土嚢の積層部分とテールがため池堤体を一体化して崩壊せず，また水が溢流した場合でも土嚢に収められた土は流亡しないため，決壊を防止することができる。管理能力の低下や豪雨や地震の頻発に対応するため，ため池は溢れないように管理するという常識を超え，溢れた場合にも十分な安全性を確保するために開発された工法である。

砕・転圧盛土工法　環境配慮に重点を置いた「砕・転圧盛土工法」が平成14年（2002）に農工研の谷茂，（株）フジタの福島伸二，北島明，石黒和男らにより開発された。それは，ため池に堆積した底泥土をいったん固化させた後に規定の粒径に砕き，遮水ゾーンや押さえ盛土*など堤体補強用の築堤土として有効利用する改修工法である。一般の改修工事で必要となる底泥土の捨て場や新しい築堤土の採掘場が不要になり，土を運搬するダンプ

---

*堤体の安定性を高めるために，内外の斜面下方に置く低い盛土。斜面の傾きが緩やかになり耐震性が高まる。

トラックも少なくなることから，環境負荷低減効果のほか，耐震性向上，建設コストの大幅縮減（実績で20〜40％）等の効果が評価されている。

これらの新工法は，従来から用いられている地盤改良，押さえ盛土，盛土の補強などの工法とあわせて，現場への導入が進められている。

(4) 住民参加による防災・減災

平成初期までに進行した農村の混住化で，ため池の下流域に住宅地が広がった。ため池の管理は，灌漑用水の確保に加えて下流住民の安全確保も重要な目的となった。ため池管理者のほか自治体や地域住民も一体となって，防災・減災のための活動が取り組まれている。

ため池が決壊した際の被害想定範囲や避難場所を地図化したハザードマップの作成，予備放流等の貯水ルールの策定，防災情報の伝達体制の整備，防災・避難訓練などが進みつつある。災害を契機にして全戸に防災ケーブルテレビを配備し，町と集落から即時に防災情報が各戸に周知されるとともに，住民からも問い合わせが可能な双方向システムを確立した地域もある。前述のため池防災情報システムは，これらの取組みの実現に不可欠な情報を提供し，継続的に役割を果たしている。

ため池は，自然災害による決壊等の発生が懸念される反面，上流で発生した土石流をため池が受け止め，下流の安全を守った例も多く報告されている。そのため，ため池の洪水調節機能等の多面的機能に対する地域住民の期待も高まっている。灌漑用水を確保し安全な農村を守るため，ため池の高度管理は重要な農業技術となっている。

———執筆：小前隆美

農業基盤や農村環境の整備に貢献した手法

平成に入り，農業の持続的な発展と農村の振興には，農地，用排水路，農道等の位置，規模，管理状態等の農地基盤情報を一元的に管理し，多面的機能の発揮や環境との調和も含めて，受益農家や地域住民が農業基盤や

農村環境の整備管理計画を多角的に検討することが一層重要となった。

　これを受けて，農地基盤情報を管理し可視化する実用的な技術として簡易GISシステム（VIMS）が開発された。このシステムは，台帳で管理されていた従来の方法に比較して，地図上に農地や施設の属性データを簡単に整理・表示でき，画像を多用することによって情報の質と量を著しく向上させた。また，農林水産省が推進した農地や農業水利施設に関する情報のGIS上での一元管理と関係者間での共有等を実現した。

　これらのことから，VIMSは利便性の高い技術となった。このシステムを導入した土地改良区や市町村では，農業農村整備事業の計画策定や事業管理，耕地管理台帳管理，農地集積・流動化対策，農業用用排水施設や農道等の管理，災害発生時の対応，農村地域のハザードマップ作成，資源保全施策，各種統計情報管理などの業務のなかで活用されている。

　また，農業基盤や農村環境の整備管理計画の策定にあたって，多様な価値観を有する地域住民が主体的に計画の検討に参加し，合意形成を図るため，整備後のイメージを可視化する農村景観シミュレータが開発され，それを活用した新たなワークショップ手法が確立された。

　これらの手法は，農業農村整備事業の計画・実施や整備された農地や農業水利施設の保全管理の現場において幅広く活用され，農村の振興に大きく貢献した。

(1) 土地基盤情報の管理を一変させた簡易GIS

　平成期には，位置情報を含む空間データを総合的に管理・加工し，視覚的に表示する地理情報システム（GIS: Geographic Information System）の利用が進んだ。農地基盤整備の分野でも情報をGIS上で管理する計画が進められたが，費用が高い，操作が難しい等の問題が障壁となり，専門家が不在の組織では十分な活用ができなかった。このため，安価で操作性に優れた簡易なGISとして，平成23年（2011）にVIMSが，平成24年（2012）にその携帯型端末であるiVIMSが開発された（前出）。

　VIMS・iVIMSの特徴　VIMSは，GISの専門的な知識がなくても操作で

きる。土地改良区，土地改良事業団体連合会，市町村・県等の職員でも地図上に属性データを簡単に整理・表示でき，目的の土地，施設のほか，景観，生物等の情報も検索できるユーザーが使用しやすい仕組みを備えている。

住民参加型の計画策定等で機能を発揮する三次元表示能力（高速化と移動性能）を高めたオリジナルのGISエンジンを搭載しており，先行して全国で整備が進められた農地情報GISデータベースとの連携性も高い。また，独自の機能として，現場で撮影した写真をGPSによる位置情報とともに画像データベース上に整理する技術，デジタルオルソ画像の表示演算処理時間を短縮する技術，地面に近づくと解像度を上げ，地面から離れると解像度を下げる技術を開発・導入した。

VIMS・iVIMSの利用法　VIMSやiVIMSは，農業農村整備事業で整備された農地や農業水利施設等の一括管理と，新規事業計画の策定を主目的として導入された。災害が発生した際には，現場とVIMSサーバ間でGISの情報を同時共有しながら水利施設の破損状況や農地の損壊状況の早期収集に活用されている。

図18にiVIMSの機能を示す。事務所で管理する土地基盤情報の台帳に現地で収集・送信した情報が日誌風に付加される。また，これらの情報は表計算ソフトに出力し，管理業務に必要な資料の作成に利用できる。土地改良区では，このシステムを使用することにより，農業水利施設の管理ノウハウを地図上に記録し参照する新たな目的にも用途を広げている。

集落では，後述するワークショップにGIS情報を用いて，耕作放棄地対策，農道や集落道の整備，集落排水処理施設や集会所等の配置計画等の検討が行われ，先進的農家では圃場の作付け管理等の営農技術としてその利用場面を広げている。

(2) 農村景観シミュレータとワークショップ手法

農業・農村には，国土の保全，水源の涵養，自然環境の保全，良好な景観の形成など多面的な機能がある。平成11年（1999）の食料・農業・農村基本法の施行をうけて同13年（2001）に土地改良法が改正され，農業農村

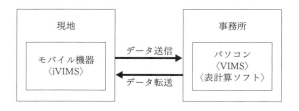

①モバイル機器のアプリiVIMSで現地の農地，取水施設や水路などのメモ情報を送信
②パソコンで自動受信しVIMSの地図上で現地情報を確認
③台帳フォームで受信情報を整理しデータベース化
④表計算ソフトにデータ出力
⑤モバイル機器にデータ転送

図18　iVIMSを利用した土地基盤情報の管理
（農研機構農村工学研究部門）

整備事業の実施にあたって景観や自然環境への配慮が重要となった。さらに，平成16年（2004）には，良好な景観を国の資産と位置づけた景観法が制定され，農林水産省は「美の里づくりガイドライン」を策定し，美しい農村景観の形成に向けた施策を展開した。

　ワークショップ手法の活用　農村整備や地域づくりの計画には，以前から住民の意見を反映させるためにワークショップ*が活用されていたが，運営は試行錯誤の状態で，ワークショップの技術や開催ノウハウ，また，それを活用した農村整備計画の策定法には定型的なものがなかった。そこで，集落環境点検等によって地域資源を活かした構想づくりを促す新たな発想支援法や，住民の自発的な取組みを促す外部支援活動の方法，地域づ

＊問題解決などのために，参加者が自発的に発言を行える場において，司会進行役を中心に行われる話し合い。

くりコーディネータ育成のための研修プログラムを含む手法が平成12年(2000)に農工研の筒井義冨らによって開発された。現地踏査によって点検マップを作成する過程で，点検した住民の関心に基づく農業基盤や農村環境を構成する事物の分類・評価によって，地域の課題やニーズを反映した農村整備や地域づくりの計画案が導出されるプロセスが構築されている。

農村景観シミュレータの開発　また，農業農村整備で形成される景観を事前に検討するため，二次元の景観予測画像を容易に作成することができる農村景観シミュレータが平成16年(2004)に農工研の山本徳司らによって開発された。それは，スキャナやデジタルカメラでコンピュータに取り込んだ景観写真に，ほかで写した建物や道路や樹木等のさまざまな部品画像を大きさや色を変えながら張り付けて予測画像を作成する技術である。言葉や図面ではなく画像で景観が予測できるため，住民と技術者との相互理解や住民間の合意形成の有効なコミュニケーションツールとなった。

ワークショップ手法の確立と展開　前述のワークショップ手法に農村景観シミュレータを導入した農業農村整備に固有のワークショップ手法は，農業用ダムを新たに建設する事業で竣工後の景観を地域住民に説明する場面をはじめ，景観を保全しながら行う棚田の圃場整備計画，農業用水路や農道の周辺景観の整備計画，ため池周辺の親水公園整備計画や，集落排水処理施設や集会所の位置やデザインなどを地域住民みんなで話し合う景観づくりワークショップ等で活用された。開発研究者が全国の自治体や土地改良区から要請を受けてワークショップを指導した件数は，シミュレータが普及するまでの数年間で130件を超えた。住民が主体的に地域にふさわしい景観を保全・創造する新しいワークショップの形を確立したといえる。

　さらに平成21年(2009)には，農研機構農工研の福与徳文と遠藤和子によって，地域づくりのノウハウやワークショップ技術を習得した人材を育成するための新たな研修プログラムが開発された。それには，地域づくりを進める現地において活動を実践しながら地域づくりコーディネータを育成する段階と手順がプログラムされている。

　農研機構農工研で行政担当者を対象に実施する専門技術研修「地域合意

形成技術」や、全国農村振興技術連盟で農村振興に携わる者を対象に実施する「農村振興リーダー研修」等で育成された人材がさらに次の人材を育成する連鎖的教育活動によって、多様なワークショップを自力で企画・運営し農業農村整備事業や地域づくりを推進する活動が全国に展開された。

――――執筆：白谷栄作

農業集落排水処理施設の整備

　経済の高度成長にもかかわらず、農村地域では農村集落からのし尿や生活雑排水の処理施設の整備が立ち遅れていた一方で、農業用水路が生活雑排水の受け入れ先となり、農業用水の水質汚濁に苦慮していた。わが国の農村集落は、一般的に、①居住区域が低密度に分布、②平坦地、山間地など多様な地形条件に立地、③集落は生産と生活の最小単位であり共同体機能を保有、④自然の物質循環機能による浄化力を備えた河川、農業用の用排水路、農耕地などが豊富に存在、⑤し尿を含む汚水処理により生じた副産物（処理水、集排汚泥）を農業生産に持続的に取り込める等の空間的・社会的特質を有している。

　そこで、農業集落の特質に適した小規模分散型の汚水処理システムを順次開発。5,000地区を超える施設が整備され、処理水の再利用と処理汚泥の農地還元が進んだ。その結果、農村の生活環境が改善されるとともに、農業用水および河川等の公共用水域の水質が著しく改善され、農業用排水路が豊かな生態系や美しい水田環境の提供など地域活動の場としても利用されるようになった。

(1) 農業集落排水処理システム

　昭和58年（1983）に（社）日本農業集落排水協会（JARUS）が設立され、農業集落の特質に合わせて数集落ごとに汚水処理施設を建設する汚水処理システムの開発が始まった。システムに求められた要件は①小規模分散処理方式であること、②処理水を再利用できること、③集排汚泥を農地還元利用

できること，④維持管理が容易なこと，⑤自然の浄化力を活かした汚水浄化方式であること，⑥施設の整備が短期間であること等であった（図19）。

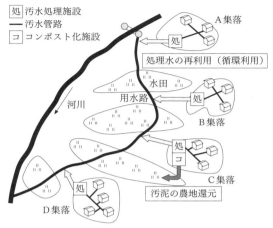

図19　小規模分散処理システム（(一社)地域環境資源センター）

　同協会では，茨城県美浦村に設置した付置試験場で農工研の端憲二らと共同研究を進め，小規模であることから汚水流入量の変動が大きい課題をうまく処理する方式や空気量の調節，汚泥の引き抜き時期の判定等の運転操作，管理方式に至る一連の仕組みを，処理水の水質，維持管理コスト等や地域条件に合わせて開発した。同協会の技術陣は業務を現在の（一社）地域環境資源センターに継承しながら，これらの成果を基に，生物膜法による9タイプ，活性汚泥法による17タイプおよび膜分離活性汚泥法による5タイプの合計31タイプの処理方式（通称JARUS型）を順次開発している。

　農業集落排水処理施設は平成7年（1995）度をピークとして平成一桁代に急速に整備が進み，現在，約5,000か所で稼働し（図20），汚水処理人口は，352万人（平成28年〈2016〉度末時点）に上っている。処理施設から排出される処理水約3.4億m^{3}の約80％は，農業用水として再利用され，引き抜いた余剰汚泥の約50％は乾燥して農地還元され，20％が建設資材として利用されている。

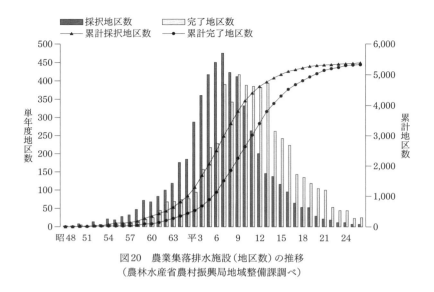

図20　農業集落排水施設（地区数）の推移
（農林水産省農村振興局地域整備課調べ）

(2) 農業集落排水処理施設の課題

　農業集落排水処理施設は新規整備のピークから20年以上を経過した平成期後半，硫化水素などの腐食性ガスによる施設劣化等をはじめとする老朽化が進み，適切なタイミングでの更新整備やより効率的な処理方式への切替改築が必要となっている。しかしながら，改築更新設備地区数は，増加傾向にはあるものの，老朽化施設数に比べると少なく，今後，多くの老朽化施設への対応が必要になると考えられている。

　また，施設管理者である市町村にとって，維持管理費の軽減も大きな課題となっていた。この維持管理費の内訳は，汚泥処理費が6割，電気料が2割であり，全体の8割を占めている。汚泥処理については，処理量を減らすための減量化や固形肥料への再生利用が取り組まれているが，いずれも脱水や乾燥工程が必要で，電気使用料等の新たなコストが発生し負担となっていた。

(3) 最近の技術開発の成果

　平成末期に次の2課題については（一社）地域環境資源センターにおい

て技術開発に目途がつき，実証事業が進められた。

低コスト型汚水処理システム　平成一桁代に整備された嫌気性ろ床槽を有する施設（全国に1,500施設以上）では，発生する硫化水素ガスにより，電気機械設備やコンクリートが腐食し，補修や更新コストが増加する要因となっていた。新たな処理方式は，嫌気性ろ床槽の一部を接触曝気（液体に空気を吹き込むこと）槽に変更して好気性の接触曝気方式に切り替え硫化水素の発生を抑制し，一定の処理水質を確保しながら，汚泥の発生量も低減できる。

小規模メタン発酵システム　平成の初めに整備された農業集落排水処理施設の7割以上は，引き抜いた余剰汚泥をし尿処理施設等の大規模施設に運搬して処理していた。このため，運搬する汚泥の量を少なくするために電気エネルギー等を利用して脱水・乾燥している。これに対してメタン発酵は，高含水率の汚泥を脱水・乾燥することなく嫌気状態で発酵させてバイオガスを発生させ，残渣物である消化液を液肥として利用しながらエネルギーをも取り出すことができる技術である。農村地域に適した農業集落排水処理施設と連携した小規模メタン発酵システムの実証事業を通じて，地域全体でのコスト低減を目指した実証試験の段階に至っている。

(4) 農村環境改善の地区事例

滋賀県余呉町は平成2年（1990）度から平成16年（2004）度にかけて，19集落すべてでの整備を行った。町内を流れる余呉川は，整備前は生活雑排水が流れ込み不衛生であったが，農業集落排水処理事業により水質が改善され，悪臭やハエの発生が解消された。地域住民からも好評であり，子供たちのための生物観察会も開催されるまでになった。また，水質改善効果は，平成6年（1994）から平成7年（1995）の平均値と平成16年（2004）から平成17年（2005）の平均値を比較すると，SS（浮遊物質量）は7.6から3.8mg/lに，BOD（生物化学的酸素要求量）は2.2から0.8mg/lに低減して，大幅に改善した。

―――執筆：宮元 均

バイオガス事業廃棄物の利用

　畜産廃棄物の処理処分対策や再生可能エネルギー利用の促進を背景として，牛ふんや野菜残渣のメタン発酵でエネルギー利用とともに消化液を農地利用するシステムが確立された。農工研はモデルプラントを設置して長期に連続運転するなかで，農地での消化液利用も進み，バイオマス資源の地産地消に貢献することを実証した。プラントには75か国から約1万3,000人が視察に訪れ，平成29年（2017）までに全国で300地区を超えるバイオマスタウン構想が公表されるなかで実証プラントの成果が活用されている。

(1) バイオマス利活用の背景と課題

　平成14年（2002）に「バイオマス・ニッポン総合戦略」が閣議決定され，政府はバイオマスエネルギーの利活用の推進や，地域のバイオマス利活用の全体プランを作成し実現を図るバイオマスタウン構想の実現を図ってきたが，平成17年（2005）2月に京都議定書が発効し，実効性のある地球温暖化対策の実施が喫緊の課題となるなど，バイオマスの利活用をめぐる情勢が変化した。このため，平成18年（2006）に新たな「バイオマス・ニッポン総合戦略」が閣議決定され，バイオマスの利活用が地球温暖化防止に効果があること等の国民的理解の醸成，バイオマスの生産，収集，変換，利用の各段階が有機的につながり全体として経済性があるシステムの全体設計，地域ごとに地域の実情に即したシステムをもつバイオマスタウン構築の推進等が目標に掲げられた。

　わが国は，温暖・多雨な気候条件から，かなりのバイオマスの賦存量が見込まれるが，それらが広く，薄く存在しているうえ，水分含有率が高くかさばる等の扱いづらさから収集が困難であること，効率の高い変換技術の開発が不十分であること，事業の採算性の問題等により十分な活用がなされていなかった。このため，農業分野においては，稲わらの飼料としての利用の進展や家畜排泄物から作られる堆肥の品質向上による耕畜連携

で，環境保全型農業を進展させてきた。

(2) メタン発酵プラントの実用化

バイオマス利活用を推進するためには，バイオマス利活用の全工程にわたる実証が必要であった。「バイオマス・ニッポン統合戦略」の一環として，農工研が千葉県香取市に家畜排泄物や農産廃棄物を原料とするバイオマスプラントを設置した。

設計・試作から運転までプロジェクトは農研機構農工研の柚山義人，山岡賢，藤川智紀（現東京農業大学）や中村真人らが中心となり，東京大学の迫田章義らや（一社）日本有機資源協会の生村隆司ら，（株）荏原製作所などのメーカーの協力を得て平成21年（2009）から大々的に行われ平成の終わりまで続いた。農事組合法人和郷園の協力を得て営農に組み込んで長期運転するなかで，さまざまな課題を解決し，技術マニュアルが公表され，物質・エネルギー収支解析と現地運用実績により，資源の地産地消に貢献することが実証されている。

実証プラントの核となるメタン発酵システムは，図21のとおりである。原料は固液分離し，固分は堆肥化施設へ，残りをメタン発酵槽に投入し消化液とバイオガスを生成する。原料に含まれる肥料成分の窒素，リン，カリウムは，ほぼ全量が消化液に移行。消化液は農地で液肥として利用。原料に含まれる炭素の約30％をメタンガスとして回収。PSA（圧力変動吸着）装置により，バイオガス$1Nm^{3*}$から濃度98％以上のメタンガス$0.56Nm^3$を精製，メタン回収率は90％以上と高い。このメタンは，コジェネレーション設備で発電してプラント内で利用するほか，炭化装置や農作業用自動車の燃料にも活用された。

(3) メタン発酵消化液の液肥利用

肥料成分を含む消化液を液肥として利用できれば，これを廃棄する場合

---

* $1Nm^3$ は，対象とする気体の1気圧 0℃での気体の体積。

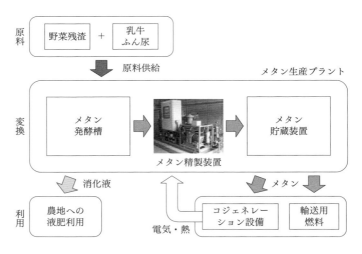

図21 実証実験されたメタン発酵システム
(農研機構農村工学研究部門)

に必要な浄化処理が不要となり，農村地域でメタン発酵システムを完結させることができる。しかし，消化液を不適切に液肥利用した場合には，肥料効果が発揮できないだけでなく，環境負荷を増大させることになる。

消化液を土壌表面に施用し放置するとメタンガス等の多くの温室効果ガスを放出することになるが，施用後速やかに土壌と混和すれば消化液中の窒素の約60％程度を利用できることや，それを化学肥料の代わりに使用しても地下水への負荷は増加しないことなどが実験的に確認され，肥料効果や環境影響の観点から適切な施用方法が示された。それまで消化液の利用実績は水田が中心であったが，実証試験の成果で畑地での利用が広がっている。

(4) バイオマス利用のこれから

農研機構農工研は平成25年 (2013) にこれまでの技術開発内容を取りまとめて手引書「バイオマスタウンの構築と運営」を公表し，継続的にこれらの施策を支援している。

平成28年 (2016) には新たな「バイオマス活用推進基本計画」が策定さ

れ,「地域に存在するバイオマスを活用して,地域が主体となった事業を創出し,農林漁業の振興や地域への利益還元による活性化につなげていく施策を推進する」旨明記された。これまでにも石油情勢が不安になるとバイオマス利用技術の開発に注力された歴史がある。これからは,地球温暖化の防止策として継続的に技術開発が進められなければならない。

———執筆:小前隆美

引用・参考文献

藤森新作・谷本岳・若杉晃介・小野寺恒雄.2003.暗渠排水と地下灌漑機能を併せ持つ低コストな地下水位制御システム.平成15年度農業工学研究所研究成果情報.51-52.

北川巌・後藤幸輝.2013.農家が使える無資材・迅速な穿孔暗渠機「カットドレーン」.平成25年度農村工学研究所研究成果情報.1-2.

森充広・森丈久・河原昭・藤原鉄朗・青木伸之・財部伸一・高岩康博.2015.壁面自動追尾型水路トンネル診断ロボットによる調査事例.ARIC情報.117:12-13.

沖縄総合事務局宮古農業水利事業所編.2001.宮古—事業誌—.

富田友幸.2009.地下ダム開発の現状と今後の展開.地下水技術.50(1):29-39.

若杉晃介・鈴木翔.2017.ICTを用いて省力・最適化を実現する圃場水管理システムの開発.農業農村工学会誌水土の知.85(1):11-14.

財津卓弥・大塚直輝・西岡伸・平岩昌彦.2016.国営九頭竜川下流地区における大口径パイプラインの設計・施工.農業農村工学会誌水土の知.84(12):1069-1073.

全国農村振興技術連盟.2018.すべてわかる農業農村整備.

環境問題

農業と環境

農業と環境の相互関係

　農業は，それを取りまく環境，特に自然環境の影響を強く受ける。人びとは，古来，農業の生産性向上を図るため，気象・土壌・水・植生などの自然環境を上手に利用し，農畜産物に危害を及ぼす病害虫や雑草を制御するための技術を開発してきた。そのような農業技術によって形成され，長年にわたって維持・利活用されてきたのが農業生態系である。しかし，昭和期後半から平成期にかけて，農業生態系に大きな歪みが生じてきた。都市の拡大が農業生態系を圧迫し，気候変動などの地球規模の環境変化が農業生産に影響を及ぼし始めたのである。その一方，不適切な農薬・肥料の使用，経済性や効率性を優先した農地や水路の整備[1]など，農業活動そのものが自然環境に悪影響を及ぼすことも認識されるようになった。さらには，食生活の変化や農畜産物の輸入自由化による水田農業の衰退と農業の構造変化，農村の少子化・高齢化による農業活動の低下と耕作放棄地の拡大により，農村地域の自然環境は変貌し，農村とその耕作地は鳥獣害に曝されている。

このように，農業と環境は相互に影響を及ぼしあう密接な関係にある。その相互関係が著しく変化するなかで，いまでは環境問題への対処を抜きにした農業技術の発展は考えにくい時代になった。平成期の農業は，この変化に対応するための新しい農業のあり方が模索され，試みられてきた時代であると言えよう。そのような変化の過程で取り組まれてきた代表的な技術が，後述する「環境保全型農業」である。この農業形態には，農業活動そのものが自然環境に及ぼす悪影響の軽減，すなわち環境負荷低減・化学肥料削減・化学合成農薬削減のための技術が含まれる。そのほか，地域や地球規模の環境の保全に貢献する生態系保全・国土保全・多面的機能の発揮・地球環境の保全などの課題がある。また，それらの農業形態を成立させるための総合的有害生物管理・耕畜連携・作付体系改善・バイオマスやグリーンエネルギー資源利活用・有機性廃棄物利用など農業の持続性維持にかかわる技術の開発と普及が進められている。さらには，環境保全施策・循環型社会形成推進・地球温暖化防止指針・バイオマス活用推進基本計画・農山漁村再生可能エネルギー法・環境保全型農業直接支払・多面的機能支払・エコファーマー認定・有機JAS認定など国レベル，または地球規模のさまざまな施策との連動，環境に優しい農畜産物のマーケティングや流通の拡大などの経済的な視点からの取組みも進められている。

　本章では，これら農業を取りまく膨大な環境問題への技術的対応について，研究や技術開発の試みが生産現場や行政施策などにどのように活用されてきたかを，農業環境問題の広がりと国内外の施策の動向を概観しながら紹介したい。

農業環境の広がり

　平成期は農業と環境の相互関係が劇的に変化し，それに対応するための新しい技術開発が促進された時代であった。その過程で，農業と環境は「生産環境」，「地域環境」，「地球環境」の3つの「空間」スケールと，「時間」スケールとの相互関係にあることが認識されてきた（図1）。

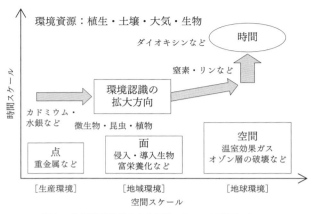

図1 農業環境を取りまく空間スケールと時間スケール

(1) 生産環境

　農業を取りまく環境とは，従来，農業生産の対象となる作物や家畜が存在する現場，すなわち農地（耕地生態系）の気象条件・土壌条件・水分条件・病害虫状況などを指すことが一般的であった。すなわち耕地生態系のなかの「生産環境」である。また，耕地生態系の外部の環境悪化が生産環境に悪い影響を及ぼす場合もある。たとえば，近代技術の黎明期に起こった別子や足尾の亜硫酸ガスなどによる鉱毒汚染，神通川流域におけるイタイイタイ病の原因物質であるカドミウム（Cd）などの農作物汚染，焼却炉から周辺農地へのダイオキシン類の拡散汚染，東京電力福島第一原子力発電所事故での放射性物質の拡散汚染などである。いわば特定の起源に由来する「点」としての汚染源が，耕地生態系に影響を及ぼす生産環境の問題である。

(2) 地域環境

　昭和の後半から平成になると，耕地生態系とほかの生態系が組み合わさった複合生態系の変化が，農業を取りまく環境問題として取り上げられるようになった。たとえば，除草剤や殺虫剤などの農薬成分の水田への蓄積や河川への流出による水域生態系への影響，過剰な肥料成分や家畜排せつ物の流出による河川や湖沼の富栄養化などである。このような，農業生態系から農村地域や周辺のほかの生態系へ影響が及ぶ，いわば「面源」の環

境問題が数多く確認され始めた。また耕作放棄は，周辺に広がる里山の荒廃と相まって景観の劣化・生物多様性の衰退・国土保全機能の低下・鳥獣害の拡大にまで及び始めた。これらは単に耕地生態系の環境条件のみならず，里山や水系を含めた地域の複合的な生態系全体，すなわち「地域環境」を取りまく問題に変化していった。

(3) 地球環境

農業活動による環境への影響は，地球全体にまで及んできた。たとえば，農業活動により発生するメタン（CH_4）や一酸化二窒素（N_2O，亜酸化窒素），土壌燻蒸などに使われる臭化メチル（CH_3Br）は，地球の温暖化やオゾン層破壊の原因物質で，それらのガスの排出抑制が大きな課題になってきた。一方，地球の温暖化は農業生産そのものにさまざまな影響を及ぼし始めており，温暖化適応技術の開発も急がれている。また臭化メチルの使用禁止により，代替技術の開発・普及にも迫られている。他方，農業は地球温暖化の主要な原因物質である二酸化炭素（CO_2）の重要な吸収源の一つとして期待されている。このように，農業と環境の問題は大気環境と地球環境全体への広がりをもつ空間の環境問題として顕在化してきた。

(4) 時間スケール

以上のように農業と環境との関係は，点（生産環境）から面（地域環境）を経て空間（地球環境）へと広がっていることが認識されるようになった。これに加えて，ダイオキシン類などの化学物質は内分泌攪乱物質として生物の生殖器官に影響を与えることが，シーア・コルボーンらが平成9年（1997）に発表した「奪われし未来」などで指摘され，社会の大きな関心を呼ぶようになった。このことは，環境問題が世代（時間）を超えたものとしても認識されるようになったことを表している。ほかにも，外来生物のまん延や農薬などの化学物質による生物多様性への不可逆な影響，地球規模の気候変動などは，現世代だけでは解決できない。これらは，世代を超えた長い時間スケールにかかわる環境問題なのである。

農業における環境問題の拡大と施策の動向

　農業と環境との相互関係は，時代とともに変化・拡大・多様化の様相を呈してきた。特に平成期に入ってからは，環境問題が人類共通の問題として国内外で大きく取り上げられるなかで，環境が農業に及ぼす影響，また農業が環境に及ぼす影響，さらには農業によって環境を保全することの必要性などが強く意識されるようになった。言いかえれば，国内外の環境をめぐる社会情勢の変化とそれに呼応した施策の転換に対して，生産現場においても技術開発と普及への対応を繰り返してきた。このことが，平成期の農業技術の特徴の一つと言える。そこで個々の技術的対応を整理する前に，農業を取りまく国内外の環境問題の動向を整理しておきたい。

平成期以前——農業環境問題の萌芽

　平成期における動向を整理する前に，昭和期後半における農業環境問題の端緒に触れておきたい。第二次世界大戦後のわが国は，近代化と高度経済成長に邁進してきたが，その過程で多くの公害が発生し，また開発による自然破壊が進行し，それらが大きな社会問題となった。昭和46年（1971）には環境庁が設置されている。なかでも，水俣病やイタイイタイ病は，魚介類や米が有機水銀やカドミウムに汚染され，人がそれらを食したことが原因であり，「食の安全・安心」が今日のように国民的関心を集めることとなった端緒とも言える。

　他方，昭和37年（1962）のレイチェル・カーソンによる「沈黙の春」や昭和50年（1975）の有吉佐和子による「複合汚染」により，農業生産に使用する化学物質，特に農薬の健康への安全性と生態系に及ぼす影響が懸念され始めた。また，全国各地の河川や湖沼の水質が悪化し，生活排水・工業排水とともに農業由来の肥料成分・家畜排せつ物の流出による富栄養化が社会問題になった。これに対して，農薬や化学肥料を用いない農業生産が求

められ,「有機農業」の考え方が広がってきた。

わが国の有機農業は, 当時協同組合経営研究所理事長であった一楽照雄の提唱で「日本有機農業研究会」が昭和46年（1971）に発足したことに始まったと言えよう。一楽は, 戦前から戦中にかけて福岡正信が提唱した「自然農法」（不耕起, 無肥料, 無農薬, 無除草）の考え方を取り入れつつも, アメリカのJ. I. ロデイルの著作を翻訳し「有機農法—自然循環とよみがえる生命」[2]として昭和49年（1974）に出版している。「日本有機農業研究会結成趣意書」[3]のなかでは,「（昭和46年〈1971〉当時の）現在の農法において行われている技術はこれを総点検」し, 人の健康や地力, 環境を脅かすものは排除すべきとし,「これに代わる技術を開発すべき」であるが,「これが間に合わない場合には, 一応旧技術に立ち返るほかはない」として, 実践と運動論としての展開を求めている。このことが, 技術論がまとまったかたちでの整理が行われないことにつながり, 後に中島紀一[4]によって「個別の農業者, 個別の事例, 個別の地域, 個別のグループとしての技術と技術的主張はそれぞれ優れたものとして提起, 展開されているのだが, いわば百家争鳴的な状況のままで, まとまりがつききれない状態が続いてきてしまっている」と総括されている。

一方, 公的な機関による農業環境問題に関する研究開発も, 同時期に着手されている。昭和54年（1979）には農林水産省農林水産技術会議事務局が, プロジェクト研究「農林漁業における環境保全的技術に関する総合研究」の成果[5]を取りまとめている。しかしながら, この時期にはまだ「開発か, 保護か」という社会の風潮も強く, 農林漁業に伴う人間活動の効率化と生態系の環境保全とはトレードオフの関係にあるとの考え方が強いものであった。

これに対して, 守山弘は昭和63年（1988）に「自然を守るとはどういうことか」[6]を著し, 植物群落の二次遷移（植生が人為的攪乱によって破壊されたあとに起こる遷移）に見立てた「二次的自然」という概念により, 農村の自然環境を保全するうえでの農業活動の重要性を指摘した。この概念は, 農業と自然保護の双方に認識の変化をもたらし, 平成期の農業生産と

環境保全の両立や里山保全へとつながっていく。

地球環境サミット

　平成期になっての環境問題の最初の変換点は，平成4年（1992）6月にブラジルのリオデジャネイロで開催された「環境と開発に関する国際連合会議」（地球環境サミット）であろう。この会議は，生物種の消滅など地球規模の環境問題と「開発」は互いに相反するものではなく，共存しうるものとして捉えたことに特徴がある。ここでは「気候変動枠組条約」と「生物多様性条約」が提起された。この二つの条約は，その後，国内外における環境問題への取組みの主軸になり，さまざまな産業分野が環境問題解決への努力を求められることになった。

　農業においても例外ではなく，翌平成5年（1993）には経済協力開発機構（OECD）において「農業と環境」に関する合同作業部会が設置され，国際的な農業環境指標の検討が開始されている。国内の農業においても，農地や農村の環境や人の健康への影響だけでなく，地球規模の環境問題への対応が求められることになった。平成30年（2018）現在，農林水産省による環境保全型農業直接支払制度では，その施策の目的として温暖化防止と生物多様性保全があげられている。

食料・農業・農村基本法の制定

　次の大きな変換点は，平成11年（1999）の食料・農業・農村基本法（以下「新基本法」と呼ぶ）の制定である。それに先立つ平成4年（1992）に農林水産省が公表した「新しい食料・農業・農村政策の方向」（新政策）のなかでは，環境保全に資する農業の実現と，そのための環境負荷の軽減に配慮した農法の推進が国の政策としては初めて打ち出された。その後の国内外における施策や社会の動向，さらには多面的機能の評価に関する研究の進展を踏まえて策定されたのが新基本法である。そこでは，国民に対する食料

の安定供給と，国土の保全や自然環境の保全などの農業がもつ多面的機能の発揮が基本理念としてあげられている。

また新基本法とほぼ同時に，環境三法と呼ばれる「持続性の高い農業生産方式の導入の促進に関する法律（持続農業法）」，「家畜排せつ物の管理の適正化及び利用の促進に関する法律（家畜排せつ物法）」の制定と「肥料取締法」の改正が行われた。これにより，農業者は農薬および肥料の適正な使用の確保，家畜排せつ物などの有効利用による地力の増進などにより，農業の自然循環機能（農業生産活動が自然界における生物を介在する物質の循環に依存・促進する機能）の維持増進を図ることが求められるようになった。

環境直接支払制度の導入

以上のような平成初期から中期にかけての国内外における農業環境政策の転換により，農業が環境に及ぼす影響の低減と農業によって環境を保全する機能の維持増進が求められるようになった。さらにこの時期に進められた農業分野の貿易自由化に関する国際交渉を通じて，平成19年（2007）にはわが国で初めてのデカップリング制度（生産や消費に直接影響を及ぼさないかたちでの農業者支援策）である「農地・水・環境保全向上対策」による環境直接支払制度が導入された。現在では，平成27年（2015）施行の「農業の有する多面的機能の発揮の促進に関する法律（多面的機能発揮促進法）」に基づく「環境保全型農業直接支払制度」になっている。

この制度では，化学肥料および化学合成農薬を原則5割以上低減する取組みとあわせて，地球温暖化防止や生物多様性保全に効果の高い営農活動を支援することが規定されている。その内容は後述するが，「全国共通取組」に堆肥の施用や有機農業が，「地域特認取組」の例として草生栽培が取り上げられるなど，昭和期以来の自然農法，有機農業などのさまざまな試みが支援対象となる営農活動として位置づけられることになった。

持続可能な開発目標（SDGs）

　国際社会では地球環境サミット以降，貿易自由化交渉と同時に「持続的な開発」を目指した議論が進められ，平成13年（2001）には「ミレニアム開発目標（MDGs）」が採択された。平成27年（2015）9月の国連サミットでは「持続可能な開発のための2030アジェンダ」が採択され，「持続可能な開発目標（SDGs）」が発表された。ここでは生産性の向上と生産量の増強と同時に，生態系維持・気候変動や極端な気象現象その他の災害に対する適応能力向上・土地と土壌の質の改善・持続可能な食料生産システムの確保・強靭（レジリエント）な農業の実践などが目標とされている。そのほか，地球全体での環境保全と持続的な農業発展との両立が求められている。

「地球環境」問題への対応

　環境問題への技術的対応としてまず，平成期に大きな社会的関心事となり，国際的な課題となった「地球環境」を取り上げる。国際連合によれば，2018年（平成30年）に76億の世界人口は2030年には86億に達すると予測されている。今後，増加する人口に食料を提供する農業が世界の重要な課題になることに間違いはない。しかしこの人口圧こそが，エネルギー消費などを通じて地球環境変動の原因にもなっている。このことは前述の「持続可能な開発目標（SDGs）」に示されたとおりである。ここでは，地球規模の環境変動に対する農業の技術的対応について，環境変動が農業に及ぼす影響への対応，すなわち「適応技術」と，農業活動が地球規模の環境変動に及ぼす影響の低減を図るための「緩和技術」の2つの視点から話題を取り上げる。

「地球環境」の変動が農業生産に及ぼす影響への対応——温暖化適応技術

(1) 気候変動による農業への影響の顕在化

　気候変動に関する政府間パネル（IPCC）は，平成期に入る直前の昭和63年（1988）に設立され，平成2年（1990）以降，温室効果ガスの評価や温暖化の将来予測と対応策などを公表している。その第4回報告書（平成19年〈2007〉）では，地球表面の平均気温・地球表面の平均海水面・北半球の積雪面積の推移を公表している（図2）。全球の平均温度は高まり，平均海面は上昇し積雪面積は減少する。この報告書によれば，全球の地表の平均気温は100年で0.74℃，日本では1.15℃の上昇を予測している。

　気象庁は，平成19年（2007）に「猛暑日（35℃以上）」という名称を設定した。当初は年に4〜5日程度であったが，平成30年（2018）には30日以上に及ぶ地点が全国で38にのぼった。広い地域で長期間にわたり一定の傾向で変動していることから，短期的な気象現象ではなく「地球温暖化」と呼ばれる地球規模の環境変動が人びとに実感されるようになってきた。このような地球温暖化の影響はあらゆる人間活動に及ぶが，なかでも多大な影響を受けている生業の一つが農業である。平成30年（2018）に制定された「気候変動適応法」に基づく取組みでは，防災とならび農業の適応が重要視されている。

(2) 農作物への温暖化影響と適応技術の開発

　今日すでに，米や果樹における品質低下，果樹の開花障害や適地変動などといった数多くの事例が報告されている。作物別の温暖化適応技術については，それぞれの章を参考にしていただきたい（水田作56頁，果樹園芸292頁など参照）。ここでは，温暖化の影響が早くから顕在化し，要因解明などの研究が進み，一定の対応技術が普及し始めているイネを中心に紹介する。

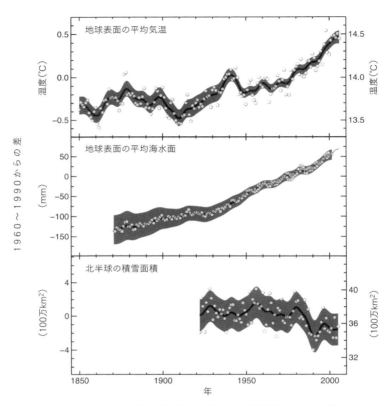

図2　地球表面の平均気温，平均海水面（基準海水面との差）
およびに北半球の積雪面積の経年変化
（IPCC AR4，2007を改変）

イネ　イネは出穂から成熟期までの間に高温に曝されると，白未熟粒が多発するなどして品質が低下する。平成26年（2014）には，今後の気候変動のシナリオにしたがって各地のイネの収量と，適応策をとらない場合の品質低下リスクを予測する生育シミュレーションモデルが石郷岡康史ら[7]によって発表された（図3）。そのため，高温に弱いとされるこれまでの品種の栽培を対象に，盛夏の猛暑を避けるための作期移動・施肥管理・水管理などの対応技術が開発され，各県の指導参考事項などとして普及している[8]。

また品種改良による対応策が平成3年（1991）頃から始まり，高温耐性品種や晩生品種の育成が全国で行われている。平成28年（2016）度の都道府

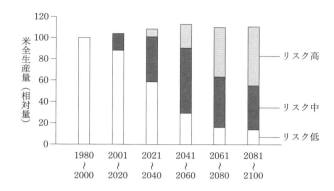

図3 イネ生育収量モデルによる温暖化適応策をとらない場合の
米全生産量と品質低下リスクの予測(石郷岡ら,2017から引用)
リスクは出穂後に日平均気温26℃を上回った日の積算温度による評価

県別作付割合をみると,さまざまな品種の10%から30%ちかくの対応品種が普及している(表1)。平成29年(2017)には,成熟期を高温期間から回避できる晩生で高温耐性の強いイネ品種「新之助」が新潟県により育成された。すでに普及し,醸造酒にも使われている。

その一方で,大気中の二酸化炭素(CO_2)濃度の上昇は作物の光合成を促進する効果をもつことから,特にイネなどでは収量の増加が期待されてきた。しかし,平成10年(1998)から平成28年(2016)まで岩手県雫石町と

表1 高温耐性品種として栽培されるイネ主要品種の県内作付割合(平成28年産)

品種	育成年	育成者	主要栽培地	作付割合(%)
つや姫	2009	山形県	山形	13.0
ふさおとめ	1995	千葉県	千葉	11.2
こしいぶき	2000	新潟県	新潟	18.3
てんたかく	2006	富山県	富山	11.3
ハナエチゼン	1991	福井県	福井	26.0
きぬむすめ	2005	農研機構	島根・鳥取	25.2
元気つくし	2009	福岡県	福岡	17.6
さがびより	2009	佐賀県	佐賀	27.1
にこまる	2005	農研機構	長崎	18.4
あきほなみ	2008	鹿児島県	鹿児島	11.3

注:都道府県作付割合10%以上の品種((公社)米穀安定供給確保支援機構資料より)

茨城県つくばみらい市で行われたFACE（開放系大気CO_2増加）実験により，二酸化炭素の効果は気温の上昇により必ずしも増収に結びつかないことが長谷川利拡らによって平成25年（2013）に明らかにされた[9]。さらに，平成19年（2007）夏の猛暑の影響を調査した農環研と農研機構が，高温による障害型の不稔現象の発生をプレスリリース[10]した。その後，高温不稔に関する調査や研究が進められている。

今後は，気象条件に応じた品種開発と同時に，栽培管理の面からの高温の影響を回避する技術の開発が求められる。そのため，後述するメッシュ農業気象データと品種特性を組み合わせ，冷害と高温障害の双方への対応を含む栽培管理支援システムの開発が進められ，平成31年（2019）に試験運用が開始された。

イネ以外の農畜産物への高温の影響　平成18年（2006），農研機構は全国の公立試験研究機関にアンケートを実施し，農業に対する温暖化の影響の現状を取りまとめている[11]。それによれば，イネのみならず果樹や野菜・花き，畜産など多くの作目で温暖化の影響が認識された。なかでも果樹は，他の農作物と比べ温暖化により大きな影響を受ける。リンゴやブドウなどの果実の着色不良や軟化・貯蔵性低下・日焼けなどの果実障害，さらには休眠期の温暖化による発芽不良などが顕在化している。

このため，各地の果樹生産地域で適応品種の開発や栽培技術による対策などが実施されている。これらの取組みについては，平成25年（2013）に農研機構果樹研がまとめた「温暖化適応技術」資料[12]に整理され，温暖化の影響評価手法・栽培法の改変による温度低下技術・樹体高温耐性を高める技術・高温耐性品種の利用・作物転換などが紹介されている。この資料は都道府県の普及指導関係の職員を対象に作成されており，これに基づいた普及・指導が行われている。

野菜では露地での生育不良と生育期間の変動が大きな問題で，作期移動や夏期の生産停止などによる対策，畜産では鶏・豚・牛ともに暑熱の影響による生産性と品質の低下が生じ，飼養管理と畜舎管理の対策が，各地で進められている。

温暖化による病害虫などの変化　温暖化などの気候変動は，高温のみならず病害虫発生の変化などをもたらし，農業生産に大きな影響を及ぼす。温暖化による昆虫類への影響は，平成10年（1998）頃からチョウ類などで観察されている。桐谷圭治[13]による平成22年（2010）の取りまとめによれば，北への分布域拡大，越冬生存率の上昇，春の出現期の早期化，年間世代数の増加などの直接的影響と，作物などの寄主植物や天敵との生活史の同時性のずれ，競争種との力関係の変化などの間接的影響などが認められている。

これらの現象は，新たな害虫や虫媒性病害の侵入・害虫個体数の増加・慣行的な農事暦からのズレ・加害害虫種の変化などとして農業生産に影響を及ぼすことになる。たとえば，ウンカ類やヨコバイ類の世代および個体数の増加，在来カメムシ類から南方系のミナミアオカメムシへの置換などである。このため，病害虫の変化を的確に捉えた防除技術の利用が求められる。桐谷は一方で，寄生蜂などの一部の天敵類の増加が害虫種の増加を上回ることも期待されるため，その動きを助長し，クモ類などの他の天敵類の密度を高く維持するための総合的害虫管理（IPM）の積極的活用が必要になるとも指摘している。

気象データの活用　農作物の高温障害や病害虫の発生などの影響に対しては，生産現場の気象環境を的確に捉えることが必要になる。しかし，気象庁から提供されているアメダスのデータは，約20km四方に1点の観測点しかもたないため，農業生産の現場で活用するには必ずしも十分な情報とは言えない。そのため昭和60年代から，地形などを考慮してアメダスのデータを空間的に補間してメッシュデータ化する手法の開発が進められた。

最初に作成されたのは，昭和57年（1982）に発表された広島県のメッシュ気候図[14]である。その後，清野豁[15]は平成5年（1993）に日別のメッシュ気候値を算出する手法を開発した。農業生産に重要な日別気温・日射量・降水量について約1km四方のメッシュデータが作成され，東北地域における冷害早期警戒システムをはじめ各地の農業関係分野で活用された。さらに平成26年（2014）からは，9日先まで（後に26日先まで）の予報値を含む新たなメッシュ農業気象データが農研機構中央研の大野宏之ら[16]に

よって開発・配信された。平成30年（2018）度末で会員登録が600件を超えており，指導・試験等の自治体の公的機関，民間企業，農業者に活用が広がっている。

農業活動が「地球環境」に及ぼす影響とその低減

　生産現場における農業活動が「地球環境」に及ぼす影響も認識され，その低減が求められるようになった。なかでも最も注目されているのは，農業活動に伴って発生するガスが地球温暖化（メタン〈CH_4〉，一酸化二窒素〈N_2O〉）とオゾン層破壊（一酸化二窒素，臭化メチル〈CH_3Br〉）に関係していることである。ここでは，それぞれのガスが温暖化やオゾン層破壊にどの程度影響するのか，またそれらのガスの発生をどの程度抑制できるのか，さらにその技術の普及状態について紹介する。

(1) 温室効果ガスによる地球環境への影響
　太陽からは，可視光や紫外線など波長の短い光線が地球に到達している。そのうちおよそ半分の量はそのまま大気に反射されるが，残りは地球の表面に吸収され熱となって地表を暖める。地表が暖まると，波長の長い赤外線になり，宇宙空間に放射される。しかし赤外線の一部は大気中のガスにより捕獲され地表面に反射されるので，地球は暖まる。このような大気の効果は，温室のガラスが室温を上げるのと同じ効果を果たしているので「温室効果ガス（Green House Gas：GHG）」と呼ばれる。

　温室効果ガスが大気にないと，温室効果がなくなり地球は冷えてしまう。これまでは温室効果ガスの濃度がほぼ一定していたので，大気の気温は一定な範囲で安定していた。しかし産業革命以降，人間活動により大気中の温室効果ガスの濃度が高くなりすぎ，地球にとどまる熱が多くなった。これが温暖化の原因である。化石燃料の燃焼により大量に発生する二酸化炭素（CO_2）の大気中濃度は，産業革命以前は250ppm程度であったが，2000年代に入って約370ppm，今ではほぼ400ppmを超えようとしている。

平成6年(1994)に気候変動枠組条約が発効し京都議定書が採択され，各種温室効果ガスの排出削減目標が示された。わが国は平成14年(2002)これを批准し，平成2年(1990)度を基準（代替フロンについては平成7年〈1995〉）として，平成20年(2008)から平成24年(2012)までの第一約束期間中に6%の削減義務を負うことになった。

(2) 農業生態系における温室効果ガスの発生とその抑制技術

　一般に温室効果ガスとしてよく知られているのは二酸化炭素であるが，農業分野で問題となるのは主にメタン(CH_4)と一酸化二窒素(N_2O)である。メタンと一酸化二窒素の濃度上昇は，主として農業生産活動によることがわかってきた。農地から発生する温室効果ガスの発生メカニズムを図4に示した。メタンは，水田のような湛水条件下で有機物がメタン生成菌により分解されて発生する。一方，一酸化二窒素は畑状態において施用された窒素肥料の一部が硝化菌や脱窒菌の作用により生成され，大気に放出される。つまり，農業という生産活動そのものが温暖化に影響を及ぼして

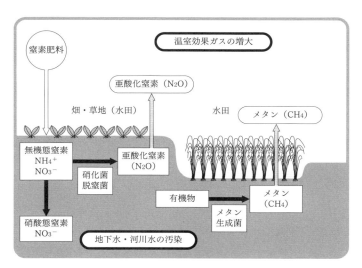

図4　農地から発生する温室効果ガスの発生メカニズム
（農業環境技術研究所資料より）

いる。平成期に入ってから，化学肥料に依存しない代替農業への関心が高まったのは，このことも関係している。

メタン（CH_4） メタンは二酸化炭素の約25倍の温室効果をもつ。産業革命以前の濃度は0.7ppmであったが，今や1.8〜2ppmに上昇している。主に湛水状態の水田のほか，反芻動物のルーメンおよび家畜排せつ物から発生する。牛などの反芻家畜動物のルーメン（第1胃）で生成されたメタンが，おくび（ゲップ）に含まれ大気に放出される。

平成期の前半，水田における温室効果ガスの発生メカニズムの解明やその定量的推定法の開発が行われるのに並行して，削減対策技術も検討された。水田メタン発生抑制のため，新たな水管理技術マニュアル[17]が平成24年（2012）に農環研によって取りまとめられ，常時湛水の状態で維持されている水田に間断灌漑と中干し延長を導入する技術が確立した。この技術で，世界中の水田から発生するメタンの発生量は年間410万t（二酸化炭素換算値）削減できると推定している。また，稲わらの土壌へのすき込み時期を次作の30日以上も前に行うことで，年間350万tの削減が可能になるとも推定している。

この中干し延長により水田からのメタン排出を削減する技術は，後述する「環境保全型農業直接支払交付金制度」において「地域特認取組」として，いくつかの県で認定され，普及が進んでいる。たとえば，滋賀県の水田では約4割〜5割の普及率である。滋賀県以外で地域特認として普及が開始されている県は，兵庫・京都・福井（平成28年〈2016〉〜），大分・岩手・石川（平成29年〈2017〉〜）がある。わが国の水田からのメタンの発生抑制に関する研究成果と技術は，水田を中心とした農業が営まれるモンスーンアジアで広く活用されている。今後，世界各国での普及にも期待がもたれている。

一酸化二窒素（N_2O） 一酸化二窒素は，二酸化炭素の約298倍の温室効果をもつ強力な温室効果ガスである。大気中濃度は産業革命以前に250ppbであったが，いまや320ppb近くに達した。主に畑状態において施用された窒素肥料から発生する。つまり，生産環境で施用された窒素肥料

の一部が地球環境に影響を及ぼしている。これまで,わが国全体の農地からの一酸化二窒素発生量の推定方法に関する研究が農環研のグループ[8]により進められている。その排出削減については,硝化抑制剤入り肥料の活用が有効であることが判明しているが,研究段階にとどまっており,普及には至っていない。生産現場においては,窒素肥料使用量の抑制と適正施肥による対応が求められている。「環境保全型農業直接支払交付金制度」では,すべての場合において化学肥料の施用量を2分の1に削減することが求められている。また,滋賀県など一部の県では「地域特認取組」として緩効性肥料の使用による一酸化二窒素発生抑制に取り組んでいる。

(3) 農業活動による地球環境保全（二酸化炭素の吸収）

　上に述べた農業生態系からの温室効果ガスの発生とは別に,農業活動は大気中の二酸化炭素を光合成で固定し,炭素を土壌中に貯留することで地球温暖化を緩和する効果が期待されている。農法を工夫することで土壌中の有機物含量が増加し,土壌中の炭素量が増え,それにより大気中の二酸化炭素が削減されることになる。このため,全国で化学肥料の使用量削減と有機質肥料の施用が試みられている。

　しかし,農法と土壌への炭素貯留効果との関係は複雑で,農業生態系や農法によって効果が異なり,効果をあげるには多くの時間と労力が必要である。そこで平成25年（2013）に白戸康人らは,農法と土壌炭素量との関係をモデル化し,インターネット上で土壌の炭素貯留効果を計算できるツールを開発した。「土壌のCO_2吸収『見える化』サイト」の名称で公開している[19]。このツールでは,有機物投入による土壌炭素貯留効果だけでなく,土壌から排出されるほかの温室効果ガスや農作業に伴う二酸化炭素排出量の算出など,温室効果ガスの排出量と吸収量を総合的に評価できる。したがって,営農活動による温室効果ガス削減の取組み効果を検証することにも活用できる。そのためこのツールは,平成29年〈2017〉度から平成30年〈2018〉度に行われた「環境保全型農業直接支払交付金制度」の施策効果の中間年評価で地球温暖化防止効果の算定に採用され,全国各地の同制

度導入地域で利用された。

(4) オゾン層破壊の問題と対応技術

　昭和57年（1982）の春先，わが国の第23次南極地域観測隊員であった忠鉢繁により南極でオゾン層が減少したオゾンホールが発見された。オゾン層とは，成層圏（約10km〜50km）に存在する大気中オゾン（O_3）の大部分が分布する層である。オゾンの現存量はわずかで，1気圧1℃の条件で地球表面に圧縮すると，たった3mmの厚さにしかならない。これにより微生物を含むあらゆる生物に有害な太陽からの紫外線の大部分が吸収されるため，わずかなオゾン層が地上のすべての生態系を保護していることになる。国際的な対応は早く，昭和60年（1985）にはオゾン層保護を目的とした「ウイーン条約」が採択され，また，オゾン層を破壊するおそれのある物質の規制を目的としたモントリオール議定書が昭和62年（1987）に採択された。

　臭化メチル（CH_3Br）　当初，オゾン層破壊の原因は産業活動で使用されるクロロフルオロカーボン（CFCs：フロン）と考えられていた。しかしフロン以外にも今なお増え続けている一酸化二窒素や，規制はされたが臭化メチルがある。いずれも農業生態系から発生するガスである。特に農業技術の視点で問題になったのは，多くの病害虫に対して安定した効果が得られることや農作物への薬害が少ないことから病害虫防除や連作障害の防止のために燻蒸剤として広く散布されていた臭化メチルである。

　臭化メチルは特定の病害虫防除や国際検疫の場面で欠くことができないため，わが国ではメロン・スイカ・キュウリ・トウガラシ類・ショウガ・クリについて「不可欠用途」として使用が認められてきた。しかし国際的には不可欠用途であっても全廃すべきという動きが進んでいる。このため，わが国ではモントリオール議定書にしたがい，平成3年（1991）を基準に使用量を平成13年（2001）から順次削減し，平成17年（2005）には全廃するに至った。

　これと平行して臭化メチルに替わる代替技術の開発が官民一体で進めら

れた。農研機構中央研の津田新哉らは，農林水産省の委託事業によりそれらの代替技術を取りまとめ，平成25年（2013）に「臭化メチル剤から完全に脱却した産地適合型栽培マニュアル」を開発，発表[20]した。一方，農環研の小原裕三らは，5道県の公設試験研究機関，日本アルコール産業（株）と共同で低濃度エタノールを用いた土壌還元消毒法の実証を進め，平成24年（2012）にマニュアルと技術集を公開（特許出願は平成19年〈2007〉）した[21]。現在，日本アルコール産業（株）から土壌還元消毒用の資材として「エコロジアール」が発売され，精力的に普及が図られている。

一酸化二窒素（N_2O） 平成21年（2009）になり，アメリカ海洋大気庁（NOAA）地球システム研究所のラビシャンカラらがオゾン層破壊物質として一酸化二窒素が最大の要因であるとの研究成果を発表した。フロンの使用が禁止されたため，近年ではオゾン層破壊の原因の半分は，窒素肥料から発生する一酸化二窒素に由来する。この事実は農業関係者に衝撃を与えたが，一酸化二窒素には前述したように温室効果ガスとしての側面もあることから，その排出抑制技術の開発と普及が喫緊の課題となっている。

農業と「地域環境」の保全

農業と「地域環境」の相互作用

農業と「地域環境」との関係は古くから続いている。それは，「生産環境」が耕地生態系を取りまく周辺の「地域環境」から多くのマイナスの影響を受けていたからである。その代表例は周辺環境から農地への病害虫や雑草の侵入であるが，その技術的対応はそれぞれの章に詳しい（水田作 73頁，畑作 117頁，野菜園芸 172頁，果樹園芸 294頁など参照）。それ以外にも前述した鉱毒問題など，農地の外部からもたらされる有害化学物質への対応は，近代農業技術の黎明期から大きな課題であった。第二次世界大戦後の高度経済成長期には，鉱工業の発展により公害が大きな社会問題となり，大気汚染防止・水質汚濁防止・農用地の土壌汚染防止などの法律が制定さ

れた。このうち農用地土壌汚染防止法は，イタイイタイ病の原因であるカドミウムによる農地汚染対策が主眼であった。

　一方，農業が周辺の「地域環境」に及ぼす影響は，近年になって認識され対応が求められるようになってきた。作物生産に用いられる肥料や農薬などの化学物質の一部が耕地生態系から系外に流出し，人びとの生活環境や自然生態系にマイナスの影響を及ぼすことが知られてきた。他方，健全な農業活動の継続が地域の環境にプラスの効果をもつことも知られてきた。農業のもつ多面的機能である。

　ここでは地域環境から生産環境にもたらされるマイナス影響の代表例として，カドミウム（Cd）と放射性物質などの有害化学物質への対応技術，また農業活動が地域環境に及ぼすプラスの効果として多面的機能，とりわけ生物多様性保全の課題を取り上げる。

化学物質の動態と農業

(1) 化学物質問題の顕在化と拡大

　農業に関連した化学物質の問題は，昭和40年代以降，内外の識者による警鐘や，DDT，BHC，PCP，ドリン剤などの有機塩素系の農薬による環境や食品の汚染問題により，社会，とりわけ消費者の大きな疑念を呼ぶものとなった。その後も，平成11年（1999）には埼玉県所沢市で生産された農作物から周辺の焼却炉由来と思われる高濃度のダイオキシンが検出された。また平成14年（2002）には中国産の冷凍ほうれんそうから，平成19年（2007）には中国で製造された冷凍餃子から国内で登録されていない農薬成分が検出された。これらの報道や事故により，農産物や食品の安全性に対する国民の関心と懸念が深まっていった。

　農林水産省は，農産物と食品の安全性に関して人の健康に悪影響を及ぼす可能性のある化学物質として，水銀・カドミウム・ヒ素・放射性セシウム・ダイオキシン類・一部の農薬・かび毒などをリスク管理の対象としている。これらの有害物質については，FAOとWHOが設置した国際的政府間機関

である国際食品規格委員会（コーデックス委員会）により，消費者の健康を守るとともに，貿易の公正さを図る視点から国際基準が定められている。

また残留性農薬については平成13（2001）年にストックホルム条約が締結され，残留性有機汚染物質（POPs）の製造・使用・排出が規制されることになった。国内では，従来から食品衛生法により，作物ごとに各農薬の残留基準が設定されていた。しかし，平成18年（2006）の同法改正により，各作物に残留基準が設定されていない農薬の残留値は，一律0.01ppm以下でないと流通できないことになった。この規制は，検出される農薬がすべて対象になるので，ポジティブリスト制度という。これにより，これまで規制ができなかった無登録農薬に対する使用規制が可能になったが，一方，作物に散布された農薬の飛散（ドリフト）が地域環境，特に周辺農地の他作物に及ぼす影響も問題になった。

このような有害化学物質の問題には，農業生産や農産物が周辺の地域環境から影響を受ける側面と，農業生産活動が周辺の地域環境に影響を及ぼす側面とがある。ここでは，前者の代表例としてカドミウムの問題と放射性物質の問題を，後者の例として化学肥料由来の窒素の問題を紹介する。

(2) カドミウム（Cd）の吸収抑制

わが国では，全国の土壌にカドミウムが普遍的に存在するほか，かつての鉱山や精錬所からの排出により，その下流域にはカドミウムが蓄積し，汚染された農地が分布していた。富山県の神通川流域で問題となったイタイイタイ病は，神岡鉱業所の事業活動によって排出され，汚染土壌や水から農作物に吸収されたカドミウムによる慢性中毒が原因であると断定され，昭和43年（1968）に政府により認定された初めての公害病となった。昭和45年（1970）以降は，食品衛生法により精米・玄米のカドミウム濃度の基準値を1.0mg/kg未満と規制され，汚染農地には客土をすることで対策が講じられた。

他方，国際社会では平成18年（2006）にコーデックス委員会が「基準値は合理的な範囲で低く設定する」という規定に従って，カドミウムの上限

を0.4ppmに決定した。これに伴って，国内では平成23年（2011）に食品衛生法に基づく規格基準値をコーデックス委員会と同様な値に改めた[*]。そのため，イタイイタイ病対策とは異なるレベルでの農作物のカドミウム対策技術の開発が喫緊の課題になった。しかし，客土による対策は非常に多くの経費を要したため，水管理や品種開発など，安価で広く適用可能な技術の開発が求められた。さらに今日では，カドミウムと同様にコーデックス委員会が基準を設けているヒ素（As）との同時低減に向けて農林水産省主導で対策技術の活用に向けた準備が進められている。

水管理による吸収抑制　カドミウムは，土壌中の酸素が少ない状態では硫黄（S）と結合して水に溶けにくくなる。このため，カドミウムを吸収・蓄積する出穂前後3週間，水田を湛水状態に保つ水管理を行うことにより可吸性のカドミウム濃度を低下させることができる。このカドミウム含有量を低減させる技術は，昭和50年代に汚染地域の福島県や秋田県の研究者により明らかにされていたが，農林水産省と農環研が発行した「水稲のカドミウム吸収抑制のための対策技術マニュアル」（平成14年〈2002〉作成，平成17年〈2005〉改訂）[22)]で紹介され，その後汚染地域を中心に広く普及した。

　平成23年（2011）には，湛水管理を導入したイネの作付面積は全国で約4万haに達した。また，米のカドミウム濃度が農用地土壌汚染防止法に基づく指定要件を超過するような高濃度汚染地域では，県が農用地土壌汚染対策計画に従って客土を中心とする対策を行った。その結果，平成28年（2016）度末現在，カドミウムの農用地土壌汚染対策地域の指定要件に該当する基準値以上検出地域の面積7,050ha（97地域）のうち，県単独事業も含めた対策事業完了地域は全国で6,569haで，対策の進捗率は93％になっている。

ヒ素（As）とカドミウムのトレードオフ　平成26年（2014），コーデック

---

[*] 平成22年（2010）までの間も，カドミウム濃度0.4ppmから1.0ppmの玄米は政府が買い入れるなどして市場に出回らないよう措置していた。

ス委員会は精米に含まれる無機ヒ素の最大基準値を0.2mg/kgに設定した。このため米のヒ素の濃度を下げる必要が生じ，現在，国の食品安全委員会でリスク評価が進められている。国内の一部にはヒ素対策が必要な農地があり，平成28年（2016）度末現在，農用地土壌汚染対策法によるヒ素関連の基準値以上検出等地域は391ha（14地域）とされている。そのうち，83％にあたる326haで対策が完了している[23]。

作物へのヒ素の吸収抑制も水管理で可能である。しかし，荒尾知人らの平成11年（1999）～平成14年（2002）の一連の研究[24]により，ヒ素とカドミウムは水田土壌の酸化・還元に対してトレードオフの関係にあることが指摘されている。湛水管理を行った還元状態の水田では，カドミウム吸収は抑制されるが，ヒ素の吸収が促進される。すなわち，水管理だけでヒ素とカドミウムの両元素を同時に吸収抑制することはできない。現在，ヒ素とカドミウムを同時に低減するための技術開発が農林水産省主導により進められている。

品種改良による吸収抑制　カドミウム吸収を抑制する決定的な技術に，カドミウム低吸収性イネ品種「コシヒカリ環1号」がある。イネの根からカドミウムが吸収されるのは，根の細胞膜に存在するトランスポーターという膜輸送タンパク質の働きによる。農環研の石川覚らは，平成24年（2012）に炭素イオンをイオンビームとしてコシヒカリに照射し，トランスポーターの機能が著しく低下した突然変異体由来の「コシヒカリ環1号」を作出[25]し，平成27年（2017）に品種登録した。この品種は，汚染農地で栽培してもカドミウムをほとんど吸収しない（図5）。この形質を生産現場で栽培されるイネ品種に導入できれば，これまでの水管理によるカドミウム対策が必要なくなると同時に，ヒ素吸収抑制に焦点を絞った水管理が可能となる。

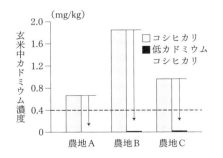

図5　カドミウム汚染農地で栽培されたカドミウム低吸収性コシヒカリの玄米中濃度（点線は食品衛生法の基準値）（石川ら，2012を改変）

しかし，地方自治体はカドミウム汚染という風評被害などを懸念して，その普及の仕方に苦慮している．農林水産省はその状況を打開するため，平成30年（2018）1月に「コメ中のカドミウム低減のための実施指針」を改訂し，カドミウムの汚染地域であるか否かにかかわらず積極的にカドミウム低吸収イネ品種へ切り替えるよう指導している．現在，農研機構と公立試験研究機関との共同研究により，全国の100以上の主力イネ品種にコシヒカリ環1号のカドミウム低吸収性の導入が進められている．

(3) 放射性物質汚染の対策技術

平成期最大の環境問題といえば，平成23年（2011）3月に発生した東日本大震災とそれに伴う東京電力福島第一原子力発電所の事故である．この事故により，放射性セシウム（^{137}Csおよび^{134}Cs）を主体とする大量の放射性物質が東日本一帯の広い範囲に拡散し，広域にわたり農地が汚染された．事故直後の作付制限からその後の営農再開に向けた対策技術については，「東日本大震災対応」の章で詳しく述べられている．ここでは，事故以前に行われていた地味で重要な調査・研究の成果が，事故以降の対策技術の開発やその普及に活用された例を紹介する．

農技研および業務を引き継いだ農環研では都道県の試験研究機関と協力しながら，昭和34年（1959）から現在まで毎年全国十数か所の定点観測地の水田作土と，そこで栽培した玄米と白米に含まれる放射性セシウム（図6）と放射性ストロンチウム（Sr）の分析を継続している．このモニタリング調査は，昭和29年（1954）のビキニ水爆実験により第五福竜丸が被爆したことを契機に開始された．数週間から数年かけて地表へ沈降するグローバルフォールアウトを対象としたものである．

この長期にわたる調査研究が最も役立ったのは，放射性物質が「生産環境」の土壌に沈降し，それが土壌から玄米・白米へ移行する割合を示す「移行係数」値である．この移行係数により，東京電力福島第一原発事故では，汚染物質の玄米への移行量を早い時期に推定することができ，事故直後のイネの作付制限につなげることができた．長年にわたって行われてきた調

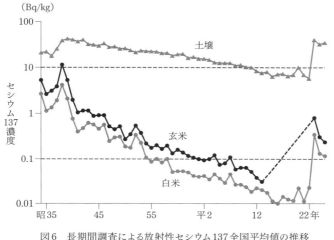

図6　長期間調査による放射性セシウム137全国平均値の推移
（15か所定点調査に基づく）（農業環境技術研究所，2011）

査研究成果の蓄積が，環境汚染などの突発事故が生じたときに社会的に活用できることを示すきわめて貴重な例である。

(4) 化学肥料の動態と対策

　窒素やリンは作物に必要な多量成分であるから，作物を増産するためには化学肥料の施用は不可欠である。しかし，化学肥料を過剰に投入すると，余分な窒素やリンは耕地生態系から流亡する。これらの成分が河川や湖沼などに流入すると，富栄養化の原因となりアオコなどの異常繁殖につながり，地域環境に大きな影響を及ぼす。特に窒素肥料は，農業生産に欠くことのできない肥料として世界中で大量に施用されている。

　わが国では，国内で使用する施肥窒素のほかに諸外国から窒素を含む食料・飼料などを大量に輸入している。すなわち，窒素の大量輸入国なのである。このことに着目して，わが国での窒素循環の研究が進められた。昭和63年（1988）には三輪睿太郎らのグループにより，食料・飼料などの大量輸入による食生活や畜産業から環境への窒素負荷の増大が明らかにされた[26]。その後，水田・畑地・草地などさまざまな農業生態系における窒素の動態や，国内における窒素の排出量の偏在に関する多くの研究に基づい

て，化学肥料の削減が求められることになった。これらの成果は，前述した平成11年（1999）のいわゆる「環境三法」制定に結びついた。

これらの事象により，各地で化学肥料から有機質肥料への切り替えが促進され，有機農業や環境保全型農業の取組みにもつながった。今日の環境保全型農業直接支払制度においても「化学肥料の原則5割以上削減」が支援の要件とされている。その結果，松本成夫ら[27]が平成29年（2017）に発表した平成4年（1992）から平成18年（2007）までの窒素フローの変遷によれば，化学肥料使用量の減少により環境負荷窒素量は平成4年（1992）をピークに，その後は漸減している。

農業のもつ多面的機能と直接支払制度

平成11年（1999）に公布された「食料・農業・農村基本法」では，農業・農村のもつ多面的機能が基本理念として掲げられている。ここでの多面的機能とは，「国土の保全，水源の涵養，自然環境の保全，良好な景観の形成，文化の伝承等，農村で農業生産活動が行われることにより生ずる食料その他の農産物の供給の機能以外の多面にわたる機能」と定義されている。森林については古くからその公益的機能が認められ，保安林制度などに活かされてきた。農業においても，健全な農業が営まれることにより農村という地域環境において多面的な機能というプラスの効果が生じていることを認識し，その維持・増進を図るという考え方である。

多面的機能の評価　農業のもつ多面的機能には，大気の浄化・水源の涵養・水田や湿地による土壌侵食の防止・洪水の抑止など国土を保全する機能や，景観の維持・生物相の保全・保健休養，さらには気候緩和機能や文化の伝承などもあわせた広範な機能が含まれる（図7）。この考え方に基づき，昭和末期から多面的機能の評価手法に関する研究開発が進められた。

その一つの例として，加藤好武ら[28]が平成10年（1998）に示した東北地方における農地の水涵養機能を図8に示す[29]。現在と同じ条件での水涵養機能の評価値と，耕作放棄により荒地化したときの評価値を相対値

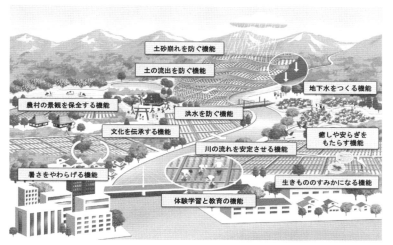

図7　農業・農村がもつ多面的機能
資料：日本学術会議「地球環境・人間生活にかかわる農業及び森林の多面的な機能の評価について（答申）」（平成13年11月）および関連付属資料

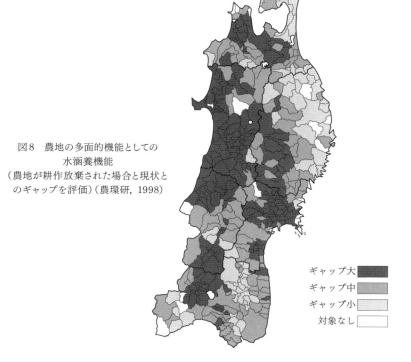

図8　農地の多面的機能としての水涵養機能
（農地が耕作放棄された場合と現状とのギャップを評価）（農環研, 1998）

（ギャップ）として定量化し，地図上に示したものである。同様の評価手法は，土壌侵食の防止や土砂崩壊の防止に関する機能についても開発されている。これらの評価手法は平成13年（2001）の日本学術会議による答申「地球環境・人間生活にかかわる農業及び森林の多面的機能の評価について（答申）」に引き継がれ，農地を健全に維持することが環境保全のためにいかに重要であるかが明らかになった。これらを通じて，前述のように日本版のデカップリング制度が順次整備された。今日では，多面的機能の維持・増進に効果があるとされる活動に公的支援が行われている。

多面的機能直接支払交付金制度　多面的機能発揮促進法に基づく直接支払制度は，平成30年（2018）現在，多面的機能支払交付金・中山間地域等直接支払制度・環境保全型農業直接支払交付金の3つの制度から成っている。このうち環境保全型農業直接支払交付金については後段で詳述する。

多面的機能支払交付金は，多面的機能を支える地域の共同活動を支援する農地維持支払交付金と，地域資源（農地・水路・農道など）の質的向上を図る共同活動を支援する資源向上支払交付金からなる。前者では，農地法面の草刈り・水路の泥上げ・農道の路面維持などの基礎的保全活動と，地域資源の適切な管理のための推進活動が支援の対象となっており，平成30年（2018）3月末時点（以下同じ）で全国1,429市町村，2万8,290組織，約227万haで取り組まれている[30]。このうち田は142万ha，畑54万ha，草地31万haで，それぞれ対象農用地面積に対する取組み面積の比率は田63％，畑44％，草地43％となっている。

一方，後者の資源向上支払交付金は，水路・農道などの施設の軽微な補修，ビオトープづくりなどの生態系保全や植栽による景観形成などの農村環境保全活動，地域の創意工夫に基づく多面的機能増進活動という「共同活動」と，農業用排水路や農道などの施設の長寿命化のための活動（施設の長寿命化）が支援対象となっており，共同活動は全国の約200万haの農用地で，施設の長寿命化は約69万haで取り組まれている。

生物多様性の保全とその技術

(1) 生物多様性の概念と農業

　「生物多様性」という言葉は，1980年代の後半から平成期に入る直前に造り出された新しい言葉である。平成4年（1992）に採択された生物多様性条約では，遺伝子の多様性・種の多様性・生態系の多様性という3つの特性で生物多様性を捉え，その保全，生物多様性の構成要素の持続可能な利用，さらに遺伝資源の利用から生ずる利益の公正で公平な配分が目的とされている。ここでは，農業を通じた生物多様性構成要素の利用と保全という視点から，農業生産と「地域環境」との結びつき，特に農業活動の継続が「地域環境」にプラスの効果をもたらす例を紹介する。

　農林水産省が平成19年（2007）に策定した「農林水産省生物多様性戦略」[1)] において「農林水産業は，（中略）本来，自然と対立する形でなく順応する形で自然に働きかけ，上手に利用し，循環を促進することによってその恵みを享受する生産活動」としているように，農業は，自然，すなわち生態系，生物多様性を上手に利用し，その恵みを享受してきた。この自然の恵みは「生態系サービス」と表現され，今日，その評価が国内外で進められている。平成24年（2012）に設立された生物多様性版IPCCと言われる「IPBES（生物多様性及び生態系サービスに関する政府間科学政策プラットフォーム）」の初めてのテーマ別アセスメント報告書として，作物や果樹の花粉を媒介する動物と食料生産に関するアセスメント報告書が平成28年（2016）に公表されている。

(2) 農村における生物多様性保全と農地管理

　昭和末期，戦後のエネルギー革命により使用されず放置されるようになっていた旧薪炭林，いわゆる雑木林の再生が社会の関心を集め，各地で市民による雑木林の管理が行われるようになっていた。そうしたなか，守山弘は，昭和63年（1988）の著書[6)] において，伝統的な方法で農地や周辺

環境が維持・利用・創出されることにより地域の生物相が保全または再生できることを指摘した。そして守山は，茨城県つくば市の農環研構内に造成された「ミニ農村」の実験により，新たに造成されたため池や水田などの農業生態系がビオトープ（生物の生息空間）としての機能を発揮することを実証した[31]。

このことは広く世間の注目を集め，未管理のまま放置されている休耕田や放棄水田などが，非農家の市民団体やNPO法人により管理・再生される動きが国内各地に広まった。また，ミニ農村に新たに造成されたため池や水田が生物の生息空間として機能したことから，学校や土地改良事業におけるビオトープづくりなど，各地の自然再生活動につながった。

その後，平成14年（2002）の「新・生物多様性国家戦略」で里山の荒廃や耕作放棄地の拡大など農業を含む人間活動の縮小が，生物多様性保全上の「第2の危機」に位置づけられたこと，耕作放棄地の拡大による農作物への鳥獣害の増大が激しさを増したことなどもあり，環境省や農林水産省，各地方公共団体，さらには民間の財団などの資金による農地・里山管理への支援が行われるようになった。これらの支援により，今日では水田・ため池・水路などの農業用地と，その周辺の里山を二次的自然として捉え，それらを一体的に管理する活動が全国各地で広く取り組まれている。

(3) 生産現場における生物多様性保全の取組みとブランド（銘柄）化

一方，耕作放棄地や里山だけでなく実際の営農が行われている農地において，農家自身による生産活動を通じた生物多様性保全の試みが各地で進められた。

減農薬と虫見板　虫見板は，宇根豊による減農薬の実践と理論化の過程で取り入れられたツール（手段）である。宇根は福岡県農業改良普及員在職中の昭和53年（1978）から福岡県下で減農薬運動を提唱し，農家自身のカネにならない部分も含めた活動（宇根は「百姓仕事」と呼ぶ）が農村の自然環境を形成していることの重要性を唱えた[32]。そのための手段として利用したのが「虫見板」である。

虫見板は昭和50年代に福岡県の農家が考案したもので、その後、宇根によって全国に広められた。これは、水田に入りイネの株元に虫見板を添え、葉上から虫見板上に落ちてきた虫を見て、ウンカなどの害虫とそれを捕食する益虫や「ただの虫（害虫でも益虫でもない虫）」を見分け、適正防除を行うことを目的とした減農薬のための技術である。また赤トンボが田んぼで生まれることに着目し、「ただの虫」たちが自然環境を形成しているという視点を提案した。この方法は小中学生でも十分理解でき農業教育の普及にも通じている。

冬期湛水　生産と生物多様性保全が両立する技術として、地元の農家や市民団体によって広まったものの一つが冬期湛水である。平成10年（1998）頃から、冬の渡り鳥の飛来地として有名な伊豆沼に近い宮城県の旧田尻町蕪栗沼の周辺で「ふゆみずたんぼ」として開始された。水田を冬期に湛水状態にすれば、ガンやカモなどの冬鳥の生息場になるだけでなく、鳥の糞による施肥効果がある。また、イトミミズやユスリカが増えることで「トロトロ層」が形成されるため、抑草効果が得られる。このような水田管理法が、岩渕成紀らの運動[33]もあり、全国的な広がりをみせている。

ほかにも「水田魚道」の手法がある（農業農村整備423頁参照）。これは、魚類など水棲生物が水路と水田との間を行き来できる道を形成することで、水田を水棲生物の生息場や繁殖場として再生しようとするもので、滋賀県の「魚のゆりかご水田プロジェクト」などが有名である。これらの取組みにより、水田が湿地の生物生息空間として機能することが証明され、平成20年（2008）のラムサール条約第10回締約国会議における「湿地システムとしての水田の生物多様性の向上」の採択に結びついた。

生きものマーク　平成も中期に入ると、生物多様性保全に配慮した農産物に付加価値をつけて販売する動きが活発になった。たとえば、兵庫県豊岡市の「コウノトリ育むお米」や新潟県佐渡市の「朱鷺と暮らす郷」などの米である。前者は平成17年（2005）から、後者は平成20年（2008）から農法の認証制度により販売されている。ここでは、無農薬・減農薬のほか水田の内部や周辺に伝統的に設置されてきた小さな「承水路」（地域によって、

江とかヌルメなどと呼ぶ）を落水期の生物生息空間（ビオトープ）として再生し，鳥の餌場を確保する試みも行われている。これらの生物多様性保全に配慮した農産物のブランド化は，「生きものマーク」として農林水産省からガイドブック[34]が示されている。

地域ブランドと世界農業遺産 環境保全の視点から農産物に付加価値をつける動きは，農産物のブランドから地域全体のブランド化へと進んだ。その典型的な例が，世界農業遺産や日本農業遺産である。世界農業遺産は農林水産業システムをFAOが認定するもので，食料および生計の保障・農業生物多様性の豊富さ・地域の伝統的な知識システムの活用などが認定要件とされている。わが国では平成23年（2011）に，生き物育む農法を中心とした「トキと共生する佐渡の里山」と，白米千枚田に代表される「能登の里山里海」が，先進国として初めて世界農業遺産に認定された。平成30年（2018）までに11地域が認定されている。

なかでも独特なのが，静岡県掛川周辺地域の「静岡の茶草場農法」（平成25年〈2013〉認定）である。茶草場農法とは，里山の草資源を活用した茶の生産方法で，良質な茶を生産するため，秋から冬に茶園周辺の「茶草場」と呼ばれる採草地の草を茶木の根元や畝間に敷く伝統的な農法である。茶草場農法では，草を刈り取ることで明るい草原（茶草場）が人の手によって維持される。そのため，今日では全国的に絶滅に瀕している里山の草原（かつての茅場）の生物多様性が維持されている。このことは，静岡県農技研の稲垣栄洋と農環研の楠本良延による調査から明らかになった[35]。この事例は，伝統的な農法が今日的な高付加価値をもつ農産物の生産と結びつき，結果的に生物多様性の保全につながった良い事例と言える。

(4) 生物多様性保全の取組み効果の検証

このような農業生産と生物多様性の保全を両立させる取組みについては，それを担う農家・土地改良区・地域の市民団体自身が，取組みの効果を確認することで促進される。そのため，各地で「田んぼの生きもの調査」が行われている（農業農村整備423頁参照）。また，農林水産省では，環境

保全型農業の取組みが生物多様性保全に及ぼす効果の総合的評価手法として「農業に有用な生物多様性の指標生物調査・評価マニュアル」[36]や「鳥類に優しい水田がわかる生物多様性の調査・評価マニュアル」[37]を開発・公表している。前者は，平成29年（2017）度から平成30年（2018）度に行われた「環境保全型農業直接支払交付金制度」の施策効果の評価に全国各地で活用された。

「生産環境」における環境保全型農業の展開

環境保全型農業に関する制度の成立

　これまで述べたすべての事象を統合する大きな傘ともいえる「環境保全型農業」と称する農業形態は，平成期の農業技術を象徴するものの一つである。「環境保全型農業の課題と展望―我が国農業の新たな展望に向けて―」[38]では，環境保全型農業についての背景・課題・技術・要請・対応・施策・市場など多岐にわたる事象を整理している。それによれば，この環境保全型農業という形態は，経済合理性を一方的に追求してきた近代農業（大型化・機械化・化学化・単作化・連作化・単純化・大量生産化など）が，土壌圏・水圏・大気圏・生物圏・人間圏などの環境への負荷，さらには農作物・人への安全性に及ぼす悪影響などを克服しようとするなかで形成されてきたものである。

　環境保全型農業の展開　農林水産省では，環境保全型農業を平成4年（1992）の「新政策」のなかで「農業の保つ物質循環機能を生かし，生産性との調和などに考慮しつつ，土づくり等を通じて化学肥料，農薬の使用等による環境負荷の低減に配慮した持続的な農業」と定義している。定義のなかの「持続的な農業」については，平成11年（1999）に食料・農業・農村基本法の第32条（自然循環機能の維持増進）に規定されている。同時に成立した「持続農業法」の第2条においては，土壌の改善・肥料の施用・農薬の使用についての規定がある。これら概念は，法律や制度の成立以前に，昭和40年代に一楽照雄らの提唱により始まった有機農法や，その後各地で

進められた減農薬・減化学肥料など環境に配慮した農法についての試みにより徐々に形成されてきたものであるが，それらの概念も包含するかたちで平成11年（1999）の一連の法制度が整備された。また同時に，それまで個々に環境配慮に取り組んできた農家の活動を，一定の定義によって「エコファーマー」として認定することが開始された。エコファーマーの認定数は，平成30年（2018）3月末現在で11万1,864件になっている[39]。

環境保全型農業を全国的に展開するためには，農業従事者はもとより消費者としての国民の理解・信頼・支持が前提となる。環境保全型農業による生産物の提供のみに関心をよせたのでは，その意義は薄い。これは本章の冒頭に述べたような一筆の「生産環境」から，農村や国土に至る「地域環境」や「地球環境」の保全，さらには生産から加工・流通・消費，施策・社会運動までのあらゆる課題を含む農業形態でもある。各種の環境保全機能が，農業・農村の地域住民と消費者の健康で安全な生活に貢献するものであることを理解するとともに，農業生態系を生物多様性の維持と，地球環境保全に貢献できるものにしていくことが求められている。

有機農業の今日的位置づけ　有機農業は，今では平成18年（2006）に議員立法により成立した「有機農業の推進に関する法律」に基づいて推進されているが，その制度的な位置づけは平成11年（1999）のJAS法（農林物資の規格化及び品質表示の適正化に関する法律）改正による有機JASの認証制度の導入から始まる。この制度は，諸外国と同様にコーデックス委員会が採択した「有機食品の生産，加工，表示及び販売に係るガイドライン」に準拠したもので，平成12年（2000）には有機農産物と有機加工食品のJAS規格が定められた。つまり，環境保全型農業は農業活動そのものを規定する概念であるが，「有機」は農畜産物および食品を規定する概念となっている。ただし，次に述べる環境保全型農業直接支払制度では，有機農業は環境保全型農業の一つのかたちとして位置づけられている[40]。

環境保全型農業直接支払制度における取組み

　環境保全型農業は平成4年（1992）の「新政策」以降に制度が順次整備され，平成19年（2007）の「農地・水・環境保全向上対策」からは直接支払制度としての支援が開始された。いまでは，多面的機能発揮促進法に基づく制度となっている。この制度では，平成17年（2005）に公表された「農業環境規範」を補助的な要件としたうえで営農活動を支援するものになっている。すなわち，化学肥料および化学合成農薬を原則5割以上低減する取組み（要件）と，あわせて行う地球温暖化防止や生物多様性保全に効果が高い営農活動が支援の対象となる。支援の対象となる取組みには，全国共通で対象となる取組み（「全国共通取組」）と都道府県などの地域ごとに認定された取組み（「地域特認取組」）がある。全国共通取組として支援対象になるのは，地球温暖化防止の効果が高いと期待されるカバークロップの作付けや堆肥の施用と，生物多様性保全に効果が高い有機農業である。

　地域特認取組については，各地域でさまざまな取組みが工夫されているが，それを大まかに整理したものを表2で紹介する。導入している都道府県数が多い取組みとしては，生物保全効果が高い冬期湛水，農薬利用低減の代替技術となる総合的病害虫防除（IPM）や機械除草，リビングマルチ・草生栽培・温室効果ガス削減につながる中干し延長などである。特徴的なものとしては，前述の「茶草場農法」にあたる「敷草用半自然草地の育成管理」などがある。平成28年（2016）4月に公表された農林水産省生産局農業環境対策課「環境保全型農業について」[40]によれば，平成28年（2016）度の環境保全型農業直接支払交付金の実施面積は全国で約8万5千ha，そのうちカバークロップの作付け20％，堆肥の施用22％，有機農業17％で，残りの41％が地域特認取組である。このうち有機農業の取組みについては，ゆるやかに増加しているものの耕地面積の0.5％（農家数では平成22年〈2010〉で1万2千戸，総農家数の0.5％）にすぎない。

表2 平成30年度環境保全型農業直接支払交付金における地域特認取組

取組みの内容（農法等）	主な目的	対象作物			都道府県導入数
		イネ	畑作物	果樹・茶	
冬期湛水管理（含有機質肥料施用，畦補強等）	水生生物保全など	●	△	△	32
夏期湛水管理	水生生物保全など		●		2
水田内ビオトープ（生き物緩衝地帯）や江の設置	水生生物保全	●			9
メダカ等魚類の保護管理	水生生物保全	●			1
総合的病害虫・雑草管理（IPM，含交信攪乱）	農薬利用低減	●	●	●	24
天敵利用（天敵の導入，温存利用）	農薬利用低減（天敵保護利用）		●		4
バンカープランツ（インセクタリープランツ）	農薬利用低減（天敵保護利用）		●		7
雑草管理（機械除草，低毒性除草剤，秋耕等）	農薬利用低減（雑草抑制）	●	●		19
リビングマルチ（草種による区分あり）	農薬利用低減（雑草抑制）	△	●		26
草生栽培	土壌改善，天敵涵養，雑草抑制	△	△		33
敷草用半自然草地の育成管理	半自然草地保全			●	2
中干し延長	温室効果ガス排出抑制（メタン）	●			6
緩効性肥料の利用	温室効果ガス排出抑制（N_2O）	●	●	●	3
炭の投入	温室効果ガス吸収（炭素）	△	△	△	4

資料：農林水産省資料（平成30年度日本型直接支払制度のうち環境保全型農業直接交付金）より作成
注：図中の●は作目との対応が明示された取組み，△は「全作目」を対象としており，作目との対応が不明瞭な組合わせ

おわりに

　農業と環境は，互いに正と負の影響を及ぼしあう相互関係にある。こ

の関係は一筆の生産環境から地域環境，ひいては地球環境にまで及び，さらには生産から流通・加工・消費および施策・社会運動に至るまで拡大してきた。これらの事象に関して科学的知見が蓄積され，その結果が国内外の政策を動かしてきた。気候変動に関するIPCCや生物多様性に関するIPBESなど国際的な科学報告書が公表されるたびに，必ず「政策決定者のための要約」が作成されていることからも科学と政策が密接に連動していることがわかる。平成期の農業は，このような環境問題や社会の変化に対応するための新しい農業技術を模索してきたといえる。いまでは，すべての農業活動が環境保全を無視しては成り立たない。

今後，わが国の農業は環境を保全しながら持続的かつ安定的に食料を供給しなければならない。このような環境保全と食料の安定供給を図るためには，生産現場の技術が科学と政策に密接に連動することが重要であろう。しかし，環境にかかわる問題は突然生じるとは限らない。それは長い間に生じた環境の歪みが積み重なり，臨界点に達したときに顕在化するものである。そのような環境変動に対応し持続的な農業の発展を図るためには，長い間の変化を的確に捉えて，先を見すえた技術の開発と普及が必要であろう。それを実現するためには，長年にわたる科学的知見の積み重ねが欠かせない。

平成の終わりを迎え，わが国ではデータ駆動型のスマート農業の実現が急がれている。そのためには，活用されるデータは「今」を測るだけでなく，気象・土壌・病害虫・生物多様性の消長など農業を取りまく環境について，過去から現在さらには未来をも予測するデータを蓄積し，これを利活用することが重要である。その意味で，これまでに蓄積してきた貴重な農業環境インベントリー[41]のデータに含まれた知見，さらには今後蓄積されていくデータと知見を生産現場で有効に活用するための技術が必要になるであろう。これらのデータと知見を利活用した技術を実現することが，農業と農村社会の持続性にもつながると考える。

―――執筆：陽 捷行・山本勝利

引用文献

1) 農林水産省．2007．農林水産省生物多様性戦略（平成19年7月）．
2) 一楽照雄訳．1974．有機農法（J. I. ロデイル著, 1945）．協同組合経営研究所．
3) 日本有機農業研究会編．1999．有機農業ハンドブック—土づくりから食べ方まで．農文協．
4) 中島紀一．2013．有機農業の技術とは何か．農文協．
5) 農林水産技術会議事務局．1979．農林漁業における環境保全的技術に関する総合研究．総合部会報告．
6) 守山弘．1988．自然を守るとはどういうことか．農文協．
7) 石郷岡康史代表．2017．農業・食料生産における温暖化影響と適応策の広域評価．環境研究総合推進費終了成果報告書．S-8-1(6)．政府データカタログサイト（DATAGO.JP）．
8) 寺島一男．2017．第1回平成農業技術史研究会—水田作の展開—．農業．No.1630．
9) Hasegawa T. et al.. 2013. Rice cultivar responses to elevated CO_2 at two free-air CO_2 enrichment (FACE) sites in Japan. Functional Plant Biology. 40(2): 148-159.
10) 農業環境技術研究所・農研機構．2008．農環研などが2007年夏季異常高温下での水稲不稔率の増加を確認．プレスリリース．
11) 農業・生物系特定産業技術研究機構総合企画調整部研究調査室．2006．農業に対する温暖化の影響の現状に関する調査．研究調査室小論文．第7号．
12) 梶浦一郎．2018．第5回平成農業技術史研究会—果樹作における技術の展開—．農業．No.1636．
13) 桐谷圭治．2010．昆虫の温暖化反応と分布域の変化．植物防疫．64(7)．
14) 森康明・河野富香・房尾一宏．1985．広島県メッシュ気候図の利用に関する研究 第5報 任意地点における特定年の日別平均気温推定．広島県農試報告．49．
15) 清野豁．1993．アメダスデータのメッシュ化について．農業気象．48(4)．
16) 大野宏之ら．2016．実況地と数値予報，平年値を組み合わせたメッシュ気温・降水量データの作成．生物と気象．16．
17) 農業環境技術研究所．2012．水田メタン発生抑制のための新たな水管理技術マニュアル．農研機構HP（http://www.naro.affrc.g.jp/archive/niaes/techdoc/methane_manual.pdf）．
18) 八木一行．2010．世界と協力して温暖化防止に貢献：農業由来の温室効果ガス削減技術．農業環境技術研究所研究成果発表会2010資料．
19) 農業環境技術研究所．2013．土壌のCO_2吸収「見える化」サイト．農研機構HP（http://soilco2.dc.affrc.g.jp/）．
20) 津田新哉．2014．臭化メチル剤から完全に脱却した産地適合型栽培マニュアルの開発．農図協会誌．175．
21) 農業環境技術研究所ほか．2012．低濃度エタノールを利用した土壌還元作用による土壌消毒技術実施マニュアル．農研機構HP（http://www.naro.affrc.g.jp/archive/niaes/techdoc/ethanol/#manual1）．
22) 農林水産省・農業環境技術研究所．2005．水稲のカドミウム吸収抑制のための対策技術マニュアル．農林水産省HP（http://www.maff.g.jp/j/syouan/nouan/kome/k_cd/taisaku/

23) 農林水産省．2016．農用地の土壌の汚染防止等に関する法律に基づく対策．農林水産省HP (http://www.maff.g.jp/j/syouan/nouan/kome/k_cd/2_taisaku/02_law.html)．
24) 荒尾知人．2014．農作物の重金属吸収低減に向けた土壌のリスクマネージメント．農業環境技術研究所研究成果発表会2014資料．
25) Ishikawa S. et al.. 2012. Ion-beam irradiation, gene identification,and marker-assisted breeding in the development of low-cadmium rice. Proc. Natl. Acad. Sci. USA 109 (47) 19166-19171.
26) 三輪睿太郎・小川吉雄．1988．集中する窒素をわが国の土は消化できるか．科学．58．
27) 松本成夫ら．2017．わが国の食飼料供給に伴う1992年から2007年までの窒素フローの変遷．日本土壌肥料学雑誌．88 (1)．
28) 加藤好武．1998．農林地および農用地のもつ国土保全機能の定量的評価．環境情報科学．27 (1)．
29) 農業環境技術研究所．1998．農用地の持つ国土保全機能評価と農業地域区分との関係．農業環境研究成果情報．第14集．(http://www.naro.affrc.g.jp/archive/niaes/sinfo/result/result14/result14_35.html)．
30) 農林水産省．2018．平成29年度多面的機能支払交付金の実施状況．農林水産省HP (http://www.maff.g.jp/j/nousin/kanri/tamen_siharai/H29jissi_joukyou.html)．
31) 守山弘．1997．むらの自然をいかす．岩波書店．
32) 宇根豊．2004．虫見板で豊かな田んぼへ．創森社．
33) 岩渕成紀．2006．ラムサール条約湿地「蕪栗沼・周辺水田」のふゆみずたんぼ．鷲谷いづみ編著．地域と環境が蘇る 水田再生．家の光協会．
34) 農林水産省．2010．生きものマークガイドブック．農林水産省HP (http://www.maffgo.jp/j/kanbo/kankyo/seisaku/s_ikimono/guidebook/)．
35) 楠本良延．2013．茶草場の伝統的管理は生物多様性維持に貢献．農研機構HP (http://www.naro.affrc.g.jp/archive/niaes/sinfo/result/result30/result30_08.html)．
36) 農林水産省農林水産技術会議事務局・(独)農業環境技術研究所・(独)農業生物資源研究所．2012．農業に有用な生物多様性の指標生物調査・評価マニュアル，Ⅰ．調査法・評価法．農研機構HP (https://www.naro.affrc.g.jp/archive/niaes/techdoc/shihyo/)．
37) 農研機構農業環境変動研究センター．2018．鳥類に優しい水田がわかる生物多様性の調査・評価マニュアル．農研機構HP (https://www.naro.affrc.g.jp/publicity_report/publication/pamphlet/ tech-pamph/080832.html)．
38) 大日本農会編．2003．環境保全型農業の課題と展望―我が国農業の新たな展望に向けて―．大日本農会叢書4．
39) 農林水産省．2018．環境保全型農業直接支払交付金中間年評価．農林水産省HP (http://www.maff.g.jp/j/seisan/kankyo/kakyou_chokubarai/attach/pdf/mainp-66.pdf)．
40) 農林水産省．2016．環境保全型農業の推進について．農林水産省HP (http://www.maffgo.jp/j/seisan/kankyo/hozen_type/pdf/suisin_280401.pdf)．
41) 農研機構．2018．農業環境変動研究センターおよび前身研究所（農業環境技術研究所）のデータベース・画像情報．農研機構HP (http://www.naro.affrc.g.jp/laboratory/niaes/contents/db_image.html)．

東日本大震災対応

　平成23年（2011）3月11日に発災した東日本大震災は農業に多大な影響を及ぼした。その被害は，揺れや津波など直接的なものだけでなく，原子力発電所の事故に起因する放射性物質の拡散による間接的なものも含め，広域にわたって生じた。被災地には水田作，畑作，果樹など主要な農業生産地域が含まれ，復興計画・手法の策定，農業生産の回復・安全性の確保などに関する取組みが行われた。

地震・津波被害からの復旧に向けた技術の開発

津波被害への対策

　震災では青森，岩手，宮城，福島，茨城，千葉県の太平洋沿岸地域で約2万4千ha（水田：約2万ha，畑：約3千400ha）の農地が津波の被害を受けた。特に宮城県の被害は約1万5千haと最も広範囲で，同県の耕地面積の約11％に相当する。家屋，車，船をはじめ，沿岸や地表にあったほぼすべての物がいったん上流に流され，宮城県名取市閖上では，4～5km上流まで流された。排水機場が破壊され排水路がガレキで埋まったことや地盤沈下などによって，津波が引いた後も海水が広範囲に湛水しガレキが滞留し

続けた。ようやく排水された農地には、一面にガレキとヘドロと塩分が残された（図1）。

(1) ガレキの撤去

大きなガレキは重機で除去されたが、市街地から流れ出たガラスや陶器の破片、細かな金属などの除去は困難

図1　農地と排水路にとどまるガレキ
（農研機構農村工学研究部門）

で、多くのパンク事故が発生した。農地にこれらを放置したままでは農作業ができない。そこで農研機構農工研が微細なガレキを下層に移動させる「湛水代掻き埋め込み工法」を考案し、現地に導入した。農業機械に装着したレーキで大きなガレキを除去した後、湛水して耕盤の深度まで代掻きすることで微細なガレキを沈降させて埋却し、作土層から除去する工法で、耕作者が行える工法として活用された。ヘドロの混入が避けられない場合は土壌改良剤を投入することで、農地への回復が進められた。

(2) 除塩および塩害対策

冠水した水田では塩分が集積したことから、営農再開に向けてはまず除塩が重要となった。これには、過去に生じた高潮災害に関する資料（「熊本県の平成11年9月23日〜24日の台風18号の高潮における塩害対策に関する資料」）を参考とし、電磁探査法に基づいた農地の塩素濃度（電気伝導度）推定方法が開発され、これとGPS情報の活用により塩分分布を迅速に把握できるようになった。また、平成23年（2011）6月には農研機構農工研により「農地からの除塩に関する技術検討会」が開催され、農政局、県、土地改良区などの関係機関の間で除塩対策に関する情報共有がなされた。塩分の上昇は畑作物作付期間において顕著となるが、FOEAS（農業農村整備402頁参照）を設置した圃場では、一定の地下水位制御のもとに灌排水を行うことでこの上昇を緩和することが示された。

塩分が集積した農地の復旧には、農林水産省からの要請を受けた（財）

日本水土総合研究所が中心となり，宮城大学や農研機構などが協力して除塩技術を取りまとめた。

　農地の除塩のためには，石灰をまいて土中のナトリウムを吸着させ水を浸透させて洗い流す。具体的には，湛水の降下浸透で塩分濃度が高い土中水を下方に押し出す縦浸透法（リーチング）と，土中の塩分を湛水中に溶出させて水尻から地表排水する溶出法に大別されるが，両方とも大量の水が必要となる。またその実施には，当然用水と排水の水路の連携が確保されなければならない。しかし，用水路，排水路ともに著しく損傷し排水機場が機能不全に陥ったため，用水の確保と排水がきわめて困難となり除塩作業は制限された。

　平成23年（2011）春は，代掻きを加えた溶出法が主体であった。同年に宮城県内で除塩が終了し稲作が再開した水田は，自然排水区域や排水機場の被害が軽度な約1,000haに限られた。除塩農地では農業改良普及センターの指導により中干しをしないで稲作し，塩害は再発せず生育も順調であった。しかし，ダイズは8月下旬から9月上旬に塩害による枯死が発生した。干天が続き下層の残留塩分が作土に上昇したためである。溶出法の除塩深度は浅く，下層までは除塩できない。

　平成23年（2011）秋からは，あらかじめ弾丸暗渠を施工（深さ30cm，間隔5m）して行う縦浸透法が活用された。塩素イオン濃度0.1%以下を目標とし，0.06%を管理値とした。暗渠が整備された水田ではほとんどが1回の工程で目標を達成したが，暗渠が未整備の水田では3，4回反復する必要があった。

　翌平成24年（2012）以降平成の終わりまでの期間の除塩については，体系化された除塩法が採用された。これを図2に示す。弾丸暗渠等の施工で排水性を高めることから始まり，天水による除塩法，用水による除塩法，代掻きを加えた除塩法へとつなぎ，塩分濃度や農地の特性に応じてより積極的方法へと進行する体系となっている。塩分濃度の管理には，電気伝導度を利用する簡易な手法が有効であった。

　農林水産省では，「農地の除塩マニュアル」を策定して技術面で徐塩を支

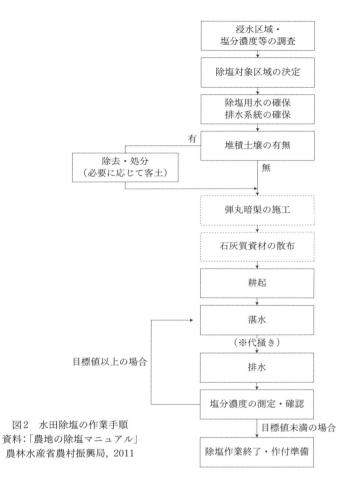

図2　水田除塩の作業手順
資料：「農地の除塩マニュアル」
農林水産省農村振興局, 2011

援するとともに，土地改良法の特例法によって，それまでなかった除塩事業を法で規定し国の補助率を90％とした。区画整理の手続きも簡素化して農地の集約化を進める条件も整備した。

その結果，平成28年（2016）1月末までに津波で冠水した約2万4千haのうち約1万6千haで営農が再開されている。残りは換地を伴う大区画事業が実施されている地域や放射能の問題があり避難指示等で営農再開が進まない福島県の水田である。

農耕地の塩分集積が長期化することも予想されたことから，耐塩性イネの育種も進められた。その結果，インディカ品種「Nona Bokra」の優れた耐塩性を茎葉収量の高い飼料用イネ品種「たちすがた」に導入し，耐塩性の強い飼料用イネ系統「関東飼265号」(農研機構作物研)が育成された。また，既存品種の耐塩性評価も行われ，九州で広く栽培されている飼料用イネ品種「モーれつ」が高い耐塩性を有することを見出している。これらの品種・系統は同様の災害が今後生じた際の対応策として利用が期待できる。

———執筆：小前隆美

(3) 津波に備えた堤防の築造法と配置手法

多くの海岸堤防が津波によって壊滅的な被害を受けた。その大きな原因は，堤防を乗り越えた津波による裏側法面の侵食対策が不十分であったことが現地調査や実験から明らかにされた。農研機構農工研では，ため池堤体補強工法を基にこの点を改善した強靭な三面一体化堤防構造が開発され復旧工事への導入が図られた(図3)。

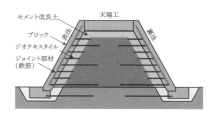 

図3　三面一体化堤防の構造と外観(農研機構農村工学研究部門)

この技術では，海側と陸側の堤防の被覆工と天端工の三面を盛土と一体化した構造にすることにより，津波衝突時の揚圧力や越流時の揚力・抗力に対して被覆工を引き剥がれにくくしている。堤防の構造は，ジオテキスタイル(盛土を補強するための高分子材料で作られたネット)を連結したプレキャストコンクリートブロック(以下，ジオテキブロックと呼ぶ)に，難透水性のセメント改良土を組み合わせている。これにより，堤防の被覆工と天端工盛土と一体化した構造を構築することができる。

施工は，ジオテキブロックの据付け，セメント改良土のまき出し，転圧および整地の工程を所定高さまで繰り返し，堤防天端工にコンクリートを打設し完了させる。本工法は，ジオテキブロックの使用により急な勾配の堤防が構築可能であり，建設用地の減少と建設コストの削減も期待できる。

　また，背後地の津波対策として，海岸堤防を越えて侵入した津波を減勢するため，幹線道路や農道を第二，第三の堤防とし，さらに背後農地の段差を活用する津波減勢計画手法も提案されている。

　　　　　　　　　　　　　　　　　　　　　──執筆：白谷栄作

ため池等の地震被害への対策

　地震では，約4,000か所のため池で亀裂の発生や漏水などの重大な被害を受けたが，下流域に学校等公共施設があるため池を対象に緊急のリスク評価と安全対策が行われた。耐震性が懸念される堤体の強度を科学的に診断するため，農研機構農工研によって，軽量なサウンディング試験機を用いて堤体に設けた小口径の孔内で回転せん断試験を行うことで盛土斜面の強度を求める調査法が開発され，低コストで効率的な調査が実現した（図4）。

　新しい調査法は，堤体内でせん断刃付きのバルーンを膨張させて回転させるときのトルクを測定するもので，安定計算に必要な斜面の強度定数（c，ϕ）を原位置で得ることができ，従来から行われてきた不攪乱土質試料を採取し室内で三軸圧縮試験を用いる方法と同等の試験結果が得られ

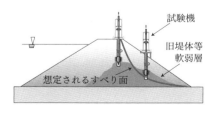

図4　ため池堤体の盛土斜面の強度調査実施状況（農研機構農村工学研究部門）

る。回転部は深度5mまで使用が可能で，すべり面深度を考慮すると堤高が10mのため池まで調査できる。またコストは堤高10mのため池の場合は60万円程度で，従来法の約6～7割と低く，さらに機械搬入等の間接経費が大幅に縮減できる。

　この調査法は37か所のため池で実績を上げている。また，危険性が明らかとなったため池については，ため池が決壊した場合の氾濫シミュレーションを実施して，ハザードマップの作成や緊急時の安全な避難場所の選定，地域の防災計画の見直しや，復興工事の順位決定等に利用されている。

　また，全国190か所の農業用ダムを対象として一斉に安全性の評価を実施した結果，いくつかのダムで堤体上部に亀裂が発生する等の損傷が発見された。ダムの耐震性評価技術の高度化，損傷したダム堤体の修復，地震動への対策などの工学研究が加速された。

―――執筆：小前隆美

東京電力福島第一原子力発電所事故からの復興に向けた技術の貢献

農地等における放射性物質の除去・低減技術

(1) 農地の放射性物質汚染程度の把握

　農業再開に向けては農地土壌中の放射性セシウムの面的な分布の把握が必要である。これに関しては農環研や福島県をはじめ6県の農業関係試験研究機関の協力により，農地582地点の空間線量率および作土層の放射性セシウム濃度の測定が行われ，簡便な空間線量率から土壌の汚染程度を推定する手法が示された。さらに，調査地域が拡大され，岩手県から静岡県までの15都県の農地3,423地点を対象に測定が行われた。こうして得られたデータを基に平成23年（2011）11月5日現在の農地作土の放射性セシウム濃度の分布図が作成された。福島県では作成された市町村別の詳細分布図が営農指導に活用されている（「農業の震災復興に向けた提言第2版」2013）。

この成果は，面的な広がりを地図として表示しているので濃度別の分布面積などの算出に利用できる。除染の一つの目安となる農地土壌の放射性セシウム濃度5,000Bq/kg以上の農地面積は約8,900haと算定されるなど，濃度の分布の傾向把握，作物の吸収抑制対策や除染を必要とする市町村別の農地面積の推定，また土壌分類ごとの放射性セシウム濃度の分布といった除染方法の適用範囲の推定などが可能となり，農林水産省や環境省で活用されている（農環研報告，2015）。

(2) 玄米への移行率の推定から得られた農地として利用可能な汚染程度

　平成23年（2011）4月に国の原子力災害対策本部は，玄米における放射性セシウムの暫定規制値を500Bq/kgとし，これを超えるところではイネの作付けを制限するという方針を示した。しかし，これにはイネを栽培した場合に500Bq/kgを超える玄米が生じる可能性の高い土壌の汚染程度をあらかじめ特定する必要があった。

　この推定値を得るのに参考にされたのが，世界各地で行われた核実験やチェルノブイリ原子力発電所の事故の影響を評価するため，農技研および業務を引き継いだ農環研が昭和34年（1959）から平成13年（2001）まで全国17か所で実施してきた長期モニタリングの結果である。すなわち，このモニタリングで示された，栽培土壌とそこで生産されたイネの玄米における放射性セシウム濃度の値に基づき，両者の比率（玄米/土壌）である移行係数を，危険率をふまえて約0.1とした。これにより，土壌中の放射性セシウム濃度が5,000Bq/kgを超えた圃場ではイネを作付けしないこととしたのである。イネの作付時期までの短い期間内で判断が求められたが，農環研の地道なデータ収集の結果がこうした状況のなかで有効に活かされた。

―――執筆：小巻克巳

(3) 農地の除染技術

　原発の事故後，放射性セシウムに汚染された農地で営農再開するために，除染技術の開発が急務となった。農地に降下したセシウムのほぼ9割

が土壌表面付近に吸着されることから，耕うんを実施していない場合は表土を除去することにより効果的な除染が可能であることが明らかになった。これらの特徴をふまえ，農地の汚染状態，利用条件などに応じた複数の効果的な除染技術が開発された。

汚染濃度の高い農地表土のみを削り取る表土剥ぎ取り工法は，上下方向の攪拌の少ないパワーハローを使用して表土を膨軟にし，表面5cmぐらいをリアブレードでかき取った後，フロントローダで集積する作業体系（図5左），あるいはバックホウでバケットを前後に動かし表土を削り取り，汚染土を集積し圃場外へ搬出する手法で（図5右），震災後未耕作で汚染濃度が1万Bq/kg以上の農地では最も有効なものである。

代掻き除染工法は，水田の土壌中の放射性物質を多く含有する細粒分のみを除去するために，代掻きで水による土壌攪拌を行った後，濁水を排水し濁水処理施設で土粒子を分離し排除する方法である。表土剥ぎ取り工法に比べ，廃棄土量を削減することが可能であり，汚染後に表土が攪乱されている農地など，他の工法を実施できない圃場でも適用が可能である。

反転耕は，プラウで表層近傍の放射性物質を土壌下層に反転させる工法で，表土剥ぎ取り工法を施工した後の補助工法としても有効である。廃棄土が発生しないが，除染後も放射性物質が圃場内に存在することをふまえ，除染効果を高めるために吸着材の散布等の対策をあわせて実施することが推奨されている。

これらの工法の開発によって3万ha以上の農地が除染され，営農再開に向け大きく貢献している（図6）。

汚染物には作物残渣や雑草，枝葉などが含まれるが，これらはそのまま堆積するとかさばり，広大な保管場所が必要となる。このため，こうした汚染物の容積を減ずる手法として乾燥して円筒状のペレットに成型処理することで，元の容積の5分の1～10分の1にまで減容化できる技術が開発された（「農業の震災復興に向けた提言第2版」2013）。

―――執筆：白谷栄作

Step1：砕土
↓

Step1：バックホウで削り取り
↓

Step2：削り取り
↓

Step2：土のう詰め

Step3：排土・土のう詰め

図5　農地の除染作業体系
（農研機構農村工学研究部門）
左：パワーハローで砕土後に削り取る体系
右：バックホウで削り取る体系

〈除染前〉　　　　　　　〈除染後〉

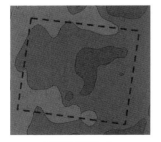
平均：9,616Bq/kg

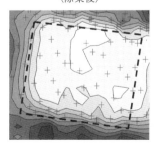
平均：1,721Bq/kg

図6　農地の除染効果（農研機構農村工学研究部門）

(4) 果樹における樹皮洗浄

　放射性セシウムの飛散は福島県の果樹産地である県北地方にも広がり，リンゴ，モモ，カキなどの主要な果樹が汚染された。震災発生当時これらの果樹は落葉していたが，樹皮から体内への移行が問題とされ，リンゴ，カキ，ブドウ，ナシのように粗皮が形成される樹種では粗皮削りが行われた。これにより，汚染程度を80〜90％減少させることができたが，粗皮削りには多大な労力を要すること，モモのような粗皮を形成しない樹種には適用できないという問題点があった。

　このため，樹皮洗浄に使用される高圧洗浄機の効果の検証が行われ，8〜10MPaにまで水圧を上げると効果があることが明らかにされた。ナシやカキで約90％，モモとウメで約50％と汚染程度が低減され，生産者により樹皮洗浄が行われた。樹皮洗浄の効果は洗浄直後だけでなく，5年を経過しても維持されており，福島県の果樹産業の復興に大きく貢献した。

　　　　　　　　　　　　　　　　　　　　──執筆：小巻克巳

(5) ため池の放射性物質除去技術

　福島県下では農業用水源となるため池も放射性セシウムで汚染された。水面への直接降下のほか，集水域からの流入，ため池周辺で地表面がコンクリートやアスファルトなどで覆われたところからの流入などによって，1,000か所以上のため池で底質中の放射性セシウム濃度が8,000Bq/kgを超えた。

　安全な生活環境を確保する立場からは，湛水による放射線遮蔽効果から除染は不要との主張もあったが，ため池管理には落水浚渫作業が不可欠であることや，農業の復興には放射性物質が含まれない安全な農作物が生産・出荷されなければならないことから，ため池対策の基本方針が定められた。それは，住宅や公園など生活圏に存在するため池は必要に応じ生活空間の一部として放射性物質汚染対処特措法に基づき環境省が除染を行い，営農再開・農業復興の観点からの対策が必要なため池については福島再生加速化交付金により農林水産省の技術支援のもと福島県や市町村等が

放射性物質対策を進めるとの内容である。

貯留水や底泥に沈積した放射性セシウムがため池から流出するのを防ぐため，多くの対策技術が公的研究機関や民間企業から提案された。

①汚濁防止フェンスを設置することで水面付近の流れを遮断し放射性セシウムを含む懸濁物の沈降を促進し底質の巻き上がりを防止する技術，②吸着除去設備を設置し処理タンク内のプルシアンブルーフィルタカラムを通過させることで水中の放射性セシウムを吸着除去する技術，③放射性セシウム濃度の高い底質を固化材により原位置で固化する技術，④底質の中の高濃度の表層と低濃度の下層をそれぞれ土壌改良し上下を反転する技術，⑤放射性セシウム濃度の高い底質を重機による掘削やポンプによる浚渫で直接除去する技術，⑥除去にあたって粒度分級処理し放射性セシウム濃度が高い細粒のみを廃棄し粗粒をため池に戻すことで発生土を減量する技術，などである。

福島県による選別と現地実証を経て農林水産省が「ため池の放射性物質対策技術マニュアル」を策定・公表し，あわせて福島県が市町村向けのガイドブックを作成した。そのほか，ため池底の放射性セシウム濃度分布の計測技術や農業用水の汚染濃度の監視技術なども開発されている。

図7　放射性物質を含むため池底泥の除去工事（(公社)農業農村工学会）

平成30年（2018）1月時点で3,000か所以上のため池の調査が終了し，約200か所で除染対策が完了または実施中である（図7）。現地では対策を加速するとともに，流域の山地からの流出とため池での再堆積など，監視が継続されている。

———執筆：小前隆美

作物による放射性物質の吸収抑制技術

(1) カリウム施用によるセシウム吸収の抑制

　農地の汚染による被害を軽減するには，除染とともに，放射性セシウムの作物への移行を抑制することが必要である。このための技術として最も効果的であったのが，土壌へのカリウム肥料の施用である。土壌中のカリウムが放射性セシウムの地上部移行に抑制効果があることは，チェルノブイリの事故対策において示されていたが，水田，あるいはイネにおいて本当に有効かということは証明されていなかった。

　これについては福島県をはじめとする関係県と農環研および農研機構が共同して実験を行い，ほぼ1年間で土壌の交換性カリウム25mg/100g程度を目標値にしてカリウムの施用を行うと玄米への移行係数を低く抑えることができるということを明確に示した（図8）。この対策は広範な汚染地域でその有効性が確認され，また，化学肥料に加えて牛ふん堆肥を長期連用していた土壌では，化学肥料のみを施用していた土壌に比較して交換性カリウムが高く，玄米の放射性セシウム濃度や移行係数が低くなることも明らかにされた（「農業の震災復興に向けた提言第2版」2013）。

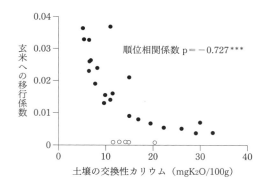

図8　土壌の交換性カリウム量とイネでの移行係数（加藤直人）

畑作物や牧草でも同様の結果が得られ，カリウム施用技術は，福島，茨城，栃木県などで活用され，安全な農産物の生産につながった。

(2) 果樹における果実へのセシウム移行の抑制

果樹においては放射性セシウムが多くは樹体に落下し，園地に落下したものも，ほとんどが表層約5cmに分布したことから，果樹の根域に到達しなかった。このため，先述のような樹皮洗浄を行うことで，放射性セシウムの影響を小さく抑えることができた。

しかし，干し柿の一種で福島県の特産品である「あんぽ柿」は加工の過程で，放射性セシウムの濃度が原料柿の3.6倍となるため，原料柿の放射性セシウム濃度を低く抑える必要がある。調査の結果，幼果期の放射性セシウム濃度が10Bq/kg以下であれば「あんぽ柿」の放射性セシウム濃度は50Bq/kg以下に抑えられることが明らかにされた。これらにより，果実の成長の早い段階で原料柿としての適性を把握できるようになった。このほか，強せん定や主幹切断の処理が行われた。その結果，処理を行わなかったものに比べて果実中の放射性セシウム濃度が低下するだけでなく，ばらつきも小さくなることが明らかにされた。

(3) 牧草におけるセシウム吸収の抑制

牧草地においてはカリウム施用を行っても放射性セシウム濃度が低下しない例が多々見受けられた。このため，牧草地の土壌中の様相を解析したところ，暫定許容値を超過する牧草が認められる牧草地では，汚染後に行われた耕起により放射性セシウムを多く含む表土が下層にすき込まれ，その際すき込まれた牧草が近傍の土壌とともに塊となって存在することが明らかになった。つまり，基準値を超える牧草が生産される要因はその塊を十分に細断するだけの耕うんが行われていないことであり，ていねいな耕うんとカリウム肥料の適正な施用により，暫定許容値以下の牧草生産が可能であることが確認された。

一方で，カリウムの過剰な施用により牧草中のカルシウムやマグネシウ

ムの濃度がカリウム濃度に対して低くなり，牛の生育異常を引き起こす事例が認められた。これに対しては，カリウムの適正な施用とマメ科牧草との混播が有効であることが明らかにされた。

———執筆：小巻克巳

食品の安全性確保に向けた取組み

(1) 米の全量全袋検査の実施

　福島県では生産された農産物の安全性を確保するため，緊急時環境放射線モニタリング検査に加え，米においては全量全袋検査を実施している。そのために利用されているのが「ベルトコンベア式放射性セシウム濃度検査器」である。これは，原発事故の後，富士電機（株）と（株）島津製作所の両社がそれぞれに，（国研）科学技術振興機構（JST）が実施する「先端計測分析技術，機器開発事業」を活用した緊急プロジェクトのなかで開発したものである（「放射能検査装置」で特許出願）。

　放射線に励起されることにより発光する特性をもつシンチレータを利用した測定装置であり，農産物の放射性汚染度を連続的に自動分析することが可能であり，袋に入った米でも検出可能という優れた性能を有する。いずれの装置も，30kgの米袋の場合，最速で1袋当たり10秒程度で検出が可能である。

　なお，平成24年（2012）度には検査された約1千万袋の玄米に関して基準値である100Bq/kgを71袋が超過したが，平成27年（2015）度以降はすべて基準値以下という結果になっている。

　同じような検査は「あんぽ柿」においても行われており，これらの取組みは福島県の農産物の安全性のみならず，福島県の放射性物質に対する厳格な対応を広く周知するために大きく貢献している。

———執筆：岩元睦夫・小巻克巳

(2) カリウム施用の徹底

　もともと，福島県における水田土壌の交換性カリウム改良目標はおおむね15〜20mg/100gであったが，放射性セシウムの吸収抑制には先述のように25mg/100g以上が有効であることが明らかになったため，目標値は25mg/100gとすることとされた。つまり，作土層の土壌分析（交換性カリウム）を実施した後，慣行施肥のカリウムに加えて，25mg/100gを確保するカリウムを施用することとし，平成24年（2012）4月からこの基本的な考え方にしたがって基肥と追肥を行うことが徹底された。これにより，福島県では前項のように基準値を上回る放射性セシウムを含む米の生産を確実に抑制することができた。

―――執筆：小巻克巳

震災からの復興に向けた取組み

地域の復興

　津波被災した地域では，復興のため住民主体で実効性のある計画を策定したいという要望も多かった。このため，住民による復興計画案の検討に，景観シミュレーションや津波氾濫シミュレーションなどの可視化技術が導入された（図9）。計画を実施した場合の景観や津波氾濫の状況をコンピュータ上で再現することによって，住民が復興後をイメージしながら計画案の策定にかかわることが可能になった。

図9　景観シミュレータによる津波被災地域の復興計画案の可視化技術
（農研機構農村工学研究部門）

岩手県大船渡市の吉浜農地復興委員会が作成した復興計画案は，「防潮堤（第1堤防）を高くせず，巨大津波では越流を覚悟するものの，第2堤防兼集落道を高台の住居群と低地部の農地の間に設置し，住居への津波到達を防ぐ」というものであった。まず，復興計画案の（a）第2堤防兼集落道，（b）第1堤防，（c）農地区画，（d）祭りの場に関する景観シミュレーションを，堤防の高さ・形状などを変えながら22事例（2次元デジタル画像処理10，3次元CG11，動画1）作成し，住民説明会や役員会において被災住民に提示された。このことで，復興計画案に対する吉浜住民の理解が促進されるとともに，第2堤防整備による津波浸水範囲に対する不安も表明された。

　そこで，津波浸水シミュレーションが実施されることとなった。吉浜農地復興委員会が作成した復興計画案と第1堤防の高さを2倍にした場合の津波浸水シミュレーションを行ったところ，第2堤防による津波減勢効果は明らかとなる一方で，農地区画の形状によって津波の浸水範囲が異なるなどの新たな技術的課題が明確になった。

　このように，津波被災地では，これまで開発されてきた各種のシミュレーション技術が復興計画策定の際の合意形成に活用されている。

―――執筆：白谷栄作

農業の復興

　東日本大震災の被災地域を新たな食料生産地域として再生するため，農林水産省では平成25年（2013）から岩手県，宮城県および福島県内に研究・実証地区を設け，先端的な農林水産技術を駆使した大規模な実証研究を実施した。

　宮城県では土地利用型営農技術，施設園芸栽培の省力化・高品質化技術，果樹生産・利用技術，岩手県では中小区画土地利用型営農技術，中山間地域における施設園芸技術，ブランド化を促進する果実等の生産・加工技術，福島県では周年安定生産を可能とする花き栽培技術，野菜栽培による農

経営を可能とする生産技術，持続的な果樹経営を可能とする生産技術，持続的な畜産経営を可能とする生産・管理技術に関する実証研究が行われた。

このうち，宮城県の土地利用型営農技術については名取市で乾田直播技術を核とした大規模水田営農技術の本格的導入が始まり，全国ブランドである「仙台いちご」の産地である宮城県亘理地域では，被災前の単棟パイプハウスによる土耕栽培から，大型連棟高軒高ハウスにおける高設栽培に転換し，40haの大型団地化が進められた。平成25年（2013）10月には選果場が整備，同年11月には出荷が再開され，早期復興は地域経済再建の大きな力となった。福島県ではトルコギキョウとカンパニュラの組合わせ，小ギクの電照栽培による周年出荷体系が確立されるなど，原発事故による風評被害を回避しつつ，収益を高めることができる新しい技術体系が開発された。

さらに，トマトやパプリカの施設生産を先導してきた宮城県石巻地域では，平成28年（2016）11月に高度な環境制御技術や地域エネルギーを活用する「次世代施設園芸導入加速支援事業」のモデル地区として「宮城県拠点」が整備された。ここでは，最先端の環境制御システムや，化石燃料削減を可能とする木質バイオマスや地中熱利用ハウス加温を導入した大規模ガラス温室（2.4ha）でトマトやパプリカが栽培されるようになった。

以上のようにすでに現地に導入された技術のみならず，これらの成果が広く利用され，普及し，被災地における農業の復興に向けた牽引役となることが期待されている。

———執筆：小巻克巳

参考文献

農業環境技術研究所．2015．農環研報告．34：1-100．

分業化と連携の平成農業

平成農業の特色

　ここまでの各章では，平成の農業に生起した技術の流れを，「水田作」，「畑作」……と，作目別に記述している。農業技術の本でよくみられるこの記述の方法は，作目内の技術のタテの流れを知るには便利だが，同時代の農業全体の流れを横断的・総括的に理解するのには必ずしも効果的とはいえない。そこで本章では，作目を越えた平成農業全体の動向とこれを支えた技術の動きを総括的に考えてみたい。

　平成の30年間（1989〜2019）の農業には，どんな特色があったのだろうか。それを知ろうと作成したのが図1である。図は，まだ米不足に悩まされていた昭和30年（1955）から，米余りがつづく平成27年（2015）までの昭和〜平成時代を4分し，それぞれの時代の農業各作目別生産額を％で対比したものである。一見して，米，畑作物などの種芸部門の生産額％が漸次後退し，替わって野菜・果樹・花きなどの園芸作物や，乳用牛・肉用牛・豚・鶏などの畜産部門の％が急増していることが理解できよう。

　芝居にたとえるなら，農業は今，稲作がもっぱら主役であった長い時代が終わり，新進役者の園芸と畜産を含めた三者共演の時代へと移りつつある，ということだろう。食生活が変わり，米の消費が減りつづける時代だ

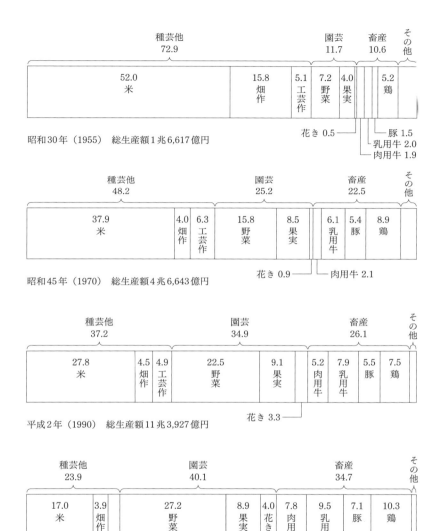

図1 昭和・平成農業の作物別生産額％の比較
資料：農林水産省生産農業所得統計

から当然といえば当然だが，興味を引くのは，その園芸・畜産の進展を支えた技術の内容である。はたして，どんな技術が進展を支えてきたのか。そして後退気味の水田作・畑作では，どんな技術が動きつつあるのか。以下，その平成の農業技術の流れを追ってみよう。

園芸・畜産を進展させた分業化と連携

　平成の園芸と畜産の進展を支えた技術とは，なんであったか。つぎつぎ生まれた新技術の詳細はここまでの各章に譲るとして，わたしがここで注目したいのは，園芸（とくに野菜と花き）における育苗と，畜産における飼料生産である。いずれも農作業工程の一部を外部に委託する分業化（外部化）で共通している。外からは国際化が迫り，内に農業従事者の減少と高齢化を抱えた情勢のなかで，コストを抑えながら最良の製品を消費者に提供しようと努力する農業者が選んだ最後の道なのだろう。重要だが，やっかいな，これらの仕事は外注にまわして，自らは本筋の緻密な栽培管理・飼養管理に集中したかったのである。それだけが内外の農作物競争に勝ち残っていける唯一の道だろうから。

(1) 園芸の進展を支えた育苗の分業化
　セル成型苗と接ぎ木苗　昭和稲作の躍進が耐冷性品種「藤坂5号」の誕生や田植機の発明からはじまったように，平成の野菜・花きの進展は昭和48年（1973）に大阪府の一農場に導入されたセル成型苗からはじまったといって過言でないだろう。セル成型苗の普及を契機に，これを用いた幼苗接ぎ木法が開発され，さらにこれらに誘発されて流通苗に依存する園芸分業化の時代がやってきたからである。

　詳細は「野菜園芸」，「花き園芸」の章で述べられているが，セル成型苗は大量育苗が可能で機械移植や苗の貯蔵・輸送にも適する。ちょうどこの時期普及しつつあった組織培養苗（無病苗，クローン苗）の大量生産にも好都合であった。

セル成型苗をさらに普及させたのは，平成2年（1990）にこの苗をトレイのまま接ぎ木できる幼苗接ぎ木法が開発されたことである。以後，従来の経験と手間のかかる接ぎ木苗も，この幼苗接ぎ木苗に置き換えられていった。この結果，強健性・低温伸長性・病虫害回避に優れた接ぎ木セル苗が容易に得られるようになり，農家はますます分業化に向かうようになった。

　わが国の野菜苗需要量は平成10年代にすでに果菜類・葉茎菜類・根菜類合わせて220億5,000万本（全野菜栽植本数の約52％）で，うち接ぎ木苗が5億6,000万本という[1]。そのどれぐらいが購入苗であったかは不明だが，平成13年（2001）の日経BPの調査[2]では，組織培養苗について野菜で40億円，花きで140億円，果樹で5億円，計185億円の売上高があったと報告されている。もともと流通苗が主流の果樹は別として，こうした育苗の流通苗化，分業化が平成の園芸の発展を後押ししたことは間違いないだろう。

　海外とのリレー栽培　分業化はなにも国内にとどまらない。「花き園芸」の章には，生育期間を短縮するため海外で開花処理を終えた球根や苗を輸入することで，栽培期間を短縮するコチョウランやリンドウの話が紹介され，「国際的な分業化は着実に進行し，今後も進展することが予想される」とある。とかくマイナスイメージの国際化も，生産者はしたたかに活用しているわけである。

　農林水産省の輸入植物検疫実績によると，昭和50年（1975）に輸入された栽培用苗・球根の数量は5,000万個弱に過ぎないが，平成になると急増し，10年代からは10億個前後で経過している。

　育苗の分業化については，すでに『昭和農業技術発達史』第6巻花き作編の第4章に「分業化への道」が提示されている[3]。バイテク利用の増殖技術により苗の大量生産が可能となり，これが育苗の分業化・苗流通の時代につながるとしたものだが，まさにそれが園芸全体，農業全体に広がろうとしているのが，平成の農業ということだろう。

(2) 畜産を進展させたコントラクター

輸入飼料依存の畜産　海外とのリレー分業なら，畜産のほうがさらに早い。わが国の畜産は戦後アメリカ産のトウモロコシなど濃厚飼料の大量輸入により再出発するが，これがわが国農業の海外への外部化，飼料生産分業化の第1号だろう。以来，輸入量は年々増加し，平成になると，濃厚飼料の90％弱が輸入に替わり，さらに昭和時代には100％自給であった粗飼料自給率までもが，76～79％に低下し，飼料自給率（全体）でみると25～28％にまでなってしまっている[4]。

コントラクターの登場　こうした大量の輸入飼料への依存を極力減らし，飼養管理に忙しい畜産農家に代わって自給飼料生産の分業化を請け負おうというのが，コントラクター（作業請負組織）である。詳細は「畜産」の章をご覧いただきたいが，昭和50年代半ばから姿をみせはじめている。

園芸の育苗分業化の端緒がセル成型苗であるように，コントラクターの設立（さらにいえば粗飼料生産分業化）契機は，ロールベール体系の普及と細断型ロールベーラや汎用型飼料収穫機の開発にあったといってよいだろう。昭和年代から積み上げられたこれら大型機の機械化作業体系の成果がなければ，コントラクターの活躍はなく，自給飼料生産の分業化も成り立たなかっただろう。平成5年（1993）まで47組織に過ぎなかったコントラクターは，平成20年（2008）には522組織，平成29年（2017）には730組織と急増している。

(3) 分業化から耕畜連携へ，飼料用イネの登場

ところで「分業化」は，相手側からみれば「連携」でもある。園芸の育苗の分業化は園芸農家と苗産業との業種間連携であり，畜産の粗飼料生産の分業化は畜産農家とコントラクターとの業種間連携であった。そしてその連携が畜産農家と稲作農家の間に成立したのが「耕畜連携」で，減反を求められる水田（転換畑）における飼料作物栽培，わけても飼料用米・WCS（発酵粗飼料）イネの生産がまさにそれである。

イネの飼料化については，すでに「水田作」と「畜産」の両章で，平成農

業の重要な技術課題として冒頭部分に取りあげられているが，これが本格的に栽培されるようになったのは平成も20年代になってからだろう。この頃になると，バイオ燃料としてのトウモロコシの国際価格が高騰して内外穀物価格差が減少し，国の助成（「新規需要米」）も開始された。技術面でも「たちすずか」など本格的な飼料用イネ品種が育成され，サイレージ発酵促進技術も進歩してきた。

　平成20年（2008）における飼料用米とWCS用イネの作付面積はそれぞれ1,410ha，9,089haだが，平成29年（2017）には9万1,510ha，4万2,893haに増加している。米余りで対策が求められる水田作のひとつの方向として，また輸入飼料に依存しない循環型畜産をめざす試みとして，その将来に注目かつ期待したい。

より多様で広範な連携の時代へ

　ここからはなかば未来に向けての動きだが…。農業は今，特定の土地で特定の農業者がひとり生産活動に従事するこれまでの〈かたち〉から，農業者を中心に生産から流通に至る各段階で多様な業種・分野が参加連携する新しい〈かたち〉に移り変わりつつあるのではないだろうか。ちょうど，最近人気のスマホが部品を世界各地の選りすぐりの下請けメーカーから集めているように，農業も選りすぐりの部品をオープンに求める時代がやってきているように思える。

　分業化によって，省力と同時に技術の高度化・精緻化をはかり，より付加価値の高い農作物を生産する。この戦略をとるのなら，連携の相手はなにも仲間内に求める必要はない。工・商はもちろん，サービス産業，情報産業，さらに海外の関連産業にだって大いにありうる。そんな多様で広範な「パーツ連携の農業」の時代が，もうそこまでやってきているのかもしれない。

(1) ICT・ロボット技術との連携

　新しい農業の時代の到来を予感させると，だれもが感じるものに，各章が取りあげているICT（情報通信技術）やロボット技術，さらにこれを活用した「スマート農業（AI農業）」がある。分散圃場におけるICTを活用した作業計画・管理支援システム（「水田作」）。大型環境制御施設での精緻な管理による低コスト・高付加価値野菜栽培（「野菜園芸」）。家畜管理では搾乳ロボットや精密飼養管理（「畜産」），農地整備では広域圃場の遠隔用水管理（「農業農村整備」）など。ここまでくると，過去にあった化学肥料（化学工業）や農業機械（機械工業）など，単なる資材や手段の一部導入とは違って，農業管理そのもののスマート農業への分業化，業種連携？がみえてくる。

　ただし気になるのは，スマート農業導入後の農業・農村の姿である。浮いた労働力をどこに振り向けるのか。「人の要らない農業」をめざすのはけっこうとしても，万が一にも「人のいない農村」になってしまっては大変である。まだ走り出したばかりだが，今後の発展に期待し，かつ注目していきたい。

(2) 地域内連携を活かす六次産業化と有機農業

　「人の要らない」スマート農業とは対局にあるが，やはり新しい農業の動きとして見過ごせないのが，このところ地域農業の新たな行き方として話題になっている六次産業化と有機農業である。こちらは「人の集まる農業」をめざしていて，いずれも平成になって話題を集めた新しい農業の動きである。

　六次産業化は農林漁業を生産（一次）だけにとどめることなく，加工（二次）・販売（三次）と連携させることで経営の幅を広げようというもので，平成9年（1997）に今村奈良臣によって提唱された[5]。北海道幌加内町のソバ栽培（「畑作」）や草津市（株）アグリケーションの青ネギ生産（「野菜園芸」）がその例だが，とくに「花き園芸」の章に紹介された岩手県八幡平市の安代リンドウは，ニュージーランドやチリとのリレー栽培でオランダにまで販路を広げており，海外向け品種の育成，生きた植物の海外輸送法など，六次化ならではの技術開発がつぎつぎに工夫されていて興味深い。

いっぽう，生産者と消費者の強固な連携を拠り所に，農薬や化学肥料，遺伝子組換え作物を一切使わず，自然生態系にやさしい農業をめざしているのが「有機農業」である。平成18年（2006）に「有機農業推進法」が施行されたこともあり，このところゆるやかながら増加してきている。

本書でも「野菜園芸」の章に山形県長井市レインボープランの生ゴミ堆肥センター，埼玉県小川町霜里農場の食品業者まで巻き込んだ循環型農業，「環境問題」と「農業農村整備」の章では宮城県旧田尻町の「ふゆみずたんぼ米」，兵庫県豊岡市の「コウノトリ育むお米」など，活気溢れる農業の姿が紹介されている。

注目したいのは，六次産業化も有機農業も，技術開発に現場の生産者自身が多くかかわっていることである。最近の技術開発のほとんどが国公立研究機関や大学・企業の研究部門に独占されているなかで，こうした現場発想の技術がふたたび生まれつつあることに拍手を送り期待したい。

おわりに

平成農業の30年は，それまでの途方もなく長い歳月，この国の農業の中心にあった稲作の地位がゆらぎ，園芸と畜産が表面に躍り出た節目の30年であったといってよいだろう。どんな技術が園芸と畜産の躍進を支えたのか。どんな技術が稲作や畑作の現在を支えているのか。それについての個々の新技術については各章にゆずるとして，本稿ではおもに園芸における育苗と，畜産における粗飼料生産を通じてみた平成農業の有り様について考えてみた。いずれもその作業体系の一部を外部に分業化（外部化）するものだが，外からの国際化，内からの高齢化と労働力不足に悩む平成農業が選択した，これが最善の選択肢だったのだろう。

前掲の「野菜園芸」の章でも，執筆者の伊東が将来の野菜栽培について，「育苗の分業化が普遍化し，六次産業化が進展している今日をみると，近い将来の野菜産業では種子の生産・苗生産・施肥・移植・防除・作物管理・収穫・調製・出荷・栄養診断と措置・病害虫診断と防除・経営診断・施設保

守管理等々のパーツをシェアし合い，それぞれが得意とする分野で野菜供給体制をサポートする時代の到来が予感される」と述べている。

　シェアし合う技術体系が求められるのは，なにも花きや野菜産業に限らない。国際化と高齢化・人手不足がさらに進むであろう，これからの農業では，すべての分野で作業の分業化や業種間連携，さらに六次産業化などにみる地域ぐるみの連携が，農業を動かす大きな力になるのではないだろうか。農業は今や，特定の生産者がひとり汗するかつての姿から，多くの業種が関心をもち，参加協力することで力を発揮するオープンタイプの産業へと変わってきているのかもしれない。

———執筆：西尾敏彦

引用文献

1) 板木利隆．2009．施設園芸・野菜の技術展望．園芸情報センター．
2) 日経BP（横山勇生ら）．2002．徹底調査バイオ関連市場．日経バイオビジネス．2002(3)．
3) 昭和農業技術発達史編纂委員会編．1997．昭和農業技術発達史　第6巻．発行：農林水産技術情報協会．発売：農文協．
4) 農林水産省．2019．飼料をめぐる情勢．農林水産省ホームページ．
5) (財)21世紀村づくり塾．1997．地域リーダー研修テキストシリーズNo.4 農業の第6次産業化をめざす人づくり―総合産業化への新戦略．

年 表

事項の後に付した［　］は
それぞれ，以下を示している

［水］＝ 水田作
［畑］＝ 畑作
［野］＝ 野菜園芸
［花］＝ 花き園芸
［果］＝ 果樹園芸
［畜］＝ 畜産
［整］＝ 農業農村整備
［食］＝ 食品加工・流通
［環］＝ 環境問題
［東］＝ 東日本大震災対応

平成元年　1989

■ 社会情勢・制度
- 食料自給率50％を切る

■ 技術の推移
- イネ育苗中の灌水作業の手間を省くプール育苗の普及開始［水］
- トルコギキョウで大輪八重咲きのF₁品種「キングシリーズ」発表，八重化と大輪化等花型の改良進む［花］
- コチョウランで台湾とのリレー栽培本格化［花］
- ペチュニアの新たな市場を開拓した「サフィニア」の発表［花］
- 高品質な極早生ウンシュウミカン「日南1号」が品種登録［果］
- 北海道ホルスタイン種でアニマルモデルBLUP法による乳牛の種雄牛評価を実施［畜］
- FCM法による精子性別判別技術確立［畜］
- 近赤外分光法によるモモ果実糖度非破壊選別装置の普及およびブランド化への利用［食］
- 地下ダムの適地選定などに力を発揮した地下構造新電気探査法の開発［整］
- ビオトープづくり等の先駆けとして，農業環境技術研究所構内の「ミニ農村」に谷津田造成［環］

平成2年　1990

■ 社会情勢・制度
- 国際花と緑の博覧会（大阪）

■ 技術の推移
- ロータリー式で従来機の1.5倍の作業能率を有する高速田植機の普及進む［水］
- 「幼苗接ぎ木法」と「接ぎ木苗活着促進装置」の開発と普及により，セル成型苗の普及と苗産業の分化［野］
- ハウス被覆材が塩化ビニルからPO系フィルムに移行［野］
- 花き流通の近代化に向けたオランダ式の機械ゼリ（時計ゼリ）の導入［花］
- 受精卵クローン子牛誕生［畜］
- 豚の回腸末端でのアミノ酸消化率を測定する有効アミノ酸測定法を開発［畜］

平成3年　1991

■ 社会情勢・制度
- 牛肉，オレンジ輸入自由化

■ 技術の推移
- 平成5年の大冷害で耐冷性が評価され，東北地域の稲作の安定化に貢献する「ひとめぼれ」が品種登録［水］

- 追肥作業を省略できるイネ肥料の育苗箱全量施用法の開発［水］
- 牛の体外受精胚の全国供給開始［畜］
- 農村の生活環境と水環境を改善する農業集落排水処理のための窒素除去技術を開発［整］

平成4年　　　　　　　　　　　　　　　　　　　　1992

■ 社会情勢・制度
- 新しい食料・農業・農村政策の方向（新政策）
- 地球環境サミット（気候変動枠組条約・生物多様性条約採択）

■ 技術の推移
- サトウキビ品種「NiF8」を核とした早期高糖生産体系への移行［畑］
- 摘芽・摘蕾作業の不要な輪ギクの無側枝性夏秋ギク品種「岩の白扇」育成［花］
- 育苗と移植作業が不要な直挿しを秋ギクで成功・普及［花］

平成5年　　　　　　　　　　　　　　　　　　　　1993

■ 社会情勢・制度
- 大冷害
- ガット・ウルグアイ・ラウンド合意
- 農業経営基盤強化促進法制定
- 環境基本法制定
- 農業機械等緊急開発・実用化促進事業（緊プロ事業）開始

■ 技術の推移
- 機能性表示が可能な特定保健用食品（トクホ）第1号に「ファインライス」および「低リンミルク L.P.K」が認可［食］
- 官能検査に代わる味覚センサーの開発［食］
- 食品衛生確保のための微生物・汚れの検査用「ATPふき取り検査法」の開発で検査時間の大幅短縮実現［食］

平成6年　　　　　　　　　　　　　　　　　　　　1994

■ 技術の推移
- 湛水直播栽培の安定化を可能とする「落水出芽法」の普及開始［水］
- レタス・キャベツ等葉菜類のセル成型苗利用移植機が普及開始［野］
- カーネーションの栽培農家に養液土耕のシステム導入［花］
- 食肉や食肉加工品の原材料表示の信頼性確保につながる動物種の鑑別技術の開発［畜］
- 日本のみならず世界で普及するチキン骨付きもも肉全自動脱骨ロボット販売開始［食］

平成7年　　1995

■ 社会情勢・制度
- 阪神・淡路大震災
- 食糧法制定（食管法廃止）
- MA米輸入開始
- 科学技術基本法制定

■ 技術の推移
- 生物的防除資材（天敵昆虫）チリカブリダニおよびオンシツツヤコバチが農薬登録［野］
- サクサクとした肉質をもち既存品種の食味とは一線を画すカキ品種「太秋」が品種登録［果］

平成8年　　1996

■ 社会情勢・制度
- O-157による集団食中毒全国で発生

■ 技術の推移
- 省エネ対策として電照用の電球形蛍光ランプ商品化・普及［花］
- 早生と晩生をつなぐリンゴ品種として「シナノスイート」が品種登録［果］
- カンキツグリーニング病の被害拡大阻止に不可欠な高精度診断技術が防除の現場で利用［果］
- 黒毛和牛バンド3欠損症（貧血）の遺伝子診断法確立［畜］
- 離島の農業振興を図るため新たな農業用水源となる地下ダム周辺の地下水流動調査手法確立［整］
- 頻発する地震や豪雨からため池と地域を守るため全国ため池データベースを構築・公開［整］

平成9年　　1997

■ 社会情勢・制度
- 地球温暖化にかかわる京都議定書採択
- 「奪われし未来」発表で「環境ホルモン」が社会問題化
- 流行語10選に「ガーデニング」選出

■ 技術の推移
- 日本初の遺伝子組換え実用品種であるカーネーション青色品種「ムーンダスト」育成［花］

平成10年　　1998

■ 社会情勢・制度
- 食料自給率40%へ低下

■ 技術の推移
- 水稲種子を殺菌剤を使わずに消毒できる恒温温湯浸漬装置の開発［水］
- 消費電力が節減でき平成30年には穀物乾燥機の販売シェアの6割を占める穀物遠赤外線乾燥機の市販化［水］
- 主要野菜で病害虫抵抗性品種の育成・普及進む［野］
- 体細胞クローン子牛誕生［畜］
- 半連続自動化高圧処理装置の開発と「容器包装詰無菌化包装米飯」製造での本格実用化［食］
- 農村地域の生態系を保全するため休耕田に魚類を遡上させて繁殖を助ける水田魚道を開発［整］
- 農業のもつ多面的機能である国土保全機能の定量的評価手法の開発［環］

平成11年　　　　1999

■ 社会情勢・制度
- 食料・農業・農村基本法制定
- 環境3法（持続農業法，家畜排せつ物法，改正肥料取締法）制定
- 米輸入関税措置へ移行

■ 技術の推移
- 太陽熱フスマ利用土壌還元消毒法開発［野］
- 各地に園芸作物栽培大型施設団地が出現し，高軒高・大規模化が進行［野］
- 早生と晩生をつなぐリンゴ品種として「シナノゴールド」が品種登録［果］
- 灌漑用パイプライン浮上を抑制し工事費の低コスト化に貢献する浅埋設工法を開発［整］

平成12年　　　　2000

■ 社会情勢・制度
- 食料・農業・農村基本計画策定
- 中山間地域等直接支払制度
- 食品リサイクル法制定
- 低脂肪加工乳による大規模食中毒
- 92年ぶりに口蹄疫発生

■ 技術の推移
- トルコギキョウで種苗代の削減につながる種子冷蔵処理の効果証明・普及［花］
- 豚の品種判定技術開発［畜］
- WCS用イネ専用収穫機，自走式ベールラッパ販売開始［畜］

平成13年　　　　2001

■ 社会情勢・制度
- 国内初のBSE（牛海綿状脳症）発生

- ストックホルム条約締結（残留性有機汚染物質（POPs）の製造・使用・排出を規制）
- 国立研究機関の独法化

■ 技術の推移
- 長距離輸送でも鮮度低下しない切り花のオランダ方式バケット輸送開始［花］
- 高価格販売により収益性向上に寄与するカンキツ品種「せとか」が品種登録［果］
- 「稲発酵粗飼料生産・給与技術マニュアル（第1版）」刊行［畜］

平成14年　2002

■ 社会情勢・制度
- 中国産ホウレンソウから基準超えのクロルピリホス検出
- 食肉偽装事件
- 食品のトレーサビリティ・システム導入
- 国産リンゴの輸出急増の転機となる台湾WTO加盟
- バイオマス・ニッポン総合戦略策定

■ 技術の推移
- 接ぎ木苗生産と苗産業の安定化につながる閉鎖型苗生産システム（苗テラス）の市販［野］
- 食品素材に酵素を滲み込ませ軟化させる凍結酵素急速含浸法の開発と介護食などへの利用［食］
- アレルギー物質の表示義務に対応した食物アレルゲン管理用キットの開発と公定法化［食］

平成15年　2003

■ 社会情勢・制度
- 食品基本法制定
- 農水省に「消費・安全局」新設
- 牛トレーサビリティ法制定
- 残留農薬「ポジティブリスト制度」（食品衛生法改正）
- 国立大学法人法の制定

■ 技術の推移
- 紫サツマイモ品種「アヤムラサキ」等を用いた新規用途食品が広く販売［畑］
- 施肥量の大幅な削減が可能な畝内部分施肥技術の開発［野］
- 燃料高騰対策として花き栽培にヒートポンプ導入［花］
- 高糖度果実の安定生産を可能とするウンシュウミカンのマルドリ栽培のマニュアル刊行［果］
- ブドウの種なし化を確実にするストレプトマイシン処理が実用化［果］
- ブドウの種なし栽培を省力化するジベレリンとホルクロルフェニュロン混合液1回処理が実用化［果］
- 暗渠排水と地下灌漑機能をあわせもつ地下水位制御システム（FOEAS）の開発［整］

平成16年　2004

■ 社会情勢・制度
- 79年ぶりに高病原性鳥インフルエンザ発生

■ 技術の推移
- 湿害を減らし水田での畑作物栽培の安定化につながる耕うん同時畝立て播種技術の技術指導開始［水］
- 飼料用トウモロコシの生産拡大につながる細断型ロールベーラの開発・市販化［畜］
- 農業・農村のもつ多面的機能の維持・発展に貢献する農村景観シミュレータの開発［整］

平成17年　2005

■ 社会情勢・制度
- 食料・農業・農村基本計画改定
- 経営所得安定対策等大綱決定

■ 技術の推移
- 新潟県でいもち病抵抗性「コシヒカリBL」育成［水］
- カンキツ品種「不知火」が普及し，中晩柑の需要を拡大［果］
- 品質管理によるブランド化を目指したカンキツ品種「紅まどんな」が品種登録［果］
- 牛品種判定技術の開発［畜］
- 飼料イネWCS用乳酸菌製剤「畜草1号」の販売開始［畜］
- 電磁場環境活用冷凍技術が島根県海士町第三セクター「CAS冷凍センター」の水産物冷凍加工で事業化［食］

平成18年　2006

■ 社会情勢・制度
- 有機農業推進法制定

■ 技術の推移
- 北海道における低アミロース極良食味米の先駆け「おぼろづき」が品種登録［水］
- 皮ごと食べられることでブドウのイメージを革新した「シャインマスカット」が品種登録［果］
- 微細水滴と湿熱水蒸気の混合ガス「アクアガス」による食品の加熱・調理・殺菌技術の開発と普及［食］

平成19年　2007

■ 社会情勢・制度
- 品目横断的経営安定対策

- 農地・水・環境保全向上対策
- IPCC（気候変動に関する政府間パネル）がノーベル平和賞受賞

■ 技術の推移
- カンキツグリーニング病の防除事業を効率化する簡易な高精度診断キットが市販化［果］
- 牛の性判別精液の販売開始［畜］
- 増加する地震や豪雨に対して耐久性が高い特殊形状土嚢を用いた越流許容型ため池法の開発［整］

平成20年　2008

■ 社会情勢・制度
- 農商工等連携促進法制定

■ 技術の推移
- 高温下でも品質低下が生じにくいイネ品種「にこまる」が品種登録［水］
- サツマイモ用小型自走式収穫機普及［畑］
- コムギ赤かび病によるDON毒素低減のための指針の作成［畑］
- 施設栽培環境制御へのICT技術の導入・普及［野］

平成21年　2009

■ 社会情勢・制度
- 民主党へ政権交代
- 消費者庁新設
- 農地法改正（リース方式による企業参入の自由化）

■ 技術の推移
- 遺伝子組換えのバラ青色品種「アプローズ」育成［花］
- 鳥インフルエンザウイルスのH5,H7遺伝子を幅広く検出するリアルタイムPCR法を開発［畜］
- 災害時の危険情報を関係者がリアルタイムで共有し被害の防止や軽減を図るためのため池防災情報配信システムの供用開始［整］
- バイオマスの利活用を推進するため家畜排せつ物や農産廃棄物から液肥と車両燃料等を得るメタン発酵システムを実証［整］

平成22年　2010

■ 社会情勢・制度
- 食料・農業・農村基本計画改定
- 生物多様性条約COP10名古屋で開催
- 戸別所得補償制度
- 六次産業化・地産地消法制定

- 農水省が国公共同の育種体制，指定試験事業廃止

■ 技術の推移
- 3,000haを超える面積への普及拡大に貢献した鉄コーティング湛水直播技術マニュアル刊行［水］
- 暖房費節減効果のある日没後の短時間加温（EOD加温）の普及［花］
- 新潟県で県食品研究センターが開発した米粉製造技術を使った米粉専用工場が稼働開始［食］
- 逆止弁により酸素侵入を阻止し酸化防止機能を有した二重袋構造食品用容器の実用化［食］
- 整備件数が増大する灌漑用の大口径パイプラインを流動化処理土により埋め戻す工法の開発［整］

平成23年　　2011

■ 社会情勢・制度
- 東日本大震災

■ 技術の推移
- めん用コムギ品種「きたほなみ」を用いた高品質コムギ生産が普及［畑］
- チャの乗用摘採機が茶園全体の6分の1〜5分の1に普及［畑］
- GISを活用して農地や農業水利施設の管理ができる安価で操作性に優れた3次元の農地基盤地理情報システムVIMSの開発［整］
- 農林水産省が農地土壌の放射性物質濃度分布図を公表［東］

平成24年　　2012

■ 社会情勢・制度
- 自民党へ政権再交代

■ 技術の推移
- キャベツ収穫機開発で機械化一貫作業体系確立［野］
- 栽培の省力化，高品質果実の安定生産を可能とする画期的な果樹のジョイント栽培が特許化［果］
- 豚精液の保存性・受胎性に優れた希釈液の販売開始［畜］
- 残留性のおそれがない電解酸性水全体を「次亜塩素酸水」として食品添加物（殺菌料）認可［食］
- 水田からのメタン発生抑制のための中干し延長を中心とした新たな水管理技術マニュアル公表［環］
- 放射性セシウムの吸収抑制のためのカリウム施用技術を策定し汚染地域で適用［東］
- 米の全量全袋放射能検査装置の実用化［東］

平成25年　　2013

■ 社会情勢・制度
- 食品表示法制定

- 農林水産業・地域の活力創造プラン決定
- 農地中間管理機構法制定
- 「環境負荷低減型配合飼料」の公定規格設定

■ 技術の推移
- 土壌凍結深の減少に伴うジャガイモの「野良イモ」対策技術「雪割り」が普及［畑］
- 交流高電界殺菌法を利用した高品質果汁製品の製造法実用化［食］
- 水田の排水性を高めて汎用化に貢献する農家が使える穿孔暗渠機「カットドレーン」を開発［水］［整］
- 「環境保全型農業直接支払交付金制度」導入効果の算定に利用できる「土壌のCO_2吸収『見える化』サイト」が公開［環］

平成26年　2014

■ 技術の推移
- トラクター転倒事故を回避できる片ブレーキ誤操作防止装置を市販化［水］
- 日本の環境条件に適した日本オリジナルのリンゴわい性台木としてJM台木が普及［果］
- 気候変動による米生育シミュレーションモデル発表［環］
- 9日先まで（後に26日先まで）の予報値を含む「メッシュ農業気象データ」公開［環］

平成27年　2015

■ 社会情勢・制度
- 総合的なTPP等関連政策大綱決定
- 食料・農業・農村基本計画改定

■ 技術の推移
- ダイズの難裂莢性（機械化適性）に関するDNAマーカーを用いたピンポイント育種が進捗［畑］
- 機能性表示食品としてチャ品種「べにふうき緑茶」，「三ヶ日みかん」および「大豆イソフラボン子大豆もやし」が販売強化［畑］［果］［食］

平成28年　2016

■ 技術の推移
- めん用コムギ品種「さとのそら」等の普及により「農林61号」の栽培が終焉［畑］
- サツマイモ品種「べにはるか」と電気オーブン式焼きいも機の開発で高品質焼きいもが全国的展開［畑］
- 国産サトウキビ収穫機が鹿児島県で90％，沖縄県で70％普及［畑］
- WCS用イネ栽培面積41,336ha，飼料用米栽培面積91,169ha，TMRセンター組織数137，コントラクター組織数717［畜］
- 土地改良施設連携型の水管理・制御システム（iDAS）の開発［整］

平成29年　2017

■ 社会情勢・制度
- 農業競争力強化支援法制定

■ 技術の推移
- 省力技術開発でテンサイ直播栽培の比率が23.7%に復活［畑］
- コムギの生育や土壌環境をセンシングしながら追肥を行う可変施肥技術の開発・市販［畑］
- 種苗産業化に門戸を開く種子繁殖性イチゴ品種「よつぼし」の発表［野］

平成30年　2018

■ 社会情勢・制度
- TPP11協定発効
- 主要農作物種子法廃止

■ 技術の推移
- 「キラリモチ」をはじめとするもち性オオムギ品種の商品化と普及が進む［畑］

索 引

（　）は見出し語の同義語を，〔　〕は見出し語の副見出しを，［　］は法人格の略称をそれぞれ示している。

†を付したものは，国立試験研究機関およびそれを直接継承した機関の略称。

A～Z

AISSY［株］：383
ASW（Australian Standard White）：108, 110, 149
BLASTAM：91
BLUP 法：303
BSE（牛海綿状脳症）：301, 328
CAS 冷凍センター：372
CO_2（二酸化炭素）：238, 244, 391, 447, 455, 458, 461
CO_2（炭酸ガス）施用：185, 196, 243
CODEX（コーデックス）委員会（国際食品規格委員会）：25, 103, 153, 155, 356, 465, 478
DIF（ディフ）：243
DLF 社：156
DNA 型：316, 318
DNA 判別：316
DNA マーカー：130, 235, 271, 272, 304, 319, 322
DNA マーカー選抜：129, 155
DON：153
ELISA（酵素結合免疫吸着）法：386
EOD 反応：242
EPA（経済連携協定）：3, 163, 359
F_1 品種：218
F_1 品種〔イチゴ〕：171
F_1 品種〔パンジー〕：224
FA（ファクトリーオートメーション）：138, 377
FAPS-DB：97
FIT（固定価格買取制度）：346, 363
FluGAS（インフルエンザ型判別ソフトウェア）：327
FOEAS（地下水位制御システム，フォアス）：70, 150, 402, 404
FTA（自由貿易協定）：359
GAP（農業生産工程管理）：48
GAP 認証：47
GDP（国内総生産）：7
GPS：99, 137, 143, 209, 433

索引

GPS〔ガイダンス〕:2
GPS〔ガイダンスシステム〕:139
GPS〔情報〕:485
GPS〔測位〕:397, 401
HACCP(危害要因分析重要管理点):356, 384
HACCPの7原則:356
H字型整枝法:284
ICT:2, 100, 163, 193, 196, 205, 209
ICT〔水管理〕:395, 398
iDAS(Irrigation and Drainage Automation System):399
IPBES(生物多様性及び生態系サービスに関する政府間科学政策プラットフォーム):473
IPCC:481
IPM(総合的病害虫管理):165, 172, 203, 205
IPMマニュアル:172
iVIMS(簡易GIS):408, 421, 432
JAS(日本農林規格):178
JAS認証:179
JAS法:355
JM1:280
JM2:280
JM5:280
JM7:280
JM8:280
Kobara, Y.:176
KWS社:156
LAMP法:297
MA包装:279
1-MCP(メチルシクロプロペン):267, 297, 388
MKR1:282
NFT(薄膜水耕 Nutrient Film Technique):198, 203
Ni9:151
NiF8:150
NPO(特定非営利団体):43
NPO法(特定非営利活動促進法):11
P-プラス:279

PFC比(栄養バランス):25, 34, 350
PO(ポリオレフィン)系フィルム:194
POPs(残留性有機汚染物質):465
RTK(リアルタイムキネマティック):397
SDGs(持続可能な開発目標):352, 452
SESVanderHave社:156
SfM(Structure from Motion):407
SNP(一塩基多型):305, 316, 318
SSRマーカー:299
STS(チオ硫酸銀錯塩):234, 248
Syngenta Seeds社:157
TGR〔株〕:184
TMR〔給餌〕:38, 312, 336
TMR〔センター〕:333, 337
TPP:3, 163
Uematsu. S.:176
UPOV(植物新品種保護国際連盟):237
V3:230
VIMS(簡易GISシステム):432
WCS(ホールクロップサイレージ, イネ発酵粗飼料):38, 55, 75
WCS用イネ:55, 332, 333, 335, 507
WCS用イネ品種:77
WTO:359
XY社:309
X線異物検査機:387
Z-BFM:97

あ

アーチング法:239
愛知県農総試:81, 110, 171, 234, 239, 345
青色品種:221
青森県農総研:65
秋田県立大学:406
あきだわら:66
あきづき:270
アグリケーション〔株〕:204, 508
アグリスターオナガ〔農事組合法人〕:84
アクリルアミド:154

523

浅野義人：217
アサヒ飲料［株］：124
アジサイ：225
味の素［株］：370
味の素ゼネラルフーズ［株］：370
安代リンドウ：218
新しい食料・農業・農村政策の方向（新政策）：28, 47, 450, 477, 479
吾妻浅男：228
後味：383
後処理剤：247, 248
アビー［株］：372
アプローズ：221
阿部佳之：344
天野洋一：108
アミノ酸要求量：338
アヤムラサキ：123
荒尾知人：467
粗皮削り：494
有吉佐和子：448
アルストロメリア：216, 230
暗渠施工：135
暗渠排水：393, 402, 404
安藤敏夫：223
アントシアニン：122, 168
あんぽ柿：497, 498
暗黙知：196
アンリツ［株］：383
アンリツ産機システム［株］：387

い

イアコーン：102, 158
イオン環境：389
異儀田和典：125
生きものマーク：475
育苗箱施薬：88
育苗箱全量施肥栽培：88
生村隆司：441
移行係数：491, 496
生駒吉識：292
石井育種場［有］：170

石川県農総研センター：84
石川覚：467
石黒和男：430
石郷岡康史：454
石地：264
石志元寛：229
石地冨司清：264
石田聡：410
石田元彦：333
石塚昭吾：263
移植機：182, 187
井関農機［株］：99, 140, 184, 188
イソフラボン子大豆もやし：355
イタイイタイ病：155, 446, 448, 464, 465
板木利隆：183
1キロ剤：89
イチゴ：171
イチゴのパッケージセンター：192
市戸万丈：331
一楽照雄：177, 449, 477
一酸化二窒素：340, 447, 458, 460, 462
一般的衛生管理プログラム：357
出光興産［株］：348
遺伝子マーカー：103
遺伝子マッピング：103
遺伝病遺伝子：319
伊藤明治：268
伊藤昌光：112
稲垣栄洋：476
イネ発酵粗飼料（WCS，ホールクロップサイレージ）：38, 55, 75
井上敬資：428
井上健一：419
井上秀彦：337
イノチオ精興園［株］：234
茨城県園試：226
茨城県農総センター：116
今井清：241
イマジックデザイン［株］：408
今西英雄：232
入江正和：341

岩谷産業 ［株］：232
岩田農園 ［有］：234
いわて：218
岩手県：120
岩手県園試：218，268
岩波徹：297
岩渕成紀：475
インカのめざめ：117
インカパープル：117
インカレッド：117
インテリジェントセンサーテクノロジー ［株］：383
インフルエンザウイルス亜型：327

う

上田農園 ［合］：204
植村邦彦：371
ウォールナット ［株］：405
浮皮：261，264，279，292
牛海綿状脳症（BSE）：301，328
牛トレーサビリティ法：26，353
禹長春：222
臼田彰：267
宇都宮大学：424
畝内部分施肥技術：188
宇根豊：474
梅村芳樹：117，122
梅屋幸 ［株］：184
浦川修司：335
ウンシュウミカン：276

え

衛星画像：100，141
営農排水技術：55，68
栄養改善法：27，354
栄養機能食品：27，355
栄養強化食品：354
栄養バランス（PFC比）：25，34，350
液体食品用容器：388
液肥利用：441

江口直樹：291
エコファーマー：47，445，478
エコフィード：341，342
枝変わり：264
越後製菓 ［株］：369
エチレン：232，234，247，248，253，297
エチレン ［除去剤］：388
エチレン ［発生剤］：388
越流許容型ため池工法：430
荏原製作所 ［株］：441
エピガロカテキンガレート：122，123
海老原廣：225
愛媛果試第28号：266
愛媛県果樹試：266，289
愛媛大学：119
エブ・アンド・フロー灌水方式（プールベンチ）：240
F_1品種：218
F_1品種〔イチゴ〕：171
F_1品種〔パンジー〕：224
エムケー精工 ［株］：291
エルシン酸：118
塩化ビニルフィルム：194
園芸植物育種研 ［公財］：171
遠赤外線乾燥機：93
遠藤和子：435

お

欧州ブドウ：268，269
黄色蛍光灯：174，240
大石哲：406
大分県：119
大分県畜試：311
大型環境制御施設：508
大川清：228，230
大阪府環農水研：382
大阪府立大学：228，232，369
大谷隆二：81
大塚化学 ［株］：249
大野宏之：457

大場茂明:79
大船渡市吉浜農地復興委員会:500
大谷義夫:287
岡章生:326
岡崎哲司:311
小笠原静彦:275
岡部勝美:185
岡本武久:124
岡山県一宮農協:380
沖縄県畜研センター:347
沖縄県農研センター:347
奥代直巳:265
奥田充:297
奥村直彦:322
尾崎次夫:264
長田隆:340
オサダ農機[株]:189
オゾン殺菌:367
オゾン層破壊:447
小田切健男:294
小野寺恒雄:402
小原裕三:463
帯広畜産大学:304
おぼろづき:61
親子判別:316
オランダ園芸植物育種研究所:217
オリオン機械[株]:314
卸売市場:18, 44
温室効果ガス:302, 340, 348, 364, 453, 458, 459, 460, 461, 463, 479
温水点滴処理機:291
温暖化[影響]:88, 260, 447, 453, 456, 457
温暖化[適応]:447, 453, 454, 456
温湯消毒:86
オンライン魚品質選別装置:382

か

加圧加熱殺菌(レトルト殺菌):368
ガーデニング:236
カーボンニュートラル:362

海外現地生産・現地消費:208
海外現地法人:7
外国人旅行者:3, 14
改正JAS法:27, 250, 322
回転式羽梵天機:289
家衛試†:329
科学技術基本計画:355
化学的危害要因:385
化学肥料:47, 469, 477, 479
香川県農試:171
花き:214
カキ:270, 281
花き卸売市場協会[社]:252
隔離検疫制度:218, 231, 232
加工・業務用:206
加工・業務用[品種]:168
加工・業務用[野菜]:171, 189, 190, 404
鹿児島県農総センター:389
鹿児島大学:306
カゴメ[株]:184
カゴメ[株]総研:166
カサブランカ:217
果実非破壊品質研究所(FANTEC)[株]:380
樫村芳記:298
夏秋ギク:222
梶雄次:339
カシューナッツ副産物:348
果樹試†:264, 265, 270, 280, 297
果樹農業振興基本方針:258
芽条変異(枝変わり):264
梶原豊:306
花穂整形:276
花穂整形器:282
片山健二:126
家畜改良事業団[社]:303, 306, 309, 310, 318, 319
家畜改良センター[独]:324, 342
家畜改良センター[独]の兵庫牧場:324
家畜排せつ物:302, 346, 446, 448, 460
家畜排せつ物法:451

花柱切断受粉法：217
勝尾清：123
ガット・ウルグアイ・ラウンド：3, 21, 29, 257, 300, 359, 395
カットドレーン：69, 403, 404
カット販売：170
カット野菜：163
勝俣昌也：337, 341
加藤好武：470
カドミウム：155, 446, 448, 464, 465
カドミウム吸収抑制：466
カドミウム低吸収性稲品種：467
神奈川県園試：230
神奈川県畜技センター：347
神奈川県農技センター：285, 347
カネコ種苗［株］：171
過熱水蒸気：369
蕪栗沼：426
株出し栽培：132, 151
可変施肥技術：101, 142, 143, 149
鎌田憲昭：281
亀谷満朗：168
カラーグレーダー：380
カリウム施用：496, 499
カリウム低含有レタス：201
カリウム肥料：496
カリウム肥料の適正な施用：497
カルテットシリーズ：224
ガレキ：484, 485
花恋ルージュ：235
河合清治：239
川島知之：342
川田穣一：221
河端俊典：418
川畑雅彦：407
簡易 GIS（iVIMS）：408, 421, 432
簡易 GIS システム（VIMS）：432
簡易接ぎ木装置：184
カンキツ：256, 264, 273, 279, 294
カンキツグリーニング病：261, 294
環境教育「田んぼの学校」：423
環境サミット：4

環境三法：451, 470
環境制御：196
環境制御技術：181
環境直接支払制度：451
環境との調和に配慮した事業実施のための調査計画・設計方針を定めた技術指針：422
環境配慮技術指針：424
環境配慮工法：423
環境負荷：47, 86, 93, 205, 291, 341, 364, 431, 445, 450, 469, 477
環境保全型農業：47, 470, 477, 479
環境保全型農業直接支払制度：450, 451, 460, 461, 470, 472, 477, 479
完熟トマト：170
環状剥皮：292
完全人工光型植物工場：200
完全閉鎖型養液栽培システム：199
乾田直播：71, 74, 79, 81, 501
甘平：266
管路の浅埋設工法：417

き

きおう：268
帰化アサガオ：73
機械化一貫栽培〔露地野菜〕：190, 202
機械化一貫作業体系：107
機械化一貫体系：189, 190, 191, 205
機械化のための標準的栽培様式：186
機械ゼリ：245
危害要因分析重要管理点（HACCP）：356, 384
キク：221
キクの直挿し：239
気候変動：444, 447, 453, 457, 481
気候変動に関する政府間パネル（IPCC）：453
気候変動枠組条約：450, 459
気候変動枠組条約第3回締約国会議（京都会議）：348
北和夫：326

索引

北川巌：402，403
喜多景治：266
北里大学：306
北島明：430
北原電牧［株］：314
きたほなみ：108，149
キッコーマン［株］：385，388
キッコーマンバイオケミファ［株］：385
きぬさやか：126
機能水研究振興財団［財］：368
機能性：165
機能性食品：354
機能性表示食品：27，277，355，382
機能性品種：168
機能性包装：387
岐阜県畜試：345
岐阜県飛騨家畜保健衛生所：326
キャベツ：166，189，190
キャベツ収穫機：186，189，190
キャリロボ：313
キュアリング：116
吸引通気式堆肥化技術：343
九州大学：97，383
九州農試†：110，122，125，151，339，345
供給カロリーベース自給率：351
供給純食料：257
狭畦密植栽培：74，150
強酸性電解水：367
強せん定：497
強電解水企業協議会：368
京都大学：271，304，368
業務用：58，66，164
業務用〔品種〕：162
業務用〔米〕：66
キョーラク［株］：387
局部温度制御技術：195
清里町営焼酎醸造所：416
魚種および生息地域の判別：384
魚種選別装置：379
巨峰系四倍体品種：275
清見：264，266

キラリボシ：118
キラリモチ：112
霧島酒造［株］：123
桐谷圭治：457
切り花栄養剤：249
桐博英：406
近畿大学：271
緊急時環境放射線モニタリング検査：498
緊プロ事業（農業機械等緊急開発・実用化促進事業）：184，186
緊プロ事業（農業機械等緊急開発・実用化促進事業）〔ネギ〕：187，190

く

クイックスイート：126
空間スケール：445
草野修一：231
楠本良延：476
九頭竜川下流農業水利事業所：417
工藤暢宏：225
國枝正：407
クボタ［株］：99，140
熊本県農研センター果樹研：279
クミアイ化学工業［株］：233
クラウン温度制御〔イチゴ〕：195
グルコシノレート：118
グルテンフリー：374
グローバル化：3，46，163，202，209，244，250，297，359，390
クローン苗：230，237
黒川浩：224
黒川幹：224
クロスアビリティ［株］：399
黒田洋輔：157
くん煙処理：232
群商［株］：115
群馬県園試：225，268
群馬県農技センター：110
群馬県農試：85
ぐんま名月：268

け

慶応大学：372, 377, 383
景観：14, 421, 433, 435, 447, 470, 472, 499
景観〔シミュレーション〕：499
軽元素安定同位体比分析：384
京成バラ園芸［株］：223
携帯型畜肉品質測定装置：382
茎頂培養：237
結果母枝：283
ゲッキツ：295
ゲノミック評価：305
ゲノム育種価：305
ケミカルリサイクル：363
けん引式ネギ苗移植機：191
健康機能性：107, 112, 121, 122, 123, 201, 276
健康増進法：27, 352, 355
減農薬：94, 174, 176, 474, 478
原料・原産地判別：384
原料原産地表示：27, 356

こ

小井戸直四郎：221, 233
高圧殺菌：368
高圧処理：367
耕うん同時畝立て：71, 150
高温耐性品種：57, 454, 456
高温登熟性：57, 63
高温による品質低下：57, 63
公害：448, 463
公害病：465
晃花園：234
交換性カリウム：496, 499
高機能鮮度保持技術：388
抗菌剤：248
抗酸化作用：123
抗酸化性成分：121
抗酸化物質：168
耕種的防除：172
工場立地動向調査：359
洪水調節機能：431
高精度均平工法：396
高設型簡易水耕：198
光線の選択利用：174
高速代かきロータリ：92
高速田植機：92
酵素結合免疫吸着（ELISA）法：386
酵素処理製粉技術：375
後代検定：303, 306
高知県園試：228
高知県工技センター：372
高知県農技センター：388
耕地生態系：446, 463, 469
高知大学：372
口蹄疫：301, 329
購入苗：181, 183
河野幸雄：334
コウノトリの郷営農組合：425
コウノトリ育むお米：425, 509
河野良洋：281
神戸大学：418
抗変異原作用：123
高密度電気探査技術：410
交流高電界殺菌法：371
高齢化：15, 27, 36, 55, 78, 92, 107, 128, 159, 160, 163, 180, 233, 256, 280, 388, 504, 509
コーティング種子：186
コーデックス（CODEX）委員会（国際食品規格委員会）：25, 103, 153, 155, 356, 465, 478
コート種子：238
小型ケーンハーベスタ：131
小型自走式収穫機：131
小ギク：226
国営畑地帯総合パイロット事業：413
国際共同研究：157
国際航業［株］：406
国際食品規格委員会（CODEX（コーデックス）委員会）：25, 103, 153, 155, 356, 465, 478

国際的分業化:253, 255
国際花と緑の博覧会:214
国際リレー栽培:229
黒蝶:226
国土保全機能:447
穀物価格:22, 506
古在豊樹:185
コシヒカリBL:64
コシヒカリ環1号:467
越水幸男:91
個体識別:26, 316, 318, 353
コチョウラン:228
固定価格買取制度(FIT):346, 363
後藤隆志:92
後藤幸輝:403
壽和夫:270, 272
こなみずき:127, 128
コニカミノルタ[株]:101
小西国義:226
小橋工業[株]:131
小林和司:276
小林泰男:348
小前隆美:410
小松製作所[株]:396
米ゲル:376
米粉:66, 374
米粉・飼料用米法:374
米粉の用途別基準:375
小山信明:330
根域温度制御技術:196
コントラクター:332, 506
コントラクター組織:335, 336
コンバイン収穫:114, 129

さ

蔡義民:333
雑賀技術研究所[財]:389
最下着莢位置:114, 129
サイクロン式吸引洗浄機:138
埼玉県農試:75
埼玉県農総研:333

埼玉県農総研センター:188
埼玉県農総研センター園芸研:298
細断型ロールベーラ:336, 506
砕・転圧盛土工法:430
西藤岳彦:327
齋藤寿広:272
斉藤農場[株]:236
齊藤典義:284
斎藤良二:405
栽培きのこ:120
栽培施設:193
細霧冷房:243
サイレージ発酵促進製剤:333
榊英雄:279
佐賀県畜試:347
佐賀県農研センター:171
佐賀県窯業センター:347
坂田種苗:223
坂田武雄:223
サカタのタネ[株]:166, 171, 184, 219, 220
魚のゆりかご水田プロジェクト:425
魚のゆりかご水田米:425
坂西義洋:228
坂本正次:225
阪本大輔:292
先味:383
崎山亮三:182
搾乳ユニット自動搬送装置(キャリロボ):313
搾乳ロボット:313, 314, 508
迫田章義:441
佐々木武彦:62
佐々木義之:304
させぼ温州:264
佐竹徹夫:62
佐藤徳雄:88
佐藤正寛:304
さとのそら:110, 149
里のほほえみ:114, 129
里山:474
佐野農園[有]:203

サフィニア：223
サポニン：125
澤田農場：416
澤田豊：418
3R対策：361
三栄源エフエフアイ［株］：122
三次機能（生体調節機能）：354
三次元モデル：407
三州産業［株］：389
散水機：413
暫定規制値：491
サントリー［株］：221，223
三倍体品種：218，238，275
三面一体化堤防：488
サンリッチシリーズ：220
三里浜砂丘の畑地：420
残留性有機汚染物質（POPs）：465
残留農薬分析：386
サンワールド川村［有］：372

し

次亜塩素酸水殺菌：367
次亜塩素酸水生成装置：368
シーア・コルボーン：447
シードテープ：186，238
JA菊池有機支援センター：345
JAこしみず：415
JA全農：89，171，380
JAたじま：425
JAつがる弘前：277
JAなめがた：116
JAにしうわ：382
JA真室川町：337
JAめむろ：141
ジェネティクス北海道［一社］：310
ジオテキスタイル盛土補強工法：429
紫外線殺菌：367
滋賀県農政水産部：425
滋賀県余呉町：439
自家不和合性：259，288
時間スケール：445，447

資源有効利用促進法：361
四国総合研究所［株］：389
四国農試†：112
子実用トウモロコシ：102，205
静岡県農技研：476
静岡県農技研果樹研センター：281
静岡県農試：203
静岡大学：228
静岡の茶草場農法：476
静ヵ台1号：281
静ヵ台2号：281
資生堂［株］：354
次世代型施設園芸導入加速支援事業：201
施設栽培：163，175，181，193
自然圧大口径パイプライン：416
自然循環機能：28，451，477
自然農法：162，449，451
自走式散水機：413
自走式薬散機：240
持続可能な開発目標（SDGs）：352，452
持続農業法：451
失業率：16
湿式縦箱：245
実証試験：419
自動給排水：100，399
自動操舵：140
自動定圧定流量分水栓：413
志藤博克：95，96，336
地鶏：323
シナノゴールド：266，294
シナノスイート：266
柴田健一郎：285
柴田正貴：348
渋谷暁一：88
シブヤ精機［株］：380
ジベレリン（GA）：274，292
島田智人：298
島津製作所［株］：498
島根県アジサイ研究会：225
島根県商工会連合会：384
島根県農技センター：281
霜里農場：178，509

霜降り豚肉：341
シャープ［株］：369，389
シャインマスカット：263，268，284，294
弱酸性電解水：367
遮蔽技術：176
臭化メチル（CH₃Br）：172，447，458，462
集中管理孔：402
周年栽培：220
周年出荷：116，170，229，231
周年出荷体制：46
周年生産：226
周年マルチ点滴灌水同時施肥法：273
収量コンバイン：101
ジュール加熱：370
種間交雑：216，217，223，224
主幹切断：497
種子冷蔵処理：228
珠心胚実生：265
樹皮洗浄：494，497
種苗センター［独］：299
循環型社会：361
ジョイント栽培：285
消化液〔メタン発酵〕：346，363，422，439，441
硝化抑制剤：461
小規模移動放牧：331
小規模メタン発酵システム：439
少子高齢化：15，23
炒蒸器：139
正田守幸：271
消費安全技術センター（FAMIC）：384
消費・安全局：353
情報通信研究機構：400
小明渠作溝同時浅耕播種栽培技術：150
小明渠浅耕播種機：72
乗用型全自動移植機：187
乗用型送風式捕獲機：138
乗用摘採機：136
少量多頻度灌液：199，204
除塩：485

食育基本法：352
食総研†：321，371，380
食の安全・安心のための政策大綱：353
食の外部化：23，55，66，162，350，356
食品安全委員会：26，353
食品安全マネジメント協会［一財］：358
食品安全マネジメントシステム：356
食品衛生検査指針：385
食品衛生法：25，153，206，355，356，367，385
食品産業戦略：358，390
食品産業超高圧利用技術研究組合：368
食品製造業：8，18，23，44，358，361，377
食品表示基準：124，356，384
食品リサイクル法：302，342，361
食品ロス：352
食品ロス削減関係省庁等連絡会議：352
植物工場：163，171，198，200
植物成長調整剤：275，283，284，292，388
食料自給率：32，351
食料・農業・農村基本法：28，302，392，421，433，450，470，477
除草機：73，94
除草剤抵抗性：73，89
白谷栄作：406
不知火：265，266，279
飼料イネ：77，302，332
飼料自給率：302，330，506
飼料生産分業化：506
飼料用米：77，302，332，337
代掻き除染工法：492
白未熟粒：63，454
白紋羽病：289，291
新エネルギー法：362
侵害：64
新キャタピラー三菱［株］：396
真空凍結乾燥（フリーズドライ）：373
真空フライ：373
人工光型植物工場：201
人工授精：300，310，316

人工受粉：288
人口の地域的偏在：15
信州大学：218
新政策（新しい食料・農業・農村政策の方向）：28，47，450，477，479
真正性評価技術：384
新・生物多様性国家戦略：474
シンチレータ：498
新出昭吾：333
進藤圭二：408
新村昭憲：175
新わい化栽培：280

す

す上がり：278
スイカ：166
スイカ空洞果選別機：380
水産研センター中央水研：382
水質変動解析モデル：410
水中短波帯加圧加熱法：371
水田魚道：422，423，425，426
水田魚道づくりの指針：424
水田作：54
水田農業：36
水田のフル活用：31，68
水稲冷害早期警戒システム：91
水路トンネル：405
水路内配管工法：417，419
スーパーセル苗：183
スガノ農機［株］：396
杉浦俊彦：292
杉浦実：276
杉本明：133
杉本喜憲：319
スクリーニング検査法：386
ズコーシャ［株］：141
鈴木一好：347
鈴木孝治：383
鈴木農園：203
鈴木正貴：424
鈴木三義：304

ストック：223
ストックマネジメント：395，405
ストレプトマイシン（SM）：275
砂川地下ダム：411
スマート田植機：101
スマートフレッシュ™くん蒸剤：298
住化農材［株］：186
住友化学［株］：174
住友ベークライト［株］：279，388

せ

生育診断：68，91
精雲：222
青果物非破壊選別装置：380
青果物表面殺菌技術：389
生研機構：92，93，94，129，184，313
精興園［有］：233
生産環境：445，446，463，477，481
生産年齢人口：15，36
精子性判別：309
性選別精液：309
生態系サービス：473
生体調節機能（三次機能）：354
生物生息空間（ビオトープ）：426，474，476
生物多様性：48，422，447，451，473，474，476，479，481
生物多様性条約：450，473
生物的危害要因：385
生物的防除：173
生分解性プラスチック（グリーンプラスチック）：364
世界遺産登録：11
世界食品安全イニシアチブ：358
世界農業遺産：13，49，476
瀬川敬：331
積水化学工業［株］：399
摂取カロリーベース自給率：351
せとか：263，265
瀬戸堯穂：218
せとみ：265，266

索引

セパレータ：144
攻めの農政：359
セル成型苗：182, 183, 187, 190, 191, 236, 240, 504
セル成型苗用タマネギ全自動移植機：187
セルトレイ：183, 187
セル苗：236
全国農業協同組合連合会：89, 171, 380
全国農村振興技術連盟：436
全国和牛登録協会［社］：304, 318
センシング技術：100, 141
先端的施設園芸：205
先端的な農林水産技術を駆使した大規模な実証研究：500
全農農業技術センター：183
戦略的イノベーション創造プログラム（SIP）：99, 399
全量全袋検査：498
前歴深水管理：62

そ

ソイルコンディショニング：143, 158
総合的病害虫管理（IPM）：165, 172, 203, 205
総合的病害虫・雑草管理（IPM）プロジェクト：172
早秋：270
草生栽培：451, 479
相対的短日性：220
相対的長日植物：227
草地試†の山地支場：331
相馬光学［株］：382
組織培養：218
疎植栽培：83
ソニックビジョンクリエイト［株］：408

た

ターン農道：398
ダイオキシン：446
タイガーカワシマ［株］：86

体外受精：302
体外受精胚：306
大規模ハウス団地：194
大区画化：393, 394, 395, 396, 415
大口径パイプライン：395
体細胞クローン：302, 307
第三者機関認証：178
ダイシモチ：112
太秋：270
大正製薬［株］：248
大豆300A技術：150
耐倒伏性：114, 129, 142
太陽：220
太洋興業［株］：185
太陽光利用型植物工場：200, 201
太陽熱消毒：172, 175
タイヨー製作所［株］：370
大冷害：56, 57, 62
耐冷性検定法：57, 62
ダイレクトカット収穫機：335
高石鷹雄：263
高須賀朝三：239
高田教臣：272
高橋順二：406
高橋利和：110
高橋俊浩：341
田川裕一：328
タキイ種苗［株］：170, 184, 220
多畦収穫機：135
竹内睦雄：410
多重被覆：242
たちすずか：38, 76, 334, 507
脱骨・除骨ロボット：379
脱酸素剤：387
縦浸透法（リーチング）：486
田中仁：266
谷川孝弘：228
谷口義則：110
谷茂：428, 430
種なし：263, 284
種なしブドウ：274
多胚性：265

ダブルロー：118
タマネギ：191
タマネギ調製装置：186
ため池：392，421，423，429，431，435
ため池〔災害情報システム〕：427，428
ため池〔放射性物質対策技術マニュアル〕：495
多面的機能：28，421，431，470
多面的機能直接支払交付金制度：472
ダリア連続出荷：226
単一／精製抗原認識抗体：386
短茎多収生産：252
タンゴール：264
炭酸ガス（CO_2）施用：185，196，243
短日処理：227
短梢せん定：283，284
単独世帯：17，24
単胚性：264
田んぼの生きもの調査：423
田んぼの学校：423
丹康之：337

ち

地域環境：445，465，469，473，481
地域環境資源センター［一社］：424，438
地域資源活用型の六次産業化：204
地域特認取組：451，460，479
チェーンポット：188，190
チオ硫酸銀錯塩（STS）：234，248
地下灌漑：70，402
地下灌漑システム：419
地下水位制御：395，401
地下水位制御システム（FOAES，フォアス）：70，150，402，404
地下ダム：395，408，409，410，411，412
地下レーダ探査システム：410
地球温暖化：260，292，348，440，453，458，461
地球環境：445，447，453，458，463，469，472，481

地球環境サミット：4，450，452
地球環境問題：4
チクゴイズミ：110
畜産技術協会附属動物遺伝研［公社］：319
畜試[†]：304，306，316，321，348
千国幸一：321
知財化：197
地中冷却法：230
地中連続壁工法：410
窒素循環：469
窒素排せつ量の低減：339
知的財産：149，156，253，299，359
千葉県農総研センター：171
千葉大学：185，223
千葉孝：413
茶園用送風式農薬散布機：137
茶草場：476
中央果実協会［公財］：258
中央果実生産出荷安定基金協会［財］：260
中央畜産会［公社］：343
中国農試[†]：330
中山間地域等直接支払制度：472
チューブ灌漑：419
超越育種：234
長期エネルギー需給見通し：363
長日処理：220，227
鳥獣害：444
長梢せん定：283，284
調整池（ファームポンド）：394，409，410，412，413，414
調理済食品：388
直接支払制度：470
直播栽培〔イネ〕：78
直播栽培〔ストック〕：238
直播栽培〔テンサイ〕：134
直立ベルトケージシステム：315

つ

通電加熱技術：370

塚田晃久：227
塚本健司：327
接ぎ木：166，172，183，285
接ぎ木〔幼苗〕：183，505
接ぎ木活着促進装置：183
接ぎ木苗：505
接ぎ木ロボット：184
津田新哉：463
繋ぎ飼い牛舎用省力・精密飼養管理システム：312
津波：484，488
津波〔減勢計画〕：489
津波〔氾濫シミュレーション〕：499
津波〔被害〕：56，82，484
つや姫：63，65

て

低アミロース：58，59，66
低温糊化性でん粉：126，128
定温蒸気処理：389
低温除湿萎凋装置：139
抵抗加熱（オートミックヒーティング）：370
抵抗性〔縞萎縮病〕：111
抵抗性〔縞葉枯病〕：77
抵抗性〔ジャガイモシストセンチュウ〕：117
抵抗性〔ダイズシストセンチュウ〕：113，129
抵抗性〔病害虫〕：57，156，165
抵抗性品種：172
抵抗性品種〔病害虫〕：162
抵抗性〔複合病害虫〕：170
低コスト型汚水処理システム：439
低コスト耐候性ハウス：194
ディスクペレッター：345
低段密植養液栽培：171
ディフ（DIF）：243
デオキシニバレノール（DON）：153
デカップリング制度：451，472
デコポン：265，279

鉄コーティング湛水直播：80
鉄砲式受粉機：289
鉄村琢哉：282
寺坂幸二：377
寺田製作所〔株〕：137
デリカ〔株〕：131
電気穿孔（エレクトロポーレーション）：371
電磁場環境：371，389
電照：220，222，226，233，242
電照菊用パルックボール：242
でん粉：59，66，107，110，115，126，150，375

と

東京式養液栽培システム：200
東京大学：441
東京電力福島第一原子力発電所事故：56，118，446，468，490
東京都農総研センター：200
凍結酵素急速含浸法：374
凍結精液：311
統合環境制御技術：197
統合環境制御システム：200
道産米：61
東芝〔株〕：389
道総研：142
道総研食加研：383
道総研十勝農試：147
道園美弦：242
豆乳：126
動物種：321
東北大学：88
東北農試[†]：91，114
東洋製罐〔株〕：387
東洋ナッツ食品〔株〕：370
動力噴霧式受粉機：289
遠野雅徳：334
トールスピンドルシステム：281
十勝農業協同組合連合会：147
トキ：268

土岐傳四郎：268
朱鷺と暮らす郷づくり認証米：426
トキワ養鶏：337
特定技能労働者：16
特定非営利団体（NPO）：43
特定保健用食品：27, 354
特定用途食品：354
特別栽培：179
特別栽培農産物：165, 177
都甲潔：383
都市近郊型農業：203
土壌還元消毒法：172, 176, 463
土壌炭素量：461
土壌伝染性病害抵抗性：235
土壌凍結深：146
土壌のCO_2「見える化」サイト：461
土石流：431
土地改良事業計画設計基準：404
土地改良法改正：422
栃木県農試：239, 287, 345
鳥取県園試：238
凸版印刷［株］：387
トプコン［株］：142
トマト：166, 171
トマト低段密植栽培：198
とまとランドいわき［有］：205
友正達美：419
共働き世帯：17, 24
トライボテックス［株］：407
鳥インフルエンザ：47, 301, 326
鳥越洋一：91
ドリフト（農薬飛散）：176, 188, 465
トリンブルジャパン［株］：396
トルコギキョウ：219, 227
トレーサビリティ：301
ドローン（無人航空機）：100, 406

な

苗産業：171, 506
苗生産：236
苗テラス：185

中川博視：90
中島紀一：449
中島礼一：220
中條忠久：268
長野県果樹試：267
長野県南信農試：291
長野県野花試：227
中干し延長：460, 479
中村茂樹：114
中村仁：291
中村真人：441
中矢哲郎：400
中山昌明：218
名古屋大学：316
ナシ：270, 285
夏植え：132, 151
なまずの学校：424
軟弱地盤でのスラスト力対策：417, 418
南石晃明：97
難裂莢性：114, 129, 130

に

新潟県食品研：375
新潟県農総研作物研センター：64
新潟製粉［株］：375
にこまる：63
ニコン・トリンブル［株］：397
二酸化炭素（CO_2）：238, 244, 391, 447, 455, 458, 461
西浦昌男：264
西尾聡悟：272
西貞夫：182
西野農業協同組合：278
西部幸男：117
西山岩男：62
21世紀新農政2006：359
二段階製粉技術：375
日南1号：264
日経平均株価：5
ニッコー［株］：379
日射比例制御：199

索引

日射比例の循環方式：205
日清食品ホールディングス［株］：370
日水製薬［株］：386
二年成り育成法：287
二倍体欧州系品種：275
二倍体米国系品種：275
日本カーバイド工業［株］：174
日本科学飼料協会［一社］：343
日本型食生活：25, 28, 351
日本型トマト品種「鈴玉」：202
ニホングリ：271
日本工営［株］：405
日本穀物検定協会［財］：94
日本米粉協会：375
日本再興戦略：360
日本シビックコンサルタント［株］：405
日本食肉格付協会［公社］：342
日本植物調節剤研究協会［財］：89
日本植物防疫協会［一社］：173
日本水土総合研究所［財］：428, 486
日本中央競馬会：305
日本電解水協会：368
日本ニューホランド［株］：140
日本農業遺産：14, 49, 476
日本農業集落排水協会（JARUS）［社］：436
日本農林規格（JAS）：178
日本農林社［株］：166
日本花普及センター［財］：249
日本ハム［株］：329, 386
日本ホルスタイン登録協会［社］：316
日本有機資源協会［一社］：441
日本有機農業研究会：449
乳牛：333
ニレコ［株］：379, 382

ね

ネギ：190
ネギ収穫機：186
熱利用技術：175

の

農環研†：456, 460, 463, 466, 468, 476, 490, 491, 496
農技研†：468, 491
農業がもつ多面的機能：451
農業環境：445, 448, 451
農業環境インベントリー：481
農業環境規範：479
農業基盤：392, 431
農業集落排水処理システム：436
農業・食料関連産業：18
農業水利ストック情報データベース：405
農業生態系：444, 446, 459, 462, 469, 474, 478
農業データ連携基盤：102
農業に有用な生物多様性の指標生物調査・評価マニュアル：477
農研機構：95, 118, 260, 299, 384, 400, 456, 486, 496
農研機構花き研：242
農研機構革新研：75, 95
農研機構果樹研：260, 265, 268, 270, 271, 276, 281, 291, 292, 298
農研機構果茶研：292, 299
農研機構九沖研：63, 68, 73, 115, 119, 123, 127, 133, 171, 195, 297
農研機構近中四研：112, 273
農研機構作物研：66, 126, 488
農研機構種苗センター：299
農研機構食品研：370, 371, 376
農研機構生研センター：73, 75, 95, 145, 189, 336
農研機構畜草研：76, 333, 337, 340, 342, 344, 347
農研機構中央研：66, 70, 73, 463
農研機構動衛研：327, 328, 329
農研機構東北研：66, 81, 114, 120, 126, 171, 188, 192
農研機構西農研：76, 80, 334
農研機構農工研：69, 397, 399, 403, 406, 407, 408, 418, 419, 429, 435,

441, 442, 485, 488
農研機構北農研:117, 141, 147, 156, 157, 170
農研機構野花研:202, 234
農研機構野茶研:124, 137, 171, 183, 198, 221
農研センター†:61, 126
農工研†:396, 400, 402, 405, 410, 417, 424, 428, 430, 435, 437, 440
農作業安全:95
農事試†:222
農商工連携研究会:200
農村環境:421, 431
農村環境改善:439
農村環境整備センター[社]:422
農村振興リーダー研修:436
農村の二次的自然:421
農地基盤整備:432
農地中間管理機構:31, 393
農地の集積:31, 56, 98, 100, 202
農地の除塩マニュアル:486
農薬飛散(ドリフト):176, 188, 465
農林水産省生物多様性戦略:48, 473
農林水産消費安全技術センター[独]:323
農林水産・食品産業技術振興協会(JATAFF)[公社]:390
農林水産先端技術産業振興センター[社]:305, 322
農林水産物・食品の品目別輸出戦略:208
農林水産物・食品の輸出促進:31, 253, 359
野田明夫:264
野良イモ:146

は

パーシャルシール包装技術:388
パートナーシップ経営:210
胚移植:302, 306, 316
バイオガス:346, 363, 440
バイオセンサー:383
バイオディーゼル(BDF):361
バイオマスエネルギー:361
バイオマス活用推進基本計画:363, 442
バイオマス活用推進基本法:362
バイオマス資源:440
バイオマスタウン構想:440
バイオマス・ニッポン総合戦略:362, 440
胚細胞(受精卵)クローン:307
ハイテム[株]:315
パイプハウス:194
バケット:248, 252
バケット輸送:245
橋爪農園[有]:202
播種機「ごんべえ」:238
バスクリン[株]:124
長谷川利拡:456
長谷川久記:111
端憲二:424, 437
八幡平市花き研センター:218
発育予測:90
発酵リキッドフィーディング:342
パッションフルーツ:294
パッド・アンド・ファン方式:243
パディ研究所[株]:70, 402
パナソニック[株]:389
花田章:306
花束加工場:246, 251
花の万博:215
花振るい:284
羽生田忠敬:267
バブル崩壊:4, 17
はまさり:75
浜松特花園:233
浜松ホトニクス[株]:380
林力丸:368
原口暢朗:402
播磨真志:298
バリューチェーン:358
春植え:132, 151
はるみ:265
春よ恋:111

パレス化学［株］：248
阪神淡路大震災：11，428
反転均平工法：396
反転耕：492
汎用型飼料収穫機：336，506
汎用コンバイン：75，129
汎用収穫機：335
汎用播種機：74

ひ

ヒートポンプ：241，243，244
ビオトープ（生物生息空間）：474
日影孝志：218
東日本大震災：56，429
東日本大震災〔対応〕：11，207，468，484
非加熱殺菌：367
光センサー：278
光センサー選別：380
光独立栄養培養法：238
光パルス処理：367
肥効調節型肥料：87，88，137
微細気泡産業会［一社］：376
久松完：242
微酸性電解水：367
非正規労働者：10，11，16
微生物汚染度測定器：385
ヒ素：103，464，466
ヒ素とカドミウムのトレードオフ：466
日高靖之：93
ビタミンA制御：325
ひとめぼれ：58，62
一人乗用摘採機：136
ビニル被覆パイプハウス：193
美の里づくりガイドライン：434
非破壊選別装置：379
非破壊内部品質選別機（光センサー）：278
非破壊品質評価法：379
ビビフル：233
ヒマワリ：220

日持ち：214，220，226，230，234，235，247，252
日持ち保証販売：249，252
病害診断法：168
病害虫診断：209，211，509
病原性大腸菌 O-157：301
兵庫県淡路農技センター：241
兵庫県姫路家畜保健衛生所：326
表土剥ぎ取り工法：492
平田晃：313
平田牧場［株］：337
平野泰志：168
肥料取締法：451
広島県総技研農技センター：292
広島県畜技センター：333
品質保持剤：247
品種および遺伝子組換え食品の判別：384
品種判別：262，321，322

ふ

ファームポンド（調整池）：394，409，410，412，413，414
ファインバブル：376
ファインバブル活用事例集追補版：377
ファインバブル産業会：376
ファインバブル地方創成協議会：377
ファン・タイル：217
プール育苗：85
富栄養化：347，446，448，469
フェザー（羽毛条枝）：280
フェンロー型ガラス温室：193
フォアス（FOEAS，地下水位制御システム）：70，150，402，404
福井県農試：419
福岡県農総試：228
福岡正信：449
複合環境制御：244
複合抗原認識抗体：386
複合輪作体系（水田園芸）：419
福島県：495
福島伸二：430

福田芳詔：306
福与徳文：435
父権否定確率：319
不耕起Ｖ溝直播：81
不耕起播種機：74
不耕起播種技術：150
藤井和人：405
藤川智紀：441
フジタ［株］：430
富士電機［株］：498
フジ日本精糖［株］：248
富士平工業［株］：314
藤森新作：396，402
藤原鉄朗：405
フッ素系フィルム：194
ぶった農産［株］：84
物理的危害要因：387
物理的防除：174
不適切な農薬・肥料の使用：444
ブドウ：268，274，282
船越桂市：222
ふゆみずたんぼ：426，509
プライミング種子：187
プラウ耕・グレーンドリル播種体系：81
プラザ合意：7，33
フラワーオークションジャパン［株］：245
フリーストール：313
フリーズドライ：373
プリオン：328
古谷修：339
プロシアニジン：277
プロヒドロジャスモン：292
フロリストコロナ［株］：249
フロンティアエンジニアリング［株］：371
分業化：163，181，211，236，253，502，504，509
分業化〔育苗〕：163，181
分析データの解析法（ケモメトリックス）：384

へ

米国ブドウ：268，269
閉鎖型苗生産システム：185
β-クリプトキサンチン：276，382
β-グルカン：112，121
β-コングリシニン：121
ペチュニア：222
ベッドフォーマ：144
ヘドロ：485
紅秀峰：263
べにはるか：115，116
べにふうき：123，124，355
べにふうき〔茶〕：124
べにふうき〔緑茶〕：124
紅まどんな：266
ベルディ［株］：237
ベルトコンベア式放射性セシウム濃度検査器：498
ペレット堆肥：345

ほ

貿易自由化：359
萌芽抑制技術：389
放射性物質：490，492，496，498
放射線処理：367
包装：388
放電プラズマ処理：367
豊楽台：281
ホウレンソウ：165，189
ホウレンソウ収穫機：190
ホームユース（家庭消費）：249，251
ホールクロップサイレージ（WCS，イネ発酵粗飼料）：38，55，75
ホールクロップサイレージ用イネ：55，332，333，335，507
ホールクロップサイレージ用イネ品種：77
ホクシン：108
北農試[†]：60，117，304
ホクレン農業総合研究所：111

保健機能食品：27，355
ポジティブリスト制度：26，176，465
補助暗渠：69，403
細川寿：71
ホタテ貝自動生剥き機：379
ホタルルシフェラーゼの大量生産技術：385
北海コーキ［株］：69，403
北海道開発局：413
北海道科学技術総合振興センター［公財］：383
北海道斜網地域：412
北海道空知支庁北部耕地出張所：396
北海道大学：142，217，348
北海道電力［株］：389
北海道農業近代化技術研究センター［一財］：397
北海道農村振興部：397
北海道立上川農試：60
北海道立北見農試：108，134，145
北海道立中央農試：60，113，142，396
北海道立十勝農試：113，130，141，142，145
北海みつぼし：157
ポッカコーポレーション［株］：371
ポッカサッポロフード＆ビバレッジ［株］：371
ポテトかいつか［株］：117
ボトル to ボトル（BtoB）：363
穂発芽耐性：108，142
ボランティア：11，203
堀江武：90
ポリオレフィン（PO）系フィルム：194
堀俊和：429
ホルクロルフェニュロン：275
ほろかない振興公社［株］：119
幌加内町新そば祭：119
ぽろすけ：272
ぽろたん：263，272
ホワイトワンダー：223
ポンプ設備：407

ま

マーカー選抜：103，129，155，305
マイクロプラスチック：364
前川製作所［株］：378
前処理剤：247
マキ製作所［株］：380
マジェスティックジャイアント：224
松下電器産業［株］：389
松下冷機［株］：389
松島健一：430
松元機工［株］：136，190
松本成夫：470
松本亮司：265
松山［株］：131
マルサンアイ［株］：126
マルドリ栽培：273
マルハニチロ［株］：386

み

三重県科技振興センター：171，334
三重県農技センター：335，345
味覚センサー：382
みかど協和［株］：166
ミカンキジラミ：294
三坂廣明：230
水環境整備事業：422
水管理・制御システム iDAS：399
水谷正一：424
ミセスクミコ：225
三井化学アグロ［株］：67
三井金属鉱業［株］：278，380
みつ入り：279
三ヶ日町研究：276
三ヶ日町農業協同組合：382
「密苗」移植栽培：84
みつひかり：67
三菱ガス化学［株］：389
三菱化成ビニル［株］：174
三菱重工業［株］：380
三菱重工業［株］広島製作所：368

三菱農機［株］：184
三菱マヒンドラ農機［株］：99
光本孝次：304
皆福実験地下ダム：411
水俣病：448
ミニ農村：474
みのる産業［株］：187，192
宮城県農業センター：85
宮城県古川農試：62，66
宮城大学：486
宮崎県綾町：178
宮崎県JA食品開発研究所［社］：123
宮崎大学：282，341，382
宮原佳彦：94
ミルキングパーラー：312
三輪睿太郎：469

む

ムーンダスト：221
無機元素パターン分析：384
ムギ類赤かび病：152
虫見板：474
無種子化技術：269，274
無代かき移植：85
無人航空機（ドローン）：100，406
無側枝性：233
無農薬：176，449
村上斉：337

め

銘柄鶏：301，323
明治屋［株］：368
メダカ里親の会：424
メタン（CH_4）：346，348，361，441，458，460
メタン生成抑制：348
メタン発酵：340，346
メタン発酵［システム］：421，439，441
メタン発酵［消化液］：441
メチル化カテキン：123

メッシュ農業気象データ：456，457
芽伸ばし処理：231
メピコートクロリド：283
免疫化学測定法：385

も

猛暑日：453
毛利栄征：417，430
最上邦章：151
糯性オオムギ：113
物日：226
森岡一樹：329
盛川周佑：140
盛川農場［有］：140
盛土式根圏制御栽培：287
森永邦久：273
森永生科学研究所［株］：386
森永乳業［株］：354
森充広：405
森山隆：232
守山弘：449，473
モントリオール議定書：172，462

や

焼きいも：114，128
焼きいも機：115
薬師寺博：281，282
薬師堂謙一：345
ヤクルト本社［株］：123
野菜生産の分業化：211
野菜接ぎ木ロボット：186
野菜の輸出：207
屋代幹雄：188
安田勝彦：315
谷田部元照：225
野茶試†：123，221，232，234，235
柳沢朗：109
柳澤貴司：112
矢野隆：289
山上げ：229

山内稔：80
山岡賢：441
山形県園試：263
山形県長井市：178
山形県長井市レインボープラン：509
山形県農試庄内：63
山形大学：101
山川理：115, 122
山喜農園［株］：232
山口県大島柑きつ試：266
山口県畜試：330
ヤマサ醤油［株］：388
山田昌彦：268, 271
山梨県果実農業協同組合連合会：278
山梨県果樹試：276, 284
山梨県西野農協：380
山名伸樹：336
山根崇嘉：292
山根弘康：270
山本徳司：408, 435
山本俊哉：299
山本万里：123, 124
山本泰也：334
山守誠：118
ヤンマー［株］：85, 99, 101, 189, 376
ヤンマー農機［株］：184

ゆ

有機JAS：48, 178
有機塩素系農薬：464
有機水銀：448
有機農業：47, 162, 165, 177, 449, 451, 470, 478, 479, 508
有機農産物及び特別栽培に係る表示ガイドライン：177
有機農法判別：384
有効アミノ酸：339
有効求人倍率：16
有芯部分耕栽培技術：150
雪印種苗［株］：333
ユキホマレ：113, 130

雪割り：141, 147
杠公右：408
ユニバーサルデザイン：388
輸入野菜：162, 165, 185, 206
ユビキタス環境制御システム研究会：197
ゆめちから：111, 149
ゆめぴりか：58, 61
湯本節三：113, 114, 126
柚山義人：441
ユリ：216
ユリの氷温貯蔵：231

よ

養液栽培：163, 171, 196, 198, 203, 205, 239
養液栽培〔システム〕：198
溶液受粉技術：289
養液土耕法：172, 239
容器包装詰加圧加熱殺菌米飯：369
容器包装詰加圧加熱食品：368
溶出法：486
抑制栽培：227, 231
横田禎二：239
吉池貞蔵：218
吉田隆信：94
吉田俊雄：265
吉田朋史：110
吉田宣夫：333
吉田義雄：280
吉永優：115, 127

ら

ライステクノロジーかわち［株］：376
落水出芽法：79
ラナンキュラス：230

り

リーマンショック：4, 16
リグナン：122

リサイクル法：361
リスク管理：153, 159, 328, 353
リスクコミュニケーション：353
リビングマルチ：479
リポキシゲナーゼ：125
リモートセンシング：65
琉球石灰岩：409
流通様式の見直し：210
流動化処理土の利用：417
リュウホウ：114
量的制御：199
量販店：246
菱豊フリーズシステムズ［株］：372
利用目的別育種：171
リンゴ：266, 277, 280
リン資源回収：347
リンドウ：218

れ

冷害：90, 456
冷害早期警戒システム：457
レイチェル・カーソン：4, 448
冷房育苗：228
レーダーチャート：383
レトルト殺菌：368

ろ

ロイヤリティ（育成者権）：215, 237
労働力不足：15, 98, 107, 128, 162, 180, 280, 509
ロールベール体系：38, 335, 506
ロールベールラップ：335
六次産業化：31, 41, 120, 202, 204, 211, 247, 360, 416, 508, 509
露地栽培：181, 202, 279
ロゼット：227, 233, 237
ロデイル J.I.：449
ロボット化技術：377
ロボットトラクタ：99
ロボットビジョン：378

わ

ワークショップ手法：422, 434, 435
ワールドフュージョン［株］：327
わい性台木：280
若杉晃介：399, 402
和歌山県農総技センター果樹試：298
和郷園［農事組合法人］：441
鷲澤幸治：226
渡辺採種場［株］：170

あとがき

　大日本農会から「平成農業技術史研究会」への参加の呼びかけをいただいたとき，ただちに思い浮かべたのは（公社）発明協会が平成28年（2016）に公表した「戦後日本のイノベーション100選」だった。そのなかに農業関係では米の「コシヒカリ」，野菜の接ぎ木技術，リンゴの「ふじ」，そして自脱型コンバインと田植機が選ばれている。

　新聞記者になって8年目の昭和42年（1967），井関農機（株）が開発した自脱型コンバインを発売前に運転させてもらったことがある。歩行型2条刈りの，今日からみれば素朴な機械だが，あのときの高揚感は忘れることができない。ハンドルを握りながら，「これで日本の稲作は変わる」という手応えをたっぷり味わった。同じ年にダイキン工業（株）が歩行型の動力田植機（苗まき機）を発売した。その後，田植機も自脱型コンバインも乗用型が登場し，「歩く農業から乗る農業へ」が高度成長期の農業を象徴するキャッチフレーズとなった。

　私のコンバイン初体験から半世紀，いま（株）クボタのウェブサイトには「"乗らない"農業へ」とある。自動車と同じく農業機械も無人運転で動き回る日がやってきたのである。空にはドローンも飛ぶ。令和時代にはこれらが普通に使われるようになるだろう。

　とは言え，ハウスで野菜や花を栽培する農家は，無人トラクター以上に種苗の選択や温度管理・施肥・灌水などの技術に関心があるのではないか。畜産農家にとっては家畜伝染病への備えやふん尿処理技術こそ最大の問題かもしれない。「稲作プラスα」の中小農家が大勢を占めたころと異なり，今日の日本農業はきわめて多様な姿になっている。

　農業産出額の構成比でみても，昭和30年（1955）まで50％を超えていた米が今や畜産，野菜に大きく水をあけられた。作目だけでなく，栽培・飼育方法も，経営内容も，さらに担い手そのものもいちじるしく多様化した。

当然，技術に求めるものもそれぞれ異なる。それだけに，かつてのように万人がワクワクする一発ホームラン的な技術は出にくい時代である。

　平成の農業技術はこのような多様化の時代にどう対応してきたのか。この本はそれを検証する試みである。個々の技術を採点する能力は私にはないが，研究会での議論を通じて，魅力あふれる技術がこんなにもあったのかと目を見張った。読者も同様な感想をもたれるにちがいない。

　いまひとつ，平成時代の特別に不幸な出来事として東日本大震災がある。地震，津波に加えて原子力発電所の崩壊という前例のない事態で農業の被害も甚大だった。この本では，被災地の立ち直りに農業技術がどう貢献しつつあるのかを分野横断的に紹介している。

　本づくりにあたって執筆者たちに求めたことが主として2点ある。現場重視の姿勢と平易な解説である。

　現場重視ということは研究会の進行中から繰り返し強調された。この本は技術「開発」史ではない。ある技術を，誰が，いつ，どのようにして開発したか。その過程にはしばしばエキサイティングなドラマがあるが，そこはあえて控え目な記述にとどめ，いかにして農業の現場に定着し，農業を前進させる力になったかをクローズアップするよう努めた。そういう趣旨から，開発されたのは昭和時代であっても平成時代に普及した技術は逃さないようにする一方，平成時代に開発されたが普及には至っていない技術については，簡潔に触れる程度にしている。

　平易な解説を心がけたとはいえ，内容のレベルは落とさないことが大前提である。高度な内容をわかりやすい文章で伝える。口で言うのはたやすいが，日ごろ論文のように硬い文章を書き慣れた専門家たちにとっては，相当に頭の痛い作業だったはずである。読者には，ぜひ自分の関心領域以外にも目を向けていただきたいと願っている。

　この本が出来上がるまでには松尾元事務局長，石黒潔調査研究部長をはじめ大日本農会の皆様の並々ならぬ努力があった。その労を多とし，完成の喜びを分かち合いたい。

監修者を代表して　岸　康彦

編者

公益社団法人 大日本農会

農業および農村の振興・発展に寄与することを目的として明治14年（1881）に設立。農業関係学識経験者，農業関係団体，全国の先導的農家などを会員とし，農事功績者の表彰事業，農業・農村に関する講演会や調査研究，会誌「農業」の発行など，各種事業を行っている。

監修者

八木宏典

日本農業研究所客員研究員，東京大学名誉教授。著書『現代日本の農業ビジネス』（農林統計協会），『地域とともに歩む 大規模水田農業への挑戦』（共著，農文協プロダクション），『変貌する水田農業の課題』（共編著，日本経済評論社）など。

西尾敏彦

元農林水産技術会議事務局長。著書『農業技術を創った人たち』（家の光協会），『農の技術を拓く』（創森社），『農業と人間』（編，農文協），『昭和農業技術史への証言』（編集，農文協）など。

岸　康彦

農政ジャーナリスト，元日本経済新聞論説委員，元日本農業経営大学校校長。著書『食と農の戦後史』（日本経済新聞出版社），『農に人あり志あり』（編，創森社）など。

著者

平成の経済社会と農業

八木宏典

平成の農業技術

■水田作

寺島一男　農研機構理事

■畑作

小巻克巳　元福島県農業総合センター所長

■野菜園芸

伊東　正　(公財)園芸植物育種研究所理事長
吉岡　宏　吉岡技術士事務所代表
望月龍也　東京都農林総合研究センター所長

■花き園芸

今西英雄　大阪府立大学名誉教授
柴田道夫　東京大学大学院農学生命科学研究科教授
宇田　明　宇田花づくり研究所代表
＊執筆協力：勝谷範敏・椴山彬彦・鷹見敏彦・田中道男・梶原真二

■果樹園芸

梶浦一郎　東京農業大学客員教授
樫村芳記　元農研機構果樹茶業研究部門長
別所英男　農研機構果樹茶業研究部門品種育成研究領域長
中村ゆり　農研機構果樹茶業研究部門企画管理部長
岩波　徹　東京農業大学教授

■畜産

柴田正貴　元農研機構理事
古川　力　ヤマザキ動物看護大学動物看護学部教授
濱野晴三　(一社)家畜改良事業団技術・情報部長
湊　芳明　(一社)日本家畜人工授精師協会事務局長
平田　晃　元農研機構生研センター畜産工学研究部長
塗本雅信　(一社)家畜改良事業団家畜改良技術研究所遺伝検査部次長
小林栄治　農研機構畜産研究部門家畜育種繁殖研究領域有用遺伝子ユニット長
韮澤圭二郎　農研機構生研支援センター新技術開発部研究リーダー
窪田宜之　元農研機構動物衛生研究部門北海道研究調整監
清水矩宏　(公財)農村更生協会八ヶ岳中央農業実践大学校校長
吉田宣夫　(一社)日本草地畜産種子協会飼料稲アドバイザー
古谷　修　元(一財)畜産環境整備機構畜産環境技術研究所長
羽賀清典　(一財)畜産環境整備機構 参与，麻布大学獣医学部客員教授
＊執筆協力：岩丸祥史・岡 章生・西藤岳彦・平田 晃・安田勝彦・山川 睦

■食品加工・流通

岩元睦夫　元農林水産技術会議事務局長

■農業農村整備

岩崎和巳　元農業工学研究所所長

白谷栄作 農研機構理事
小前隆美 (公社)農業農村工学会技術者継続教育機構長,
　　　　　元農研機構理事兼農村工学研究所所長
宮元　均 (株)奥村組専務執行役員, 元東北農政局次長

■環境問題
陽　捷行 北里大学名誉教授, 元農業環境技術研究所理事長
山本勝利 農研機構経営企画部長, 前農研機構農業環境変動研究センター企画管理部長

■東日本大震災対応
小前隆美／白谷栄作／小巻克巳／岩元睦夫

■分業化と連携の平成農業
西尾敏彦

■あとがき
岸　康彦

平成農業技術史研究会

八木宏典　委員(座長兼顧問)
西尾敏彦　委員(顧問)
岸　康彦　委員(顧問)
染　英昭　委員(顧問)
寺島一男　委員
小巻克巳　委員
伊東　正　委員
今西英雄　委員
梶浦一郎　委員
柴田正貴　委員
岩元睦夫　委員
陽　捷行　委員
岩崎和巳　委員

平成農業技術史

2019年9月10日　第1刷発行

公益社団法人 大日本農会 編
八木宏典・西尾敏彦・岸 康彦 監修

発行
株式会社 農文協プロダクション
〒107-0052　東京都港区赤坂7-5-17
電話：03-3584-0416
FAX：03-3584-0485
URL：http://nbkpro.jp/

発売
一般社団法人 農山漁村文化協会
〒107-8668　東京都港区赤坂7-6-1
電話：03-3585-1142（営業）　03-3585-1145（編集）
FAX：03-3585-3668
URL：http://www.ruralnet.or.jp/

印刷
株式会社 東京印書館

ISBN978-4-540-19122-0〈検印廃止〉
Ⓒ大日本農会, 2019　　Printed in Japan
乱丁・落丁本はお取り替えいたします。
本書の無断転載を禁じます。定価はカバーに表示

編集・制作／株式会社 農文協プロダクション
ブックデザイン／堀渕伸治◎tee graphics

農文協の図書案内

地域とともに歩む
大規模水田農業への挑戦
全国16の先進経営事例から

大日本農会 編著
八木宏典／諸岡慶昇／長野間宏／岩崎和巳 著
本体2800円＋税
発行：農文協プロダクション　発売：農文協

昭和農業技術発達史
農林水産省農林水産技術会議事務局 編
発行：農林水産技術情報協会　発売：農文協

第1巻　農業動向編
本体8095円＋税

第2巻　水田作編
本体8095円＋税

第3巻　畑作編・工芸作編
本体8095円＋税

第4巻　畜産編・蚕糸編
本体9524円＋税

第5巻　果樹作編・野菜作編
本体10476円＋税

第6巻　花き作編・食品加工編
本体10000円＋税

第7巻　共通基盤技術編　資料・年表
本体10476円＋税